21世纪数字印刷专业教材

数字半色调技术

姚海根　程鹏飞　编著

印刷工业出版社

内容提要

本书讨论数字半色调技术，从连续调到半色调的转换是数字印刷乃至现代印刷的核心技术之一，适用于所有以二值记录原理工作的所有设备，包括只有二值描述能力的显示系统。第一章简要介绍半色调技术的起源、数字半色调的出现与主要发展方向等。第二章讨论连续调图像的重构原理，包括阶调重构和物理重构及质量评价。第三章围绕模拟传统网点的记录点集聚有序抖动技术展开，以有理正切和超细胞结构加网为主。第四章针对记录点分散有序抖动技术，得到伪随机半色调图像。第五章从经典误差扩散开始，分析其蓝噪声特征后过渡到修正误差扩散算法和蓝噪声蒙版。第六章涉及幅度调制、频率调制和复合加网等重要概念，以及复合加网的实现方法。第七章介绍迭代优化半色调技术，例如直接二值搜索、遗传算法、退火算法和打印机模型等。第八章讨论彩色图像的半色调转换问题，重点放在矢量半色调。第九章从沃罗诺伊图和空间填充曲线两方面对半色调处理过程添加随机性，以空间填充曲线为主。第十章讨论数字印刷半色调技术，某些方法与数字印刷的成像过程有关。第十一章以逆半色调为讨论对象，从半色调图像重构到连续调图像。第十二章介绍莫尔条纹和玫瑰斑，包括随机莫尔条纹。

本书尽可能深入浅出地介绍各种类型的半色调技术，兼顾全面和重点。编写本书的主要目的，是为各院校的数字印刷专业提供基本教学素材，但也可作为图文信息处理、印刷工程、包装工程、数字出版和办公自动化等专业的教学参考书。此外，本书可供数字印刷、商业印刷和数字出版等相关领域的专业人员参考。

图书在版编目（CIP）数据

数字半色调技术/姚海根，程鹏飞编著.－北京:印刷工业出版社，2012.12

（21世纪数字印刷专业教材）

ISBN 978-7-5142-0781-1

Ⅰ.数… Ⅱ.①姚… ②程… Ⅲ.数字印刷－教材 Ⅳ.TS805.4

中国版本图书馆CIP数据核字(2012)第304275号

数字半色调技术

编　　著：姚海根　程鹏飞

责任编辑：张宇华　　　　责任校对：岳智勇

责任印制：张利君　　　　责任设计：张　羽

出版发行：印刷工业出版社（北京市翠微路2号 邮编：100036）

网　　址：www.keyin.cn　　pprint.keyin.cn

网　　店：//pprint.taobao.com　　www.yinmart.cn

经　　销：各地新华书店

印　　刷：河北省高碑店市鑫宏源印刷包装有限公司

开　　本：787mm×1092mm　1/16

字　　数：415千字

印　　张：17.5

印　　数：1～1500

印　　次：2013年2月第1版　2013年2月第1次印刷

定　　价：42.00元

ISBN：978-7-5142-0781-1

◆ 如发现印装质量问题请与我社发行部联系　发行部电话：010-88275602　直销电话：010-88275811

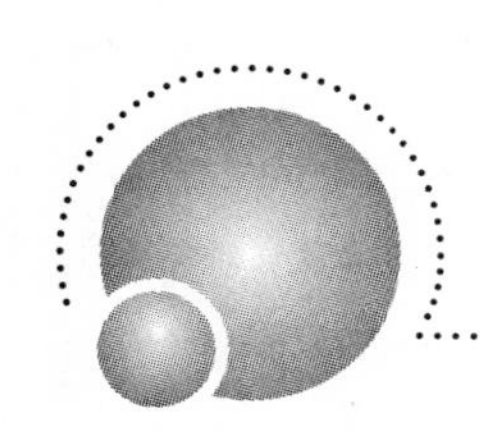

前　言

从模拟原稿和物理场景到印刷品，图像复制需经历数字图像捕获、连续调到半色调转换和印刷三大主要阶段，数字半色调处理介于数字信号捕获与印刷之间，是联系模拟原稿或物理场景数字化转换与印刷的桥梁。半色调技术之所以重要，至少有两方面的原因：首先，为了真实地反映客观世界，数字图像必须以连续调的形式描述；其次，绝大多数硬拷贝设备只有二值表示能力，归结为着墨和不着墨两种状态，从而无法以直接的方式在纸张等记录介质表面形成连续调记录结果，必须从多值像素描述转换到 0 和 1 的选择。

半色调这种称呼是相对于连续调而言的，指所有能够从连续调图像转换到物理二值表示的方法和手段。印刷即图文复制，文字复制问题早在古代就已基本解决，即使发展到现代也没有多大的变化。图像复制比文字复制要复杂得多，在摄影技术发明前还没有真正意义上的图像复制技术，一直到照相制版技术出现。“网”的概念来自投影网屏和接触网屏，通过网屏对光线的离散和分割作用得到半色调结果，这种过程也称为加网。一般来说，网代表规则和有序，例如投影网屏和接触网屏由规则分布的线条图案组成。印前技术从照相和电分制版进入数字时代后，建立物理二值表示的技术越来越多，模拟传统网点的技术不再是唯一的选择，于是出现了数字加网的提法。作者认为，数字加网这一称呼并不全面，可能限制对现代半色调技术的理解，模拟传统网点仅仅是数字半色调技术类型之一，完整的称呼是记录点集聚有序抖动，其他数字半色调类型还有记录点分散抖动和基于迭代处理并以某种指标为优化目标的本色调处理，其中记录点分散随机抖动和迭代优化半色调技术的核心是无序和随机。因此，仅仅在“加网”前冠以“数字”两字不足以反映数字半色调处理的全貌，不能涵盖所有的数字半色调算法。鉴于以上叙述的理由，本书定名为《数字半色调技术》是合理的，也与国际上的专业称呼 Digital Halftoning 一致。

本书尽可能完整地介绍现有的数字半色调处理方法，涉及连续阶调和连续调图像的物理重构、逆半色调以及莫尔条纹和玫瑰斑等相关内容。尽管如此，本书的绝大部分内容围绕各种类型的数字半色调算法展开，包括记录点集聚有序抖动、记录点分散有序抖动、记录点分散随机抖动和复合半色调技术。为了全面反映数字半色调技术发展的现状，并考虑到数字印刷机和打印机等低分辨率记录能力的特点，本书专设“沃罗诺伊图与空间填充曲线半色调应用”和“数字印刷半色调技术”两章，旨在开拓读者的思路。之所以在本书中包含逆半色调一章，是考虑到半色调图像的连续调重构也是印前处理的任务之一，因为二次原稿的扫描结果内不应该保留二值记录的痕迹，这种高频成分并非原稿的正确再现所需。

本书的出版得到教育部图文信息处理国家级教学团队建设经费的支持，编写本书的主要理由在于数字半色调是图文复制的核心技术之一，如果没有数字半色调技术的支持，就无法实现图像复制，学生也无法正确应用从其他课程学到的知识，更无法分析导致质量缺陷的原因并提出解决措施。在本书的编写过程中，作者所在上海出版印刷高等专科学校的领导和教师们十分关心和支持，与兄弟院校教师的讨论也使作者受益匪浅，在此深表谢忱。

由于作者理论知识和实践经验的局限性，本书不足和疏漏之处在所难免，希望广大读者和教师予以指正，作者在此预先对他们表示诚挚的谢意。

姚海根

2012 年 11 月

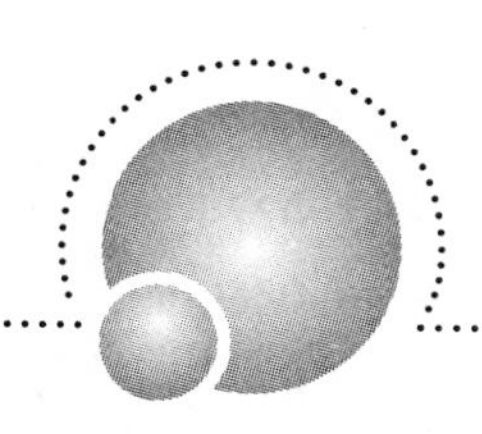

目录

第一章 概述

文本、图像和图形这三种页面对象中，以图像复制的难度最高，从图像捕获到在各种记录介质上正确地再现需要经历多种工艺过程，其中半色调处理占有特别重要的地位。毫无疑问，半色调技术是传统印刷和数字印刷图像复制的基础，甚至某些显示设备也需要利用半色调技术在屏幕上再现灰度和彩色图像，通过眼睛的低通滤波特点产生连续调假象。

1.1 模拟加网技术

印刷业利用半色调技术复制连续调图像的时间已超过一个世纪，从照相加网技术首次进入实际使用后至今，虽然出现过不同的方法，但半色调技术的本质一直没有改变过。各种模拟加网技术曾经发挥过重大作用，其中以照相加网技术最为重要，通过记录点集聚的方式形成网点的技术，更是对传统照相加网技术的继承和发展。由此可见，对模拟加网技术的讨论不但重要和必要，且有利于开展数字半色调技术的讨论。

1.1.1 木模雕刻半色调模拟

大约从公元 8 世纪开始，我国发明了在木模上雕刻外凸图像的制版工艺，类似于数字半色调技术中的全局固定阈值比较法，区别仅在于全局固定阈值方法以当前处理像素值与预先定义的固定阈值比较，得到原图像的二值表示；而木模雕刻制版则完全靠操作人员的技艺决定需要雕刻的点或线条，带有随机的性质，虽然效果可能优于数字半色调技术的固定阈值方法，但这种制版工艺的本质属性却决定了很难模拟连续调效果。

很明显，木模雕刻对于线条稿和文字的复制没有问题，即使要求复制的线条稿的轮廓和填充颜色不同，只要是非渐变阶调，则最多也是如何保证正确地套色的问题。对于连续调原稿来说，木模雕刻制版工艺的阶调复制能力有限，仅仅对原稿的两个极值阶调（黑色和白色）才能准确复制，中间阶调严重扭曲，因而适合于复制特殊的艺术风格。版画称得上木模雕刻图像复制工艺的典型代表，例如图 1 -1 所示的模拟版画效果。

图 1 -1　模拟版画效果

对于木模雕刻制版工艺复制能力的分析可以用图 1 -2 所示的固定阈值法阶调表现曲线说明，考虑到变换结果在固定阈值处陡峭的形状，像素值一旦达到阈值后就立即提高到最大的有效值，可以设想有效阶调复制曲线将延伸到无穷远处，最终复制图像只有边缘细节才能得以表现。木模雕刻复制工艺的细节再现能力取决于被分析细节的明暗程度和操作人员判断结果的正确与否。一般来说，仅当被处理的微小单元的明暗程度在制版技师判断为雕刻和不雕刻之间的某一等级范围内波动时，原稿的细节才能表现出来。

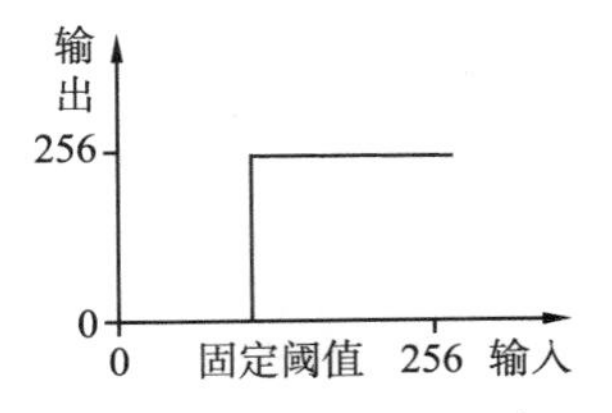

图 1－2　木模雕刻制版工艺的阶调复制曲线

1.1.2　早期随机加网技术

第一种真正意义上的半色调技术是凹雕（Intaglio），它是制版家族的成员之一，其他凹雕制版法还有剖面线或斜线（Hatching）法、十字交叉线（Cross-Hatching）法和点刻（Stipple）法等。这种有别于其他凹雕制版技术的方法被命名为 Mezzotint，常译作金属版或铜版雕刻，与后端工艺联系起来时称为金属版印刷法，后面将以此作为专用名词。

以金属版印刷法复制图像时，通常先在整个雕版表面涂上油墨，然后擦清印版的非印刷表面，使得印版没有凹下的表面成为不着墨部分，而凹坑中的油墨则保留下来，成为印版的着墨部分。据说金属版印刷法的阶调复制质量相当高。毫无疑问，这一制版工艺从修饰金属品的艺术中继承而来，例如具有雕刻图案的花瓶和盾牌。

图 1－3 是实际使用过的金属雕版的摄影照片，为看清印版的细节而作了放大处理，该印版产生于 1695 年，属于 Holman 的收藏品。

图 1－3　产生于 1695 年的金属雕版放大图

从图 1－3 可以看出，金属版雕刻产生的半色调图像不存在周期性的网屏结构，至少不存在视觉观察可辨别的周期性纹理。频率分析结果表明，金属版雕刻结果不包含现代数字半色调随机抖动方法经常出现的 0 频率分量。金属雕版具有优良的复制性能，灰度层次的再现非常精致，不存在白噪声抖动输出结果中经常能看到的颗粒感。

制版时，整个金属板（通常采用黄铜板）原来的光滑表面在特定工具配合不同外力的作用下变得粗糙，但粗糙度分布均匀，未受外力作用的部分保持原光滑表面。由于变粗糙的位置成为着墨单元，因而印刷后得到实地黑色。假定制版前的金属板经过抛光处理，则刮擦导致光滑的金属板表面变粗糙，通过微小的光滑和粗糙单元组合，就可以建立有阶调变化的图像，粗糙和光滑分别对应于阶调的暗和明。借助于改变光滑或粗糙的程度，即可以建立介于白色和黑色间的中间调。考虑到制版人员手持金属工具时作用力的大小和方向的不确定性，可以认为 Mezzotint 是最早出现的随机加网技术。

1.1.3　摄影对印刷和半色调技术的影响

早在 16 世纪时，艺术家们就利用照相暗盒记录光形成的影像。然而，这种早期的照相设备并不能输出可长期保存的照片，只是利用黑暗屋子墙上的小孔将外面的景物投射到平面物体的表面，形成眼睛可辨别的景物影像。根据小孔成像原理，整个黑暗的屋子相当于构成了一架针孔照相机，而照相暗盒的英文意思就是“黑暗的屋子”。

历史上第一张真正意义上的摄影照片诞生于 1826 年，由法国人约瑟夫·尼塞福尔·尼埃普斯（Joseph Nicéphore Niépce）在沥青表面拍摄而得，但他没有最终完善摄影技术便去世了。后来，他的合伙人法国画家路易·雅克·芒戴·达盖尔（Louis Jacques Mand Daguerre）在其成果基础上发明了银版摄影法，并于1839年8月由法国政府宣布获得摄影术专利。现在的宝丽来相机仍使用着与银版法类似的摄影方法。作为摄影技术另一重要的创始人和发明者，英国人威廉·亨利·福克斯·塔尔博特（William Henry Fox Talbot）于1841年发表了卡罗式照相法，由此产生了可被多次复制的胶片，奠定了现代摄影负转正摄影工艺流程的基础。

摄影技术的发展在多个方面对印刷技术的改进做出过贡献。在摄影技术发明前，几乎不存在可复制阶调和颜色渐变的印刷技术，摄影技术的出现才改变了这种局面。从此之后，由于摄影技术被成功地应用到分色和制版领域，才产生了真正意义上的彩色印刷技术。

彩色印刷不仅需要制版技术和印刷设备的配合，也不能缺少彩色原稿，复制黑白连续调图像也如此。摄影技术的发明解决了黑白连续调原稿的来源问题，但并不意味着有能力立即提供彩色连续调原稿，只有进展到彩色摄影时才实现，意味着利用照相机和胶片组合提供原稿图像，而不再仅仅靠艺术家的技艺。

彩色摄影与彩色印刷都通过减色混合产生丰富多彩的颜色，区别仅在于三色印刷和四色印刷。由于三色印刷是四色印刷的基础，因而可认为彩色摄影是彩色印刷的基础。彩色摄影的复制质量极高，完全有能力还原真实景物的颜色和层次变化，从而使彩色摄影成为彩色印刷质量的追赶目标。

摄影术对印刷技术的影响莫过于制版应用，照相制版术的出现也宣告了半色调技术的诞生，任何种类连续调原稿的图像内容均可通过网屏的分割作用转移到胶片，记录成由网点构成的半色调图像。正因为网屏对连续调的分割作用，才产生了半色调这一术语，后来为印刷业普遍接纳。照相制版技术的最大贡献在于实现了从连续调图像到半色调图像的转换过程，虽然现代半色调图像的形成方法发生了翻天覆地的变化，但复制连续调原稿需要半色调转换的原则没有改变，即使印刷技术目前已发展到了数字印刷，仍然需要从连续调图像转换到半色调图像，区别在于转换方法改成了数字半色调。

迄今为止，模拟传统网点的数字半色调技术仍然广泛地使用着，这里所谓的模拟传统网点指的是模拟照相制版产生的网点，不仅胶印等传统印刷方法需要网点图像，某些数字印刷方法也通过网点传递数字原稿的颜色和层次变化，例如静电照相彩色数字印刷。

1.1.4　连续调与半色调复制

现代印前乃至印刷技术建立在页面描述的基础上。在传统印刷方面，激光照排机或直接制版机通过“消耗”版式文件记录成分色胶片或分色印版，而胶印机等传统印刷设备则利用激光照排机或直接制版机输出的半色调图像；在数字印刷方面，由于“消耗”的资源不再是印版，而是数字文件，因而是对数字半色调处理结果的直接利用。

几乎所有的传统印刷和数字印刷都以半色调复制为基础，页面描述和数字半色调是这些印刷方法的基础支持技术。与此相反，摄影属于典型的连续调复制技术，其他基于连续调复制原理的技术还有染料热升华等。光化学摄影大多采用负像记录法，从胶片负像产生连续调照片的基本摄影工艺如图1－4所示，这种连续调复制方法取得成功的关键，在于合理地调整和控制好胶片负像透射率 T 与照相纸反射系数 R 之间的关系。

图1－5用于演示以照相纸产生灰度图像副本的阶调转移函数，该图中（a）的转换结

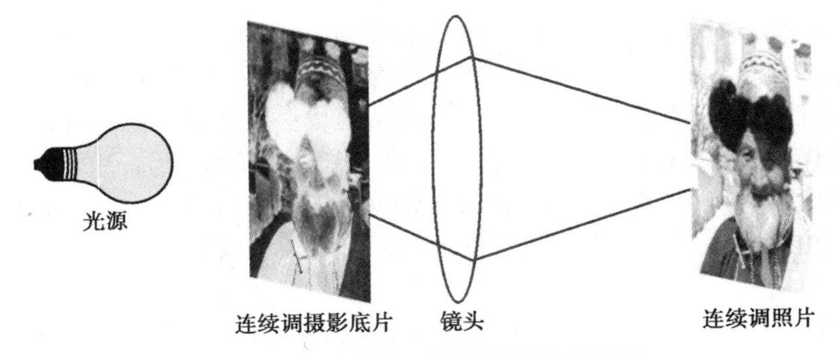

图 1－4 连续调负像到连续调照片转印演示

果输出为阶调分布正常的连续调图像，覆盖原图像的全阶调范围；图中（b）的转换结果几乎没有中间调，因而是高对比度副本，从最右面的阶调转换关系可以了解这一特点。

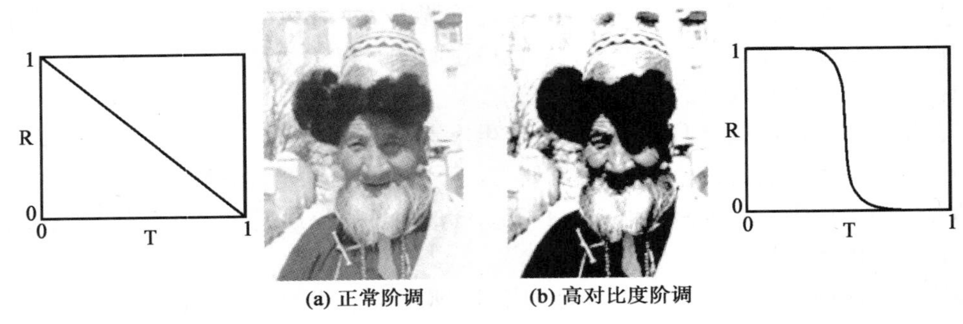

图 1－5 正常阶调与高对比度复制效果比较

加热和染料升华是热升华连续调印刷的两大基本要素，热升华打印机使用的色带预先涂布了一层在热量作用下可从固态直接转换到气态的特殊染料层，加热器发出的热量作用于这种特殊的染料，转变成气态的染料直接或间接地扩散和渗透到纸张纤维内。由于对接受气化的染料有特殊的要求，因而热升华打印机往往使用类似于摄影照相纸的记录介质。

半色调复制没有图 1－4 和图 1－5 那样直接，也不像热升华印刷那样对染料和纸张有特殊的要求。只要连续调图像通过恰当的方法转换成了半色调图像，就可以利用传统印刷或数字印刷设备复制图像了。当然，由于不同的印刷技术基于不同的工作原理，因而对半色调转换方法和转换结果的要求也各不相同，例如大多数传统印刷和静电照相数字印刷要求提供幅度调制网点图像，而喷墨印刷则适合于采用频率调制二值图案。

1.1.5 投影网屏

照相加网的历史可以追溯到 1835 年，那时 Fox Talbot 在光敏材料和被复制对象间放置黑色的丝网，他通过丝网的结构产生按网屏特征“编码”的半色调图像。

大约在 1850 年时，近代半色调工艺的可行性得到摄影技术的证实，质量无法令人满意。改成专用网屏后，半色调图像质量明显提高。因此，真正意义上的照相加网应该说起步于投影网屏，连续调图像转换到半色调图像的工作原理可以用图 1－6 说明。使用时，照相机镜头和胶片平面间放置透明玻璃网屏，玻璃上有规律地排列着栅线；被拍摄图像经过网屏的调制作用叠加到具有高 Gamma 值的专用胶片上，胶片感光后产生网点图像。这种加网系统称为乘法加网工艺，因为光线不能自由地在胶片上成像，由于刻有玻璃栅线的网屏位置在照相机镜头与胶片之间，仅当光线穿过网屏后才能成像到胶片上，乘法加网因此而得名。

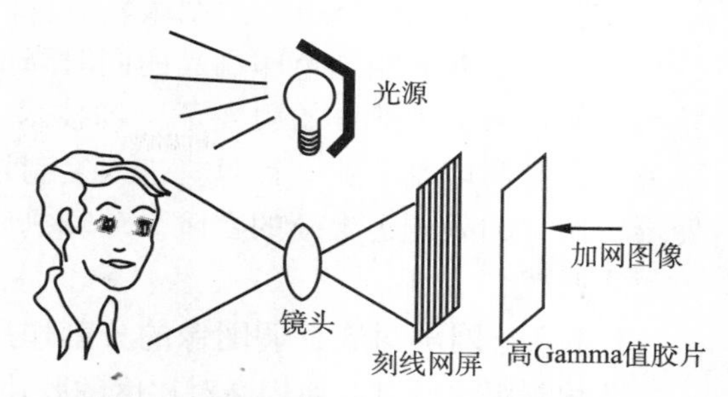

图1－6 乘法加网工艺工作原理示意图

通常，复制系统或材料的 Gamma 值定义为输出中间调水平与输入中间调水平的比率，如果复制系统或材料的 Gamma 值高，则意味着成像系统产生的输出图像中间调（灰度等级）比原对象的中间调高，因而显得比原对象亮。图 1－6 所示系统之所以要使用高 Gamma 值胶片，是因为透明玻璃上排列着分布密度很高的平行栅线，对投射到网屏上的成像光线起阻断作用，如果不加调整，则成像结果偏暗。因此，使用高 Gamma 值胶片的主要目的在于调节成像结果。由于胶片记录系统在高 Gamma 值模式下操作，加网工艺产生的结果图像受排列密度很高的栅线的影响，对原图像起调制作用，栅线的成像宽度正比于被拍摄图像的平均灰度水平，其间经历复杂的光学变换。

Fox Talbot 借助于丝网形成半色调图像后差不多 30 年的时间一晃而过，半色调技术由于 Frederick Ives 的贡献而向前推进了一大步，他设计和制作了适合于实践应用的半色调网屏，由两块曝光的玻璃负片构成，玻璃片上刻等距离分布的细线。两块玻璃片彼此垂直地黏合成一体，玻璃上的刻线于是交叉成直角，形成图 1－7 所示的玻璃刻线网屏。

平行栅线对连续调原稿的调制作用基本上局限于垂直于平行线的方向，得到线条网半色调网点图案。为了获得良好的线条网图像，需要研究栅线网屏到胶片的准确距离，以及其他加网控制参数。利用图 1－7 所示的玻璃刻线网屏可调制出圆形网点，更符合大多数连续调原稿的复制特点，这种网屏的出现使半色调加网达到商业应用的程度。曝光时，连续调图像通过透明网屏的密度函数叠加，导致由高 Gamma 值胶片记录的光强度调制。胶片经化学显影处理后得到清晰的二值化图像，通过眼睛的空间集成作用产生连续调的视觉效果。

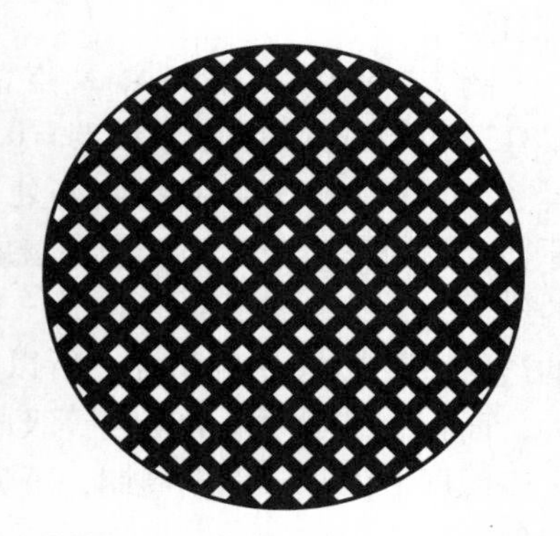
图1－7 玻璃刻线网屏放大图

1.1.6 接触网屏

在传统（摄影）半色调工艺的发展历史中，唯一影响深远的改进是 20 世纪 50 年代引入了接触网屏，由 Kodak 公司根据半影理论首次用工业方法制造成功。当历史的脚步跨入 1953 年时，Frederick Ives 的玻璃刻线网屏终于为胶片网屏取代，贡献属于 M. Hepher，成为半色调技术发展路程中的第二大里程碑式事件，历史上称为第二代半色调工艺。

接触网屏的出现使照相制版过程变得更容易控制，操作也变得更方便。半色调加网操作在专门的制版照相机上进行，由胶片制作而成的接触网屏对光线起分割作用，曝光后光强度的分布特征与投影网屏类似。接触网屏可以弯曲，这种网屏的使用不仅解决了投影网屏的许多麻烦问题，例如必须掌握网屏与胶片的准确距离。因此，使用接触网屏时不再需要考虑投影网屏对几何条件的严格限制，而且也消除了光线“远”距离投影容易发生的衍射效应。利用接触网屏产生的网点不但尺寸可以变化，且网点形状也可以改变，允许在给定的网点周期上产生更高的频率分量，图像细节由此得到增强。

接触网屏的诞生是摄影和制版领域从业者多年努力的结果，通过旋转多个网屏不同的角度，可以在复制彩色印刷品的同时降低莫尔条纹效应。接触网屏是摄影和印刷业的重大发明成果，由此开始引发了一场技术革命，从此以后大量有价值的技术逐步出现，服务于摄影和印刷工业。计算机进入复制领域后，打开了通向多种工艺选择的大门，也使摄影照片的处理迈上新的台阶。计算机应用提供复制照片新的可能性，半色调处理进入数字时代。

1.1.7 网屏对连续调图像的分割作用

照相制版之所以要使用高对比度的胶片，是因为半色调处理结果必须形成黑白二值图案的需要，这种胶片用作产生黑色或白色的阈值，但没有灰色。原稿负像的中间调（例如反射系数 $R=0.5$）刚好等于阈值，大于中间调的像素转换成黑色，透射率 $T=0$；任何小于阈值的像素转换到白色，即透射系数 $T=1$，半色调网屏对原稿的调制原理见图 1－8。

从图 1－8 可以看出，由于网屏的调制作用，连续调负像（透射率越高时对应于正像的颜色越深）不同的灰度等级将转换到与面积成正比的半色调网点。注意，图 1－8 选择的灰度阈值为 0.25，并非 0.5。当胶片原稿透射率乘网屏透射率 T_fT_s 小于 0.25 时，作用于半色调复制品的光线略多一些，这种条件下的复制品将保持高透射系数，即 $T_c=0$（白色）。

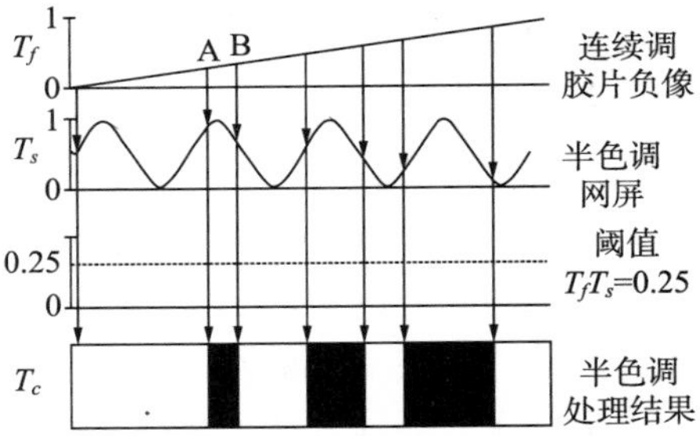

图 1－8 网屏的半色调分割作用

图 1－8 中胶片负像 A 点的透射系数 $T_f=0.313$，网屏胶片的透射率 $T_s=0.80$，两者相乘后得 0.25，半色调转换结果刚好处于过渡边界，取 $T_c=0$（黑色）；对该图中的 B 点来说，原稿的透射率 $T_f=0.35$，网屏透射系数 $T_s=0.714$，两者的乘积等于 0.25，也在过渡区域的边界上，但此时更应该取 $T_c=1$（白色）。以上述方法继续下去，由于连续调胶片原稿的透射系数 T_f 将不断增加，所以转换结果的白色区域面积也加大，即半色调网点尺寸变大，面积大小与原稿的灰度等级成正比。但需注意，网点尺寸不可能无限制地增加，不能大于网屏上的一个网点周期，可见网屏的加网线数将由半色调图像直接作为以 LPI 衡量的指标。

1.1.8 其他模拟半色调技术

本质上，为了保证视觉系统无法看清网点结构，有效地“欺骗”人的眼睛，应该使网点的重复周期尽可能地小，或者说网点的排列距离应该足够小，这就要求网点尺寸足够小。然而，这种要求往往受到诸多因素的限制，比如油墨的黏度、纸张的粗糙度以及用于保持油墨的印版最小面积单位等。关于如何在印刷工艺中使用传统网点的细节不是本节要讨论的主题，有兴趣的读者可以查阅有关参考文献，重要的问题在于视觉系统对于半色调网点结构的响应。研究结果表明，当网点用于传递连续调原稿的颜色和层次变化时，感觉上可以由眼睛分辨出的灰度等级是空间频率的函数。

传统网点在某些情况下称为印刷网点，是因为网点图像在印刷行业使用频率最高的缘故。由于现代数字加网技术大约从 20 世纪 70 年代开始繁荣起来，因而学者们更倾向于将传统网点称为经典网点，相应的传统加网技术则称为经典加网技术。今天，这种古老的网点仍然在广泛地使用着，为通过印刷工艺复制的连续调原稿准备半色调图像。

事实上，模拟加网技术的应用领域肯定不限于印刷一种行业，只要有办法以离散的点集表示模拟连续调原稿的基本视觉单元即可。例如，纺织品的结构特点完全有条件以网点图像为载体表现模拟连续调原稿，如果纱线直径足够细且观察距离足够远，则同样能欺骗人的眼睛，图1－9演示了近代纺织工业部门于1844年产生的二值图像细节。

由此可见，纺织品也可以借助于均匀分布的记录点（纱线交叉）建立单色或彩色图像的连续感觉假象。有意思的是，图1－9所示的原物品并非用印刷工艺产生，而是用Jacquard织布机生产的125支丝绸织物，因而网点排列方式不同于印刷品。当然，图1－9肯定不是唯一的例子，包括刺绣工艺品在内都应该属于模拟半色调技术的范围。

图1－9　丝绸织物上的半色调图案细节

1.2　数字半色调的起源

如果说传统半色调工艺得益于摄影技术的推动，那么数字半色调则起源于电子技术的发展，并由于替代制版照相机分色和加网功能的需要而产生了电子分色机。大约从20世纪70年代开始，国际上出现数字半色调研究的热潮，但如果从申请专利技术需要批准时间的角度考虑，则数字半色调研究的开始时间应该比20世纪70年代更早。

1.2.1　直接加网与分色变革

从摄影技术应用到照相制版开始，分色和加网历来是一对孪生兄弟，即使到了数字半色调算法十分繁荣的今天，连续调原稿的硬拷贝输出仍然需要分色和加网的配合。大约从1967年开始，分色技术出现了较大的变化，成为彩色复制工艺变革的重要领域，在仅仅10年的不长时间内，经历了直接加网分色工艺的复苏时期。从历史的角度看，直接加网确实算不上新工艺，甚至可以说在1890年到1960年这长达70年的时间内照相凹印制版一直使用着直接加网分色工艺，但操作方式却相当落后。由于技术条件和设备等因素的限制，只能依赖于手工操作，虽然也通过蒙版工艺实现色彩校正，但生产成本很高，工作效率却很低。

平版印刷无疑也需要直接加网分色工艺，由于种种原因而长期不能付诸实施，直到20世纪60年代早期引入了新的材料和设备，才改变了落后于凹印的局面。从那时开始，印版生产的效率明显提高，在特定生产条件和原稿种类下能获得令人满意的质量。初期平版印刷直接加网工艺经过Maurer的加工和提炼后变得更成熟，分色时能以灵活的方式产生需要的阶调曲线形状，这对彩色复制工艺变革来说是至关重要的，因为不同的印刷系统和原稿要求不同的阶调曲线形状。

电子分色机的发展导致照相直接加网工艺的衰落，但印刷工业在没有认识到关于图像的确切定义已经改变前，电子分色机的价值还不能得到真正的体现。与多步骤的间接复制工艺相反，直接加网复制品往往能产生更高的分辨率和清晰度。

从20世纪80年代早期开始，印刷业不再使用以制版照相机和照相蒙版为基础的分色工艺，而是为电子分色技术所取代了。事实上，早在70年代时电子分色技术就达到了其快速发展时期，引发这种变革的关键因素是数字图像缩放技术和基于激光记录与电子控制的半色调加网方法和工艺。

数字电子计算机生产成本的下降和存储技术的进步对依赖于照相制版工艺的每一个印刷从业人员来说是无情的，计算机的介入导致分色技术的一场革命。虽然后来出现的扫描仪只是电子分色机功能之一的延续，但工作方式却发生了根本性的变革。资料表明，1971年由 Korman 获得的美国专利自适应彩色复制系统（Self Adaptive Systems for the Reproduction of Color）首次采用彩色查找表，以取得扫描输入信号与输出记录值的匹配，直接导致了电分机参数设置过程或编程步骤的彻底简化。

电子分色技术进一步的革命性变化标志，是开始使用彩色显示器（监视器），便于以实时视觉评价的方式指导电分机的工艺参数设置步骤，这种操作方法于 20 世纪 70 年代中期首次应用于电分机。由此可见，RGB 和 CMYK 混合作业模式早就出现，不过那时矛盾还不突出，因为电分机的操作人员有足够的专业知识分析和判断分色结果，分色和扫描技术远没有达到今天这样大众化的程度。

电分机与图像处理计算机和彩色显示器之间的工作界面出现在 20 世纪 70 年代后期，使分色和加网工艺分解为图像捕获、图像处理以及输出记录三大步骤，在不同的工作站上由不同的操作人员处理。大约出现在 1985 年前后的直接记录硬拷贝打样系统完成了分色工艺革命性变化篇章的最后一笔，积蓄的能量是如此之大，以至于从此就使分色工作流程和质量调整步骤融为了一体，数字工作流程也从理想变成了现实。

1.2.2 电子加网

电子加网显然是照相加网的电子模拟，印刷业曾经将这种技术发展到很高的水平，注意力集中在如何真正地以电子手段实现照相加网技术，图 1－10 是电子加网示意图。

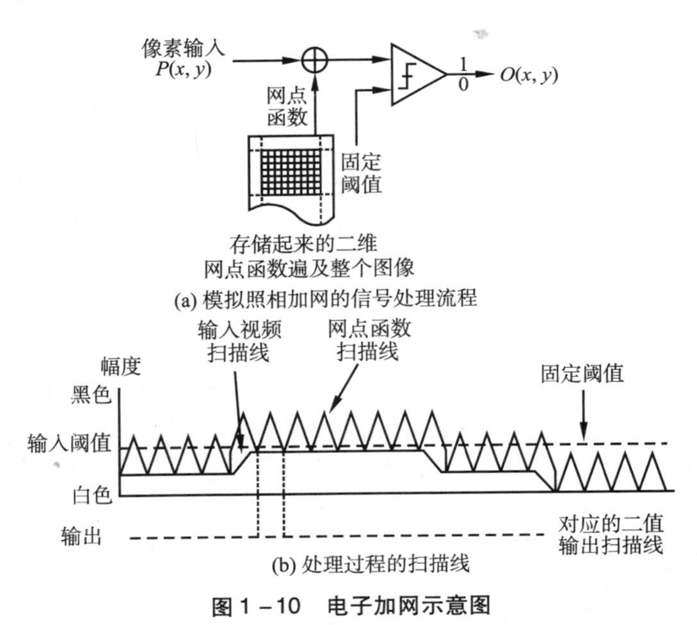

图 1－10　电子加网示意图

在图 1－10 演示的电子加网系统中，样本图像的像素值与单一阈值比较，在此基础上作出产生黑色还是白色的决定。比较操作使用的阈值按次序选择，由相等于半色调单元记录点数的阈值数组构成二维的阈值矩阵，该阈值矩阵内单元的排列方式将决定灰度等级范围、加网线数、网点角度以及半色调图像的其他属性。

图 1－11 是一个典型的电子半色调函数，具备半色调单元的基本形状。可以认为，以这种网点函数产生的半色调图像是通用光电网点的数字采样和量化版本。

1.2.3　激光加网技术

扫描技术在图像缩放技术出现后的明显进展是激光加网，由激光光斑组成的图像与原稿有更好的一致性。激光加网形成的每一个网点由许多更小的记录点集聚而成，网点结构表现出离散特征，只能以阶梯的形式表现连续调原稿的层次，可能导致原连续调图像某些阶调区域缺少平滑度。不仅如此，激光记录技术产生的网点通过印刷机转移到纸张时引起的网点增大往往超过平滑边缘结构网点，原因在于激光网点的边缘呈粗糙结构，其周长大于光滑边缘网点，因而更容易产生网点增大。

		167	200	
230	210	94	72	
153	111	36	52	193
	216	181	126	222
	242	232		

图 1－11　电子加网半色调单元

世界上首个成功地推向市场的激光加网系统由 Printing Development 公司研发，简称为 PDI 电分机，图 1－12 是这种电分机的工作原理示意图。PDI 电分机的扫描系统包含多对极其微小的检流计，检流计上带有微观尺度的反射镜，反射镜的运动导致激光束偏转，由扫描头捕获的图像信号包含阶调值（将决定网点面积率）和像素的空间分布信息（决定图像细节）两大主要成分，激光束控制器根据这两种信号产生半色调网点，记录到包裹在另一个旋转鼓上的胶片上。PDI 电分机使用氩离子激光器，发生的激光束先经过扩束器处理成直径更大的光束，借助于裂束器的作用分解成两路光束，其中的一路光束用于形成记录点集聚的尺寸可变网点，另一路光束继续向前传播，作进一步的裂束处理。

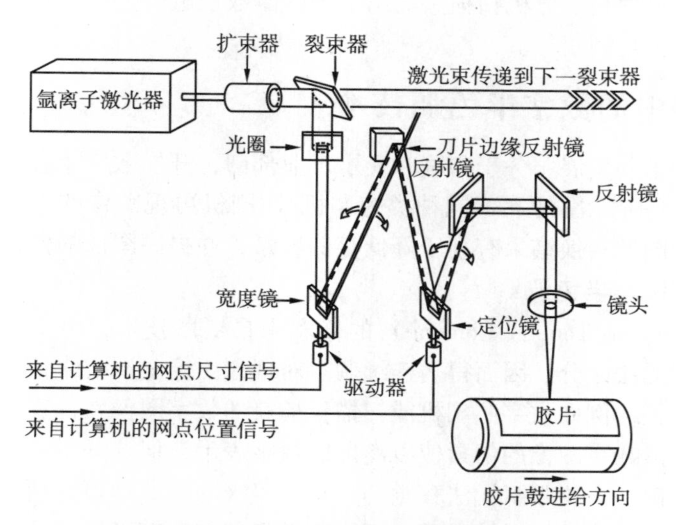

图 1－12　激光束偏转网点发生原理示意图

随着电分机的出现，服务于印刷的半色调工艺发生了革命性的变化，这种变化一直延续到现在。从图 1－12 可知，电分机是连续调原稿扫描和半色调网点发生功能高度一体化的设备，扫描结果由网点发生器直接转换到半色调网点，并记录到胶片上，因而不再需要接触网屏。分色和加网是电分机的两大关键功能，但分色结果必须与加网工艺配合，即分色信号必须转换成控制网点发生器记录动作的二值信号，才构成完整的输入和输出系统。由于电子加网工艺的需要，数字半色调方法迅速发展，许多研究工作者投身于数字加网技术的研究和开发行列，导致半色调方法研究的繁荣局面，出现了多种多样的方法。

电分机使用的激光加网技术与传统工艺的差异是原则性的，区别表现在：首先，电分机产生的网点是多个激光光斑堆积的结果，网点的边缘部分必然会出现锯齿形状，但实际使用效果表明，基于栅格记录的半色调网点没有想象中的那样糟糕，更何况采取一定的技术措施后网点边缘的锯齿效应将明显降低；其次，激光光斑的堆积应该按预定的规则通过控制器曝光，为此需要相应的半色调加网方法配合，而半色调的方法本身一定是预先定义的数字运算规则。长期以来，电分机的结构和操作特点掩盖了其工作本质，因为半色调方法固化在电分机的电子线路中了。

首次出现的另一种激光加网技术诞生在德国，激光器发出的一束激光分裂为六束直径更细的独立激光，经过互不相关的独立调制（仅调制为激光束的开或关）后聚焦到记录信息的胶片上，如图 1 - 13 所示。为了在整个圆周上记录下网点，记录鼓需旋转两周；产生网点的半色调单元包含 12 × 12 个记录栅格，可以表达 145 个层次等级，每一个记录栅格总是在曝光和不曝光间选择。显然，网点形状和尺寸是电分机扫描头输出信号的函数，电子分色计算机按扫描输出信号和网点发生规则产生控制信号。

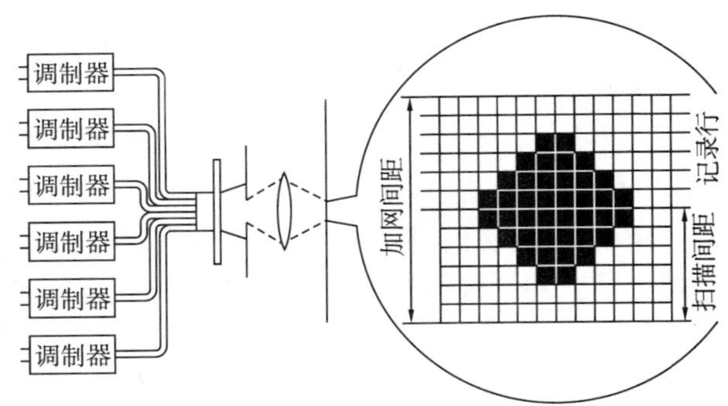

图 1 - 13　以光栅结构为基础的半色调加网系统工作原理

1.3　发展中的数字半色调技术

数字半色调技术的发展服务于印刷和显示工业部门，开发数字半色调方法的驱动力来自二值表示能力设备显示图像和不同种类打印机/印刷机再现图像的需求。从计算机技术角度考虑，半色调图像转换结果有利于降低存储容量，并提高图像的传输速度。

1.3.1　连续调与半色调

连续调（Continuous Tone 或 Contone）的概念来自摄影技术，由于卤化银颗粒尺寸太细小，以至于眼睛无法区分，因而得名连续调。对现代图像复制技术而言，连续调的概念往往与加色混合有关，例如数字照相机或扫描仪捕获的数字图像在计算机屏幕上显示时给出连续调假象。虽然数字图像的像素值以离散的数字表示，但这并不意味着描述数字图像内容的阶调变化离散，只要眼睛无法察觉相邻灰度等级的差异即可。研究结果表明，如果层次等级的数量达到 100 种，则视觉系统不能察觉相邻灰度等级的差异。

半色调（Halftone）图像包含各种可以模拟连续调图像的细小密度单元，这些密度单元通过不同数量的着色剂沉积到纸张或其他记录介质而形成，或者是没有经过着色剂作用的空白纸张，它们的密度值近似于 0。半色调英文 Halftone 这一称呼起源于照相制版技术，由于图 1 - 7 所示的玻璃刻线网屏（投影网屏）黑色和白色面积各占一半而得名，并非指原连续调图像的阶调值被网屏分割成相等的两部分。

半色调的概念往往与减色混合原理有关，因为连续调图像变换到半色调图像的结果需要通过各种印刷设备记录到纸张，尽管某些显示器也需要半色调技术的支持，但大多数半色调图像毕竟以硬拷贝输出为主要目标。

按 Ulichney 博士的定义，数字半色调指能够建立连续调假象的任何方法，根据像素值判断二值图像的取值并做合理的排列，常常被称为空间抖动（Spatial Dithering），不过其实际含义更丰富，将在本书后面的各章中详细讨论。

一般来说，基于数字变换原理的半色调处理完成从色调分辨率较高的连续调图像到更低色调分辨率二值图像的转换过程，印刷业实践半色调技术有几百年的历史，以仅仅黑白两色再现连续调图像。对今天的数字印刷和显示系统而言，基本问题与经典半色调处理并无原则差异，即如何通过谨慎地放置记录点高质量地再现原图像的阶调。所有半色调技术的目标都是以更少的色调分辨率产生感觉上与原稿相似的图像。

感觉相似准则对半色调处理而言至关重要，应该与视觉系统的感受特征联系起来。例如，若采用更传统的工程准则，例如最小平方误差，则半色调处理系统将产生连续调灰度图像的二值输出结果。根据眼睛“测量”半色调输出的工作机制，高空间频率响应将快速地下降了 5/6 左右，因而高频图案将感受成相应的微观平均效果。

1.3.2 数字半色调分类

关于数字半色调技术的分类，学者们存在不同的看法，有一种看法认为，现有的半色调技术几乎毫无例外地采用了相同的工作方式，通过在小块面积上覆盖集聚或分散记录点再现原稿灰度等级，因而数字半色调技术也分成记录点集聚（Clustered-Dot）和记录点分散（Dispersed-Dot）两大类型。另一种看法则认为应划分成三大类型：第一类数字单色半色调可称为逐点逼近技术，例如模拟传统制版工艺的加网或抖动，原图像与阈值数组逐个像素地比较，当像素值超过空间变化的阈值（蒙版）系数时变成黑色，这就是记录点集聚抖动；第二类方法利用邻域像素信息决定原图像给定像素的半色调状态，误差扩散是这类方法中最典型而又重要的例子；第三类单色半色调方法基于迭代计算，反映处理过程的交互作用本质，从数字图像的多值像素到半色调二值像素转换需执行多次通过优化处理，目标是使得误差指标最小化，或在半色调操作结束前满足特定的约束条件。

第一种数字半色调技术的英文全称是 Clustered-Dot Ordered Dither，可翻译为记录点集聚有序抖动。这种数字半色调处理技术通过像素比较的方法建立半色调图像，从原连续调图像到半色调图像的转换过程由阈值数组控制，其中有周期性特征的阈值数组对转换结果起决定作用。这里，所谓的阈值数组是一组有序排列的数字，有时也称为阈值矩阵，或许是有序抖动得名的原因，显然不同于随机产生的数字。

如果硬拷贝设备有能力忠实地通过二值像素重现连续调图像，则应该优先采用记录点分散有序抖动方法，效果比记录点集聚半色调处理技术好。原因在于分散记录点阈值数组能保留原图像的高频成分，不仅保真度高，且在表现恒定灰度等级区域时也能给出稳定阶调的假象，在同样的分辨率和采样周期下的输出效果优于记录点集聚阈值数组。

Limb 和 Lippel 等人针对正方形采样栅格排列设计记录点分散有序抖动阈值数组，该领域最著名的阈值数组来自 Bayer 的研究成果，他在 1973 年时提出的阈值矩阵形式很特殊，性质上属齐次阈值矩阵，后来成为众所周知的 Bayer 抖动技术。研究结果表明，Bayer 抖动在低频纹理结构最小化方面可取得相当不错的处理效果，但如果考虑到连续调图像包含细节在内的全面再现，则在 Bayer 抖动产生的二值图像内出现纹理结构很难避免。由于 Bayer 提出的抖动方法通过按数学规则生成的抖动矩阵实现，导致许多人误认为有序抖动专属于 Bayer 抖动，不过这种看法并不全面，因为模拟传统网点的记录点集聚抖动也是有序的。

第三种数字半色调技术属于迭代处理的范畴。这类半色调方法需预先确定优化或约束条件，往往是某种标准半色调方法与其他技术的结合应用，优化条件通常表现为视觉误差的最小化问题，或约束到偏离理想打印条件的最小化控制目标。以某种参数优化为基础的迭代处理半色调方法可划分成两种风格，即根据某种指标找到最大值或最小值，以及满足预先定义的约束条件，比如感觉差异的最小化。

通常，在设计迭代型半色调方法时几乎毫无例外地做出打印机为理想设备的假设，即打印机有能力在正确的位置上产生理想的正方形记录点。但不幸的是，大多数打印机却无法满足这种假定。当半色调方法不能按打印机的实际条件执行时，硬拷贝输出所得二值图案纹理完全有可能偏离方法预测的感受效果。为了正确地复制出原图像，有必要针对印刷原理建立打印机模型，并将建立的模型与半色调方法结合起来。由于上述原因，大量研究项目致力于如何建立打印机模型，以及如何使模型与半色调方法结合起来。

如果从计算结构角度考虑，则第一种方法具有典型的点处理特征，通过连续调图像和周期性重复的阈值矩阵的像素依次比较得到半色调图像，例如模拟传统网点的记录点集聚有序抖动处理。第二种方法基于邻域处理技术，误差扩散是这种方法的典型例子，当前处理像素产生的误差需扩散到邻域像素。点处理和邻域处理可用于产生记录点集聚或记录点分散抖动的半色调图像结构。一般来说，静电照相数字印刷设备适合于使用记录点集聚半色调处理，喷墨打印机往往采用记录点分散技术。

原则上，迭代处理可用于生成记录点集聚和记录点分散两种半色调结构，但这类数字半色调方法的兴趣通常集中在记录点分散结构方面。从第一种方法开始到第二种再到第三种方法，计算复杂性随之增加，半色调图像质量也随之提高。事实上，直接二值搜索或基于最小平方模型的半色调方法被公认为记录点分散半色调质量的黄金标准，但由于这种数字半色调技术计算的复杂性，从未在产品中直接使用。

1.3.3 幅度调制半色调

数字半色调技术的发展服务于印刷和显示工业部门，开发数字半色调方法的驱动力来自二值表示能力设备显示图像和不同种类打印机/印刷机再现图像的需求。从计算机技术角度考虑，半色调图像转换结果有利于降低存储容量，并提高图像的传输速度。

幅度调制（Amplitude Modulated）常简写为 AM。有时，幅度调制半色调也称为传统半色调，指产生与照相加网相同网点图案的方法，网点尺寸随阶调高低而变化。灰色的深暗色调以尺寸较大的印刷网点复制，而浅灰色则用小尺寸网点表示。

幅度调制半色调处理结果的两个相邻网点的距离恒为常数，每英寸包含的网点数量称为网点频率或加网线数，以半色调图案每英寸距离内的网点行的数量定义，取决于激光照排机、直接制版机、数字印刷机或打印机或其他硬拷贝输出设备每英寸可产生的记录点数。每英寸线数表示的网点频率受硬拷贝输出设备可复制的灰度等级数量限制。

幅度调制半色调处理以记录点集聚有序抖动最为普遍。在这种半色调方法中，输入图像的像素值与阈值比较，对于特定阈值矩阵 $t(i,j)$ 的有序抖动方法可描述为：

$$b(i,j)=\begin{cases}1, & g(i,j)\geqslant t(i,j)\\ 0, & g(i,j)<t(i,j)\end{cases} \tag{1-1}$$

式中 $g(i,j)$ ——原连续调图像的像素值；

$b(i, j)$ ——半色调图像的像素值。

定义式（1-1）所示的变换关系时，假定输入图像已归一化处理到 $0 \leqslant g(i, j) \leqslant 1$。基本上，阈值矩阵定义硬拷贝输出设备所生成记录点在半色调单元内添加的次序。半色调方法具有不同的特征，与阈值矩阵有关。最简单的矩阵取1，对每一个像素的阈值相等，即阈值 $t(i, j) = 0.5$。

由于幅度调制半色调处理的周期性本质，半色调网点图案与其他周期性图案（包括半色调网点图案自身）的叠加导致许多几何干涉现象的发生，彩色连续调图像通过幅度调制网点图案再现时尤其如此。幅度调制半色调方法也受到其他基本因素的制约，例如必须在空间分辨率和要求再现的层次等级间权衡，由此而影响到原图像细节再现。

幅度调制半色调处理的另一缺点是莫尔条纹效应，待半色调处理的图像内包含周期性的结构或可能与阈值矩阵干涉的成分时，莫尔条纹的出现难以避免。当然，对彩色印刷来说，莫尔条纹应视为常见现象，由于彩色图像的分色版经半色调处理后都转换成具有周期性特征的二值图案，因而引起莫尔条纹很正常，问题在于如何设法降低莫尔条纹的影响。

幅度调制半色调处理的主要优点是单一的阈值运算。完成点对点的计算过程几乎不需要存储容量，只要求当前像素的灰度等级，无须邻域像素信息就可输出半色调图像。

调幅网点具有良好的稳定性特征，不容易出现与印刷相关的赝像。印刷网点尺寸大于半色调分色片上计算再现的网点尺寸时，将发生网点增大现象，从而影响半色调图像的印刷效果，印刷图像比原图像阶调更暗。网点增大与印刷机、纸张和油墨特征有关。

1.3.4 频率调制半色调

作为幅度调制半色调的替代方法，频率调制（Frequency Modulated）半色调处理的记录点尺寸和形状固定不变，但记录点出现的频率随原灰度图像的灰度等级而变。由于频率调制半色调的记录点随机地排列成半色调图案，因而频率调制半色调也称为随机加网。

Bayer 于 1973 年提出新的半色调处理方法，阈值矩阵明显不同于记录点集聚有序抖动使用的阈值矩阵，被称为记录点分散抖动。Bayer 建议算法的基本原理与前面描述的记录点集聚有序抖动没有区别，但阈值矩阵的排列方式不同，没有采用矩阵值随半径递减的排列方法，而是按递归的方式扩散记录点，尽可能使记录点彼此离开。这种处理方法导致不再需要在空间分辨率与可再现的灰度等级间权衡。

早期频率调制半色调处理（例如 Bayer 有序抖动方法）的主要问题是记录点按阈值数组周期性地排列，导致半色调图像也带有这样的周期性，常数灰度等级区域尤其严重。

Floyd 和 Steinberg 两人于 1975 年由信息显示学会举办的学术年会上提出误差扩散半色调方法，引起不小的轰动。误差扩散方法以完全不同于以往的方法产生半色调图像，质量比有序抖动半色调图像高得多，但以增加计算成本为代价。误差扩散方法依赖于量化误差的分配，以从左到右、自下而上的线性通过方式处理原连续调图像的每一个像素。当前处理像素值与固定的阈值比较，再根据比较结果决定半色调图像的像素取黑色或白色，阈值比较产生的量化误差分配给邻域像素。定性地说，误差扩散通过使用信息反馈机制迫使局部区域的平均误差趋向于0，以准确地复制灰度等级。

诸如误差扩散等频率调制半色调方法避免了幅度调制方法的大多数问题，以误差扩散方法控制各种硬拷贝设备输出时以随机的方式放置记录点，避免了莫尔条纹的出现。此外，类似误差扩散的频率调制半色调方法也不再需要考虑网点角度和网点频率，输出空间分辨率更高的半色调图案，不存在纹理赝像。

对于视觉系统的研究成果表明，眼睛具有低通滤波特性，这意味着视觉系统对不相关的低频噪声比不相关的高频噪声更敏感。据此，许多研究者试图找到与眼睛感受特征良好匹配的半色调图案，要求高频部分具有非结构性的本质，不存在以周期性纹理形式出现的低频赝像。以上目标的实现归结为尽可能均匀地分布二值像素，后来出现的与误差扩散类似的频率调制半色调方法大多遵循这种原则。

Ulichney 于 1987 年在总结误差扩散方法特点的基础上提出蓝噪声的概念。误差扩散方法在阈值比较时产生误差，称为量化误差，引起误差的根本原因是位分辨率从原图像的 8 位降低到 1 位。他之所以使用噪声这一术语，是因为量化误差的随机性。

控制阈值比较产生的量化误差如何分配到邻域像素取决于误差过滤器，也可直接称之为误差分配方案。某些学者觉得 Floyd 和 Steinberg 设计的误差分配方案过于简单，提出以误差扩散范围更广的误差过滤器，虽然半色调处理效果得到一定程度的改善，但并非根本性的变化。蓝噪声概念的提出深化了人们对误差扩散方法本质的认识，由于蓝噪声与视觉系统的感受特征匹配良好，导致 Ulichney 建议采用具有蓝噪声特征的半色调抖动方法，试图将来自半色调处理过程的量化噪声转移到更高的频率。他指出，误差扩散方法输出的半色调图像具有这种特点。他的发现导致人们从新的角度看待半色调处理，重新认识误差扩散方法的主要优点，并由此而出现了不少新的半色调算法。

1.3.5 迭代优化处理半色调

在 Ulichney 总结蓝噪声的优点后，数字半色调技术向前大幅推进，出现了新的半色调方法类型，即基于迭代或搜索的半色调方法。这种新的半色调方法与误差扩散等频率调制半色调方法的最大差异，表现在要求多次通过处理，以确定最终的半色调图像。

所谓的多次通过处理相对于以往半色调方法的处理特点而言。记录点集聚有序抖动通过有序排列阈值数组与原图像每一个像素值的比较决定记录点的打开或关闭，像素从多值表示转换成二值描述，尽管通过多个记录点的集聚构成位置固定、大小变化的半色调网点，但对于当前像素的处理次数不超过一次。频率调制半色调方法的处理原则不同于记录点集聚抖动半色调方法，例如 Floyd 和 Steinberg 建议的经典误差扩散通过原图像像素值与固定阈值的比较确定输出半色调图像的像素取值，量化误差按预定的方案分配给邻域像素，虽然这种半色调方法波及更多的像素，但对于当前像素的处理只需要一次。

因此，基于迭代或搜索的半色调方法要求的多次通过处理指原图像每一个像素从多值表示转换成二值描述时将会重复地波及。由于方法的迭代或搜索的运算本质，只要不能满足预先确定的准则，已经处理过的像素必须重新处理。迭代或搜索半色调方法力图使原连续调图像与半色调图像间的误差达到最小程度，通过多次迭代或搜索的方法寻找半色调图像内二值像素可能的最佳配置。在所有的数字半色调处理方法中，虽然基于迭代或搜索的方法耗用的计算时间最多，但这种方法输出的半色调图像质量更高，优于频率调制有序抖动（例如 Bayer 抖动）方法输出的半色调图像，甚至比误差扩散方法输出的半色调图像质量更高。

由于迭代或搜索的目标在于某种参数的优化，因而基于迭代或搜索处理的半色调方法也称为基于优化的半色调方法。这些方法从选择特定的目标参数开始，结束于目标参数的最优化。目标参数的选择可以是多种多样的，例如模拟遗传和金属退火的再结晶现象等，或以打印机输出的理想记录点为目标参数，旨在寻求最佳的半色调图像。

对印刷领域来说，通过半色调方法输出二值图案并非最终目的，只有通过印刷系统的作用转换成印刷图像后才算完成。以频率调制半色调处理方法输出的半色调图像经过印刷系统的作用后，所有频率调制半色调方法在网点或记录点增大方面表现出共同的特征。根据网点增大周长理论，与幅度调制半色调方法产生的记录点集聚网点相比，频率调制半色调方法输出的二值图案印刷后网点或记录点增大更严重。

1.3.6　数字半色调技术的现代进展

1. 成熟方法优化

在改进模拟传统加网技术的记录点集聚抖动方法方面表现不明显，很少见到这方面的文献，原因可能是这类方法成熟得较早，工艺和技术已稳定下来，足以满足胶印等传统印刷工艺的制版要求，早在电分机大规模应用前就已经研究得相当透彻了。因此，对于已有成熟方法的优化主要体现在记录点分散抖动，而开展得最多的研究工作则集中在如何改进误差扩散处理技术方面，新的研究成果不断出现。

从 Ulichney 提出并证明误差扩散方法的蓝噪声本质后，对这种方法的改进主要集中在如何产生更接近于理想蓝噪声功率谱的半色调图案，表现在下述两大方面：首先，由于误差扩散处理的结果与加权数组（加权矩阵）有关，因而不少研究工作者致力于提出新的加权数组，基本上以 Floyd 和 Steinberg 加权数组为基础；其次，根据 Floyd 和 Steinberg 提出的误差扩散方法，阈值比较采用固定的数值（最合理的数字自然应该是连续调图像灰度等级之半），但如果采用可变阈值的方法产生二值像素，则半色调图案质量明显改善。围绕可变阈值开展的研究包括阈值扰动法和自适应阈值法等，其中阈值扰动法的基本思想是利用有序抖动或白噪声技术在给定的最大百分比范围内改变固定的阈值，为此需要确定某些附加参数，包括周期尺寸选择和扰动幅度等；自适应阈值法根据被处理连续调图像的像素值确定阈值，因而阈值的大小随像素值大小而改变，例如阶调相关误差扩散算法。

2. 新的半色调方法

可以分成纯理论和半经验两大类，其中以半经验方法开展得更为活跃。在复制阶调能力方面，现代半色调方法研究不再局限于连续调图像的二值表示了，大多是由于不少彩色喷墨打印机使用浅品红和浅青色墨水的需要，有关技术称为多层次半色调方法。

许多物理现象、自然规律或工业生产原理应用于半色调方法已经很普遍，例如基于遗传理论的半色调方法，出于半色调图案某种程度上的随机性而以波朗运动模拟，根据金属退火时的再结晶现象提出的平均退火方法，按动物进化规律（包括人类优化）建议的半色调逐步进化方法，以及最小二乘半色调决策等。

有一类重要的方法建立在打印机模型的基础上，统称为基于模型的方法，又可分成不同的子类型，例如基于模型的直接二值搜索方法和基于模型的误差扩散方法等。最基本的打印机模型考虑记录点的搭接效应，取决于搭接参数。

对于直接二值搜索方法的研究工作开展得十分活跃，这是一种带有启发性质的递归运算过程，搜索过程即迭代过程，为此采用了视觉系统模型，搜索目标归结为使眼睛感受到的半色调图像和连续调图像之间的差别达到最小化，常以均方根误差为衡量指标。

罗彻斯特理工学院 Arney 等人提出的打印机模型号称独立于半色调方法，用于描述静电照相成像打印机（即激光打印机）。由于单一的记录点扩散函数很难满足独立于半色调打印机模型的描述要求，因而采用了与墨粉质量有关的记录点扩散函数以及符合激光打印机成像特点的输墨函数和分离点扩散函数，后者反映纸张内部的光线散射效应。

3. 数字半色调技术的优化组合

随机（调频）加网技术曾一度成为印前领域的热点话题，冷静下来后人们逐步认识到任何技术都不可能是完美无缺的，调频和调幅复合加网工艺更合理。

幅度调制半色调方法产生的分色网点图案是有规律的结构，四色网点图案叠加时若套印不准则容易产生莫尔条纹，属低频纹理结构。刚开始时，人们普遍认为调频加网不会导致莫尔条纹，但美国肯塔基大学 Lau 等人在 2001 年的一项研究结果却指出，两种互不相关的频率调制抖动处理图案叠加起来时将产生具有低频特征的颗粒，这种低频颗粒同样会产生莫尔条纹，因出现在随机加网半色调画面中而命名为随机莫尔条纹，不相关频率调制抖动图案因此成为随机莫尔条纹的一个例子。随机莫尔条纹的属性非常特殊，当调频网点图案彼此不相关且以相等的强度叠加时，条纹变得最容易看清。因此，若打印机（或印刷机）不能保证各分色版网屏严格对齐，则降低随机莫尔条纹可察觉的唯一的途径是引入两种强度（记录点直径）相等的半色调图案并叠加，要求两种半色调图案的主频不同。

尽管蓝噪声（误差扩散）半色调图案有良好的功率谱特征，但用于调幅和调频复合加网工艺时却并不适用，为此 Lau 等人提出了绿噪声的概念，得名于半色调图案的功率谱类似于可见光中绿色的频谱特征。与常规频率调制半色调处理不同的是，绿噪声半色调图案的统计本质允许通过改变叠加画面的粗糙度取得合理的结果，在不修改绿噪声加网图案强度的前提下，就能改变记录点丛（记录点的集聚）的平均尺寸和相关间隔，半色调图案的统计特征也因此而改变，随机莫尔条纹的可察觉程度随之降低。

4. 数字半色调质量评价

半色调方法产生的二值图案质量评价涉及众多内容，与采样（半色调处理类似于原稿的数字化过程，从多值像素转换到二值表示也是一种采样操作）方案、半色调方法和二值图案再现技术（设备）等因素有关。

考虑到由半色调图案叠加而成的彩色图像归根结底是视觉产品，因而视觉感受指标理所当然地引起研究者的关注，但视觉感受质量指标涉及视觉系统模型，而现有的视觉系统模型又不一定能准确地反映眼睛的全部物理特征，所以研究难度较高。

另一类指标利用了频谱分析功率谱的概念，例如误差扩散半色调图案的蓝噪声特征就是基于功率谱分析得出的结论。记录点集聚有序抖动半色调图案的功率谱表示相对而言较为简单，半色调图像通过常规的傅里叶变换（直角坐标平面内进行）并取其直流分量即可得到功率谱。对误差扩散等记录点分散半色调方法来说，傅里叶变换应该取极坐标的形式，变换结果取径向平均功率谱为衡量指标，同时必须考虑半色调图案的各向异性特征。

1.4 半色调图像处理

数字半色调是现代图像处理领域最活跃的研究方向之一，市场需求导致半色调图像处理这一重要分支。由于数字半色调技术对硬拷贝输出和显示领域的众多实用意义，使得半色调图像处理适合于广泛的领域，研究重点除半色调方法本身外，还集中在逆半色调处理、半色调图像数据压缩和水印技术三方面，后者的重点是数据隐藏，对防伪技术的作用不可低估。考虑到本书以讨论数字半色调为重点，绝大多数内容都与数字半色调有关，因而本节不讨论数字半色调处理。

1.4.1　逆半色调技术

逆半色调处理（Inverse Halftoning）与半色调处理的工作目标刚好相反，涉及从半色调图像到连续调图像的重构问题，且要求重构出来的连续调图像的视觉效果类似于原来的半色调图像。事实上，即使对半色调处理过程给定唯一的定义，许多连续调图像也可以映射为相同的半色调结果，导致逆半色调映射是非唯一的。

逆半色调操作在印刷图像（二次原稿）扫描、半色调图像操作（例如半色调处理前的缩放和阶调变换等）、传真图像处理、图像压缩等领域都有应用。处理半色调图像是困难的任务，因为半色调图像本质上是二值的，而迄今为止的图像处理技术对于二值图像可采取的措施有限，不过这种问题可利用逆半色调技术解决。

图像处理（例如提高分辨率采样、降低分辨率采样和阶调校正等）技术应用于连续调图像通常是没有问题的，但这些操作却不能直接用到半色调图像，原因在于几乎所有的半色调图像以二值描述的形式生成，由于数据结构与灰度图像及 RGB 图像等的本质差异，数据运算受到许多限制。解决常规图像处理技术应用于半色调图像的途径之一，是使用某种特定的处理渠道，通过逆半色调计算程序使半色调图像转换到连续调图像，然后以常规方法处理，最终对处理好的图像执行重新半色调化操作。

自然场景典型连续调图像的大多数能量集中在低频区域，但半色调承载的主要能量却集中在高频区域，可见逆半色调操作本质上应该尝试低通滤波技术。研究和实践经验表明，如果以固定的低通滤波器作用于半色调图像，通常不会产生很好的结果。由于固定滤波器的通频带是如此之窄，以至于重构的连续调图像显得太模糊；反之，当固定滤波器的通频带太宽时，导致重构连续调图像保留明显的高频噪声。

基于查找表的逆半色调方法有一定的代表性，这是一种以模式识别为基础的快速、非迭代方法。查找表可以从直方图得到，而直方图的形成基础则是半色调图像及其对应的原图像组成的集合。这种处理方法既与半色调图像的属性无关，也独立于对应的滤波器，适用于许多领域。在这种逆半色调方法中，产生查找表数据的模板设计、查找表数据训练图集的选择，以及训练后是否出现正确值的估计方法成为决定逆半色调图像质量的关键。

有一种逆半色调方法很有意思，它建立在神经网络的基础上。以佳能公司 Yoshinobu Mita 等人的研究方法为例，研究者考虑了神经网络的多层次结构特点，但过多的层次结构会导致计算复杂程度大为提高，因而决定采用三层结构，由输入层、隐藏层和输出层组成。从输入层开始一直到输出层的逆半色调处理过程中，神经元的数量逐步减少，神经网络方法的训练过程归结为从二值图像和连续调图像学习的过程，连续调图像则给予输出层，充当神经网络方法的学习目标。

1.4.2　半色调数据压缩

对印刷工艺来说，半色调操作仅仅是许多工艺步骤之一。印刷工艺与图像处理有关的步骤包括数据压缩、图像缩放、阶调补偿、色彩校正、色彩空间变换和底色去除等。与数字半色调操作有关的各种压缩技术已经有不少，以不同的方式进行，例如半色调处理前压缩、半色调处理后压缩、针对半色调的连续调图像优化压缩和直接压缩半色调图像等。与半色调处理有关的数据压缩方法分成图 1－14 所示的（a）和（b）两种流程。

流程（a）先压缩原连续调图像数据，产生的位流传送到目的地，再执行连续调图像

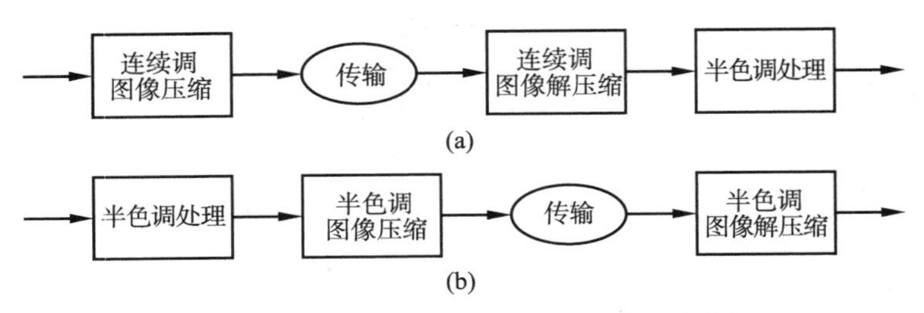

图 1－14　数据压缩与半色调处理的两种流程

数据的解压缩和半色调处理，这种流程使用视觉子带编码和优化的 JPEG 编码方法。流程（b）先对原连续调图像执行半色调操作并压缩半色调图像，位流数据传输到目的地，再执行数据解压缩处理，目前已提出了多种直接压缩半色调图像数据的方法，以及多种产生“可压缩”半色调图像的方法。处理流程（a）的优点主要体现在压缩比与印刷分辨率无关，且有许多现成的数据压缩方法可用；工作流程（b）可以直接混合半色调图像和图形。另一种处理流程为流程（a）和（b）的复合，利用逆半色调方法将半色调图像转换成连续调图像，在此基础上压缩连续调图像数据并传输，最后在传输目的地解压缩位流并再次执行半色调处理。

具体的数据压缩技术分成无损压缩和有损压缩两方面。其中，无损的含义是解压缩恢复的图像与原图像准确一致，例如行程长度编码、基于前后关系的压缩技术以及基于图案匹配的压缩方法。对于二值图像无损压缩方法的研究工作集中在文本文档方面，即如何压缩文本型的图像数据。使用得最广泛的二值图像数据压缩技术或许是 CCITT 第三工作组和第四工作组开发的图像数据编码标准，用于压缩传真图像，这两种技术利用了典型文本文档图像内黑色像素和白色像素集聚的本质特点，方法建立在行程长度编码基础上。尽管半色调图像表现为二值结构，但文本图像却未必如此，因而 CCITT 定义的 Group 3 和 Group 4 二值图像压缩技术在处理文本图像方面不如压缩半色调图像数据。

联合二值图像处理工作组 JBIG（Joint Bilevel Image Processing Group）制定的 JBIG 标准采用基于前后关系模型的算术编码方法，对半色调图像的压缩效果明显优于 CCITT 制定的 Group 3 和 Group 4 标准。JBIG 方法采用自适应二值算术编码器集合，以周围条件或前后关系选择特定的编码器，这里的前后关系由邻域像素组成。在处理二值图像时，由 10 个像素组成的前后关系对应于 1024 个不同的算术编码器。JBIG 前后关系中的某些像素可以自由移动，以更好地捕获可能存在于半色调图像内的任意结构，例如周期性结构；可移动像素的位置传输给解码器，作为附加信息使用。

有损压缩方法以 JBIG2 最为典型，与行程长度编码等无损压缩方法相比，压缩效率明显提高，这种特点与其他有损压缩方法类似，例如 JPEG 压缩方法。JBIG2 压缩方法先将页面分解成文本、半色调和其他三种类型，在此基础上再做数据编码。值得注意的是，这种图像数据压缩标准并不规定如何分块的具体方法，而是留给编码方案设计者决定。

Ting 和 Riskin 两人以查找表进行逆半色调处理，通过矢量量化压缩图像数据，再利用误差扩散方法做重新半色调处理。这里，重新半色调处理属于其他部件，有可能在最终结果和原半色调图像间引入畸变。研究结果表明，单色误差扩散半色调图像可以压缩到大约每像素 0. 25 位，明显优于以无损压缩方法压缩相同误差扩散图像的效率，典型无损压缩方法只能产生高于每像素 0. 5 的位率。

1.4.3　数据隐藏与水印

随着数字（电子）记录和传播介质变得越来越流行，可靠的版权保护、复制控制、版权声明和鉴定方法等也越来越需要。无论现在还是将来，只要印刷仍然作为主要的传播技术之一，必然要求数字文档以印刷格式交换，因而保护数字文档的安全机制必须兼容于以纸张为基础的基本构架。以鉴定问题为例，用于鉴别文档“身份”的标签需嵌入数字文件，经过印刷工艺转换成印刷品后应该“存活”下来，这意味着“身份”标签必须嵌入在文档数据的内部，不能采用扩充到文档位流的方法，理由如下：如果“身份”标签扩充到位流，则伪造者很容易扫描文档，修改扫描所得复制品，再印刷经过修改的文档。在数字内容中嵌入信息而不会导致感觉质量降低的过程称为数据隐藏，其特殊表现是数字水印，嵌入信号取决于密钥，这种加密方法以代价低廉为主要优点，真伪识别也相对简单。数据隐藏与水印之间的主要区别之一，体现在是否存在活动“敌手”。一般来说，数字水印必然存在活动“敌手”，试图去除水印，使之变成无效的或者是假的水印；然而，隐藏的信息却不存在这种活动“敌手”，也不存在与去除隐藏信息动作关联的数值。虽然数据隐藏确实与水印不同，但信息隐藏技术应该对偶然畸变表现出稳定性。

数据隐藏的另一特殊形式称为收敛图（Steganography），用于科学和艺术的秘密信息沟通。尽管几十年来收敛图一直作为密码系统的一部分加以研究，但收敛图的焦点问题还是秘密信息沟通。此外，与收敛图有关的最重要的问题是必须揭示现有的每一个隐藏信息，这种需求对常规数据隐藏和水印来说并不十分重要。

由于数据隐藏和水印的实用价值，讨论数据隐藏和水印技术的论文大量出现，大体上分成短暂数据（水印）嵌入、数据（水印）的永久性嵌入和二值图像（二值水印）嵌入等分支。其中，短暂水印用于身份验证，对于文档的修改总能探测出来，原因在于水印本身的变化或文档内容与水印间关系的变化。短暂嵌入技术也适合于收敛图应用领域。

无论是否遭遇到偶然事件或受到恶意的攻击而导致畸变，许多应用领域要求能恢复嵌入在文档内的信息。文档的硬拷贝输出有畸变现象发生时，必须考虑到嵌入数据（即水印）的稳定性，例如印刷、扫描、复印和传真机数据传输。对此，在半色调处理期间嵌入数据不失为解决方案之一，但原图像必须是灰度图像；某些方法与半色调处理时的数据嵌入法不同，是半色调图像形成后直接嵌入数据。

二值图像的水印嵌入技术目前开展得相当活跃，人们都会产生水印嵌入是现代技术的结论，但事实上这种研究比人们想象的要早。据资料介绍，早期开展的有关二值水印的研究工作可以追溯到称为视觉密码（Visual Cryptography）的技术，对此有兴趣的读者可参阅 M. Naor 和 A. Shamir 著的《视觉密码》一书。

视觉密码技术的工作原理如下：包含密码信息的二值图像的每一个像素分解成两种子像素标本（集合），每一种标本印刷（打印）成图 1－15（a）和（b）那样的图像，这两幅图像（印刷品）各自独立地观看时，黑色像素和白色像素随机地出现在印张上；如果这两幅图像彼此叠加在一起，则无须仔细观察，也不必使用任何仪器，眼睛就能看到由黑色像素堆积成的特定标记或符号，如同图1－15（c）给出的“T”字符号那样。

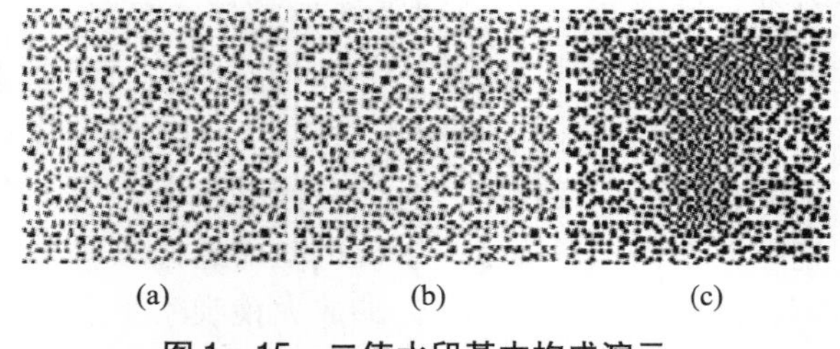

图 1－15　二值水印基本构成演示

第二章 连续调图像的阶调重构

对印刷来说，图像是重要的页面对象，为了从数字照相机或扫描仪捕获的数字图像通过印刷系统的作用转移到纸张或类似的记录介质，使之成为传播媒体的重要组成部分，应该找到正确而合理的表示方式，且适合于印刷系统使用。对图像显示来说，只要显示系统的屏幕具有像素多值表示的能力，则再现连续调的灰度和彩色图像不成问题。然而，若显示系统也只有二值表示能力，那就需要用与印刷系统类似的方法。

2.1 像素描述

数字图像、计算机显示器和硬拷贝输出设备以不同的方式描述像素。模拟原稿通过扫描仪或类似设备转换成数字图像后，像素值通常用8位数字表示；计算机显示器借助于发光元件再现数字图像的像素，与像素值取得一一对应关系；硬拷贝输出设备以特殊的形式在各种物理介质上再现数字图像，其中最有效的手段就是半色调技术。

2.1.1 模拟连续调图像

图像的概念早就出现，但由于不同的时期采用不同的图像获取方式，因而人们对于图像这一称呼的理解处在变化中。人类很早就对天象感兴趣，于是就有了光学望远镜的发明，时间可上溯到400多年前；除天体这样的宏观对象外，人类对微观世界同样充满兴趣，这种了解微观世界的愿望导致显微镜的发明。提到望远镜和显微镜的发明，不能不提到伽利略的贡献，因为他是发明这两种早期光学仪器的关键人物。当然，那时的望远镜和显微镜都不能将观察到的景物记录下来，只能说是具有临时图像捕获能力的光学仪器。

摄影技术的发明标志着人类终于找到了一种永久性地记录图像的方法，可以有效而准确地表示客观景物。摄影系统借助于光化学反应采集和记录信息，景物拍摄完成后需通过显影和定影及冲洗等化学过程将光潜像还原成可见图像，完成从限制性记录条件潜像到无条件观看图像的转换过程，转换结果以卤化银颗粒位置的透明度表示。

由于摄影底片的生产成本相当高，所以尺寸往往太小，以至于不适合用眼睛直接观看。为了解决这种矛盾，摄影底片上的光潜像还原成可视图像后还需冲印成照片，才能够不借助于任何设备或器材直接由眼睛仔细观察。照片的冲印过程与印刷类似，仅有三色印刷和四色印刷的区别，因为照片冲印只使用三原色染料还原摄影结果，两者不存在原则差异。

如果在放大倍数一般（例如5～10倍的放大倍数）的放大镜下观察摄影结果，眼睛看到的将是连续变化的颜色，且同种颜色的层次变化也是连续的，由此摄影底片和照片得名连续调原稿。事实上，阶调的是否连续只有相对意义，视宏观还是微观环境条件下观察而定，前面提到的5～10倍的放大镜观察工具仍然属于宏观层面，若采用倍数更高的放大工具（例如电子显微镜或电子探针）观察，则很可能得出不连续的观察结论。

根据以上描述，模拟连续调图像的像素描述有两种方式：对记录成负像的胶片来说，像素以不同的透明程度表示，可见胶片负像之像素的透明程度是位置的函数，对于转移到照相纸的照片来说，像素以所在位置不同的反射系数或反射密度描述，或者说照片像素的反射系数是位置的函数。虽然透射率和反射率均是可测量的，似乎成像到摄影底片或照片的图像质量可以定量地评价，但手工操作的困难导致只能测量特别的区域，且测量区域的面积不能太小，例如预先设置的与景物同时拍摄的测量色块。

如果从能否方便地测量的角度考虑，则模拟图像并不存在形状和大小明确的像素，只存在模糊的概念，因此，模拟图像的像素只具有定性意义，只能说像素是很小的图片单元，但不能明确地界定像素的大小和形状，甚至连具体的位置也不能明确地界定。

尽管如此，讨论模拟图像的像素描述仍然是有意义而又十分必要的，如同讨论印刷图像的像素值那样。数字技术已发展到几乎无所不能的程度，借助于数字照相机或扫描仪等图像采集设备，模拟图像很容易转换到数字图像，则像素描述就具体化了。

2.1.2 数字图像的像素描述

数字图像处理技术以及相应的图像数字化设备进入实际应用后，连续调这一概念有了新的内涵，从事印刷复制的专业人员们往往将扫描仪或类似设备产生的数字化处理结果也称为连续调图像，像素的连续调描述当然具有明确的意义。

模拟原稿的数字化已成为数字图像处理的重要内容，扫描仪正变得越来越普及，逐步演变为模拟原稿的主要输入设备之一。数字照相机的普及速度超过人们的预期，基于行扫描原理的数字照相机配置成的各种大规格扫描仪的出现，不仅丰富了数字图像采集设备的类型，也解决了从大幅面模拟原稿转换到数字图像的问题。

从连续调模拟原稿（对数字摄影而言是连续调的物理场景）转换到数字图像必须经历抽样和量化两个步骤，来自模拟原稿或场景的反射光线或透射光线为扫描仪或数字照相机内部的光电转换元件捕获，使原稿或场景的光信号转换成电信号；由光电转换元件捕获到的光信号是模拟的，转换得到的电信号也是模拟的，必须通过数字图像采集系统的模/数转换器变换到数字信号，并赋予每一个像素确定的数值（通常是非负的有界值）。由于量化位数的不同，像素的取值被限制于某一连续的正整数区间内，包括数字0。

图2-1演示灰度图像的像素描述特点，为便于理解而放大了图中（a）的图像，图中（b）给出的数组中的每一个数字对应于图中（a）图像包含的每一个像素，假定按8位量化。

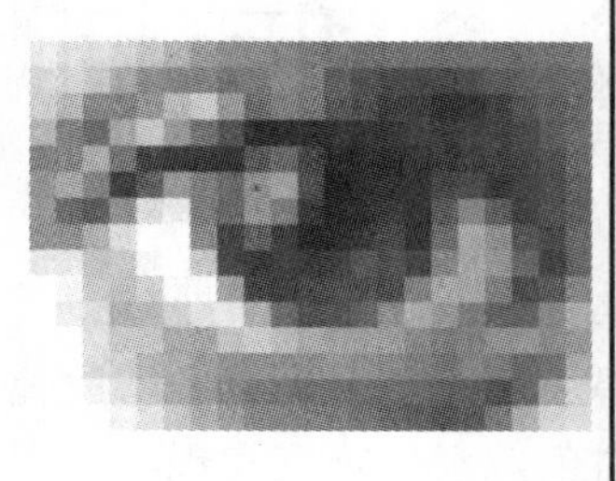

（a）灰度图像

$$
\begin{pmatrix}
237 & 227 & 225 & 215 & 201 & 178 & 154 & 140 & 142 & 132 & 121 & 113 & 105 & 102 & 103 & 102 & 103 & 100 & 100 & 103 & 107 \\
219 & 217 & 206 & 172 & 143 & 131 & 132 & 116 & 123 & 139 & 126 & 93 & 81 & 71 & 68 & 70 & 77 & 87 & 91 & 96 & 99 \\
211 & 190 & 140 & 133 & 155 & 194 & 217 & 159 & 111 & 131 & 122 & 91 & 82 & 65 & 64 & 55 & 55 & 67 & 83 & 92 & 97 \\
184 & 132 & 107 & 172 & 206 & 159 & 113 & 86 & 54 & 51 & 54 & 56 & 55 & 54 & 61 & 60 & 63 & 65 & 70 & 86 & 97 \\
131 & 134 & 177 & 115 & 73 & 63 & 68 & 58 & 91 & 104 & 76 & 51 & 50 & 47 & 53 & 60 & 59 & 66 & 68 & 77 & 95 \\
150 & 175 & 135 & 69 & 95 & 157 & 133 & 108 & 152 & 173 & 82 & 42 & 51 & 53 & 51 & 76 & 75 & 55 & 65 & 73 & 89 \\
153 & 112 & 94 & 147 & 228 & 244 & 127 & 106 & 153 & 128 & 60 & 45 & 51 & 60 & 50 & 91 & 135 & 91 & 62 & 76 & 86 \\
149 & 147 & 178 & 227 & 255 & 255 & 140 & 70 & 97 & 67 & 46 & 49 & 61 & 74 & 53 & 109 & 175 & 144 & 80 & 69 & 94 \\
234 & 234 & 197 & 202 & 249 & 255 & 206 & 74 & 64 & 71 & 66 & 71 & 87 & 82 & 69 & 140 & 177 & 154 & 99 & 61 & 93 \\
255 & 245 & 204 & 195 & 211 & 249 & 255 & 165 & 72 & 69 & 76 & 81 & 80 & 78 & 128 & 175 & 169 & 125 & 73 & 83 & 131 \\
255 & 237 & 225 & 178 & 186 & 212 & 232 & 238 & 180 & 108 & 82 & 84 & 98 & 142 & 173 & 155 & 120 & 95 & 93 & 133 & 171 \\
255 & 254 & 229 & 202 & 201 & 173 & 171 & 200 & 211 & 197 & 178 & 170 & 163 & 157 & 135 & 123 & 131 & 146 & 151 & 138 & 152 \\
255 & 254 & 225 & 214 & 185 & 177 & 160 & 147 & 148 & 146 & 148 & 152 & 143 & 132 & 120 & 113 & 127 & 120 & 96 & 106 & 173 \\
255 & 255 & 246 & 230 & 203 & 174 & 157 & 134 & 124 & 120 & 112 & 111 & 106 & 101 & 97 & 95 & 90 & 77 & 94 & 164 & 217 \\
255 & 255 & 254 & 244 & 229 & 203 & 177 & 158 & 141 & 135 & 128 & 122 & 111 & 97 & 89 & 84 & 86 & 114 & 173 & 215 & 224
\end{pmatrix}
$$

（b）像素值

图2-1 数字图像的像素与像素值

很明显，无论是模拟的光信号，还是模拟的电信号，它们都具有连续变化的特点，但一旦变换到数字表示，且赋予确定的0或正整数值后，来自模拟图像的光信号或电信号就失去了连续性。正由于上述原因，图像处理工作者称数字图像为离散图像。然而，所谓的离散指数值的离散，数学上的意思是实数表示改成正整数表示，这种离散并不意味着阶调的离散或不连续，与数字图像的连续调特点并不矛盾。

2.1.3 连续调图像的半色调表示

根据连续调模拟图像容易转换成数字图像的现代技术能力，本章讨论的连续调图像既可以是模拟形式的连续调原稿，也可以是模拟原稿经扫描仪或数字照相机等设备转换而成的数字图像，后者比前者或许更重要。原因在于，以数字半色调技术表示连续调图像时必须有明确的数字操作对象，意味着模拟连续调原稿各位置上的光信息必须处理成数字图像的像素值，才能提供给数字半色调系统使用。

半色调技术用于在二值显示设备或激光照排机、直接制版机、数字印刷机及台式打印机等硬拷贝输出设备上再现连续调灰度图或彩色图像。以灰度图像硬拷贝输出为例，若连续调图像已经转换成了二值描述的半色调图像，则原图像的灰度等级或色调等级仅仅用两个层次等级来表示，即黑色和白色，分别对应于油墨堆积最多和纸张白色。彩色图像总是由多个主色通道组成，每个主色通道可作为独立的灰度图像对待，因而不同的色调也可以用两个等级表示，例如不同程度的黑色或青色；只要代表各主色通道内容的灰度图像都转换到了半色调画面，则合成后就可得到彩色结果。当然，以上认识建立在各主色通道可彼此独立地执行半色调处理假设的基础上，如果半色调方法在处理各主色通道的像素时彼此间会有影响，则必须考虑到主色通道半色调处理的相关性，将在后面讨论。

半色调技术的实用意义在于，不仅各种类型的硬拷贝输出设备需通过半色调技术再现连续调图像，某些缺乏连续调表示能力的显示设备同样如此。从连续调图像到半色调图像的转换过程称为半色调处理，为实现预定的处理目标需采用合理而恰当的半色调方法，处理结果则是原连续调图像的二值表示，如同图2－2给出的网点图像放大图那样，图中的R_k和R_g分别代表着墨点反射系数和纸张反射系数。

根据前面对于灰度图像和彩色图像半色调处理方法和可行性的讨论，以灰度图像为半色调处理的典型对象不失一般性，反而为讨论问题带来方便。图2－2表示模拟传统网点的记录点集聚抖动处理结果，虽然以很低的加网线数表示，但足以说明问题；如果加网线数提高到一定程度，则网点结构无法分辨，眼睛感受到的将是连续变化的假象。

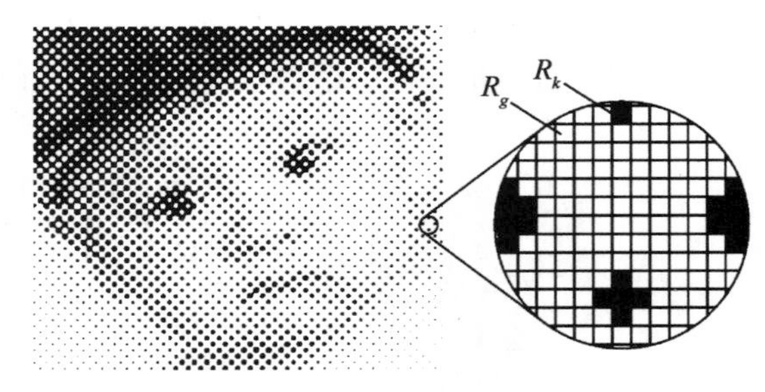

图2－2 图像的二值表示

各种类型的半色调技术之所以在显示和硬拷贝输出领域获得成功，是因为它能够欺骗我们的眼睛：当人的视觉系统感受到半色调图像内黑色像素和白色像素的密度表现时，视觉系统将感受到的黑色和白色像素密度解释为灰度等级，产生连续调图像的假象。为了产生视觉效果良好的原图像的半色调表示，视觉系统应该接收到高空间分辨率和灰度（色调）等级分辨率的图像信息，才能将半色调图像感受为连续调图像。

2.1.4 半色调模拟连续调的视觉依据

半色调技术之所以能获得广泛而成功的应用，是由于眼睛具有类似于空间低通滤波器的图像信息处理功能，否则任何半色调技术都将无能为力。既然如此，就有必要讨论通过半色调模拟连续调的视觉依据，涉及视觉系统对空间频率的响应特征，归结为合理而恰当的视觉系统模型。许多研究者在眼睛对空间频率的灵敏度方面已开展了不少工作，提出了不同的视觉系统模型，且各具特色，适合于不同的应用目标。为了能合理地预测经过半色调处理而重新编码的二值图像的主观质量，由 Mannos 和 Sakrison 两人提出的模型有相当的典型意义，描述为：

$$H(f)=2.6(0.0192+0.114f)\exp[-(0.114f)^{1.1}] \qquad (2-1)$$

式中 f——频率，单位取周期/度。

如果说公式（2-1）描述的视觉系统调制传递函数仅仅是抽象的数学表示，则绘制成曲线图后就为人熟知了，读者对图2-3中虚线绘制的曲线一定不会感到陌生。由式（2-1）可知，眼睛大体上对数值为8周期/度的频率最敏感，其他学者估算出的眼睛的峰值灵敏度各有不同，范围在3~10周期/度之间。

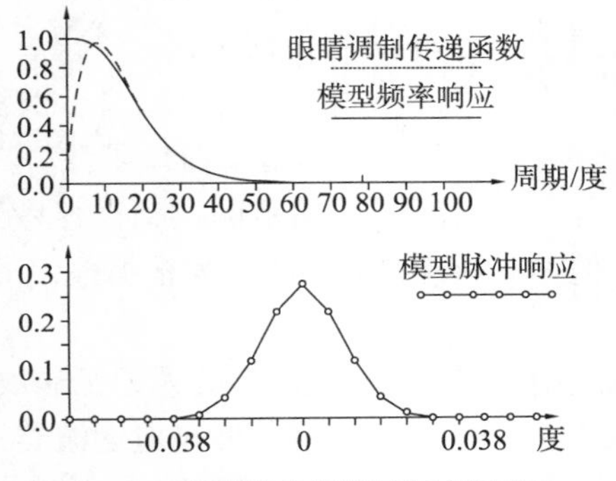

图2-3 眼睛的空间频率灵敏度与滤波器模型的脉冲响应

通常，眼睛对较高频率灵敏度下降的原因归结为视觉系统的光学特征，例如为了看清被观察对象的细节，眼睛的瞳孔尺寸放大，但可放大的程度有限。视觉系统对于低频灵敏度下降归结为同时对比度（Simultaneous Contrast）和马赫带效应（Mach-band Effect）引起的假象。其中，同时对比度指的是特定的灰度等级区域被较亮的颜色包围时显得比被较暗颜色包围时更暗些，马赫带效应则描述了两个相邻的灰度等级不同的区域享有共同边界时的视觉感受特征，眼睛在边界较亮一侧感觉为亮带，在较暗侧感觉为暗带。

眼睛对沿水平或垂直方向排列的正弦状图案（有规则排列图案）的变化更敏感，但对沿某种对角方向排列的类似图案则较不敏感，特别是对沿45°方向有规律排列的图案最不敏感，这不仅成为单色印刷沿45°方向排列网点的主要依据，也是四色套印黑色沿45°方向排列网点的主要依据，因为黑色在四色中颜色最深。

已经建立的模型试图描述视觉系统的主要感受特征，其中形式最简单的模型用一个滤波器描述，例如公式（2-1）给出的滤波器。更简单的模型经常为学者们引用，以无记忆的非线性信号变换为主要特征，如图2-4所示。

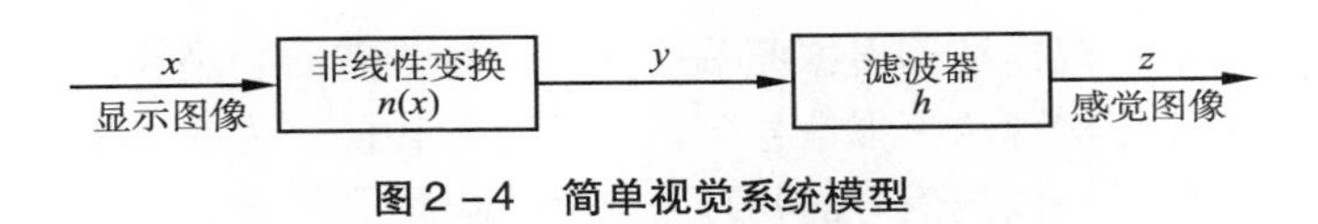

图2-4 简单视觉系统模型

如果以分贝表示眼睛感受信息的灵敏程度，则眼睛的感觉差异与被观察对象的频率有关，典型感觉差异如下：当被观察对象的频率等于10周期/度时，相同观察者产生大约

0.6分贝的感觉差异；被观察对象的频率提高到30周期/度时，将产生大约3分贝的感受差异，这样的差别当然不能认为太大。事实上，经典半色调技术正是利用眼睛对低频和高频内容的感觉差异成功地欺骗了眼睛，产生了很好的视觉效应，通过对角线结构产生视觉效果良好的半色调图案，二维视觉模型应该充分利用这种现象。

2.1.5　眼睛的非线性特征

眼睛的非线性特征可以用韦伯定律（Weber's Law）解释。韦伯定律认为，眼睛对亮度的最小可察觉变化正比于亮度。然而，最普遍使用的非线性描述方法并非韦伯定律，例如以对数律或指数律描述。此外还有更复杂的模型，比如在非线性特征前增加一个滤波器，甚至增加多个滤波器。在许多场合，出于实践需要的考虑而使用有限脉冲响应（FIR）滤波器，某些场合采用空间离散的视觉系统模型更合理，形式为：

$$z_{i,j}=M(x_{k,l},\ k=i-m,\ \ldots,\ i+m;\ l=j-m,\ \ldots,\ j+m) \qquad (2-2)$$

式中　$x_{k,l}$——图像样本；

$z_{i,j}$——模型输出，取决于识别基础或视觉模型；

$M(.)$——滑动窗口函数，其中的m应该取非负的整数。

式（2－2）所示的模型很容易与无记忆非线性特征和有限脉冲响应滤波器结合起来，但Pappas和Neuhoff认为根据他们的经验采用下述形式的模型更适宜：

$$z_{i,j}=n(x_{i,j})\otimes h_{i,j} \qquad (2-3)$$

式中　$n(.)$——眼睛的无记忆非线性特征；

$h_{i,j}$——有限脉冲响应滤波器；

$\otimes$——表示卷积运算。

二维滤波器$h_{i,j}$可以从两个一维滤波器$h_{-m,\ldots,}h_m$组合得到，形成可分离的组合滤波器。选择尽可能大的m值有明显的优点，但出于限制复杂性的考虑而选择$m=9$，在此基础上产生19阶的一维有限脉冲响应滤波器，大体上能够与公式（2－1）匹配，适合于取自空间分辨率等于300dpi打印机的输出样本。当观看距离等于30英寸时，结果脉冲响应和频率在图2－3中以实线画出。

遗憾的是，取$m=9$时对捕获马赫带效应来说还算不上足够大，这同时也解释了为何滤波器响应在低频区域不降低。研究结果表明，更高阶数的滤波器同样不能捕获马赫带效应，对结果图像的影响很小，或导致数量可观的视觉系统模型描述质量降低。无论处在什么样的情况下，眼睛的低通滤波特征对于半色调技术能有效地模拟连续调效果是必要的。事实上，由于眼睛对很低的频率分量很不敏感，因而没有使用低频分量的必要。此外也必须注意到半色调算法不必补偿马赫带效应，即眼睛在阅读半色调图像时感受到的马赫带效应与阅读原连续调图像时感受到的马赫带效应是相同的。

2.2　连续阶调的重构

以数字技术重构或再现连续调模拟原稿或连续调场景需要物理设备的支持，通过数字照相机或扫描仪的传感器实现从模拟信号到数字信号的转换，为此必须经历采样和量化过程，这种图像数字化的过程以光信号的物理采集和光电信号的物理变换为基础。制版照相机没有数字信号处理能力，通过网屏实现从模拟连续调信号到模拟半色调信号的转换，完全是模拟物理过程。数字半色调以数字图像为运算对象，虽然也需要采样和量化，但由于数字半色调处理不涉及信号采集和变换的物理过程，因而仅仅是数学“游戏”。

2.2.1 采样

模拟原稿或物理场景的数字化必须借助于传感器才能实现，几乎毫无例外地使用逐行采样轨迹和正方形栅格，表现出明显的周期性特点。半色调处理采样与数字照相机或扫描仪采样的最大区别在于无须传感器的参与，设计半色调方法时虽然要考虑到输出设备的工作原理和记录精度，但不改变数字半色调处理纯粹数学运算的本质，且数字半色调处理的采样和量化必须“尊重”原连续调图像的周期规律。从连续调数字图像转换到二值图像时是否采用逐行扫描采样轨迹取决于半色调方法，例如为了实现误差扩散方法，避免误差的垂直累积，往往使用蛇形或空间填充曲线扫描采样轨迹。

半色调处理的基本思想是利用二值图案表示输入图像的灰度等级 g，其取值范围以归一化数据表示时从 0 到 1，分别对应于白色和黑色或反之；半色调图像的像素值只能取“1”和“0”两者之一，如果以模拟传统网点的记录点集聚有序抖动方法表示原图像的像素，则应该在某一个预先规定的小区域内产生仅仅由数字 0 和 1 有序排列成的分布，其中数字 1 所占的比例大体上等于 g。这里假定标记为 1 的数字将通过印刷系统的作用转换成黑色记录点，而 0 表示维持白色间隔不变。如果相邻位（半色调处理后每一个像素转换成 1 位表示）之间的距离足够小，则眼睛对黑色记录点和白色间隔（或可称为白色记录点）做平均处理，最终的感觉效果与灰度等级 g 近似。

半色调技术假定已打印（印刷）二值图案的黑色面积正比于原图案黑色像素在全部像素内所占的比例，这意味着每一个未来将由油墨覆盖的黑色记录点占据的面积与每一个由纸张形成的白色点占据的面积相等。因此，由激光照排机、直接制版机、数字印刷机或打印机产生的黑色记录点的期望形状应该是 $T \times T$ 的正方形，表示硬拷贝输出设备对标记为数字 1 的响应，这里的 T 表示位间隔，即二值半色调图案相邻数据点与特定输出设备物理成像平面对应的距离，这种距离即为半色调处理系统的采样间隔。

然而，大多数硬拷贝输出设备只能产生圆形记录点，这说明理想记录点半径必须要达到 $T/\sqrt{2}$ 的尺寸，才能使记录点所在位置的 $T \times T$ 区域变黑，这种现象称为打印机畸变，涵盖各种以二值形式复制图像的所有设备。尽管保证硬拷贝输出设备产生的记录点必须能覆盖 $T \times T$ 的正方形区域是设计半色调方法时必须考虑的因素，但这种要求却与半色调处理的采样间隔无关，意味着确定采样间隔时不必考虑记录点的大小和形状。

理论上，半色调操作的周期性采样栅格是二维的脉冲链：

$$\sum_{n}^{\infty} \delta(x - \mathbf{V}n) \tag{2-4}$$

式中的采样矩阵 $\mathbf{V} = [\mathbf{v}_1 | \mathbf{v}_2]$ 由两个线性无关的采样矢量组成：

$$\mathbf{v}_1 = \begin{bmatrix} v_{11} \\ v_{21} \end{bmatrix},\ \mathbf{v}_2 = \begin{bmatrix} v_{12} \\ v_{22} \end{bmatrix} \tag{2-5}$$

采样矩阵与参考坐标系统 x 和索引（下标）矢量 $\mathbf{n}$ 有关，可以用图 2-5 说明。

图 2-5 以最通用的形式演示周期性采样栅格，适合于有特殊采样要求的半色调操作系统。在绝大多数情况下，坐标系统旋转显得毫无必要，即使以记录点集聚有序抖动模拟传统半色调网点也不必旋转坐标系统，宁可在生成所有的网点后再统一旋转。无论是通常情况下的采样，或者是为了满足特殊要求的采样过程，都可以认为采样矢量 $\mathbf{v}_1$ 和 $\mathbf{v}_2$ 是规范和引导栅格生成的矢量。注意，若两个采样矢量线性相关，则采样栅格仅仅是一维的。

绝大多数绘画和印刷图片都取矩形的形状，因而基于矩形画面形状的描述格式占压倒性多数，很少会采用斜长方形格式的，也不会使用其他形状。因此，如果以标记（x_1，x_2）表示参考坐标系统，则 x_1 和 x_2 应该总是正交的，无须考虑半色调采样产生何种栅格图案。

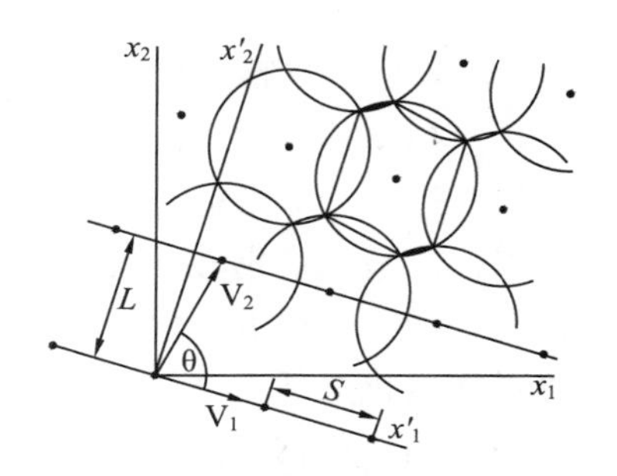

图2－5　与像素形状有关的常规周期性采样栅格

2.2.2　量化

通过半色调工艺得到的处理结果是某种形式的二值图案，以包括0在内的有界正整数序列表示的连续调图像的像素值从多值映射为二值，这种过程称为从连续调图像到半色调图像的量化。注意，半色调操作的量化过程不同于模拟原稿数字化处理过程的量化，区别主要表现在后者由连续的模拟光信号转换成模拟电信号、再通过模/数转换器变换到离散的数字信号，因而是模拟量到数字量的转换；半色调处理的对象是数字图像，性质上属于二值化操作的范畴，变换前的像素以数字量表示，变换后仍然是数字量，仅仅是数字的改变。

根据半色调处理过程的抽样和量化特点，以及半色调操作的根本目标，数字半色调处理的本质是连续调图像的信号重构，或连续调的重构，从数字图像像素值的连续正整数序列变换到二值表示。简单地说，半色调处理过程的量化归结为通过对二维信号的一位量化实现与视觉感受匹配的重构问题，即多位描述的输入像素转换成黑白输出像素。如果以 $g(i, j)$ 表示连续调数字图像在（i，j）点的像素值（即灰度等级），由半色调方法确定的运算关系用 H 标记，则在该运算关系的作用下产生的二值输出像素 $b(i, j)$ 可写成下式：

$$b(i, j)=H[g(i, j)] \tag{2-6}$$

式中的 $b(i, j)$ 可能取0，也可能取1，具体数值与原图像的像素值和半色调方法有关。

在大多数情况下，数字图像的像素值以8位的数字描述，灰度等级在0～255的范围内取值。设8位数字图像的取值区间从［0，255］归一化处理成［0，1］，则半色调处理结果转换成由0和1两个数字表示的数值序列，它们在二值记录平面上按半色调方法确定的位置和空间密度分布。以一致性准则作为半色调操作成功与否的判断条件时，假定视觉系统对半色调图像 $b(i, j)$ 的感受结果为 $b*(i, j)$，那么半色调方法的约束条件可写成：

$$\sum_{i,j}[b(i, j)-b*(i, j)]\to 0 \tag{2-7}$$

设原图像共包含 $K\times L$ 个像素，则该图像可以用 $K\times L$ 的数组表示，数组中每一个元素的取值范围在归一化处理后的［0，1］区间内，具体数值与像素的灰度等级对应，其中0和1分别代表黑色像素和白色像素，对应于以8位描述图像的0和255；根据Photoshop表示灰度图像的习惯，归一化处理时取0～255的逆序，因而归一化处理结果为［1，0］区间。倘若半色调处理效果以误差（输入图像与输出图像每一位置上像素值的差异）的大小衡量，则任何半色调处理的任务归结为找到与 $K\times L$ 规模相同的数组 $b(i, j)$，该数组中的每一个元素只能取0和1两个数字之一，由此引入的量化误差 E 可表示为：

$$E(i, j)=g(i, j)-b(i, j) \tag{2-8}$$

如果式（2－8）满足预先确定的最小化判断条件，则设计半色调方法时应该对量化误差做恰当的处理，比如设法合理地分配到邻域像素。在一般情况下，半色调方法的设计者总要求 E 尽可能接近于0矩阵，为此需定义 g 和 b 两个矩阵间的距离，比如欧几里德距离：

$$D = \sum_{i=0}^{K-1} \sum_{j=0}^{L-1} E(i, j) = \sum_{i=0}^{K-1} \sum_{j=0}^{L-1} \sqrt{g(i, j)^2 - b(i, j)^2} \tag{2-9}$$

量化处理的重要手段是阈值比较，阈值的形式和大小取决于半色调方法，例如 Bayer 有序抖动方法使用的抖动表采用阈值数组的形式，而 Floyd 和 Steinberg 提出的经典误差扩散方法则使用固定的阈值，且阈值只有一个。大多数情况下需预先建立阈值数组，并在此基础上比较数字图像的像素值数组和阈值数组元素的大小，决定半色调图像的像素值取 0 还是取 1。由于阈值比较的对象是数字图像的像素值，因而阈值数组必须独立于图像。

无论数字图像之像素的灰度等级数值是否大于阈值数组对应的阈值，总是要产生黑色记录点，因为不产生黑色记录点意味着没有半色调处理的必要，这也是量化过程在某些记录位置的必然结果。可见，阈值数组是半色调处理过程中像素值与阈值比较的关键，借助于恰当的手段确定阈值是半色调方法的组成部分。所谓的随机抖动指的是阈值的产生方式，即阈值是随机发生的；有序抖动与随机抖动的区别，主要表现在有序抖动阈值数组的周期性，更特殊之处在于以周期性重复阈值矩阵（例如 8 ×8 矩阵）的方法产生阈值数组。

2.2.3 记录栅格与设备像素

以平版印刷工艺复制彩色图像时，大多需经历图像处理、色彩校正、分色、阶调调整和清晰度强调（边缘增强）等过程，最终以青、品红、黄、黑四色印版网点的叠印组合再现模拟原稿的连续调效果。通过模拟传统加网工艺的数字半色调算法从连续感觉的数字图像转换到半色调图像时，网点生成方法以及网点的构成形式与传统加网方法有不少区别，本节将从记录点栅格、半色调单元和设备像素值等方面叙述。对于那些不是以模拟传统加网工艺为目标的数字半色调处理过程，本节讨论的概念仍然有效。

桌面制版系统进入实际应用后，从数字图像转换为半色调图像通常采用类似于激光照排机或直接制版机这样的硬拷贝输出设备将网点逐个记录在胶片或 CTP 印版上，一个网点由有限个激光点（或其他成像光点）的曝光结果组成，某些数字印刷系统的网点生成方法与激光照排机或直接制版机类似。显然，输出设备的激光束或发光二极管光束对胶片或 CTP 印版等记录介质只能通过曝光和不曝光两种形式工作，输入像素与组成网点的激光束的曝光点构成“一对多”的映射关系。激光照排机、直接制版机或某些数字印刷机等设备以逐行扫描的方式工作，旨在使借助于计算机记录在页面上的元素栅格化或光栅化。正由于这种原因，人们称激光照排机和直接制版机等为光栅（扫描）输出设备。

从微观上看，数字化方法产生的半色调网点图像由成千上万个更小的点群组成，它们由激光照排机或直接制版机发出的激光或其他光束投射到胶片或 CTP 印版等记录介质上曝光成像，激光束关闭时不曝光。为了模拟传统加网工艺并在二值输出能力的设备上获得规定大小的网点，决定网点内记录点的曝光次序，需要将输出设备的二值记录平面按固定的坐标和间隔划分成计量单位更小的网格，这种由细小的网格组成的记录单元序列称为记录栅格（Recorder Grid），由有限个记录单元构成的记录栅格子集则称为半色调单元。对激光照排机和类似的硬拷贝输出设备来说，记录栅格的每一个单元可大可小，由输出设备的空间分辨率决定。但是，同一台输出设备的记录分辨率通常只能包含有限的几档，因此对同一记录设备而言，记录栅格序列中的每一个单元也只有几档大小。

从不太严格的意义上考虑，可以认为设备像素是记录点的代名词，但设备像素这一名称更具普遍性，因为这种称呼与输出设备直接关联起来。

其实，设备像素与记录栅格间本不存在原则性的差异，讨论如下：输出设备的控制软件根据光栅扫描设备的输出幅面规格确定记录平面大小，并按输出设备的空间分辨率划分成记录栅格序列，形成半色调图像的基本记录单元；设备像素所处的位置及其代表的尺寸完全取决于记录栅格序列，且设备像素在成像平面上占据的尺寸也与记录栅格序列的基本记录单元大小相同。两者的细微区别表现在记录栅格往往表示划分基本记录单元的规则和划分记录平面后形成的总体效果，而设备像素则比记录栅格更具体。

从概念上分析，记录栅格与设备像素间的区别主要体现在它们的实际含义上，记录栅格往往与采样方案相关联，而设备像素则着眼于记录动作和结果，包括形状与大小两种主要特征。例如，若阈值比较结果表明半色调图案的像素值应该为黑色，则设备像素的取值为0，这意味着设备像素反映成像结果。此外，设备像素的实际形状对半色调处理结果至关重要，理想设备像素形状应该与记录栅格（通常为正方形）取得一致，但光束形状却往往是圆形的，为此需采取特殊的措施。总之，记录栅格仅仅反映输出设备在记录平面上的划分规则和结果，没有也不可能取得具体的数字，相对而言更抽象一些。

2.2.4　邻域处理

在图像处理领域，点处理指仅仅利用当前像素输入值的运算，而邻域运算除使用当前像素输入值外，还需要当前像素周围的像素值。作为邻域处理的成员之一，误差扩散方法试图利用邻域像素生成蓝噪声半色调图像。

假定输入信号（像素值）经过归一化处理，即输入图像的像素在0.0~1.0间取值，且归一化处理时没有取0~255的逆序，则归一化处理得到的像素值0.0和1.0分别代表黑色和白色，误差扩散处理的阈值通常被设置为像素取值范围的一半。这样，阈值处理归结为输入图像的像素值与阈值比较，并根据比较结果决定误差扩散算法对原图像相应位置像素的输出值，假定像素值小于1/2时输出像素设置为0，否则设置为1。注意，这种对于半色调方法输出二值图像像素值的设置规则分别以0和1表示记录点的打开和关闭，分别对应于产生和不产生记录点的动作，即0和1分别表示黑色和白色。

原连续调图像的像素值与阈值通常不相等，以阈值与像素值相减得到的结果称为量化误差，差值的大小与两者的数值有关。例如，假定原连续调图像经归一化处理所得的像素值为1/8，根据规则，该像素值与阈值1/2比较后输出像素值应当取0，所以阈值处理结果为（1/2）-（1/8）=3/8，产生+3/8的量化误差。如此得到的误差将扩散到未来像素，即当前尚未处理的邻域像素。这样看来，由于误差扩散方法处理当前像素时涉及邻域像素，因而这种半色调处理属于邻域处理的范畴。

现在的问题是，当前处理像素阈值比较产生的量化误差如何扩散到邻域像素？这需要不同于点处理的工作机制，需要由误差过滤器或加权系数矩阵来决定，意味着过去误差构成的信号将通过误差过滤器传递，产生对未来输入像素值的修正系数，并添加到未来将要处理的像素。因此，误差过滤器起对未来像素误差的分配作用。

2.2.5　点处理

所谓的点处理指数字运算仅涉及当前像素的图像处理操作，也称为点运算，灰度变换计算是点处理的典型例子。设原图像的灰度分布为$g_1(i, j)$，并以符号T表示需要采用的某种变换关系，要求变换后的输出灰度分布为$g_2(i, j)$时，灰度变换关系可写成：

$$g_2(i, j) = T[g_1(i, j)] \tag{2-10}$$

从式（2-10）给定的变换关系可以看出，点处理根据每一个像素的原灰度值按确定的运算规则来产生新的灰度值，变换结果取决于运算规则。由于点处理方法的上述特点，计算单个像素新灰度值的过程仅仅依赖于当前处理像素原灰度值的大小，而与周围像素的灰度值没有关系，数字半色调的点处理与灰度变换类似。

模拟传统网点的记录点集聚有序抖动半色调方法属于点处理操作，运算规则与图像的灰度变换相似，按自左至右、从上到下的扫描路径处理数字图像的每一个像素，且对于当前像素的处理不涉及其他像素，因而也是典型的点处理。这种数字半色调方法需要预先设计网点函数，其中规定了生成网点的规则，只要知道了当前处理像素的灰度等级数值，就可以根据网点函数中规定的次序打开或关闭记录点。因此，虽然记录点集聚有序抖动半色调方法完成从像素值到网点大小的映射，似乎是复杂的一对多变换，但由于处理当前像素时无须其他像素的参与，故这种半色调方法仍然属于点处理。

性质上属于邻域处理的误差扩散半色调操作也可以借助于有序抖动那样的点处理方法实现，技巧在于使用合适的抖动数组。由于实现有序抖动相比于邻域处理的优点，使通过有序抖动点处理方法实现误差扩散算法输出二值图案成为活跃的研究领域。

表2－1所示的分类总结列出了某些半色调技术的处理性质，这些半色调处理方法以通过在小块面积上覆盖集聚或分散的记录点再现原连续调图像的灰度等级为共同特点。如果显示设备能成功地提供相互隔离的黑色像素或白色像素，则最好的选择无疑是使用记录点分散的半色调技术，可以在最大程度上充分利用设备的分辨率。记录集聚有序抖动半色调技术摹仿照相加网时代的半色调网点，细小的像素由各种尺寸的网点来表现。

表2－1　半色调技术分类

半色调算法	半色调图案类型	计算复杂程度（运算类型）	记录点类型
白噪声	非周期性	点处理	随机分散
记录点集聚抖动	周期性	点处理	有序集聚
记录点分散抖动	周期性	点处理	有序分散
蓝噪声/误差扩散	非周期性	邻域处理	随机分散

毫无疑问，不同的半色调技术存在着计算复杂程度的差异。然而，即使不考虑计算复杂性与半色调处理效果的差异，还存在半色调处理系统是否能接受的问题。

对于那些要求运算时间和硬件配置最小化或最简单化的应用领域，点处理操作显然是最合适的。当然，邻域运算通常能产生质量更高的结果，例如误差扩散算法。

2.3　连续调图像的物理重构

重构连续调图像的阶调分布不仅涉及数字半色调处理，也涉及特定的硬件。因此，连续调图像的重构从连续调图像到半色调图像的变换开始，通过印刷系统的作用产生硬拷贝输出，最终完成视觉系统感受的全过程。由于这种过程有印刷设备的参与，因而称其为连续调图像的物理重构。由于数字半色调处理、复制工艺和视觉感受过程的复杂性，描述这些重构要素间的关系并不简单，本节介绍的方法仅供参考。

2.3.1　市场需求

数字半色调处理归结为产生二值图案的过程，用于建立连续调图像的假象，有时也使用空间抖动这一术语描述数字半色调处理。若某种介质无法直接再现渐变的灰色阶调，则只能利用数字半色调技术显示灰度图像，最常见的例子就是在纸张上打印灰度图像。彩色连续调图像的再现与灰度图像类似，因为彩色图像由多个主色通道组合而成，可以分解成由多个由主色通道的色调值描述的单色图像，而分解（分色）所得的单色图像与灰度图像并无原则区别，可作为灰度图像处理。

各种内容图像数字存储和传播日益增长的需求，以及人们越来越多地利用激光打印机或喷墨打印机输出彩色和灰度图像的趋势，是研究新型半色调技术的原动力。例如，利用传真机输出文本和其他黑白文档已经取得了巨大的成功，人们有理由相信以高保真度传播彩色和灰度图像同样有很大的潜在市场需求，例如摄影图片、艺术作品、设计稿再现和基于版式表现的杂志等。同时，未来将出现数量众多的图像数据库，也需要高效率的存储和快速传播技术，必然导致对数据压缩技术和高质量硬拷贝输出的需求。

传统硬拷贝输出领域利用高分辨率的激光照排机和打印机等设备产生高质量彩色和灰度图像，为了得到连续视觉感受的半色调处理结果，必须使用空间分辨率至少达到1400dpi 分辨率的数字硬拷贝输出设备。然而，记录精度的提高必然导致工作速度降低，且设备的价格往往也相当昂贵。希望高分辨率数字硬拷贝设备的价格更便宜、输出速度更快的愿望可以理解，但即使设备价格降低，输出速度提高，也不能永远满足用户需求，因为人们对这两种指标的追求是无限的。因此，市场需要新的半色调技术，使得分辨率较低的数字硬拷贝输出设备也能产生视觉上连续变化的彩色和灰度图像。

图像数据压缩和高质量硬拷贝输出往往相生相伴地出现。虽然灰度文档可以借助于已有的传真机传送，数据传输前已经完成了半色调操作，但质量不够令人满意。彩色文档与数据量等价的灰度文档相比，传播速度要大几倍。仍然以传真机为例，提高这种设备扫描和输出部件的空间分辨率固然对改善图像质量有利，但是以现有的标准化传真机数据编码方法而论，灰度图像的传输和打印时间将会大大增加；对具有彩色数据传输能力的传真机，彩色图像的传输和打印需要更多的时间。即使改进数据编码算法，传播时间仍然较长。值得庆幸的是，彩色图像和灰度图像的数据编码技术已相当成熟，可以用作图像存储和传播系统的基础技术。

以平面传播为最终目标的彩色和灰度图像最好采用下述处理原则：先利用编码器产生高保真度的彩色和灰度图像，传送到硬拷贝设备的数据接收器后，在输出前的最后一刻再执行半色调操作。除数据编码效率外，半色调处理系统也应该有能力针对不同类型的硬拷贝输出设备做适当的调整，这一点对保证硬拷贝设备功能的正常发挥至关重要，因为硬拷贝设备的技术特征可能出现原则性的差异，例如写黑和写白激光打印机的记录点生成方法很不相同。换言之，在设计半色调算法时一定要考虑到特定硬拷贝设备的技术特征，半色调处理过程应该与硬拷贝设备的输出特征相适应。

2.3.2 图像再现系统

需要半色调处理的数字成像系统通常只具备二值描述能力，即只能在 0 和 1 之间选择，导致不能直接显示或不能硬拷贝输出连续调图像。此外，成像系统的图像再现能力与系统的工作原理和记录点的形成方法有关，与等待再现的图像总会存在某些差异。考虑到二值成像系统的特殊性和再现图像时各自的个性，必须在显示或硬拷贝输出图像前执行必要的前处理操作，以能够在特定的设备上得到连续调图像的恰当表示。当然，输出前对于原连续调图像的前处理操作必须考虑到设备特点，才能以最好的效果再现图像。

连续调图像的形成（例如通过扫描仪或数字照相机捕获或由计算机直接生成）与二值成像系统上的再现是两个不同的物理过程，为此需要按成像设备的技术特点建立以函数形式表示的数学模型，且应该在图像空间中定义，这种模型通常被称为连续调图像在二值设备上再现的物理重构函数。有关的前处理操作包括阶调缩放调整、锐化处理和转换到二值图像的半色调操作等，连续调图像的物理重构工作流程可以用图 2－6 说明。

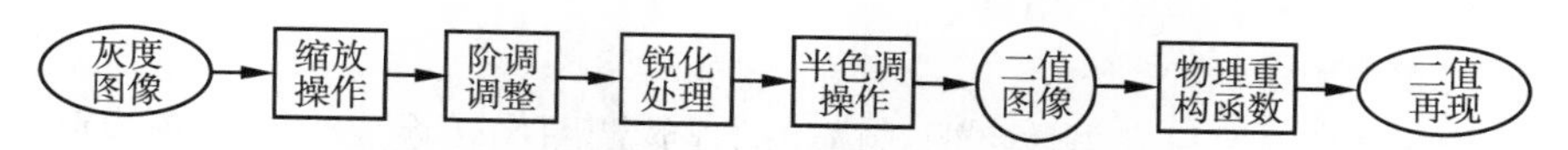

图 2－6　二值设备图像再现的物理重构过程

图 2－6 所示的物理重构过程是多种子过程的组合，这些子过程作用的集合或综合作用效果可视为等价于复杂函数作用的结果，因而可认为是给定二值显示或硬拷贝输出设备的系统模型。这种重构过程的作用在于一方面输入基于二值描述的离散空间图像 $b(i, j)$，另一方面则产生连续空间视觉图像 $b*(i, j)$。在这种重构阶段发生的情况因设备不同而有相当大的变化，图像数据根据输出设备的栅格几何条件给定记录点物理尺寸，具有确定的分辨率和像素方位比，并形成实际的明度值和记录点结构。

在受到干扰的图像再现系统中，给定的数字图像可能在几种不同的硬拷贝和视频显示设备上输出，与显示或硬拷贝预处理器有关的设备所起的作用是执行与连续调图像半色调重构有关的全部图像处理任务，这种操作对于将给定的连续调数字图像转换到合适的中间二值图像是必须的，出现在设备上时就产生视觉可见的图像了。

输入到半色调操作步骤的信号是经过其他预处理步骤的连续调图像 $g*(i, j)$，半色调操作是图 2－6 所示显示和硬拷贝输出预处理器的最后一个操作步骤，完成其他与设备有关的操作（采样、阶调范围调整等）后，才执行锐化处理。

在大多数情况下，缩放操作相当于数字换算器，除了按矩形栅格执行缩放一类特别简单的操作外，必须执行某种形式的插值计算。如果给定的数字图像和显示或硬拷贝输出设备有不同的栅格几何条件，则插值计算变得犹为必要，例如数字图像以矩形栅格描述，而显示或硬拷贝输出设备则采用六边形栅格。缩放操作从概念上描述重构来自给定样本的连续调图像的过程，然后对重构结果做重新采样处理。

执行缩放处理时重新采样到新的栅格为数字图像建立不同于输入图像的框架，对图像质量最有意义的贡献或许表现在阶调范围方面，但也往往最容易被忽略。这种简单的运算操作将图像的灰度等级值映射为其他分布，对图像的质量会产生巨大的影响。在调整显示或硬拷贝输出设备预处理器时必须考虑到补偿阶调范围修正问题，这对于打算与半色调方法组合使用的物理重构函数来说将产生微妙的影响。

一旦选择了某种半色调方法并用到特定的设备上，则应该在该设备上生成灰梯尺，目的在于标定该设备，这种方法为印刷业所广泛采用，用于间接地评价复制效果。对于显示硬拷贝输出灰梯尺反射系数（适用于硬拷贝输出设备）或明度（适合于发光设备）的物理测量是十分必要的，以确定显示或硬拷贝设备预处理器的阶调范围补偿转换表格。

图 2－6 反映出来的下一步操作是锐化处理。虽然锐化属于可选操作，但如果确实需要这种操作，则应该在半色调处理前进行，且通常情况下可与缩放操作涉及的重新采样过程结合起来进行，这一处理阶段应该对图像增强和图像再现系统的完整性加以明确的区分。一般来说，若执行了某种锐化操作，则数字图像的质量应有所提高。锐化操作往往归类为图像的增强处理，以某种准则衡量时经锐化处理的图像质量应该比原图像更好。半色

调技术的主要任务归结为通过合理地分布二值像素产生灰色层次与原图像十分接近的假象，目前倾向于不对数字图像做常规锐化处理，因为常规锐化后的图像重构成半色调图案后会损失细节。对图像做预先锐化处理可以补偿这种效应，以尽可能保持原图像的整体性，但不同于常规意义上的图像增强。

2.3.3 处理流程

在绝大多数情况下，只有当数字形式描述的连续调图像转换成半色调图像后，才能在各种光栅记录设备上产生相应的硬拷贝输出结果。这里提到的连续调图像是任何半色调转换系统的输入，假定已经从模拟原稿转换到了数字描述，而系统的输出则是按规定的算法执行半色调操作的结果。然而，完整的复制工艺流程往往并非开始于数字图像，应该考虑到从模拟原稿开始，意味着系统的输入可能是连续调或半色调原稿，经半色调系统的转换后再由数字硬拷贝设备输出，其间经历了模拟原稿数字化处理、半色调操作和借助于硬拷贝设备复制到纸张或类似记录介质三大主要工艺过程。

考虑到二次原稿虽然由半色调方法产生的二值图案构成，但由于经过了印刷系统的作用，以及油墨的扩散效应，印刷图像实际上已失去了二值的本质。仅当考虑半色调系统的输入和输出关系时，才可以认为系统的输入和输出分别为连续调图像和半色调图像。连续调图像由多种灰色层次（灰度图像）或色调等级（彩色图像）组成，但视觉系统却不能定量地感觉到，这成为半色调操作的视觉基础和追求的目标。以结构成分和描述方法最简单的灰度图像为例，理论上半色调复制品应该仅仅由黑色和白色两种记录状态组成，黑色和白色分别对应于油墨覆盖和纸张颜色，经过视觉系统的低通滤波作用后将感受到多种灰度层次。但是，印刷过程引起的油墨的扩散是必须考虑的实际因素，尺寸再细小的记录单元也会发生油墨扩散效应，从而偏离理想记录状态。另一方面，在微观层面上观察时半色调图像由网点（或记录点）构成，只要眼睛无法察觉网点，则通过改变网点面积率或记录点位置就可模拟多种灰色层次，使眼睛产生连续调假象。在此基础上再考虑油墨扩散，眼睛更容易将网点组成的印刷图像感受为连续调。

根据绝大多数硬拷贝设备对图像输出的二值限制条件，完整的图像复制系统或复制工作流程可归结为图 2－7 所示的模型，这种复制系统最终的输出结果可划分成印刷品和屏幕显示结果两大类型，两者都要求输出图像是二值像素组成的集合。

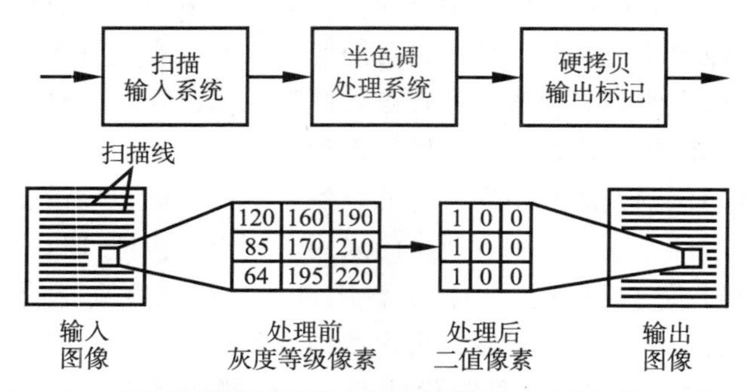

图 2－7　连续调图像到硬拷贝输出图像处理系统工作流程框图

从图 2－7 所示的工作流程框图可以看到，从模拟原稿到产生最终的硬拷贝输出结果需经历模拟原稿扫描、半色调处理和借助于硬拷贝设备输出三大主要过程，中间环节半色调处理是联系原稿与复制结果的桥梁，大多要求以二值图像的形式输出，因而是图像复制系统再现连续调图像的关键。因此，整个复制工艺链能否成功地运行的关键便归结为如何设计合理的半色调算法，要求半色调图像处理系统有能力在二值输出阵列（二值记录平面）上以很高的保真度表示原图像。原稿扫描已经是非常成熟的技术，只要扫描设备有足够的量化精度就可满足 Nyquist 采样规定的要求，因而问题的重点在于从连续调图像到半色调图像再到硬拷贝输出等变换操作涉及的物理重构过程，必须建立统一的物理模型。

2.3.4 半色调处理

任何半色调处理都以灰度图像为操作对象。尽管如此，半色调处理结果可以为单色和彩色设备所用。从大多数硬拷贝输出设备工作原理的角度考虑，数字彩色硬拷贝输出技术以及传统彩色复制工艺是三种或四种半色调画面（二值图案），通过特定设备成像并以油墨为载体在记录介质表面叠加的结果，整个复制工艺的基础是单色二值图案。可见，只要有了单色二值图案，则彩色硬拷贝输出自然不成问题，因而连续调彩色图像的半色调重构过程的关键归结为对连续调灰度图像的半色调处理。

在图 2－6 所示的工作步骤中，阶调调整和锐化处理等操作实际上为连续调图像的物理重构创造了更好的条件，但并非必要步骤，缺少这些步骤或某些图像不需要这些步骤不影响连续调图像的物理重构过程。因此，从连续调灰度图像到半色调图像的转换是二值复制工艺的第一个物理重构过程。根据前面的讨论，这种重构过程以连续调图像的空间采样和二值量化操作为必须步骤，且采样规则应服从于特定的半色调方法。根据前面的叙述，若采样栅格按正方形排列，并假定输入图像的灰度等级分布以 $g(i, j)$ 标记，半色调方法的采样规则以 T 表示，则半色调处理系统的输出结果 $b(i, j)$ 可写成公式（2－6）的形式。

任何半色调方法的基本思想在于利用仅仅包含黑色和白色的二值图像表示原连续调图像的灰度等级 $g(i, j)$。以灰度等级固定的特殊图像为例，假定这种图像的灰度等级取 x，且分别以 0 和 1 标记黑色和白色，则在半色调处理系统输出的二值图案中，标记为“0”的记录像素（记录点）所占的比例大体上应该等于 x。

连续调图像在二值成像系统上再现时，由于成像设备的像素描述能力与连续调图像的像素值存在极大的差异，连续调图像转换成二值图像后出现视觉赝像很难避免，通常表现为在不同灰度等级分离区域产生等高线。如果采取了合理的措施，能够在二值成像平面上控制再现图像的二值像素分布，则图像经半色调系统处理后的赝像可大大减轻。

市场需求刺激了数字半色调技术的发展，为了以低廉的成本输出高质量的图像，出现了各种类型的半色调方法，力图通过空间分辨率一般的二值印刷设备和显示系统达到最经济而质量更优的最终复制目标。综观各种数字半色调方法，无论方法的设计和执行均充满二值变换的哲学理念，可以说半色调处理整体上贯穿了二值变换哲学。

2.3.5 半色调图像到硬拷贝输出物理重构

从连续调图像到半色调图像的二值重构准确度用灰度等级和对比度评价函数描述，形式上看并不复杂，但具体实现时必须考虑半色调方法的特点。这样，理解连续调图像二值输出本质的中心任务可以归结为设计高质量的半色调图像，即设计与复制工艺、输出设备乃至于成像技术一致性良好的数字半色调方法。

本小节将要讨论的物理重构过程当然不同于连续调图像到半色调图像的变换，至少不应归属于“纯”数字变换的范畴，重点在于如何恰当地描述利用半色调操作产生的结果二值图像在硬拷贝设备上输出的变换关系。考虑到绝大多数用于输出二值图像的硬拷贝设备具有与半色调图像一致的描述特点，因而接受二值输入便成为产生二值硬拷贝输出（包括二值显示设备）的唯一特征，可见二值复制系统的输入图像 $b(i, j)$ 是离散数字“1”和“0”组成的集合。这样，既然半色调操作产生的二值图像是数字“1”和“0”的集合，则这些数字相当于控制成像信号打开或关闭的开关，可以为成像系统直接利用。

图 2－8 给出了从半色调图像到硬拷贝输出结果间物理重构的通用系统模型，由于图像复制工艺涉及众多的因素，因而半色调操作对于连续调图像的物理重构比起二值图像重构来要更复杂一些。注意，图 2－8 中标记为 D/C 的功能块称为离散到连续空间转换器，其含义是半色调图像本身是离散数字“1”和“0”的集合，半色调操作结果通过复制系统作用并经视觉系统处理后产生连续调的视觉效果 $c(i, j)$。从数学角度看，离散/连续空间转换器提供了将半色调图像的离散数字集合映射到物理设备二维空间的机制。

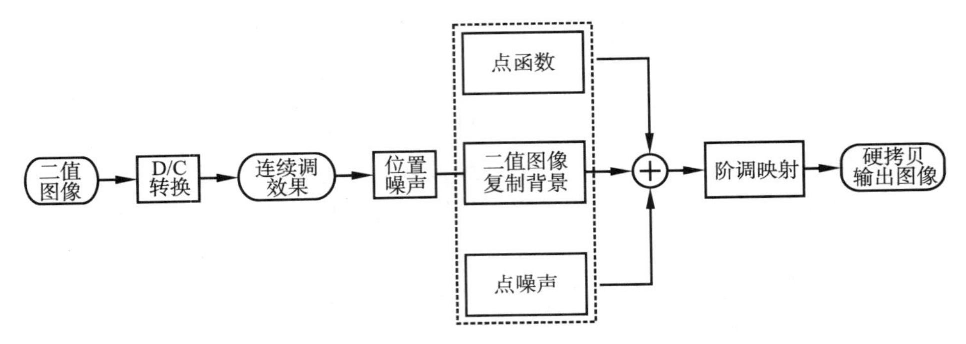

图 2－8　从半色调处理结果到硬拷贝复制品的物理重构函数

图 2－8 中的点函数具有不变量特点，代表复制系统的线性偏移，定义如何通过不同类型的输出设备在记录介质上产生基本的记录单元，从而应理解为硬拷贝输出设备的线性空间不变分量，由卷积运算描述记录点与记录介质的叠加关系，该部件与常用非线性映射关系一起控制输出记录点的自然状态。该图中的非线性阶调映射关系将物理输出明度指定到输入值，由 D/C 表示的从离散到连续空间的转换与点函数和非线性阶调映射有关，对大多数显示设备来说很容易区分。

考虑到叙述问题的完整性，图 2－8 所示的物理重构模型包含了两个成线性关系但空间改变的部件，以描述现实中物理设备的随机特征，这对于从半色调图像到硬拷贝输出结果的物理重构十分必要。其中，硬拷贝输出设备所产生的记录点中心位置的不规则性由位置噪声脉冲函数描述，例如包含打印导线的撞击式（点阵）打印机的成像控制部件可能会在螺旋式导线管中“迷失”方向，因为大多数点阵打印机缺少处理复杂问题的机制；静电照相成像打印机和数字印刷机在光导鼓或光导带上曝光后产生的位置误差可能源于激光束控制机构的偏差，例如旋转棱镜激光束扫描成像系统的光学部件的控制精度再高也不可避免地存在误差的累积，从而导致激光光斑定位的记录位置误差；对于以直接喷射方式工作的喷墨打印机来说，记录点（墨滴喷射结果）的位置扰动往往是由于墨滴飞行过程中受到空气动力和静电交互作用的原因，墨滴的飞行距离再短，也难免受到横向空气干扰的作用，出现记录点位置误差可以理解。

半色调图像硬拷贝复制过程还可能产生油墨扩散、记录点尺寸/形状波动和其他局部退化效应，这些可变因素可以用点噪声描述，该函数不仅反映复制过程中多种干扰因素对半色调图像物理重构的影响，同时也反映出可能与任何因素相关的本质。半色调图像硬拷贝输出过程涉及的关联因素相当多，从激光打印机墨粉颗粒尺寸和形状到复制工艺所用的纸张类型等。此外，为了保持物理重构函数的完整性，必须添加背景函数，以描述来自纸张或视频显示器荧光粉的明度特点，应该与任何全局性质量降低结合起来考虑。

2.4 半色调图像质量评价

连续调原稿复制经历从数字图像采集、连续调到半色调图像转换和印刷系统作用于半色调图像三个主要阶段，每个阶段都存在图像质量评价问题。由于各阶段承担的图像复制的任务和处理图像的性质彼此不同，应该用不同的方法和指标评价图像质量。半色调转换处于图像复制流程的中间，是联系数字图像捕获结果与印刷图像的桥梁，最终的图像复制质量很大程度上取决于半色调转换质量，应该充分重视半色调转换结果的质量评价。从图像描述的角度分析，从模拟原稿到连续调数字图像以及从连续调数字图像到半色调图像的转换结果都以数字形式描述，因而任何数字分析方法都可以采用。

2.4.1 二值半色调重构的准确度问题

按连续调灰度图像的结构特征分析，这种图像包含的内容大体上可以分解为“概貌”和细节两大部分，前者对应于原图像的低频成分，后者则由高频分量决定。半色调处理结果的总体质量水平可归结为产生视觉效果良好的二值图像，但仅仅以定性方式描述是远远不够的，应该满足下述两个基本条件：首先，根据连续调灰度图像的结构特点，由半色调图像再现的局部区域平均灰度等级尽可能与原连续调图像的灰度等级接近，这意味着局部平均灰度等级需接近于原连续调图像对应位置（区域）的平均灰度等级；其次，为了满足视觉系统的感受特点，半色调图像应该有合理的对比度。

评价上面给出的第一个基本条件时可以采用以像素块为基础计算的评价函数，为了与对比度评价区别而称之为灰度等级评价函数，以 E_m 标记。若灰度图像表示为 $g(i,\ j)$，经归一化处理后应满足 $0 \leqslant g(i,\ j) \leqslant 1$，二值半色调图像表示为 $b(i,\ j)$，其取值有 $b(i,\ j)=0$ 或 $b(i,\ j)=1$ 的特点，其中的0代表黑色像素的取值，则有：

$$E_m = \sum_B \frac{1}{N_b^2} \left| g(i,\ j) - b_G(i,\ j) \right| \tag{2-11}$$

式中 B——累加运算将在图像块区域内执行；

$b_G(i,\ j)$ ——半色调图像块 $b(i,\ j)$ 的局部平均灰度等级；

N_b^2——图像块内包含的像素数量。

如果式（2-11）中的 $b_G(i,\ j)$ 与二维的高斯函数执行卷积计算，则产生的标准离差 σ 等于 $b(i,\ j)$ 的一个像素宽度。显然，公式（2-11）表示的评价函数 E_m 体现原灰度图像像素块的灰度等级与二值半色调图像局部平均灰度等级之间的差值，当评价函数 E_m 的数值足够小时，二值半色调图像块的局部平均灰度等级接近于原灰度图像像素块的灰度等级。

评价半色调图像的对比度是否合理时，需要不同于灰度等级比较的评价函数（这里称之为对比度评价函数），评价条件应该表示为原连续调灰度图像与半色调图像之间的视觉对比度差异，可以用下式所示的评价函数 E_c 描述评价条件：

$$E_c = \sum_B \frac{1}{N_b^2} \left| \left[g(i,\ j) - \bar{g}(i,\ j) \right] - b(i,\ j) \right| \tag{2-12}$$

式中 $\bar{g}(i,\ j)$ ——像素块灰度分布 $g(i,\ j)$ 的平均灰度值，设窗口区域尺寸为 N_w。

当原来的连续调灰度图像通过阈值比较或其他处理技术转换到二值半色调图像时，如果利用原图像局部区域的平均灰度等级与阈值比较，则期望中的二值图像对比度评价函数 E_c 应取得最小值。换言之，当对比度评价函数 E_c 的数值达到最小，且假定半色调处理过程存在阈值比较过程，则可认为二值图像是利用原连续调图像的局部平均灰度等级与阈值比较的结果。由此可以得到结论：若设法使得 E_c 值越小，那么二值图像的对比度越高。

如果有办法使得两个评价函数 E_m 和 E_c 的数值同步变小，则不仅二值图像块的局部平均灰度等级接近于原图像的灰度等级，且二值图像块也因此而具有较高的对比度。为此可以采用加权计算的方法将两个评价函数结合起来，用于综合评价半色调处理系统输出图像块的视觉质量，综合评价函数 E_t 写为如下形式：

$$E_t = w_m E_m + w_c E_c \tag{2-13}$$

式中的加权系数 w_m 和 w_c 分别代表评价函数 E_m 和 E_c 在最终评价结果中的重要程度。

显然，当灰度等级评价函数 w_m 大于对比度评价函数 w_c 时，半色调图像的局部平均灰度等级接近于输入图像的灰度等级；若 w_c 大于 w_m，则半色调图像的对比度更高。

2.4.2 平均方差距离质量测度

平均方差（Mean-Squared Error）或许是评价半色调图像质量最简单的测度，原连续调图像的信息损失水平可以表示为原图像与半色调图像点对点差异的函数，这种测度也指示连续调图像与半色调图像的相似性。以 $g(i,\ j)$ 表示原灰度图像在第 i 行第 j 列的像素灰度等级，并以 $b(i,\ j)$ 表示输出半色调图像对应位置的量化值。从连续调图像转换到半色调图像的二值表示要求 $b(i,\ j)$ 只能从 0 和 1 两个数字中选择，引起的量化误差可表示为：

$$e(i,\ j) = g(i,\ j) - b(i,\ j) \tag{2-14}$$

整体的平均方差为：

$$E_{\mathrm{MSE}} = \sum_{i,j} e(i,\ j) \tag{2-15}$$

更有实际意义的均方根（Root Mean Square）误差 E_{RMS} 定义为下式：

$$E_{\mathrm{RMS}} = \sum_{i,j} \sqrt{\frac{E_{\mathrm{MSE}}}{MN}} \tag{2-16}$$

其中 M 和 N 分别代表组成图像的行数和列数。由于整体平均方差 E_{MSE} 变换的单调性，因而使得任何导致均方根误差 E_{RMS} 最小的半色调图像 $b(i,\ j)$ 必须使整体平均方差 E_{MSE} 达到最小程度。利用均方根误差衡量半色调处理质量以误差扩散算法最为典型，因为这种半色调技术通过阈值比较确定二值图像的像素取值，量化操作产生的误差简单而直接，其具有连续调图像像素与半色调图像像素一一对应的特点。与此对应，如果以均方根误差衡量记录点集聚有序抖动算法输出的半色调图像质量，麻烦事就很多了。

与均方根误差客观上最接近保真的相关质量准则是信噪比 SNR 和峰值信噪比 PSNR，两者均可认为是均方根误差指标，以信噪比使用得更为普遍，定义为平均信号功率与平均噪声功率之比。对于给定的由 M 行和 N 列像素构成的连续调图像，信噪比可以描述为：

$$SNR = 10\log_{10}\left\{\frac{\sum_{i,j} g(i,\ j)^2}{\sum_{i,j}\left[g(i,\ j) - b(i,\ j)\right]^2}\right\},\ \begin{cases}0 \leqslant i \leqslant M-1 \\ 0 \leqslant j \leqslant N-1\end{cases} \tag{2-17}$$

峰值信噪比以峰值测度衡量图像质量，取决于像素的多少，定义为峰值信号功率与平均噪声功率之比。对于8位量化的数字图像，峰值信噪比由下式给定：

$$PSNR = 10\log_{10}\left\{\frac{D^2MN}{\sum_{i,j}[g(i,j)-b(i,j)]^2}\right\},\begin{cases}0\leqslant i\leqslant M-1\\0\leqslant j\leqslant N-1\end{cases} \quad (2-18)$$

式中的 D 表示信号的最大峰值对峰值“摇摆”幅度，对8位量化图像来说 $D=255$。信噪比和峰值信噪比数学上可跟踪，容易应用于图像。然而，这种图像质量测度的最大问题是假定图像畸变是添加噪声的原因。根据 Per-Erik Axelson 在 Quality Measures of Halftoned Images 一文中提供的数据，相同的连续调图像分别以白噪声抖动和误差扩散算法处理，得到的半色调图像的峰值信噪比均为15.5dB，但这并不意味着两者的质量相当。

2.4.3　频域测度

有两种描述信号的方法，它们是空间描述和频率描述，连续调图像如此，即使只能取0或1两个数字之一的半色调图像也如此。半色调处理并非以准确地再现连续调图像的所有频率成分为目的，而是要再现连续调图像的全貌和细节。连续调图像的全貌主要由低频和中等频率分量来决定，细节则取决于高频成分。因此，以二值半色调处理重构连续调效果需兼顾全貌和细节，半色调图像的频率和功率谱分布就显得至关重要了。

二维的频谱图可以使问题变得更简单。大多数构成形式良好的半色调图像共享各向同性的重要特征，傅里叶变换结果经进一步分析后得到径向功率谱分布。图2－9演示谱周期分块成同心圆环的结果，对每一圆环功率谱的平均处理产生径向平均功率谱，大多绘制成径向频率与径向平均功率谱的关系曲线，径向距离按频谱分析结果的直流分量中心点到圆环的距离计量。如同水平和垂直空间频率那样，径向频率单位是空间采样周期的倒数。

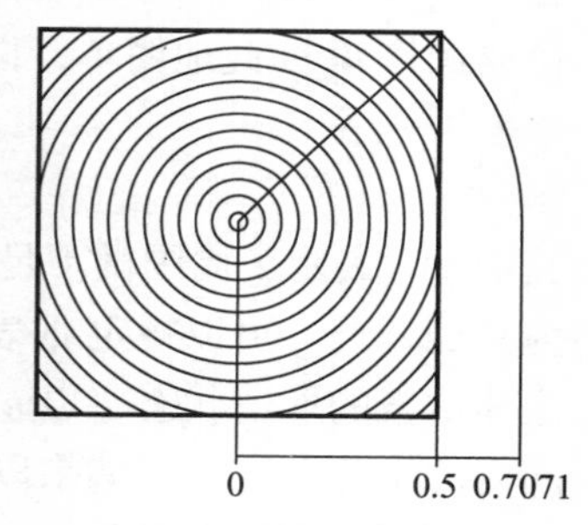

图2－9　傅里叶变换分块成同心圆环

直流分量或0频率中心点对应于半色调转换所得二值图像的微观平均效果，或表示视觉系统从原连续调图像获得的灰度等级感受。由于该数据项已知，因而对于正确理解组成半色调图像之设备像素分布的本质并无帮助。正因为这一原因，往往在表示傅里叶变换结果的曲线图内省略直流分量或0频率内容。径向频率在频谱同心圆分块图的角部达到其最大值 $1/(2)^{1/2}$，这些高频角对应于正方形格子图案。

为了正确地绘制功率谱图，需要对输入图像的灰度等级 g 做归一化处理，规定像素的取值范围从代表黑色的0到代表白色的1.0。半色调处理系统的输入是连续调图像，像素值以非负的整数表示，灰度分级的高低取决于图像数字化过程的量化位数。然而，归一化处理导致像素值从非负的整数表示变换到由0和1界定的实数，虽然从数学角度考虑两者完全等价，但对计算机来说从整数运算变成浮点运算。随着半色调图像内少数像素数量增加，谱能量也相应增加，功率峰值出现在 $g=0.5$ 处，数值等于谱值为灰度等级方差所除之商。

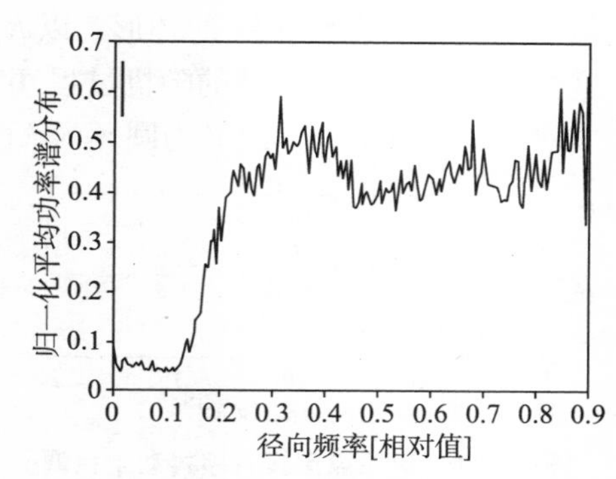

图2－10　径向功率谱分布的例子

图2－10演示径向频率与径向功率谱的例子，

绘制该径向功率谱分布的数据从误差扩散算法对 8 位量化常数灰度等级 $g=245$ 输出的半色调图像测量而得。对于连续调图像所有的灰度等级均可得到类似的径向平均功率谱分布图，可用于评价半色调图像质量。

2.4.4 成对相关系数

随机性的几何条件是数学研究领域的重要分支，以复杂的几何图案为关注重点。与随机性复杂几何图案研究相关的问题包括计算由任何随机放置的常数尺寸和形状不变对象覆盖的面积，这些对象具有处在给定的连续表面内的共同特征。显然，由二值记录点构成的半色调图像是这种问题的例子，可以用统计指标描述给定空间内点的位置。目前已经开发了许多描述连续空间内点的特征的统计指标，适合于研究数字半色调方法输出的二值记录点图案，例如记录点分散抖动半色调方法，少数像素随机地分布。为了区分各种记录点分散抖动方法，应该以常数灰度等级图像的半色调处理结果为研究对象，借助于二值记录点图像的统计特征了解这些记录点分散抖动方法各自的特点。

对于半色调图像的空间域分析，记录点统计指标定义为控制点 x_i 位置的随机模型，规定被研究的点处在二维的现实空间 Ω 内。定义 φ 作为 Φ 的样本，写成随机排列的点的集合 $\phi=\{x_i\in\Omega: 1, \ldots, N\}$；标量 $\phi(B)$ 定义为二维空间 Ω 的子集内 x_i 的数量。假定半色调操作 Φ 如此地简单，以至于当 $i\neq j$ 时意味着 $x_i\neq x_j$，并据此推得：

$$\lim\phi(dV_x)=\begin{cases}1, & x\in\phi\\0, & x\notin\phi\end{cases} \tag{2-19}$$

其中 dV_x 表示 x 周围微不足道的小区域。根据离散半色调图像的特点，二值记录点以 50% 为基准划分，可以规定 φ 表示少数像素的集合，并进一步规定 $\phi[n]=1$ 代表半色调图像主体像素的取值状态，以 n 表示当前像素在少数像素子集中的索引号。由于 Φ 代表离散空间内的半色调处理，如果以 $K[n;m]$ 定量地表示半色调过程的统计特征并定义为：

$$K[n;m]=\frac{\Pr\{\phi[n]=1\mid\phi[m]=1\}}{\Pr\{\phi[n]=1\}} \tag{2-20}$$

式中的 $K[n;m]$ 定义为条件概率与无条件概率之比，分子的条件概率表示少数像素内存在给定的 m 个像素时出现 n 个像素的可能性，分母的无条件概率指少数像素内存在 n 个像素的可能性。根据统计学二阶矩的定义，$K[n;m]$ 可视为少数像素内的 n 个位置对 m 个像素的影响。由于存在 m 个少数像素，因而少数像素少于 n 或多于 n 个的情况都可能发生。

根据 $K[n;m]$ 可以推导一维空间域的统计特性，通常将空间域划分成一系列中心半径和宽度分别为 r 和 Δr 的环形，以 $R_y(r)$ 表示分割成的任意环形，中心在位置 m 的周围。这样，静态和各向同性的随机过程 Φ 具有成对相关性质，常用于描述径向分布统计特征；成对相关系数 $R(r)$ 定义为圆环内 $K[n;m]$ 的期望值或平均值，其基本特点表现为最大 $R(r)$ 指示中间点距离 r 上频繁发生的事件，而最小 $R(r)$ 则表示在中间点 r 上禁止点的出现。

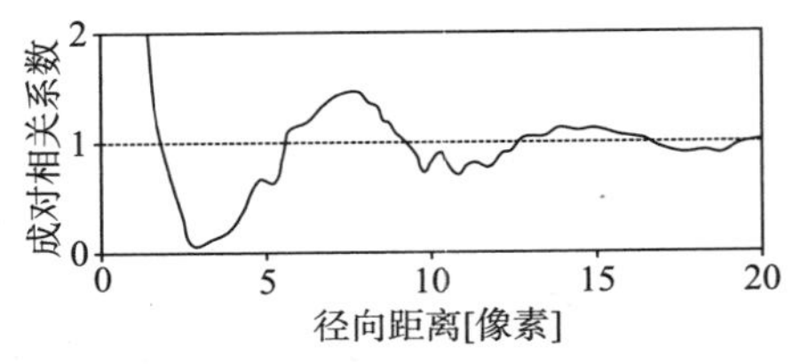

图 2－11 记录点集聚有序抖动半色调图像的成对相关处理结果

为了解释以上概念的含义，获得成对相关的感性认识，图 2－11 给出了记录点集聚有序抖动方法所输出半色调图像的成对相关处理结果，来自以圆环为单位的相关运算。

从图 2－11 不难看出，少数像素发生 $r=0$ 个像

素和 $r=8$ 个像素集聚的可能性高，而发生 0～8 个像素间集聚的可能性则较低。由于白噪声方法输出的半色调图像内所有 m 和 n 的 $K[n; m]=1$，若对于给定记录点在任何时刻的成对相关系数 $R(r)$ 已知，则彼此距离为 r 的点从统计角度考虑可认为互不相关，其实即使物理上也可以认为是不相关的。根据图 2－11 所示结果，随着 r 连续地增加到超过 12 个像素，记录点的相关性变得越来越低。

2.4.5 径向平均功率谱

在傅里叶域内，给定记录点集聚或分散抖动方法输出的半色调图像的功率谱可以按对于谱的估计划分。频谱估计技术之一是 Bartletts 提出的周期图平均法，其中周期图以样本输出的傅里叶变换幅值的平方与样本尺寸的商表示。研究结果表明，频谱估计 $P*(f)$ 由 K 个周期图的平均组成，具有等于 $P*(f)$ 的期望值，通过某种三角函数与跨度等于样本分块尺寸和方差的卷积对频谱估计做平滑处理，样本的方差可表示为：

$$\mathrm{var}[P*(f)] \approx \frac{1}{K}P^2(f) \tag{2-21}$$

由于 $P*(f)$ 是二维的函数，虽然样本半色调图像的各向异性可通过研究 $P*(f)$ 的三维图定量地观察和描述，但谱内更定量的指标可通过将频谱域分解成圆环的方法表示，圆环的基本特征通常以环的宽度 Δf、中心半径上的径向频率 f_ρ 和频率样本 $N_\rho(f_\rho)$ 描述。借助于取圆环内频率样本的平均值，并绘制成该平均值与径向频率的关系，由 Ulchney 定义了径向平均功率谱密度（Radially Averaged Power Spectral Density），表示为下述公式：

$$P_\rho(f_\rho) = \frac{1}{N_\rho(f_\rho)}\sum_{i=1}^{N_\rho(f_\rho)} P*(f) \tag{2-22}$$

由于沿矩形栅格采样导致谱平面上基于频率的“瓷砖”排列方式，径向频率超过 $1/2D^{-1}$ 的圆环被裁剪到频谱“瓷砖”排列的四角，其中 D 表示显示器屏幕或硬拷贝输出成像平面样本间的最小距离，其结果是这些圆环中的频谱样本数量更少。

在所有的径向平均功率谱密度 $P_\rho(f_\rho)$ 分布图中，被裁剪的圆环以水平轴表示。作为一种演示的例子，图 2－12 给出了借助于傅里叶变换得到误差扩散图像的功率谱分布，表示与功率谱 $P(f)$ 对应的径向平均功率谱密度，通过将频谱域划分成圆环后变换所得。

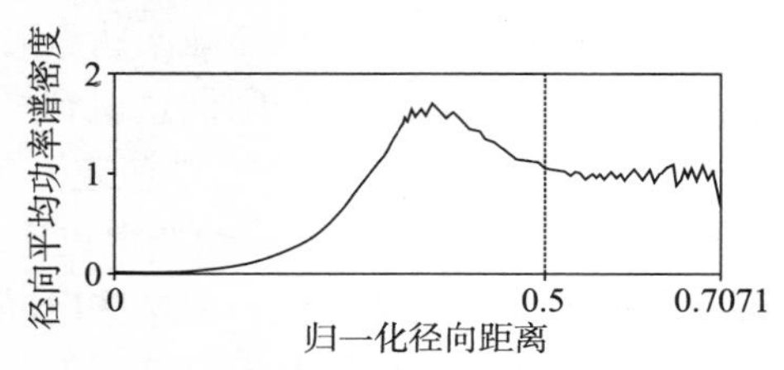

图 2－12 误差扩散图像径向平均功率谱密度

图 2－12 中标记数字 0.7071 的位置表示被裁剪的圆环靠近 $f_\rho=1/(2)^{1/2}$ 处的径向平均功率谱密度的上下波动，不如其他位置那样稳定。

3 第三章

幅度调制半色调

网点是传统印刷方法复制图像的基本单元，用于产生这种网点的数字半色调技术称为记录点集聚有序抖动。模拟传统加网技术的网点图案常称为调幅网点。以数字运算为基础的有序抖动法通过像素和阈值数组建立半色调图像，从原连续调图像到半色调二值图像的转换过程得到包含周期性特征的阈值数组控制。注意，阈值数组是一组有序排列的数字，用于规定记录点集聚的次序，与随机产生的阈值数组不同。记录点集聚有序抖动属于点处理操作，输出结果仅取决于当前像素的灰度等级。一旦合适的阈值数组确定下来，则记录点集聚有序抖动的实现极为简单，成为实际操作时经常使用的主要原因。

3.1 抖动处理

习惯上，数字半色调处理统称为抖动，尽管这种称呼不尽合理，但如果接受数字半色调处理即抖动的称呼，则抖动法有随机和有序之分。其中，有序抖动又可进一步划分成记录点集聚抖动和记录点分散抖动两大类，两者很容易混淆。

3.1.1 抖动

抖动（Dither）的概念最早出现在第二次世界大战，那时的轰炸机利用机械计算机执行导航和炸弹飞行轨迹计算，这些计算机由几百个齿轮和紧固件连接而成。令人奇怪的是，计算机处在高空飞行与地面状态时的计算精度不同，且处在高空时的计算精度比地面上的计算精度更高。工程师们意识到可能是来自飞机的振动降低了计算误差，因为计算机处在静止状态时运动部件的“粘连”效应会影响计算精度，飞机受到干扰而发生短暂的“痉挛”时计算机部件的运动变得更连续和顺畅。在这种现象的启发下，技术人员在计算机中增加了小型振动电机，由这些电动机产生的振动称为抖动，得名于振动幅度很小。取得对于抖动的直观认识并不复杂，例如，轻拍机械仪表可以增加其精度，此时的“轻拍”等价于应用抖动技术。从人文角度出发，现代词典将抖动定义为高度紧张、混乱或受到刺激的状态。由于抖动指微小的量，因而成功地进入数字化系统，例如，显示和数字半色调处理。

从以上抖动概念的出现原因看，抖动与干扰或噪声有关，当干扰或噪声的量控制在恰当水平时，可以在不正确中求得更正确的结果。计算机图形学和图像处理技术出现后，抖动一词获得了新的意义，并成为一种技术，用于在调色板颜色数量有限的条件下建立更高位分辨率的假象。假定图像经过抖动处理，则该调色板中本不存在的颜色可以用调色板中有限数量的颜色近似表示，经过这些颜色着色的像素彼此扩散和影响，眼睛感受的颜色是着色像素扩散形成的色彩混合，扩散效应的工作原理可以图 3－1 所示的例子说明。注意，如果以相对少数量的颜色抖动彩色图像，则眼睛可区分特征颗粒或散斑。

图3－1 抖动处理形成的假象

图3－1所示的例子说明，当大尺寸的填充红色和蓝色的正方形彼此相间地放置时，眼睛可以清晰地区分色块的颜色甚至形状；随着两种色块的尺寸变得越来越小，且仍然彼此相间地放置，则眼睛将感受到红色和蓝色的混合，产生紫色的色觉。

彩色图像的位分辨率决定其感觉质量，如果减少图像的位分辨率，则往往会引起明显的视觉副作用。例如，从摄影照片转换所得的数字图像本应包含数量众多的颜色，对该图像以特定的调色板限制颜色的数量，由于颜色信息的丢失，抖动图像将是原图像的近似。

3.1.2 有序抖动

除基于优化处理的数字半色调方法外，阈值是许多半色调方法实现的关键。所谓的随机抖动指的是阈值的产生方式，即阈值是随机发生的；有序抖动与随机抖动的区别，主要表现在有序抖动阈值数组的周期性，更特殊之处在于执行有序抖动前需要以周期性重复阈值矩阵（例如8×8矩阵）的方法产生阈值数组，以覆盖被处理的图像平面。

前面多次提到，有序抖动属于点处理的范畴，包括记录点集聚和记录点分散有序抖动。其中，记录点集聚有序抖动半色调方法显得古老而又成熟，继承了照相加网的主要技术属性和网点结构特征，例如，网点位置固定而大小变化。在连续调图像抖动处理成半色调图像的许多方法中，有序抖动最容易实现，因为有序抖动半色调只要处理当前像素即可，无须处理或存储邻域像素。以上优点使有序抖动的软件设计快，硬件设计很简单。

印刷工作者使用的网屏是有序抖动处理的结果，用于再现照片的阶调和颜色。作为有序抖动的形式之一，生成传统网点的抖动数组中的阈值通常按螺旋形排列。这种记录点集聚半色调方法为胶印所必须，原因在于各半色调像素的物理面积太小，以至于印版无法保持住油墨。对于许多电子显示设备来说，这样的单一像素限制条件是没有问题的，从而更适合于使用记录点分散抖动，但这种半色调方法对二值图像质量的影响很少引人注意。

使用得最为广泛的记录点分散有序抖动或许应当算Bayer于1973年提出的方法，产生的半色调图案是递归拼贴法输出图案的子集。根据Bayer抖动方法的特点，生成的半色调图案质量算不上太差，但由于形成刚性的规则结构而容易成为视觉赝像。

一般来说，刚性的有规律的结构影响半色调图像的视觉效果，即使由没有受到过专业训练的普通人观察，也可以轻松地发现图案的结构性。因此，常规的记录点分散有序抖动方法输出的半色调图像质量往往较差，有可能干扰对图像的正常阅读。解决记录点分散有序抖动结构赝像问题的唯一方法，是半色调处理过程引入随机性，故意地破坏某些有序抖动方法输出的半色调图像包含的刚性结构。

利用随机性使得记录点集聚有序抖动方法输出半色调图像刚性规律“断裂”的方法首先由Allebach于1976年提出。后来，由于Mitsa和Parker两人的建议，出现了新的引入随机性的半色调方法，他们提出的有序抖动数组构造方法富有创意。根据Mitsa和Parker建议方法生成的半色调图案具有给定的空间频率域的基本特征，目前已形成专门的方法，这就是蓝噪声蒙版。模拟蓝噪声图案的尝试对数字半色调领域产生了深远的影响，由此而诞生了各种类型的误差扩散半色调方法，但需要更多的计算时间。

3.1.3 记录点集聚有序抖动

记录点集聚有序抖动（Dot-Clustered Ordered Dither）更准确的称呼是脉冲表面积调制PSAM，其含义为半色调处理系统输入连续调图像的像素值映射到由正比于像素原灰度值的黑色像素和白色像素分布构成的单元内，由此调制成不同面积率的网点。

必须使用记录点集聚有序抖动的例子自然是传统印刷技术，某些数字印刷技术也需要这种半色调方法，例如静电照相数字印刷。之所以如此，是因为这些印刷类型缺乏足够的能力保持最小着墨单元的尺寸和形状，利用网点模拟阶调和颜色变化便成为唯一的选择。

从应用层面来说，记录点集聚有序抖动的用途十分广泛，提到数字半色调处理时总会使人联想到这种奇怪名称的技术，迄今为止，无论电子显示或硬拷贝输出仍然要用到记录点聚集有序抖动，尤其是印刷领域。值得指出的是，记录点集聚有序抖动是唯一受到流行页面描述语言 PostScript 支持的半色调技术类型。

记录点集聚有序抖动用于生成模拟传统半色调技术的幅度调制网点，这种技术是照相制版的数字模拟，也可以说记录点集聚有序抖动的目的归结为产生与照相制版相同结构的网点图像，图 3－2 演示有记录点集聚有序抖动过程。如同其他半色调处理那样，记录点集聚有序抖动的输入和输出分别为连续调图像和半色调图像，其中输出图像是半色调方法对连续调图像的采样和编码结果，输出值通过原稿像素值与阈值比较确定。记录点集聚有序抖动的实现离不开抖动矩阵的二维数组，包含定义为半色调单元阈值的数据集合。

选择记录点集聚抖动技术时，若阶调复制设备具有非线性的反射系数响应特点，即反射系数不等于白色像素与抖动矩阵内总的像素数量之比时，则可以做优化处理。只要强制性地使半色调单元内的记录点搭接，记录点形状和尺寸的影响可最小化，如图 3－3 所示。

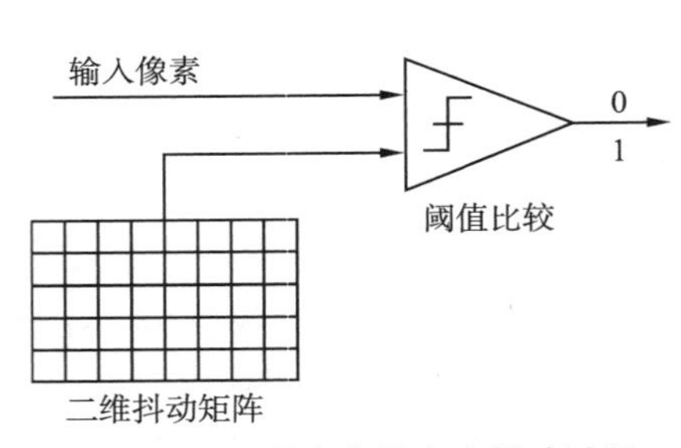

图 3－2 记录点集聚有序抖动过程

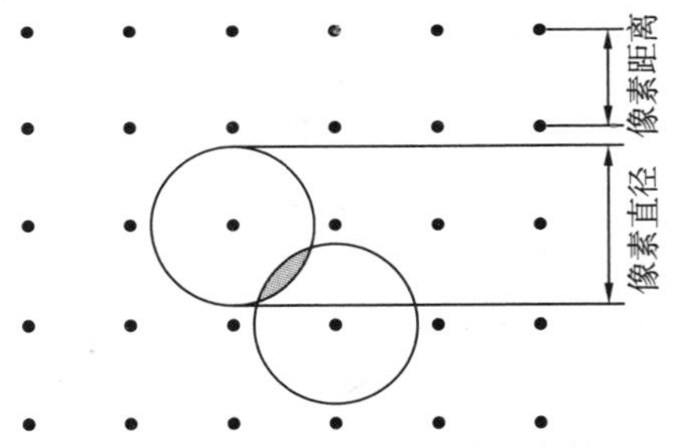

图 3－3 记录点形状和尺寸影响最小化的优化处理

如同前面提到的那样，记录点集聚抖动矩阵内“细胞”的数量和排列，以及呈连续排列“细胞”群的尺寸、形状和偏移，将决定半色调图像的阶调范围、加网线数和网点角度。

考虑到行业习惯用语和专业性更强的数字半色调领域的分类原则，本书在某些情况下采用加网（Screening）和网点（Screen）这样的称呼，有时则称之为记录点集聚有序抖动和传统网点，相信读者不会因此而混淆。此外，网点由有限个记录点构成，按理属于两个内涵不同的名称，但考虑到网点有可能仅仅由一个记录点组成，且仅仅一个记录点可视为网点的特例，因而本书对这两个术语不加区分，除非有特殊的必要。根据大多数学者和半色调技术应用者提出的意见，传统网点的产生有赖于阈值数组控制下的记录点集聚有序抖动技术，其中的阈值数组规定了网点生成的规则，即记录点打开或关闭的次序。

按阈值数组的随机和非随机性质，记录点产生的规则会因此而不同。一般来说，固定阈值数组控制产生尺寸变化但位置固定的周期性网点，而像素值与随机阈值数组的比较结果则形成非周期性的半色调图像，此时的网点仅仅由一个记录点组成，从而可称为记录点图像。从半色调处理结果的质量角度考虑，记录点分散抖动更合理，但对于物理重构函数无法恰当地隔离像素的二值输出设备必须使用记录点集聚抖动技术。

3.2 网点及相关要素

网点（幅度调制网点）是构成印刷图像颜色和层次变化的基础，是表现图像阶调的基本单元，它起着传递图像阶调和色彩变化的作用。生成网点的过程称为加网，是各种类型传统印刷技术表现连续调原稿颜色和层次变化的重要环节。即使到了数字时代，某些印刷技术继续使用网点，若仍然使用加网的称呼，则可以视为数字半色调处理的同义词。

3.2.1 方向敏感性

半色调处理包含许多大众关心的共同的感性问题，这些问题也正是图像处理领域需要解决的，两者存在必然的联系。然而，有不少学者却往往在他们的图像处理著作中忽略一个重要问题，那就是半色调对图像处理特殊的重要性。

传统半色调工艺进入实际应用阶段后，人们就开始注意网点图案的排列方式。分析那时加工的单色半色调印刷品后可以发现，如果网点沿45°的方向排列，则印刷品的视觉效果最佳。图3－4演示了网点以不同角度排列时视觉效果的差异。

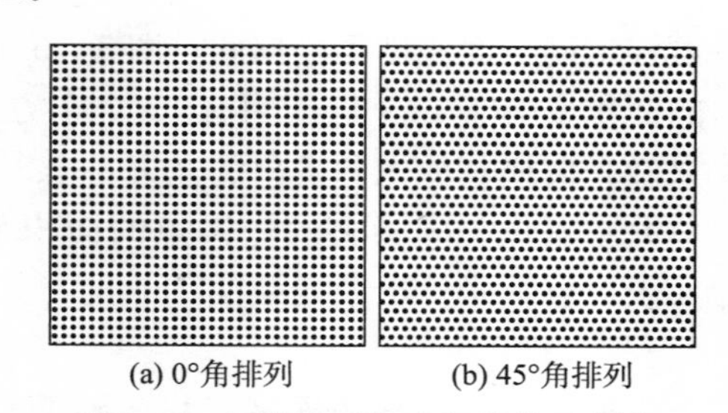

图3－4 网点排列角度视觉效果比较

检查图3－4所示的两幅以不同角度排列网点的半色调图像不难发现，网点排列成0°角时水平线和垂直线清晰可见，但在45°角排列的半色调图像内却感觉不到，说明以45°角排列的网点图案确实优于水平排列。有关网点排列角度与视觉响应关系的研究结果表明，视觉系统的频率响应缺乏对称性。虽然人们很早就掌握了这一规律，且在最早出现的印刷品中已经考虑到了网点的排列方向，但很长时间内仍然没有实验测量结果问世。

单色印刷和和四色印刷黑色版沿45°方向排列网点角度来自实践经验，解释视觉系统的这种特殊的感受规律需要实验数据的支持。图3－5用于定性地说明视觉系统对空间频率的灵敏度，该图中的曲线表示关于网点排列方向（角度）的函数，以Taylor报道的数据为基础绘制而成，他在1963年时曾测量过精细光栅的可探测性，通过改变光栅的放置角度研究视觉系统的方向敏感性。注意到光栅放置角度与视觉灵敏度关系曲线在0°角位置（水平方向）和90°角位置（垂直方向）出现的尖角，则理解视觉系统的方向敏感特征不再困难。此外，视觉灵敏度差异也体现在光栅“图案”与水平线放置成其他夹角的场合，且随着光栅空间频率（分辨率）的增加，视觉系统对倾斜放置光栅和水平放置光栅的灵敏度差异也随之增加。很明显，改变光栅的放置方

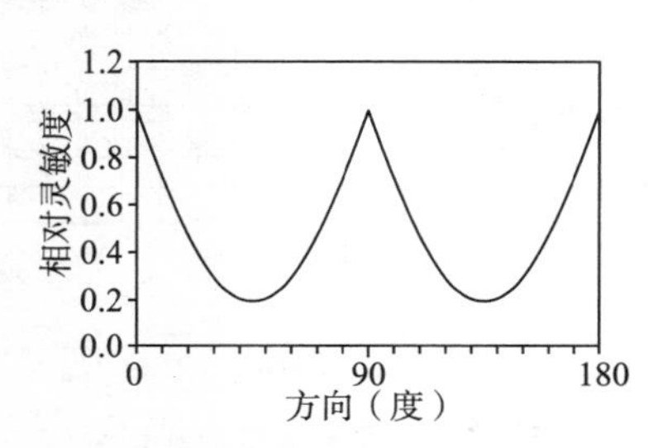

图3－5 空间频率灵敏度与方向的关系

向等同于改变网点排列角度，因而 Taylor 测量结果对研究视觉系统方向敏感性与网点排列的关系有直接指导意义。

3.2.2 半色调单元

为了能模拟传统加网工艺产生的半色调网点结构，相应的数字半色调方法必须建立半色调单元（Halftone Cell）的概念，构成网点的记录点才能找到对应的位置。注意，这种概念仅适合于加网方法，其他半色调方法是不需要半色调单元的。

半色调单元这一概念或许显得有点抽象，刚接触数字半色调方法时尤其如此。为了便于说明问题，可以从具体例子出发讨论。假定等待形成的正方形网点的面积率等于100%，并设该网点的边长为 A、设备像素的形状为正方形。将网点沿水平和垂直方向均匀地细分为 10 格，则该网点将由 100 个小方格（记录点）组成，这 100 个小正方形组成图 3－6 所示的半色调单元，有时也称为网点单元。因此，半色调单元是用于包含网点的区域或产生网点的基地，只有 100% 面积率的网点才会与半色调单元一样大小。

当输出设备的激光束或其他光源在图 3－6 所示半色调单元的某一小方格上曝光时，则该网点的面积率（油墨覆盖率）为 1%，即图 3－6（a）所示网点。数一下半色调单元中有几个小方格被曝光了，就可知道网点面积率了。据此，图 3－6（b）所示网点的面积率等于 12%，因为有 12 个小方格被曝光。如果激光束或其他光源发出的光束一个也没有在半色调单元中曝光，则当前发生网点的面积率将等于 0%，代表白色纸张；若激光束或其他光束在半色调单元的每一个小方格上均曝光，则必然形成面积率为 100% 的网点。

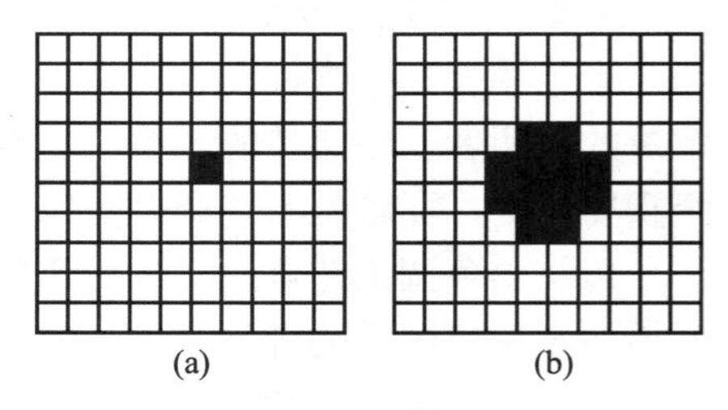

图 3－6　半色调单元

3.2.3 设备像素形状与半色调单元的精细程度

由于目前包括某些数字印刷在内的大多数印刷技术以传统网点作为图文信息复制和油墨传递的基本单位，因而本小节的重点在于讨论传统网点对设备像素形状的要求，以及半色调单元精细程度与传统网点轮廓精细程度间的关系，而半色调单元的精细程度则取决于记录点的大小，即设备像素的大小，由此可知与设备的记录精度有关。

根据前面对记录栅格、设备像素和半色调单元的解释，当数字半色调处理以传统印刷工艺使用的网点为工作目标时，每一个数字网点的形成借助于多个记录点在半色调单元内预定位置的堆积实现，例如图 3－6 给出的半色调单元和网点。显然，以光记录（例如激光或发光二极管）为基础的成像工艺由于光束的外形限制而必然导致理想与实际记录点的差异，因为在通常情况下光束的外形呈圆形，但成像系统却只能在二维平面上划分为正方形记录栅格，为此必须保证激光束直径大于正方形记录栅格的边长。

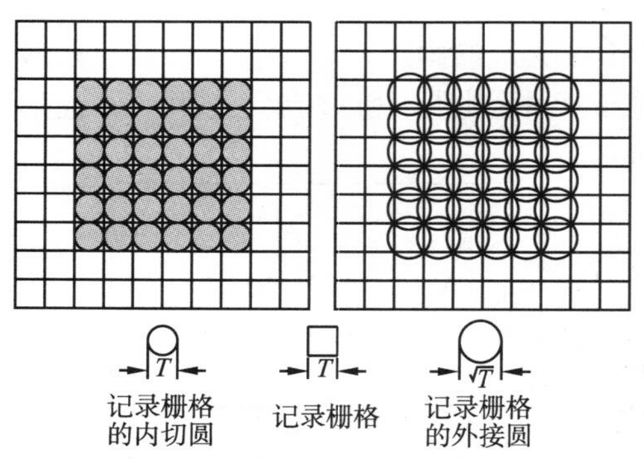

图 3－7　不同寻址能力成像系统形成的记录点结构

图 3－7 用于演示激光照排机、直接制版机、某些数字印刷机和打印机等硬拷贝输出设备的成像系统记录分辨率改变时网点尺寸及其

边缘形态，该图特别强调依次填充实地区域时各成像点在记录平面上的直径应该大于记录栅格的宽度（正方形边长），以使得各记录点能彼此充分地重叠而不露出空白。如果忽略成像系统记录介质成像点的尺寸变化，则每个记录点的理论直径至少应等于相邻记录栅格距离的 $2^{1/2}$ 倍。此外，为了保证非实地填充区域的复制光学密度，成像时也要求记录点直径大于记录栅格的边长。

半色调单元中小方格（记录栅格或设备像素）的多少决定了网点轮廓形状接近理想形状的程度，对一个同样尺寸的网点，如果沿纵向和横向划分的格子越多，则该网点的轮廓就越接近理想形状，即该网点的轮廓形状越精细，如图 3－8 所示。

图 3－8 的（a）和（b）分别给出了物理尺寸相同的两个半色调单元，区别在于包含不同数量的记录栅格。其中，（a）的半色调单元由 24 × 24 = 576 个记录栅格组成，（b）的半色调单元则包含 12 × 12 = 144 个记录栅格。假定半色调处理程序要求在这两个半色调单元上形成圆形的传统网点，则由于（a）的半色调单元包含较多的记录栅格，要求输出设备产生的记录点更精细，因此最终形成的传统网点轮廓更接近于圆形，而（b）的半色调单元包含数量较少的记录栅格，故形成的圆形网点轮廓较为粗糙。

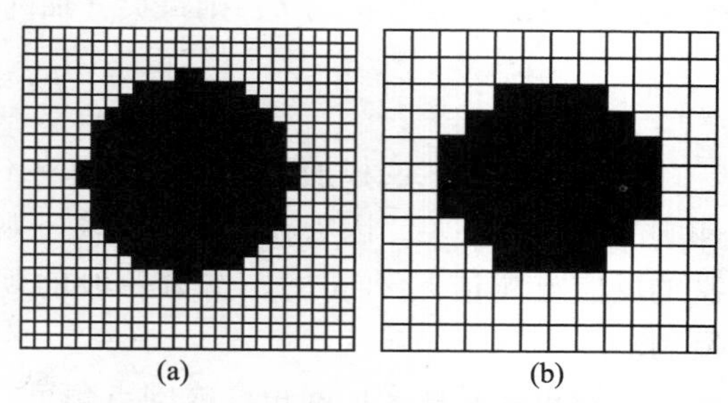

图 3－8 半色调单元的精细程度决定网点轮廓形状的精细程度

3.2.4 网点三要素

由于记录点集聚可以采用不同的方式，因而网点有不同的形状，且不同形状的网点服务于不同的复制目标。如果以数字半色调的语言定义网点形状，则可以给出对于网点形状更严格而又准确的描述，定义为对应于记录点有序抖动数组内阈值的特定排列，因为正是抖动数组阈值的排列决定了记录打开或关闭的次序，从而也决定了网点形状。

按寻常的语言定义时，网点形状指单个网点呈现的几何形状，即网点的边缘形态或 50% 面积率网点的几何形态，因为判断面积率小于 50% 或大于 50% 网点的形状比较困难。以传统照相加网技术产生网点时，网点形状由相应的网屏结构决定。不同形状的网点在图像复制过程中变化规律不同，从而产生不同的复制效果，并影响对复制结果的质量要求。传统加网技术可以产生的网点形状受网屏数量的限制，但数量也有不少，例如正方形、钻石形、菱形、圆形和椭圆形等；数字加网技术出现并大规模应用后，可选用的网点更多。

如前所述，不同的网点形状服务于不同的复制目标。以圆形网点为例，根据几何极值理论，在同面积的网点形状中，圆形网点的周长是最短的。以圆形网点复制原稿时，画面中的高光和中间调区域产生的网点均互不相连，仅在暗调处网点才互相接触，因此画面中间调以下的网点增大值很小，可以较好地保留中间调层次。相对其他形状的网点而言，圆形网点的扩张系数较小，大约在 70% 面积率处由于四周相连而引起网点增大的突变。一旦产生圆形网点的相互连接，则这种网点的扩张系数将会很高，导致印刷时暗调区域网点的着墨量过大，容易在周边堆积，最终使图像暗调部分失去应有的层次，如图 3－9 所示。

加网线数或频率（Screen Frequency）定义为半色调图像内沿垂直方向每英寸内记录点

集聚所得网点的行数或排数，水平方向的网点数量通常与网点行数相同。如同模拟半色调时代的投影网屏那样，网点结构越精细，则可以建立空间分辨率更高的网点排列。加网线数或网点频率受到激光照排机、直接制版机、某些数字印刷机和打印机等硬拷贝输出设备可表示灰度等级数量的限制，由硬拷贝输出设备的空间分辨率决定。若硬拷贝输出设备的空间分辨率以 dpi 表示，灰度等级数量标记为 L，则每英寸加网线数 lpi 可按下式计算：

图 3-9　大小渐变的圆形网点

$$lpi = \frac{dpi}{\sqrt{L-1}} \tag{3-1}$$

彩色复制工艺选择加网线数的原则离不开对印刷品的质量要求，而质量要求又与观察印刷品的距离有关，因为在不同的距离下观看同一印刷图像时，视觉系统对于印刷图像层次的反应或响应是不同的。作为一般的规律，观察距离越近时图像应该用更小的网点复制。

网线角度又称为加网角度或网点角度。我国国家标准 GB/T9851.1－2008《印刷技术术语　第1部分：基本术语》对网目角度的解释为：不同色版网目轴与基准轴之间最小的夹角。虽然各国以不同的形式定义网点排列的角度，但大多与数学定义正向角度的概念相符，这意味着通常按逆时针方向测量和计算网线角度，我国也如此。网点结构由相交成90°的纵横行和列组成，因而30°网线角度与120°、210°和300°并无区别，但由于出现在不同的象限中而容易混淆。为了统一表示相同的几何参数，我国约定仅在笛卡尔直角坐标系统的第一象限表示网线角度，并认为网线角度0°和90°是等价的。各国因长期养成的习惯而可能采用不同的网线角度表示方法，例如美国在0°到180°范围内表示，除主色为45°外，其他各色比我国表示方法增加90°。

菱形网点（链形网点）由于沿垂直和水平方向的形状参数不同，排列时分别在两个方向产生长轴和短轴对角线连接，如图 3-10 所示那样，只有在180°内布置菱形网点时才能明确地区分网点角度。由于这一原因，菱形网点的排列方向允许在180°内表示。

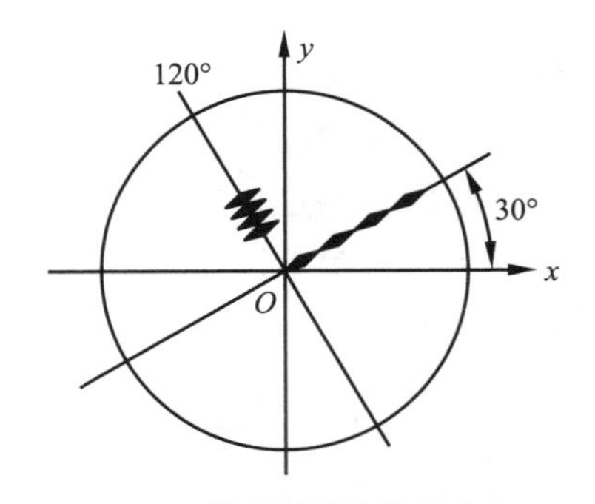

图 3-10　菱形网点的排列方向

四色分色技术在长期的制版生产过程中积累了丰富的经验，总结出称为“常规网线角度”的最佳组合，青、黑和品红互成30°，分别安排在15°、45°和75°位置。根据美国的表示习惯，黑色、黄色、青色和品红色的网线角度分别安排在45°、90°、105°和165°。

3.2.5　加网质量因子

加网线数已经在前面讨论过，这里重提加网线数并非因为该参数比其他两种网点参数显得特别重要，而是考虑到以数字图像为加网操作对象时与传统加网技术存在细微的区别。从数字图像的主色通道数据分解而得的分色版转换成调幅网点，并进而输出和记录到胶片或 CTP 印版时，加网线数指输出设备在单位长度内形成的网点数量，与记录点集聚有序抖动算法相同，也反映两个相邻网点的中心距离。数字图像加网常采用光栅扫描设备，记录时逐行、逐个地扫描像素，读出每一像素的灰度值，并按指定的加网线数转换为规定大小和形状的网点。可见，数字半色调技术模拟传统网点时以每英寸的扫描行数表示加网线数，即沿垂直方向用多少个扫描行表示设备的记录精度。自然地，由于垂直方向上单位长度内的扫描行数取决于设备的记录精度，因而水平方向包含的网点数量也随之确定，总是与垂直方向的扫描行数相等。

如此看来，以数字方式模拟传统照相加网技术总结出来的最佳网点角度组合似乎不成问题，只需令加网线数等于图像分辨率，并按像素的灰度值转换成网点就可以了。然而事情却没有想象的那样简单，加网线数等于数字图像分辨率这一原则将受到严峻的挑战，因为仅仅保证图像分辨率与加网线数相等是不够的，多数情况下还得提高图像分辨率。

加网线数等于图像分辨率这一规则本身并无错误，问题在于这种规则对所有网点排列方向是否普遍适用。仔细检查传统加网角度组合的四个角度后可以发现，上述规则仅适合于沿水平和垂直方向加网（即网线角度为0°或90°）的特殊场合。如果网线角度不等于0°或90°，则会发生像素不够的情况，其中最不理想的是加网角度等于45°的场合。

如图3－11所示，为方便起见，设数字图像在纵向和横向均有10个像素，其边长为L，则该图像的分辨率$R=10/L$。加网角度等于45°时图像的对角线长度为$1.414L$，该长度上像素数也是10个，因此在对角线方向上的分辨率为$10/1.414L=0.707(10/L)=0.707R$。由此可见，当加网角度等于45°时，在对角线方向上图像的像素数不够了，不能满足输出一个网点需要一个像素的要求，需要提高图像的分辨率。

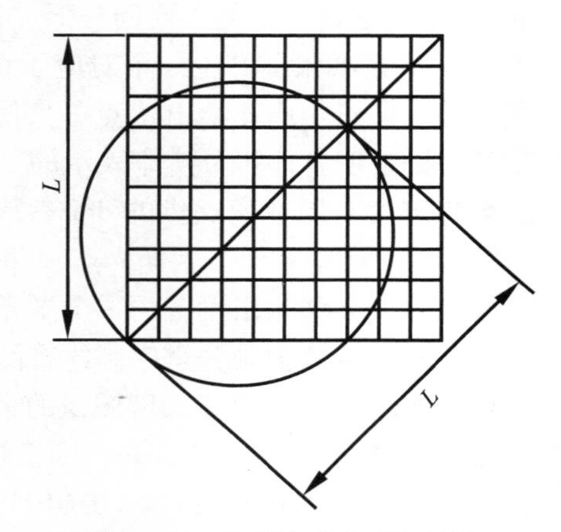

图3－11 加网角度为45°时需提高图像分辨率

无论是灰度图像还是彩色图像的加网角度都涉及45°，为此图像分辨率需提高1.414倍，取整数为1.5。若仅从一维方向考虑，则沿水平方向加网时一个网点平均由$1.5\times\cos0°=1.5$个像素产生；沿15°方向产生半色调网点时，一个网点平均由$1.5\times\cos15°\approx1.45$个像素产生；而如果沿45°方向加网，则一个网点平均由$1.5\times\cos45°\approx1$个像素产生。为了更加方便，现代桌面制版工艺在扫描原稿时倾向于采纳更实用的规则，按印刷加网线数的2倍取图像的扫描分辨率。其实，为满足数字加网的基本要求，取1.5倍的加网线数扫描已经够了。

理论上，用于产生一个网点的像素数越多时，复制效果就越好，尽管这种结论未曾得到证明，但业内人士却普遍认为它是正确的。由于这一原因，许多文献把图像分辨率与加网线数之比称为加网质量因子或许并不合理。比如，若扫描分辨率取为加网线数的1.5倍，则认为加网质量因子等于1.5，而取2时加网质量因子为2。

虽然大家都普遍接受以2倍的印刷品加网线数为图像的扫描分辨率，但仍然可以提出不同的看法。如果真的采用更高的倍数扫描原稿，效果就一定好吗？举例来说，假定取4倍的加网线数作为图像的分辨率，则在0°和90°方向实际上将由$4\times4=16$个像素参与阈值处理而生成一个网点；在15°方向上，每一个网点平均由3.86×3.86个像素产生；即使是在45°方向，形成一个网点的平均像素数也达到2.83×2.83个。这样，大大增加半色调处理和输出需要的处理时间不说，对是否能提高图像输出质量也是有问题的。

此外，如果半色调处理时遇到了像素数目超过实际需要的数量，则必须采取相应的有效措施，最常用的方法是计算像素子集的平均值。很容易证明，计算像素子集平均值的本质是低通滤波处理，必然降低图像质量。

3.2.6 设备分辨率与半色调单元的关系

以数字加网方法产生传统印刷工艺使用的调幅网点时，常借助于包含有限个小方格（即设备像素）的半色调单元来生成网点，而网点的大小则由像素值决定。显然，组成半色调单元之小方格的个数与设备的记录分辨率直接相关，它不能超过设备的分辨率。

设备分辨率指的是半色调图像输出设备的记录精度，即以逐点扫描方式工作的图像输出设备可以在单位长度上曝光的光点（Spot）数。为了与图像分辨率的写法区分，本书以spi（spot per inch，每英寸光点数）表示输出设备的记录分辨率。但需注意，激光照排机和直接制版机的生产和供应商通常以dpi表示输出设备的记录分辨率。

特别重要的问题是要搞清楚照排机分辨率dpi与扫描仪分辨率不同，扫描仪的每一个采样点可用于产生一个像素，该像素用原稿某一小区域平均亮度的数值表示。打印机也以dpi表示输出精度，但需要问一下“点”的含义，指的是记录点还是网点，例如是否用一个“点”在纸张上产生一个对应于像素值的网点；如果是，说明此时“点”的含义是网点，即打印机生产商给出“点”实际上是网点，将由 $n \times n$ 个墨粉点或墨滴来组成；如果不是，则说明打印机分辨率表示的“点”为记录点，此时输出设备在单位长度内产生的网点数肯定没有制造商提供的dpi参数高。标记激光照排机或直接制版机记录精度的dpi指1英寸内可曝光多少个激光光点，并由有限个激光光点组成一个数字网点。因此，从实际尺寸来看，某些输出设备的一个激光光点要远小于数字图像一个像素所代表的物理尺寸。

输出设备的记录分辨率制约着网点的精细程度。理论上，设备分辨率的倒数（即扫描记录光点的直径）等于加网图像的最小网点直径。为加深理解，进一步解释如下：设输出设备的记录分辨率为2400spi，则记录光点直径为1/2400 = 0.0004167英寸，转换到公制单位后成为0.0004167 × 25.4 = 0.01058mm。现在进一步讨论这样的激光点产生网点的能力：设半色调单元由16 × 16个记录点组成，则该半色调单元的宽度（或高度）为16 ×（1/2400）= 1/150英寸，这说明需要表达出图像中每一像素的全部256个灰度等级时，如果输出设备的记录分辨率为2400spi，且该设备用于为150lpi的印刷品加网，则此时最小网点的面积率（仅一个设备像素曝光）为1/256% = 0.39%，对应的网点直径0.01058mm。

对于同一加网线数来说，输出设备的记录分辨率越高，则表示构成网点的点阵密度将变得越大；当采用越多的设备像素来构成一个半色调单元时，将使得相应网点能反映的灰度等级增加，网点的轮廓（边缘）更加细腻和光滑。

值得注意的是，记录分辨率高并不意味着网点一定很精细，它还与用多少个设备像素来组成半色调单元有关，因为半色调单元的大小几乎可以自由指定。例如，对于记录分辨率为2400spi的照排机，可以用16 × 16 = 256或12 × 12 = 144个设备像素组成半色调单元。

显然，设备的最高记录精度是定值而不能改变，但半色调单元的大小却可以控制。原则上，半色调单元越小，加网线数就可以取得越高。对上面列举的两个数字，以16 × 16个设备像素组成半色调单元时，可以达到的最高加网线数为2400/16 = 150lpi；但如果半色调单元由12 × 12个设备像素构成，则最高加网线数可取到2400/12 = 200lpi。

3.2.7 网点层次与网点频率

传统照相加网技术通过网屏将图像分割成若干个面积相等的小方块，根据原稿的亮度差异产生不同的光通量，最后在分割成的小方块中形成大小不同的点子（网点）。数字半色调技术采用了完全不同的方法，通过设备记录分辨率和加网线数匹配生成类似于照相加网的网点栅格点阵，由栅格图像处理器控制光点在栅格点阵中各个单元上是否曝光。因此，数字加网算法在规定的二值化平面内运算，并通过输出设备的控制单元获得与像素值匹配的网点，该网点的相对大小完全取决于像素值，网点的形状和加网角度由用户指定。

这里有两个问题值得强调。首先是什么叫二值化平面？实际上，所谓的二值化平面即输出设备的记录平面，冠以“二值化”是为了强调在输出设备的记录平面内任一记录点只能从 0 或 1 中取一个数。其次是网点绝对大小与相对大小的关系，网点面积率是相对数字，而网点的绝对尺寸则反应其实际大小。网点面积率由像素的灰度值决定，例如像素值等于 127 时产生 50% 面积率的网点；网点的绝对尺寸则不仅与像素值有关，还取决于半色调单元由多少个设备像素组成。比如，假定输出设备的记录分辨率等于 2400spi，则对于同样一个面积率等于 50% 的网点，采用 16 × 16 个设备像素组成半色调单元时，该网点的绝对面积等于 $(1/150)\times(1/150)\times 0.5 = 2.22\times 10^{-5}$ 平方英寸；若以 12 × 12 个设备像素组成半色调单元，则 50% 面积率网点的绝对面积是 $(1/200)\times(1/200)\times 0.5 = 1.25\times 10^{-5}$ 平方英寸。

半色调单元点阵（记录栅格的有序排列）中包含的小方块（设备像素）数由输出设备的记录分辨率和加网线数决定，可以用下述公式表示：

$$n = (spi/lpi)^2 \tag{3-2}$$

式中 n——半色调单元点阵包含的设备像素数；

spi——输出设备的记录分辨率；

lpi——加网线数。

例如，设光栅输出设备的记录分辨率为 2400spi，加网线数取 150lpi，则可算得 $n = 256$。半色调单元点阵中包含 256 个小方块这一事实说明，这种半色调单元刚好能表示位分辨率等于 8 的像素层次，即由像素产生的网点层次。

上述分析表明，半色调单元包含的设备像素数量表示该半色调单元可以表达的灰度层次能力，可称为半色调层次数。实际应用中，往往会不加区分地称之为网点层次。

从公式（3 − 2）很容易看出，在加网线数相同的前提下，如果输出设备的记录分辨率越高，则构成网点的栅格点阵越大，能表现的灰度级数或网点层次数当然也越多。记录分辨率固定时（输出设备的记录分辨率只有有限的档数），半色调单元网格点阵中能包含的单元数也就固定下来。考虑到半色调单元允许包含的设备像素数必须是整数，因而只能相对有限地选择加网线数。也正因为这种原因，在通过数字方式加网时，通常不能保证得到指定的加网线数，往往会发生设定的加网线数与输出后实际得到的线数有所偏离。

例：设激光照排机的记录分辨率为 2400spi，选择 175lpi 加网，则半色调单元在水平或垂直方向上应该包含 2400/175 = 13.7 个设备像素。但是，记录分辨率 spi 与加网线数 lpi 的比值必须为整数，故 13.7 需圆整为 14，故实际加网线数为 2400/14 = 171.4lpi。在这一选择下，能够表达的像素（网点）层次数为 14 × 14 + 1 = 197 个，即由 196 个设备像素组成半色调单元，但考虑到除没有一个（0 个）设备像素曝光外，还有所有设备像素（196 个）均曝光的情况，因而可以表示的层次数应该加 1。

3.3 传统网点的数字模拟

由于网点对图像复制的重要性，如何以数字处理的方式模拟传统网点便成为数字半色调技术的主要任务之一。根据传统网点的结构特点，数字半色调研究人员很快找到了通过记录点集聚有序抖动模拟传统网点的方法，至今仍然在使用着。然而，数字硬拷贝设备产生调幅网点时需要建立栅格点阵，形成网点的方法与照相加网有着本质上的差异，客观上存在不少困难，并非从模拟到数字的简单移植，许多问题有待解决。

3.3.1　数字网点生成方法概述

网点的大小（以网点面积率表示的相对尺寸）不受网点形状、加网线数和网点排列角度的控制，只受来自彩色图像分色版图像灰度值的调制，像素的灰度值越高，记录点集聚有序抖动算法输出的网点面积率越小；像素的灰度值越低时，网点面积率越大。可见，分色版像素的灰度值是决定网点面积率的唯一因素，与输出设备的分辨率、网点形状、加网线数和网点排列角度等因素都没有关系。

以基于光记录的数字硬拷贝设备通过记录点集聚有序抖动技术模拟传统网点时，最终形成的幅度调制网点的面积率实际上是被曝光的设备像素在半色调单元所包含的全部设备像素中所占的百分比，与网点的形状无关。如果不考虑网点形状对复制效果的影响，或者说网点形状与复制效果无关，则即使网点形状不同，但只要面积率相同，则这些网点对图像的复制效果相同。比如，面积率等于50%的正方形网点可以复制8位量化图像的127个灰度等级，而面积率为50%的圆形网点同样能复制这样的灰度等级。

从加网线数的定义看，它表示记录点集聚有序抖动半色调方法将要在单位长度内产生的网点个数。在确定的数字硬拷贝输出设备记录分辨率条件下，加网线数决定半色调单元包含的设备像素数量，仅仅决定网点面积率的离散等级数，与网点面积率无关，因为网点面积率是相对数字。但值得注意的是，以相同的数字硬拷贝设备输出网点时，加网线数的不同会影响半色调单元包含的设备像素数量，导致网点描述精度的变化。

网点角度仅决定网点的排列方向，它与网点面积率几乎无关。例如，对面积率等于30%的网点来说，沿45°方向加网与沿15°方向加网将转移大体相同的油墨量，从而可认为在这两种网点排列角度下将复制出相同的灰度等级。然而，由于眼睛对不同的网点排列方向表现出不同的灵敏度，因而虽然网点角度与网点面积率无关，但可能产生不同的视觉效果。

在设计好理想的半色调网点参数后，接下来需要考虑的主要问题就是如何根据数字图像的像素值转换为能反映原稿图像色彩和阶调变化的半色调网点。为此，首先需要按网点形状建立数学模型，即描述网点的数学表达式，并利用该数学表达式按语言规则编写为PostScript代码，然后再规定半色调单元中所有的设备像素如何记录，以光记录技术生成网点时为曝光的次序。

原则上，任何半色调单元描述的灰度等级应该等于该单元中白色像素个数与所有像素个数（组成半色调单元的全部设备像素数量）之比。如果半色调单元由n个设备像素构成，则该半色调单元可以表示$n+1$种层次等级。数字硬拷贝输出设备按记录点集聚有序抖动算法模拟传统网点的工作方式归结为：对应于输入图像的实地区域，半色调单元内所有像素为黑；需要表现比实地亮一级的灰色时1个像素为白，其他$n-1$个像素为黑；对应于更亮的灰色层次有2个像素为白，其他$n-2$个像素为黑；……；比绝网暗一级的区域取$n-1$个像素为白，剩下的1个像素为黑；所有像素为白，没有黑色像素产生时对应于绝网区域。

3.3.2 记录点集聚有序抖动矩阵

所谓的抖动矩阵由有限个阈值组成，故有时也称为阈值矩阵。抖动矩阵的规模决定记录点集聚有序抖动方法可以表示的阶调数量，例如 8×8 的抖动矩阵可以复制 65 种阶调或层次等级，即 64 种阶调加白色。因此，为了确保半色调图像的复制结果内不出现伪等高线，再现与原图像相同的外观，抖动矩阵的规模应该足够大，以至于眼睛无法辨别任意两个相邻的层次等级。此外，阈值本身和它们在抖动矩阵内的“填充”次序也至关重要，由于眼睛对高光区域的阶调值步长比中间调和暗调区域更敏感，因而选择组成抖动矩阵的元素阈值时必须慎重，网点发生开始于高光，所以应该按高光区域可再现的最大阶调值选择阈值。

记录点集聚的程度或网点面积率仅仅与抖动矩阵的规模有关，与矩阵内阈值排列的次序无关。尽管如此，抖动矩阵单元的排列次序将决定加网线数和网点角度，为此应该仔细地选择抖动单元排列成的增长图像。记录点集聚有序抖动方法通常采用两个或四个种子元素以螺旋形交替增长的方式形成网点，原因在于种子元素的多少与加网线数有关，以两个或四个种子元素生成网点可以提高加网线数。多个种子元素交替增长会提高网点密度，半色调图像内必然损失某些低频成分，而这些频率成分正是眼睛最容易接收的。此外，与单个种子点增长相比，交替形式的网点面积率增长导致阶调步长变得更大，从而在高光区域内出现轻微的纹理结构。为了演示多点交替增长如何实现，下式给出了四点抖动矩阵的例子：

$$T_{12,6}=\begin{bmatrix}158 & 215 & 144 & 44 & 30 & 72 & 165 & 222 & 151 & 51 & 37 & 79\\126 & 97 & 111 & 175 & 190 & 133 & 119 & 90 & 104 & 183 & 197 & 140\\12 & 26 & 69 & 232 & 247 & 204 & 5 & 19 & 62 & 239 & 254 & 211\\55 & 40 & 83 & 161 & 218 & 147 & 48 & 33 & 76 & 168 & 225 & 154\\179 & 193 & 136 & 122 & 94 & 108 & 172 & 186 & 129 & 115 & 87 & 101\\236 & 250 & 207 & 8 & 23 & 65 & 229 & 243 & 200 & 2 & 16 & 58\end{bmatrix} \quad (3-3)$$

为了使记录点集聚有序抖动方法输出的半色调网点内可能形成的干扰视觉感受的图像达到最小程度，数字半色调处理实践往往采用给定偏移角度的方法。例如，若沿水平方向对抖动矩阵单元给定某一偏移量，则抖动矩阵单元在输入连续调图像的上方以“瓷砖”的形式覆盖时可以实现特定的网点排列角度，类似如图 3－12 那样。

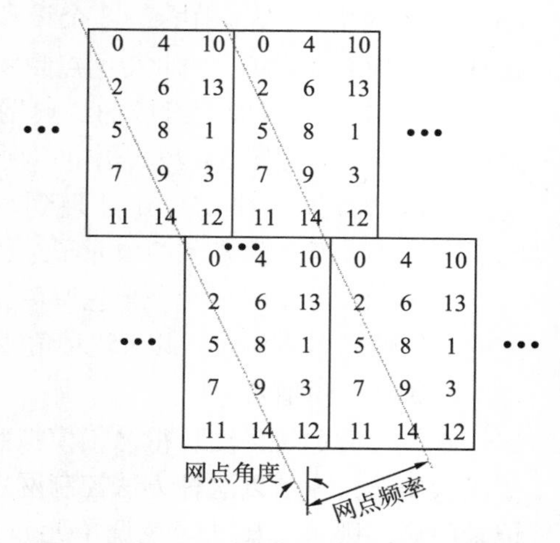

图 3－12 以抖动矩阵单元构造网点角度

彩色印刷设备（例如彩色热升华打印机）需要以叠印方式复制三色分色图像时，分色版图像必须转换到半色调图像。由于这些不同颜色的光谱成分部分地彼此覆盖，容易形成干扰半色调印刷品视觉效果的低频图案，称为莫尔条纹。根据视觉灵敏度，为了降低莫尔条纹图像的可察觉程度，三种颜色叠印时可采用网点角度彼此成30°排列的方法。

选择记录点集聚有序抖动技术的根本目标在于希望能够复制出尽可能多的阶调值或层次等级，高质量半色调处理需要的最少层次等级大约 100

个。显然，为了实现数量如此之多的阶调值或层次等级，需要规模很大的抖动矩阵。另一方面，加网线数的高低将决定复制质量，尽可能提高加网线数便成为另一种重要期望，为此可采用在抖动单元内设置更多种子元素的方法。因此，通过增加抖动矩阵单元数量的方法就能够表示更多的阶调值，从而降低伪等高线效应。尽管扩大抖动单元导致半色调图像包含更多的低频成分，但在给定的设备分辨率条件下必然使网点结构粗化，网点结构更容易为眼睛所察觉，从而不能表示更多的细节。若减少抖动单元，则在设备分辨率给定的条件下加网线数将得到提高，网点结构不容易为眼睛察觉，从而可以复制更多的细节。由此可见，加网线数和可复制的阶调值数量或层次等级是一对矛盾，进行半色调处理时应该在两者间权衡。

3.3.3 网点结构的周期性考虑

抖动矩阵的规模决定记录点集聚有序抖动方法生成的网点可表示的层次等级，用于按图像复制的质量要求模拟照相制版加网系统输出的不同精度的网点，即模拟不同精细程度经典网屏形成的网点。为了组建以数字硬拷贝设备产生经典网屏的抖动模板，按顺时针或逆时针方向生成记录点集聚有序抖动网点的技术方案一直广泛地使用着，工作方式可以用图 3－13 说明。这里提到的抖动模板即上一小节讨论的抖动矩阵，由一系列预先确定的以整数表示的阈值组成，规定了随像素灰度等级增加而“打开”记录点的次序。

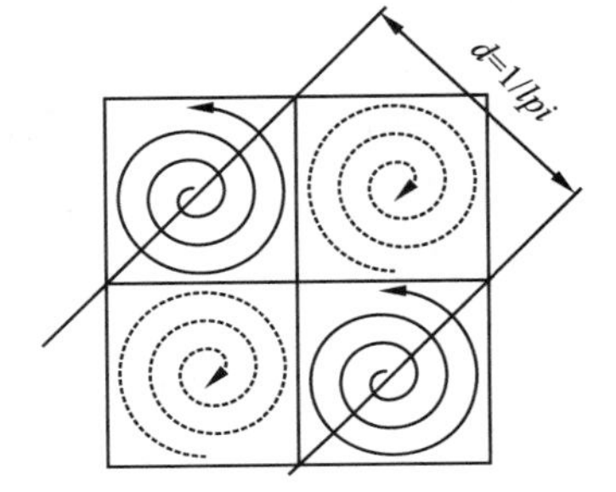

图 3－13 以数字方式生产经典网屏的抖动方案

记录点集聚网点结构是周期性的，在二维空间中重复地排列。图 3－13 所示的二值网点图像结构分割成四个区域，实线指示的阈值次序从螺旋线的中心开始，分配到阈值单元一半时结束；接下来从虚线指示的外部开始，到剩下的一半分配完结束。

经典网屏的主要特征体现在网点频率，通常按 45°方向排列的网点结构计算，以每英寸网线数计量。图 3－13 中包含网点频率如何与抖动矩阵相关的说明，网点周期 d 取决半色调单元包含的设备像素数和最终输出的分辨率。例如，考虑 1200dpi 的输出设备使用由 8×8 个设备像素组成的半色调单元时 $d=8(2)^{1/2}/1200$，由此得网点频率 $f=1/d=106$lpi。

13	11	12	15	18	20	19	16
4	3	2	9	27	28	29	22
5	0	1	10	26	31	30	21
8	6	7	14	23	25	24	17
18	20	19	16	13	11	12	15
27	28	29	22	4	3	2	9
26	31	30	21	5	0	1	10
23	25	24	17	8	6	7	14

图 3－14 抖动矩阵的组合

由 4×4 个设备像素组成的经典网屏半色调单元组织如图 3－14 所示，按图 3－13 给出的网点生成原则排列。由于实际的抖动数组必须归一化处理到输入灰度等级的数量，因而图 3－14 所示的半色调单元子结构和半色调单元组合称为模板。

图 3－14 可理解为 4 个半色调单元构成的超级单元，按顺时针和逆时针螺旋线次序排列的阈值数组各占一半，以 45°对角线为中心轴对称地布置。

3.3.4 阈值法

阈值法又称投影法，得名于模拟照相制版网屏结构以数字半色调方法生成网点时的阈值比较操作。为了以这种方法控制网点面积率的大小，应该预先设计好抖动矩阵，为平面记录的局部区域（比如半色调单元）内每一个成像点（设备像素）设定相应的阈值。加网时根据阈值矩阵以及从数字图像中读出的像素值对半色调单元的每一个设备像素做出曝光或不曝光的判断，即设定的阈值用于控制半色调单元中的每一个设备像素是否曝光。

从数学角度看，抖动矩阵是有限个数字形成的数组，其中的每一个元素按照一定的规则排列，功能上类似于接触网屏。为了能模拟接触网屏对来自原稿光线的分割作用，抖动矩阵必须反映接触网屏的工艺特点，某些位置上的透明度高，有的地方透明度低，矩阵元素的大小对应于透明度的高低。因此，抖动矩阵类似于过滤器，数字分色图像由过滤器处理后映射到记录平面获得加网图像。根据输入图像的像素值是否经过归一化处理，抖动矩阵的元素值也不同，例如图 3－15 给出的抖动矩阵归一化元素的取值在 0 到 1 之间。

由此可见，用阈值法产生数字网点时，对应于每一层次变化（像素值的变化）均需按照接触网屏的透光特点设计抖动矩阵。假定阈值数组包含 $2M^2$ 个元素，则该阈值数组可以表示 $2M^2+1$ 个灰度等级，为此需针对如何表现这 $2M^2+1$ 个灰度等级按接触网屏的透光特点设计抖动矩阵。如果输出设备的栅格分布发生了变化，则必须为新的栅格分布建立另一套相应的抖动矩阵。此外，对应于不同的网点形状，也需要设计不同的抖动矩阵。

.576	.635	.608	.514	.424	.365	.392	.486
.847	.878	.910	.698	.153	.122	.090	.302
.820	.969	.941	.667	.180	.031	.059	.333
.725	.788	.757	.545	.275	.212	.243	.455
.424	.365	.392	.486	.576	.635	.608	.514
.153	.122	.090	.302	.847	.878	.910	.698
.180	.031	.059	.333	.820	.969	.941	.667
.275	.212	.243	.455	.725	.788	.757	.545

图 3－15 模拟传统网点的阈值数组

以图 3－15 所示抖动矩阵组合的四分之一发生网点时，设输入连续调图像的像素值在 0～255 之间变化，且假定以光记录技术生成网点，则应该先取 0～255 的逆序，归一化处理成 0～1 的像素值，分别对应于印刷品的白色和黑色；阈值法半色调处理系统读出像素的灰度值，与阈值数组中的元素比较，确定记录点的曝光次序并形成网点。比如，当前处理像素的归一化灰度值为 0.25，假定按图 3－15 中右上角和左下角的两个四分之一阈值数组记录网点，则阈值数组中标记为 0.31～0.243 的位置均需曝光。

记录点集聚有序抖动的半色调操作结果取决于抖动数组的控制方式，选择数字加网的阈值数组尺寸（大小）时必须在两种因素间权衡：首先，由于阈值数组的周期和尺寸不同，从而必须考虑周期和尺寸差异导致的低频分量的可察觉程度；其次，半色调网点图像的质量在很大程度上是网点层次等级数量的函数，为此需要预先确定硬拷贝输出设备能再现多少个灰度等级。显然，当 M 不同时，阈值数组也一定不相同。

3.3.5 模型法

记录点集聚有序抖动数字半色调处理的实现方法并不局限于阈值法，因而设计图 3－14 和图 3－15 所示的抖动矩阵并非唯一的实现途径，其他方法同样值得研究，例如模型法。毫无疑问，模型法同样用于模拟传统照相制版系统输出的网点，为了模拟原连续调图像的不同的阶调等级或灰度等级，需要预先设计好网点模型，数字硬拷贝输出设备按照网点模型规定的位置成像，记录到胶片或其他介质上，模型法因此而得名。

比如，若半色调单元由 100 个设备像素组成，且网点模型规定的成像位置从半色调单元的中心部位开始记录，则面积率等于 12% 的网点将在半色调单元栅格矩阵中心部位的 12 个小方格上曝光，如图 3－16 所示那样。假定输入连续调图像之像素的灰度等级为 100，并

13	9	7	11	12
10	5	3	4	8
6	2	1	2	6
8	4	3	5	10
12	11	7	9	13

(a)

13	9	7	11	12
10	5	3	4	8
6	2	1	2	6
8	4	3	5	10
12	11	7	9	13

(b)

13	9	7	11	12
10	5	3	4	8
6	2	1	2	6
8	4	3	5	10
12	11	7	9	13

(c)

图 3－16 网点生长模型

采用模型法产生记录点集聚有序抖动网点，此时需预先针对每一种灰度等级和网点形状各设计一套网点模型集合，每套网点模型集合包含 100 个网点模型，并将每一网点模型编号。

模型法半色调处理系统从输入连续调图像读出像素值，按照网点形状要求从网点模型集合中调用相应的网点模型，栅格图像处理器根据调用的网点模型控制曝光，形成需要的半色调网点，例如调用图 3－16 所示的网点模型时，输出设备按栅格图像处理器发送过来的指令控制半色调单元中心区域的 12 个设备像素曝光并记录成网点。

由于模型法需要按网点形状和原连续调图像的灰度等级设计网点模型集合，每一种网点形状都必须设计网点模型集合，且网点模型集合中的网点模型数量与半色调处理系统输入连续调图像表示像素的灰度等级数量相等，因而模型法对存储容量的要求很高，这无疑会增加模型法记录点集聚有序抖动算法的实现成本。

3.3.6　生长模型法

设原连续调图像中某一位置的像素值等于 7，则按上述关系指示的记录栅格分布上应该有 13 个小方块（设备像素）曝光，但问题在于究竟哪 13 个小方块应该曝光。某些模拟传统网点的记录点集聚有序抖动技术采用了称为生长模型的加网方法。

假定半色调单元包含 25 个设备像素，即横向和纵向均划分为 5 格，如图 3－16 所示。在这一条件下，该半色调单元可表示的层次等级总共有 25＋1＝26 个。为了使问题简化，假定输入数字图像总共能表现 14 个灰度等级，即像素的灰度取值范围从 0～13。由于半色调单元包含 25 个设备像素，层次等级有 14 个，因此每一个小方块平均可表示 26/13＝2 个灰度等级。与像素值 0 对应的曝光点数理应为 0，如果与像素值 1 对应的曝光点数为 1，则对于像素值 1 以后的灰度等级，每增加 1 个灰度等级就增加 2 个曝光点，由此而得到由 0～13 灰度变化范围映射到记录栅格矩阵（0～25）曝光设备像素数的对应关系：

像素值	0	1	2	3	4	5	6	7	8	9	10	11	12	13
曝光点数	0	1	3	5	7	9	11	13	15	17	19	21	23	25

图 3－16 给出了在包含 25 个设备像素的半色调单元中网点生长模型的例子，该图所示的矩阵指令栅格图像处理器：当数字图像的像素值为 0 时设备不曝光；像素值增加到 1 时，应该在半色调单元中心的设备像素位置曝光；若像素值增加到 2，则在对编号为 1 和 2 的设备像素曝光；当像素的灰度等级改变到 3 时，应当对编号为 1、2 和 3 的小方块执行曝光操作；……；如果像素值等于 13，则在半色调单元的所有小方块上曝光。

图 3－16 给出的每一小方块的编号实际上也可称为阈值矩阵，因为方块内标记的编号就是控制像素是否曝光的阈值。执行记录点集聚有序抖动时，栅格图像处理器以取得的像素值与阈值矩阵的每一个元素比较，如果像素值大于或等于阈值矩阵中某一单元的值，则输出设备在这些单元上曝光，否则不曝光。例如，半色调算法取得的像素值为 3 时，则阈值矩阵中所有数值小于等于 3 的单元均要曝光，于是得到图 3－16 中（b）所示的网点。对于灰度值为 7 的像素，则得到图 3－16 中（c）给出的网点结构。

从以上描述的网点形成方法可知，生长模型法和阈值法其实是相同的，两者强调同一问题的两个侧面。生长模型法强调通过预先设计的设备像素曝光控制阵列按输入像素的灰度等级逐步增加网点面积率，而阈值法则强调网点生成过程的阈值比较操作。

3.3.7　正字阶调等级法

所谓的正字阶调等级（Orthographic Tone Scale）法其实类似于生长模型法，也可称为正字灰度等级法，两者的主要区别表现在正字阶调等级法数字半色调处理根据某种字符的形状生成半色调网点，因而仍然属于记录点集聚有序抖动半色调处理。这种技术要用到二值像素构成的 $n \times n$ 数组，以灰度等级字符的形式表示连续调图像，所谓“正字”的概念出自印刷术语，有时也称为正体。字符的整体组成所谓的灰度等级字体（Gray Scale Font），以最小的字符间距印刷时，可以恰当表示图像信息，形成特殊的视觉效果。

已经有许多学者介绍过如何利用字体模拟连续调图像的技术，开发灰度等级字体的常规设计问题可认为是简单的像素分配问题。设一个由 $m \times n$ 个像素组成的数组内有 B 个像素打开（例如曝光或喷墨打印机喷射墨滴形成的记录点），如果在这些打开位置上的像素产生的反射系数百分比等于 $B/(m \times n)$，则结果正是创建正字阶调范围所需要的。由 Hamill 执行的一项研究课题是实现上述优化输出的尝试之一，结果类似于图 3－17 所示字符。

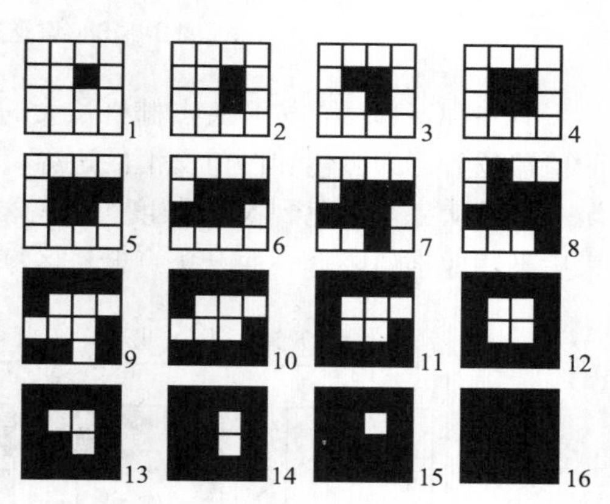

图 3－17 正字灰度等级字体的例子

根据图 3－17，正字灰度等级法并非真的要建立灰度等级字体，而是借用了在规定记录栅格分布上造字的方法，目的在于模拟原图像的灰度等级，例如该图以 16 个像素组成的记录点阵列模拟 16 种灰度等级，再加上白色纸张，则可以表示的灰度等级数达到 17 个。

3.3.8 两种栅格类型的网屏设计

为了按给定的期望网点频率和网点排列角度输出记录点集聚半色调网点图像，应该按照网点形状和半色调单元包含的设备像素数量设计阈值矩阵或网点模型，每一个阈值矩阵或网点模型相当于照相制版使用的网屏。假定如此产生的网屏构成基本的“瓷砖”块，则只要将“瓷砖”覆盖到输入连续调图像平面上，就可以得到连续调图像的网点结构。为了产生期望的结果，必须选择特定的“瓷砖”或细胞尺寸，覆盖整个图像的网屏在细胞的基础上定义。考虑到记录点集聚网点的周期性，所选择的“瓷砖”或细胞应该在成像平面上周期地重复排列，才能覆盖输入图像整体。对阈值法或生长模型法输出二值半色调图像的记录点集聚有序抖动处理而言，要有所谓的“网屏”定义设备像素打开的次序。

只有获得恰当面积率的网点，才能生成具有符合记录点集聚有序抖动处理特征的半色调图像，这意味着设备像素应该围绕给定的有规则排列的固定栅格位置集聚。事实上可以有两种栅格，其中之一是高光区域黑色像素的集聚位置，称为开头点；另一种是暗调区域的白色像素集聚位置，可称为反开头点，图 3－18 是对于两种栅格（位置）类型的解释。

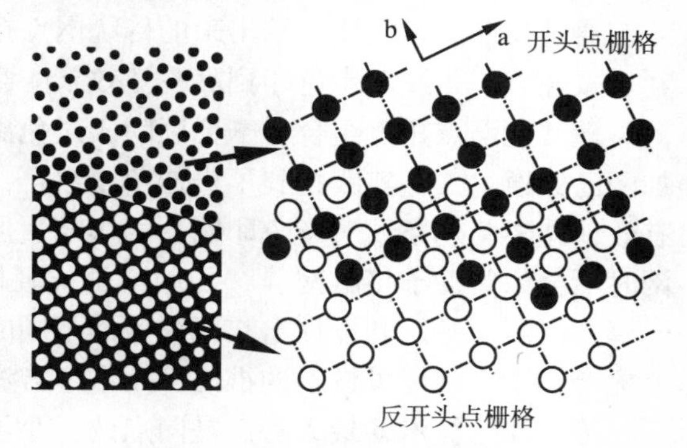

图 3－18 两种栅格（位置）类型

由于开头点与反开头点间几何条件的对称性，可以采用按图 3－19 所示方式生成增量图案的两种变体，不妨称之为“半色调图案的行程”或简称“行程”。

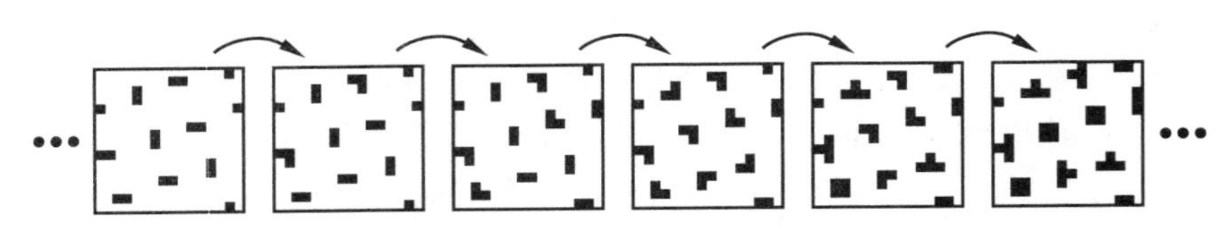

图 3 – 19　增量法生成记录点集聚网点

第一种行程覆盖按开头点栅格长大的灰度等级区域，涉及从完全白色到50%灰度等级的覆盖位置，即黑色和白色交汇的边界。另一种行程覆盖反开头点栅格长大的灰度等级区域，涉及从完全黑色到50%灰度等级的覆盖位置，此时的像素从黑色开始，每一次迭代结束后某些像素值降低，而开头点栅格区域的某些像素值则增加，可以用图 3 – 20 说明。

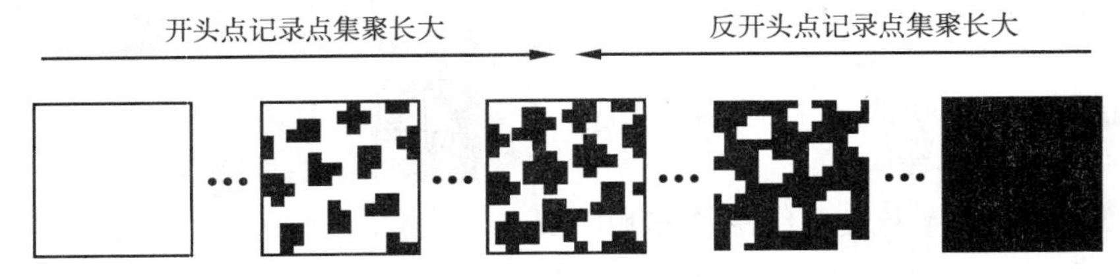

图 3 – 20　两种栅格的记录点集聚长大过程

3.4　有理正切加网

模拟传统网点参数和复制效果的数字半色调技术从传统照相加网技术发展而来，因而与传统加网技术存在密切的联系。可以这样说，凡是传统加网需要解决的问题，通过恰当的数字半色调方法实现时同样不能回避，例如最佳网点角度组合问题。此外，由于数字半色调处理与照相加网本质上的区别，还得解决新出现的问题。当然，数字半色调处理不可能替代后端的生产过程，也必须考虑晒版和印刷工艺条件，围绕传统加网的四大要素（网点大小、网点形状、加网线数和加网角度）和避免传统加网技术容易出现的缺点展开。

3.4.1　数字加网的核心问题

数字加网的核心问题归结为：避免莫尔条纹（俗称龟纹）的影响，至少应尽可能降低莫尔条纹对眼睛阅读印刷品的干扰；如何正确地再现原稿颜色和阶调层次，由此涉及输出设备的记录精度；解决好加网质量与输出速度间的矛盾，开发高效率的算法。

通过长期工艺实践总结出来的传统网点排列角度组合应该得到尊重，这种角度组合有利于减轻莫尔条纹对彩色印刷品视觉效果的影响。由此可见，数字加网算法首先要解决如何再现常规网点角度组合。毫无疑问，避免出现莫尔条纹取决于网点角度组合，既然传统加网已经通过工艺实践找到了最佳角度组合，则数字加网只要设法实现这一角度组合就可有效地减轻莫尔条纹对彩色印刷品的影响。但是，用数字方法产生网点并沿规定的方向加网时不会像借助于接触网屏“加网”那样轻松，加网方法的变革虽然没有引起角度组合的变革，但需要开发和设计出与以往截然不同的算法却是可以肯定的。通过不懈的努力，加上配合高精度硬拷贝设备的推出，用数字方法逼近15°加网角度已经获得了圆满的解决。

传统加网技术的最大特点是网点的大小可变但位置与网点间距固定不变，这也是容易出现莫尔条纹的本质原因。如果采用网点大小固定，但改变网点的位置，则莫尔条纹效应同样可得到解决。可见，解决莫尔条纹的影响也可以从网点的位置变化着手，这就是现代数字加网算法发展出来的调频加网技术，将在后面加以详细讨论。

为了正确地再现原稿的颜色和层次变化，需要增加网点能表现的灰度级次并减小网点增大（指网点图像硬拷贝输出过程中出现的网点增大），而这两个问题均涉及激光照排机或直接制版机等输出设备的记录精度。值得注意的问题是，增加网点层次和减小网点增大对于原稿颜色和层次变化再现的影响程度并不相同。输出设备的记录精度提高后，组成半色调单元的设备像素数量即可增加；而降低输出过程产生的网点增大不仅需要照排机的记录精度高，还需要定期对照排机进行正确的标定，补偿照排机光学系统的非线性效应。

记录点集聚有序抖动的执行速度不仅与半色调处理系统的硬件构成有关，也涉及采用高效的算法。提高记录点集聚有序抖动执行速度本身虽然是技术问题，但牵涉企业的生产效率和经济效益。提高数字半色调处理速度的主要问题归结为输出设备与栅格图像处理器间速度的匹配，即栅格图像处理器对页面的解释速度要跟得上激光照排机、直接制版机和某些数字印刷机等硬拷贝输出设备的成像速度；反过来，输出设备也不能拖栅格图像处理器的后腿。通常情况下栅格图像处理器的解释速度往往跟不上输出设备，可见仅仅有曝光速度快的激光照排机或直接制版机还不够，还需要高性能栅格图像处理器的支持，而栅格图像处理器性能的高低，有赖于采用高效的算法。

目前，以数字加网技术实现传统加网效果有两种基本方式，它们是有理正切和无理正切加网，这两种方法都有各自的优点和缺点。后来，在这两种基本加网方法的基础上，开发出新一代的数字加网技术，这就是超细胞结构加网。超细胞结构加网技术有效地克服了有理正切加网和无理正切加网的缺点，将数字加网技术推向更高的水平。

3.4.2 常用网点角度的实现

沿特定的角度排列半色调网点时，该角度取决于记录栅格平面上两条直角边占据的设备像素个数（整数）之比；若设备像素数之比为有理数，则相应的数字半色调称为有理正切加网（Rational Tangent Screening）或有理正切记录点集聚有序抖动。有理正切加网是数字加网的基础，它的出现要早于无理正切加网技术。为了避免复杂的数学推演，下面将采用更直观的方法讨论有理正切加网的基本原理。先看一下以数字加网技术模拟传统加网效果时发生的实际问题，比如半色调单元放置到硬拷贝输出设备的记录平面上，并将该半色调单元旋转某一角度后将会发生什么样的情况。

1. 加网角度等于0°、45°或90°时

数字半色调算法产生的传统网点如何与输出设备记录平面的记录栅格交叉点重合取决于所选择的网点排列角度，在某些加网角度（例如0°和45°）下，每一个半色调单元的四个角点能够做到与记录栅格的角点准确重合，满足图3－21所示的几何条件。

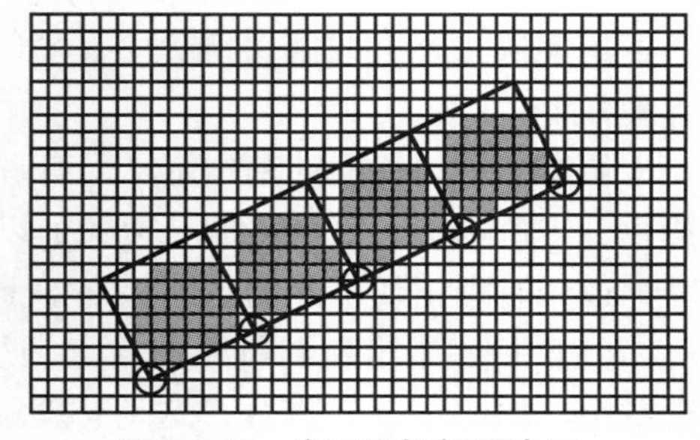

图3－21 有理正切加网演示

显然，当半色调单元的四个角点和记录栅格的角点重合时，每个半色调单元将由相同数量的设备像素组成。在这种情况下，如果数字图像的像素值相同，则半色调单元形成的网点形状也相同，意味着当半色调单元的角点与记录栅格的角点重合时，同样面积率的网点将具有完全相同的轮廓形状，并包含相同数量的设备像素数。

由于采用有理正切加网技术生成网点时，每一半色调单元以及在该半色调单元基础上产生的网点形状是相同的，因此只需描述网点如何在一个半色调单元中生成，就能准确地指令数字半色调处理系统在其他半色调单元内产生同一面积率的网点。

例如，若要求对输入连续调数字图像执行记录点集聚有序抖动处理时生成多个10%面积率的网点，只要在数学上描述10%的网点在一个半色调单元中如何生成，则运行数字半色调算法时就可指示栅格图像处理器在遇到10%网点时沿加网角度方向复制该10%的网点就可以了，不必重新按阈值矩阵法或网点模型法重复地计算和处理。可见，利用这种处理原则可以大大减少栅格图像处理器以及执行记录点集聚有序抖动工作站的计算工作量，提高数字半色调处理系统的性能和工作速度。

2. 加网角度为15°时

当网点排列角度组合设定在0°、15°、45°和75°组合时，四个分色版间因相互作用而出现的莫尔条纹影响最小，但数字半色调处理系统产生的网点设置在15°网点排列角度时将出现严重的障碍。如果半色调单元放置在记录栅格的顶部，且要求放置时使得半色调单元的角点与硬拷贝输出设备记录栅格的角点重合，并旋转到15°的网点排列角度，则此时很可能半色调单元只有左下角角点与记录栅格的角点重合，而半色调单元的其他三个角点与记录栅格角点均不重合。产生这一后果的原因是，15°角度的正切是无理数，它不能用两个整数之比表示。

3.4.3 有理正切加网及其特点

以接触网屏产生传统网点排列角度时，网屏角度调整到15°位置相当简单，但以数字方式实现时却使问题变得复杂起来，半色调单元角点与记录栅格角点无法重合不仅意味着输出设备不能找到正确的记录点成像位置，也意味着无法实现15°网点排列角度。

通过简单的三角变换不难得到15°角的正切值：

$$tg15^\circ = tg(45^\circ - 30^\circ) = \frac{tg45^\circ - tg30^\circ}{1 + tg45^\circ tg30^\circ} = 0.5 \times (\sqrt{3} - 1)^2 \qquad (3-4)$$

由于$\sqrt{3}-1$是无理数，因而（$\sqrt{3}-1)^2$也一定是无理数，这说明15°角的正切值确实无法用两个整数之比表示。

事实上，以数字半色调处理技术模拟传统网点时对于半色调单元放置到记录平面的方法并不存在限制条件，这意味着半色调单元“落实”到记录平面时允许该单元的旋转角度偏离15°角，因而在记录平面上放置半色调单元时完全有可能使得它的每一个角点与输出设备记录栅格的角点重合。上述做法的含义是，借助于对15°加网角度的微量调整，数字半色调处理系统也能找到正确的成像位置。由于对15°角的微量改变对莫尔条纹的形态特征不致产生明显的影响，因而理论上完全说得过去。这样，改变旋转角度后产生的实际加网角度虽然偏离了15°的理想位置，但可以保证网点排列角度的正切值是有理数。

从有理正切加网的基本定义、有理正切加网半色调单元与输出设备记录栅格间的几何关系、半色调单元旋转后的几何特征以及网点排列角度如何达到有理正切值的简单讨论可以知道，有理正切加网的技术核心如下：

（1）每一个半色调单元的角点必须准确地与输出设备记录栅格的角点（也就是记录栅格小方块的角点）重合，这是有理正切加网必须满足的前提。

（2）每一个半色调单元的大小和形状均相同，这样就可以在光栅扫描输出设备的记录平面上重复地复制具有相同面积率和形状的网点，从而减轻栅格图像处理器和数字半色调处理系统加网计算机的负担，提高加网速度和工作效率。

（3）网点排列角度的正切值为有理数，这一特点有利于记录点集聚有序抖动网点在输出设备的记录平面上快速生成。

3.4.4 近似网点角度的由来

图3－22演示了一个覆盖在记录栅格分布上的半色调单元，其四个角点与记录栅格的交叉点准确地重合。从图中可以看到，该半色调单元已旋转了某一角度，使半色调单元的顶点C沿y轴的正方向（垂直方向）刚好升高3个设备像素。

任何有理数定义为两个整数之比，例如2/5是有理数，1/3也是有理数；其中5/2为一般小数，而1/3的运算结果得到无限循环小数。无理数没有无限循环的特点，不能用两个整数之比表示，只能产生无限不循环小数。

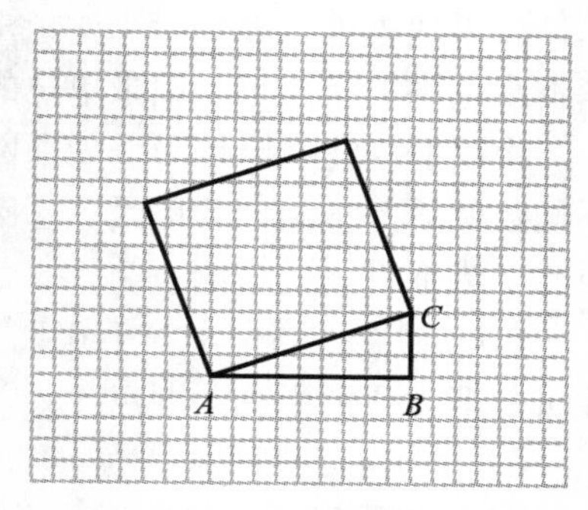

图3－22 有理正切近似加网角度

有意思的是，图3－22所示的半色调单元旋转角度与1/3这一数字有关。令网点的排列角度$\alpha=\angle CAB$，则该角度的正切$\mathrm{tg}\alpha=BC/AB=3/9=1/3$，据此易于算得该半色调单元的边长等于$(3^2+9^2)^{1/2}=(90)^{1/2}$，显然为无理数。然而，网点排列角度$\alpha$的正切值却是有理数，尽管1/3这一数字没有令人感兴趣的特殊之处，且1/3有点令人讨厌，因为它是一个无限循环小数。由于1/3是有理数，能够使半色调单元的角点与记录栅格的角点重合，因而可以为记录点集聚有序抖动算法所采纳。

现在计算$\mathrm{tg}\alpha=1/3$对应的角度，易于算得$\alpha=\mathrm{tg}^{-1}(1/3)=18.435°$，取18.4°得到网点排列角度的近似值。这一角度是电分加网中最常采用的0°、±18.4°和45°加网组合的理由。记住18.4°是一个很重要的角度，当你在各种场合看到这一角度时将不会感到奇怪。

3.4.5 实际网点频率

为方便计算，设半色调单元由4个记录栅格组成，虽然规模很小，但它对说明问题却显得很实际；利用9个这样的基本半色调单元组成一个记录单位，再由9个记录单位组成更大的记录单元，不妨称之为超级单元。然后，将超级单元各自旋转0°、18.4°、－18.4°和45°，并使超级单元在上述角度下使左下角角点与记录栅格的某一小方块角点对齐后放置到记录栅格平面上。如果用上述原则能拼合成为更大的超级单元，则可以推得更准确的结果。

这里不打算以复杂的数学推导得出记录点集聚有序抖动方法所生成半色调网点图案的实际加网线数，而代之以简单的计数方法。显然，当超级单元的旋转角度为0°时，即超级单元保持原来位置，则每一个超级单元中将包含81个基本半色调单元，由此得到每个记录单位的平均半色调单元数为81/9＝9。

当超级单元的旋转角度等于18.4°时，如图3－23中（a）那样，易于看到在一个超级单元中共包含90个半色调单元。因此，每一记录单位的平均半色调单元数为90/9＝10。若超级单元旋转－18.4°，则一个记录单位的平均半色调单元数与旋转18.4°时相同。

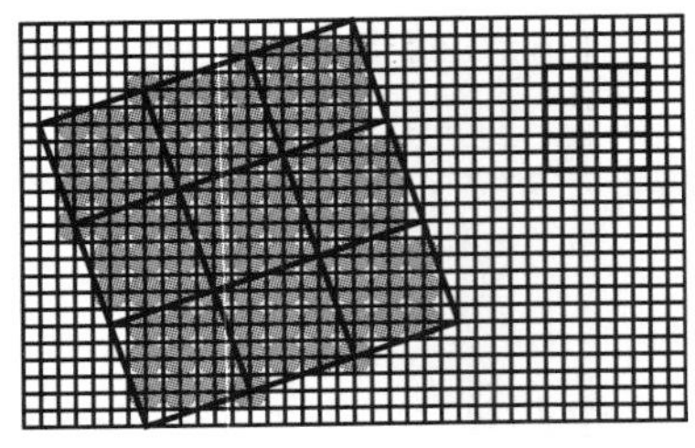

(a) 加网角度 =18.4°

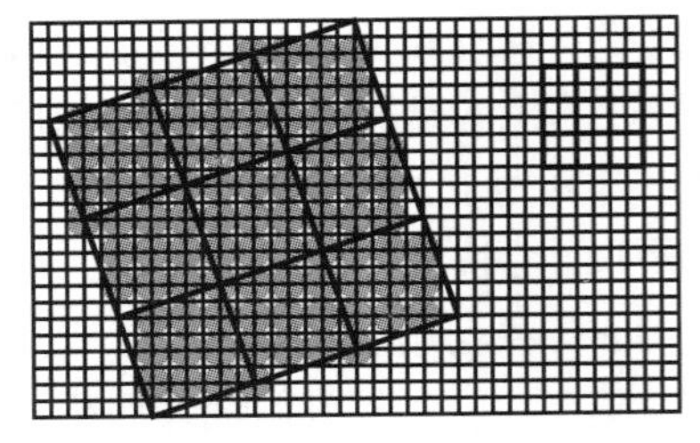

(b) 加网角度 =45°

图3-23　网点排列角度对加网线数影响示意图

如果超级单元旋转45°，如图3-23中（b）所示，则每一个超级单元总共包含72个基本半色调单元，每个记录单位的平均半色调单元数为72/9=8个。

由以上叙述可以推知，如果网点排列角度发生了变化，则在同样的超级单元内将包含不同数量的基本半色调单元，意味着由于网点排列角度的改变使得加网线数也发生改变，由此不难推得下述结论：

（1）网点排列角度等于0°时，每一记录单位的平均半色调单元数为9，即一个记录单位可分解为9个半色调网点。

（2）当网点排列角度为±18.4°时，每一记录单位可分解为10个半色调网点。

（3）如果网点排列角度等于45°，则每一记录单位可分解为8个半色调网点。

加网线数已通过简单的方式定义为单位长度内包含的网点个数（即半色调单元个数），据此可以得到在0°、±18.4°和45°网点排列角度下，加网线数之比为：

$$f_0/f_{\pm 18.4}/f_{45}=\sqrt{9}/\sqrt{10}/\sqrt{8} \tag{3-5}$$

式中的f_0、$f_{\pm 18.4}$和f_{45}分别为加网角度等于0°、±18.4°和45°时的加网线数，给出的比例关系只是有理正切加网条件下各分色版网点线数关系的近似表示，用数学方法可推导出更精确的关系。

设网点排列角度等于0°，且此时要求的加网线数为$f_0=175lpi$，则加网角度等于45°时的加网线数为$f_{45}=(\sqrt{8}/\sqrt{9})\times 175\approx 165lpi$；而当网点的排列角度等于±18.4°时，对应的加网线数应该为$f_{\pm 18.4}=(\sqrt{10}/\sqrt{9})\times 175\approx 184lpi$。

上面的推论以及给出的例子也许会使读者感到意外，那就是在给定的加网线数下，当网点角度不同时实际得到的加网线数竟然与给定的线数不同，但事实确实如此。

3.5　无理正切加网

有理正切加网存在一些问题，例如对于最佳网点角度组合的15°和75°，为了满足半色调单元角点与输出设备记录栅格角点重合的基本要求，有理正切加网只能以近似角度±18.4°代替，导致3.4°的绝对误差。计算机的运算速度无法满足新的数字加网技术的要求时，人们不得不妥协，以至于有理正切加网使用了相当长的一段时间。随着计算机硬件技术的飞速发展，运算速度变得越来越快，从而有条件推行和使用准确地逼近传统加网角度组合的方法，这就是无理正切加网（Irrational Tangent Screening）。

3.5.1　基本几何关系

纯粹从几何学的角度考虑，无论有理正切加网还是无理正切加网，其实都不存在涉及几何本质的问题，也很少会有人关心某一角度的正切值是有理数还是无理数。然而，角度的正切值是否是有理数对模拟传统网点的数字半色调技术却至关重要，牵涉到能否以数字的形式实现传统网点角度最佳组合。

有理正切加网的要点是半色调单元角点与记录栅格角点的关系，核心问题是能否实现最佳网点角度组合。事实上，通过半色调单元角点与记录栅格角点的关系派生出了两种模拟传统照相制版网点的数字半色调技术，即有理正切加网和无理正切加网。此外，若必须实现最佳网点角度组合，则必然从有理正切加网过渡到无理正切加网，并引伸出网点排列角度可以准确地逼近最佳网点角度组合的加超细胞结构加网技术。

由于无理正切加网的几何关系与有理正切加网类似，因而可以采用有理正切加网的几何关系分析无理正切加网。假定希望以某个特定的角度通过某种数字半色调算法从连续调图像转换到模拟传统网点的半色调图像，并要求半色调单元的角点与记录栅格平面的角点准确重合，则必须确保网点排列角度的正切为有理数的条件。但不幸的是，在附加实现最佳网点角度组合的限制后，满足这种条件的几何关系就不多了。

为了能方便地讨论无理正切加网技术，这里仍然以具体例子来说明问题，例如图3－24所示半色调单元与记录栅格分布间位置关系，注意与图3－22的区别。

图3－24与图3－22表面上很相似，两者所示几何关系的最大区别，是图3－24中的半色调单元角点与记录栅格平面的角点不再重合。图3－22中的半色调单元围绕A点旋转某一微小的角度后，即得到图3－24的半色调单元与记录栅格分布的位置关系。由于旋转半色调单元时以A点为旋转中心，因而该点与记录栅格角点重合，但其他三个角点与记录栅格的角点却不能重合。现在，在输出设备的记录栅格平面上放置半色调单元时旋转角度α的正切$\mathrm{tg}\alpha$不再是两个整数之比，意味着按图3－24所示的角度α排列网点时，该角度的正切不再是有理数，而是无理数。无理正切加网的名称由此而来。

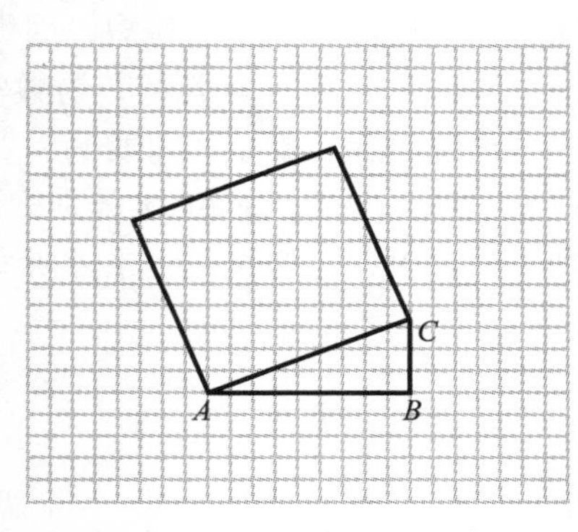

图3－24 无理正切加网示意图

对于图3－24可以理解为将图3－22半色调单元的角点C略微上升，保持A点的位置不变而得，两者虽然很相似，但除A点外其余三个角点都发生了移动，从而形成与图3－24不同的几何关系。这种关系在几何学上没有多大意义，然而对模拟传统网点的数字半色调处理来说却发生了本质的变化。

3.5.2 解决角点不重合的措施

为了解决采用无理正切加网技术时半色调单元角点不能与光栅输出设备记录栅格角点重合的矛盾，无理正切加网在实现时通常采取两种措施之一。

1. 逐个修正法

所谓的逐个修正法指的是对于半色调单元放置角度的修正，其要点可叙述为：根据制版和印刷工艺实际要求的加网线数和网点排列角度，精确地计算与判断每一半色调单元的栅格点阵及其特点，据此获得网点的大小和形状，对半色调单元一个接一个地进行角度修正，使半色调单元的角点位置与记录栅格角点位置严格对准。

虽然采用逐个修正半色调单元放置角度的方法确实可获得高质量的半色调输出，但逐个修正法对栅格图像处理器和执行数字半色调处理的计算机（即RIP工作站）的运算速度要求极高，不仅体现在对于每个半色调单元的逐个修正将花费大量的计算时间，同时也需要庞大的存储空间来临时存放运算处理的中间结果。

2. 强制对齐法

这一方法的工作原理可叙述为：对无理正切角 α 的对边 d*y* 和邻边 d*x* 执行取整操作，如图 3－25 所示那样，由此强制半色调单元角点与输出设备记录栅格的角点重合，使本来呈现无理正切加网基本特征的半色调单元与记录栅格相对位置形成有理正切加网的几何关系。但是，强制半色调单元与记录栅格角点对齐后衍生出来的问题是，实际得到的网点角度和加网线数将与给定的数值有所偏离，只能是给定网点角度和加网线数的近似。

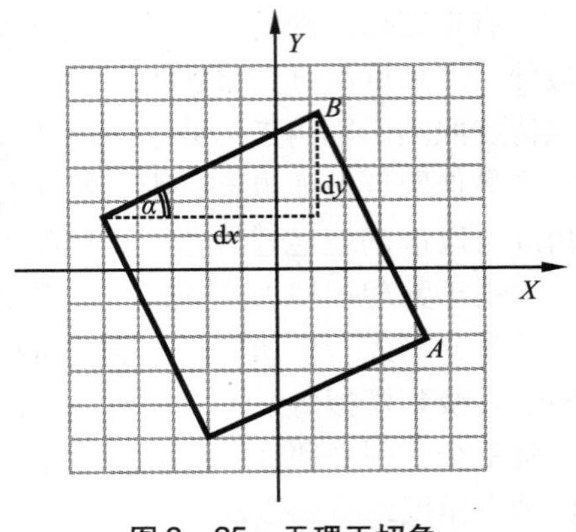

图 3－25　无理正切角

例如，为了利用有理正切网的优势，可略微移动图 3－25 中半色调单元的角点 *B*，使之与邻近记录栅格的角点重合，比如移动到左下方的记录栅格角点上。由于移动后半色调单元的底边将比正常半色调单元底边略短，因而加网线数比通常得到的加网线数略高。

3.5.3　强制角点对齐的数学分析

设制版和印刷工艺需要的网点排列角度为 α，半色调单元的边长等于 *L*，且加网线数以 *lpi* 表示，并以 d*y* 和 d*x* 分别标记 α 角的对边和邻边。如果输出设备的记录分辨率为 *spi*，则半色调单元之边长是记录分辨率与加网线数之比，即：

$$L = \frac{spi}{lpi} \tag{3-6}$$

并有下述几何关系

$$dx^2 + dy^2 = \left(\frac{spi}{lpi}\right)^2 \tag{3-7}$$

和

$$\mathrm{tg}\alpha = \frac{dy}{dx} \tag{3-8}$$

开始强制对齐角点时 α 的正切值是无理数。

为求得更合理的结果而执行的强制对齐角点的计算步骤可叙述如下：

（1）根据式（3－6）、（3－7）和（3－8）求出 d*x* 和 d*y* 的值，取整得：

$$DX = \mathrm{int}(dx),\ DY = \mathrm{int}(dy) \tag{3-9}$$

（2）将取整后得到的 *DX* 和 *DY* 代入式（3－7）和（3－8），反过来再求出调整后的旋转角度 α′和加网线数 *lpi*′，即：

$$\alpha' = \mathrm{arctg}\left(\frac{DY}{DX}\right)$$

$$lpi' = \frac{spi}{\sqrt{DX^2 + DY^2}} \tag{3-10}$$

例如，假定光栅扫描输出设备的记录分辨率等于 2400*spi*，制版和印刷工艺要求的加网线数已确定为 150*lpi*，则算得半色调单元边长为 2400/150＝16 个设备像素；利用上述方法做进一步处理，计算出理论加网角度和加网线数以及调整后的加网角度和加网线数。为了方便读者使用和学习比较，表 3－1 给出了一些典型结果。

表3－1 强制对齐法算得的某些结果

理论加网角度	0°	15°	30°	45°	60°	75°
调整后加网角度	0°	14.9°	28.3°	45°	58.4°	75.1°
调整后加网线数/lpi	150	154.6	162.5	130.5	157.2	154.6

计算表3－1列出的半色调单元角点与记录栅格角点强制对齐的典型结果时采用了下述设备和加网参数：设备的记录精度等于2400*spi*，给定的加网线数为150*lpi*。在不同的加网角度下，采用强制角点对齐法计算得到的实际数据不同于有理正切加网。表3－1中的30°和60°两个网点排列角度虽然不是常用参数，但对于了解强制对齐后产生的效果还是有参考意义的。注意，用强制角点对齐法计算时建议取整操作采用去尾法。

3.6 超细胞结构加网技术

所谓的超细胞结构加网技术（Super Cell Screening Technology）于1990年提出，目前已普遍使用于数字印前系统，某些数字印刷系统也利用超细胞结构模拟传统网点，关键问题归结为如何解决数字印刷设备空间分辨率比激光照排机或直接制版机普遍较低与超细胞结构要求在单位面积内包含大量设备像素的矛盾。超细胞结构加网技术是一种针对常规加网方式（例如有理正切加网）和无理正切加网的不足而开发的改进方案，复杂程度远超过有理正切加网和无理正切加网，处理效果明显优于这两种加网技术。超细胞结构加网的技术精髓表现在，这种数字半色调技术可以在输出设备有限的空间分辨率范围内借助于采用超大型细胞，并在每个细胞内设置多个网点生长点的方法，解决精密逼近15°角和记录分辨率有限之间的矛盾，使得数字印前能够达到甚至超过传统四色分色工艺能获得的效果。

3.6.1 逼近15°角的数学分析

如果说网点排列角度的有理正切数值可以用两个整数之比表示，那么1/3是否代表最佳的15°角有理正切数值？是否存在比1/3更好的15°角正切值的有理数表示？

事实上，比1/3更好的15°角有理正切值确实存在。若利用初等数学范围内有理数的知识去调整分子与分母的数字比例，即可推出一系列的表示15°角有理正切值的近似数。以有理正切加网模拟传统网点时，若要得到15°排列的网点，可以采用下述近似值之一。

（1）从tg15°＝0.2679的直角三角形关系，可以推得与该正切值接近的第一个有理数近似值等于1/3，此时的网点角度＝tg^{-1}（1/3）＝18.435°，由此而产生的相对误差为22.9%。

（2）对tg15°来说，当然存在比1/3更好的近似有理数，比如2/7，这可使得网点排列角度与15°更接近，此时的网点角度＝tg^{-1}（2/7）＝15.945°，误差缩小到6.3%。

（3）接下来的更好近似是3/11，此时的加网角度＝tg^{-1}（3/11）＝15.255°，它已经相当接近于理想角度15°了，产生的误差等于1.7%，这对工程应用来说已经有足够高的精度。

（4）仍然存在比3/11更好的tg15°的近似表示，数字为9/34，在这一情况下的网点排列角度＝tg^{-1}（9/34）＝14.826°，由此引起的相对误差为1.16%，绝对误差不超过0.2°。

（5）如果用15/56来表示tg15°，则网点可排列成tg^{-1}（15/56）＝14.995°的角度，引起的误差仅仅为0.03%，绝对数仅千分之五度。

（6）若采用41/153表示15°角的近似正切值，则加网角度 = tg^{-1}（41/153）= 15.001°，引起的误差进一步缩小，仅为0.0067%，绝对数字只有千分之一度。

……

当然，还可以找到比41/153更好的15°角有理正切值的近似表示，且可以找到的近似表示（分子与分母比例）关系是无穷无尽的。

从上面列举的一系列针对tg15°角正切值从无理数到有理数精度逐步提高的近似表示的讨论内容可以看到，随着分子和分母数字各自以不同的步长增加，推导出来的数字所代表的正切值对应的角度将越来越逼近15°。此外，在逼近15°角正切值的有理数表示的同时，模拟传统加网角度组合的数字半色调处理系统的计算精度随之也逐步提高，但纯粹的数字游戏好做，与输出设备的记录精度联系起来时，进一步的逼近便变得毫无意义了。

3.6.2 半色调单元要求

上一节对15°角有理正切近似值的推演很轻松，因为它只涉及简单的调整分子与分母的关系，甚至是纯粹的数字游戏。然而，遇到实际问题时，数字游戏显得无能为力。真正要实现高精度15°角的有理正切值时马上要面对的是输出设备的空间分辨率，因为对tg15°有理数表示更好的近似要求半色调单元包含更多的设备像素，近似程度越高时，要求包含的设备像素数量也越多，这意味着要求输出设备有极高的空间分辨率。

利用以上述数据的推进值可以得出有益的分析结果。一个满足有理正切加网几何关系要求的半色调单元，它的四个顶点都与输出设备的记录栅格角点重合，满足以上要求的半色调单元是能够不断重复的。半色调单元的尺寸越大，则可供选择的网点角度也越多。

然而，能满足最佳网点角度组合要求的半色调单元（细胞）通常都非常大，比如若采用9/34作为tg15°的有理数近似值时，要求在每一个半色调单元内包含多达34 × 34 = 1156个设备像素，这是一个很大的数字，它要求输出设备有极高的记录精度。假定用户的激光照排机或直接制版机的空间分辨率等于2400*spi*，则通过9/34逼近15°角的有理正切值时，能够实现的最高加网线数为2400/34 = 70.6*lpi*，这对实际应用的限制是不言而喻的。即使是对更高一级输出设备的记录精度3600*spi*，最高加网线数也只能达到105.9*lpi*。

如果硬拷贝输出设备的生产厂商能够以很低的成本制造出更高空间分辨率的激光照排机或直接制版机等设备，则自然可以采用很大的半色调单元（大细胞），使得它的四个角点与输出设备记录栅格的角点重合，问题的答案也就自然找到了。但不幸的是，这样的硬拷贝输出设备至少在目前还无法制造出来，即使可以制造出来，也未必有必要购买。因为对生产单位而言，为了逼近15°角而采用很大的半色调单元是得不偿失的。

限于目前生产单位输出设备的现实条件，仍然只能采用较小的半色调单元，但上述精度要求很高的角度条件对较小的半色调单元是无法满足的。例如，不要期望对包含16 × 16个设备像素的半色调单元能找到9/34这一近似解。

3.6.3 超细胞结构

显然，采用增加半色调单元所包含的设备像素数量的方法来满足准确逼近15°角有理正切值的要求其实并不划算，需要从其他角度考虑并解决问题。

迄今为止，一些以PostScript语言为基础的数字加网技术确实已设计出了一种非常接近常规加网角度组合的方法，例如Adobe公司开发的精确网点（Accurate Screen）技术。实现超细胞结构加网技术的关键在于设置由多个半色调单元组成的更大细胞，并将这样的超细胞结构单元角点放置在硬拷贝输出设备成像平面的记录栅格角点上。由此可见，超细胞这一名称代表由多个基本半色调单元组成的阵列，比如规模为 3×3 的超细胞应该由 9 个基本半色调单元组成，图 3－26 能很好地说明超细胞结构加网的原理。

超细胞尺寸与网点的基本记录单元（即数量较少的设备像素组成的半色调单元）相比要大得多，因此在硬拷贝输出设备的记录栅格平面上存在着许多可以放置超细胞结构基本半色调单元的点，例如图 3－26 标记为空心圆的 4 个顶点位置，使得超细胞的角点与输出设备的记录栅格角点重合。可见，利用超细胞结构能够以很高的精度逼近传统网点排列角度组合，并使得各分色版的加网线数基本相同，从而保证图像复制精度的提高。

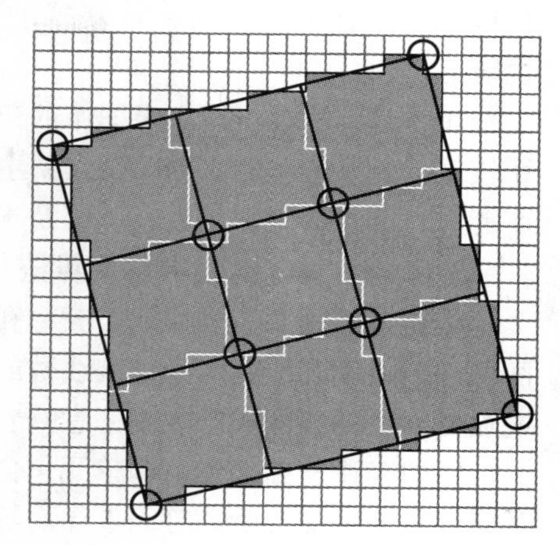

图 3－26　超细胞结构示意图

如前所述，与有理正切加网技术相比，采用超细胞结构能产生更接近于传统加网技术的网点角度组合和加网线数，结果比起有理正切加网技术来好得多。然而，超细胞结构加网技术对数字半色调处理系统的性能要求很高，但随着计算机软硬件技术的发展，处理速度与加网精度要求间的矛盾不再像以前那样突出了。

表 3－2 列出的数据来自对记录分辨率等于 2540*spi* 的数字硬拷贝输出设备在给定加网线数（133*lpi*）下的计算结果，用于比较传统加网技术与数字加网间的差异，其中数字加网包括有理正切加网和超细胞结构加网技术，以便读者了解不同的技术可获得的加网线数和网点排列角度组合。表中的有理正切加网数据采用了式（3－4）给出的比例关系计算。从表中列出的数据可以看到，即使对普通记录分辨率的硬拷贝输出设备，例如 2540*spi* 的分辨率对激光照排机和直接制版机或类似设备显得很平常，采用超细胞结构后，确实能以很高的精度逼近传统加网角度组合，绝对误差不超过千分之四度。

表 3－2　传统加网、有理正切加网和超细胞结构加网的比较

	传统加网技术		有理正切加网技术		超细胞结构加网技术	
	网点角度	加网线数	网点角度	加网线数	网点角度	加网线数
青版	15°	133	18.435°	140.194	15.0037°	138.142
品红版	75°	133	71.565°	140.194	74.9963°	138.142
黄版	0°	133	0°	133	0°	138.545
黑版	45°	133	45°	125.394	45°	138.158

从表 3－2 列出的数据还可以看到，采用超细胞结构加网技术后，一方面网点排列角度以很高的精度逼近传统加网角度；另一方面，各分色版的加网线数也很接近，四个分色版可获得的加网线数虽然略高于给定的加网线数，但它们的数值相差很小。再检查表中列出的有理正切加网数据后可以发现，采用有理正切加网算法时，不仅网点排列角度很难以较高的精度逼近传统网点排列角度组合，而且加网线数差别也较大。

通过超细胞结构加网技术确实能明显提高逼近传统网点角度的精度，但这样的提高是

有代价的。比如，选择由 9 个半色调单元组成的超细胞执行加网操作需要的运算时间比采用半色调单元作有理正切加网需要的计算时间要多得多。实际上，数字加网时总是要权衡：超细胞单元越大，可获得的精度越高，但需要更多的运算时间，且将降低系统性能。

超细胞结构在再现数字图像的灰度等级方面工作得很好，可表现的动态范围大，可以用较低记录分辨率的光栅输出设备生成网点，从而改善了栅格图像处理器和输出设备的生产能力，已经成为现代数字加网技术的重要基础。

3.6.4 微观集聚半色调算法

半色调印刷总需要在网点频率和阶调等级或层次等级表示间取得平衡，复制出更多的图像细节通常要求更高的加网线数或网点频率。对记录精度中等或只能达到低分辨率的印刷设备，更高的网点出现频率意味着必须使用尺寸更小的半色调单元。

一般来说，如果半色调单元包含的设备像素数量越少，则再现连续调图像时硬拷贝设备只能输出越少的阶调等级或层次等级，容易在给定的灰度分级水平下产生等高线一类的人为质量缺陷。试图通过增加半色调单元包含更多设备像素的方法消除数字硬拷贝设备输出图像内的等高线时，如果设备的分辨率限制在一定的水平，则在给定的设备记录精度下只能改变网点尺寸，其结果必然是网点尺寸变大，从而不能复制出更多的细节。理由如下：首先，原连续调图像与转换所得半色调图像的接近程度决定于加网线数或网点频率，仅当原连续调图像的每一个像素都可以转换成网点时，才能真实地反映原图像的所有内容；其次，从多值的像素转换成网点时要求完成多对一的映射，即连续调图像的像素必须由多个记录点集聚成的网点表示，半色调单元包含的设备像素数量越多，则可以再现更多的层次。因此，原连续调图像能否真实地再现取决于硬拷贝输出设备分辨率和半色调单元包含的设备像素数量（网点尺寸）两大要素，为了解决设备分辨率与网点表现层次间的矛盾，目前已提出了许多不同的数字半色调处理技术，例如多个中心点法、记录点分散抖动、超细胞结构和频率调制半色调算法等。微观记录点集聚算法是新的半色调技术之一，力图在有限的输出设备分辨率和表现更多的图像细节间取得最佳的折衷。

微观集聚半色调处理（Micro-cluster Halftoning）建立在频率调制、超细胞结构和多个中心记录点（Multi-center Dot）算法三大要素的基础上，关于这些要素或方法如何集成以及对这些要素具体的应用步骤可以用图 3－27 所示的工作流程说明。

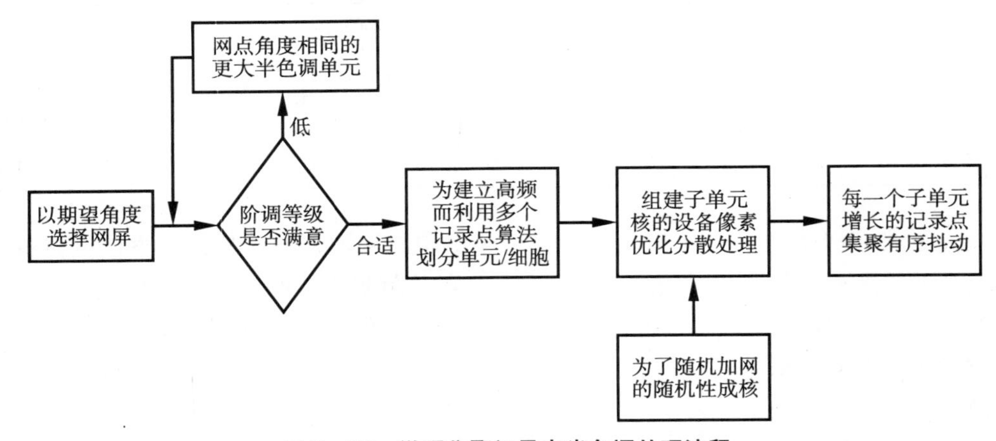

图 3－27　微观集聚记录点半色调处理流程

图3-27所示的处理流程可应用于二维数字栅格允许的任何 $N \times N$ 网点结构和任何的网点排列角度。实现时首先利用多个中心记录点方法将半色调单元划分成更小的子单元，借助于频率调制方法将设备像素分散到子单元内，再通过子单元核组建方法优化 $N \times N$ 数组内的设备像素。如果在处理子单元成核分布时出现了设备像素分布的刚体性结构，则可以引入随机方法对刚体结构做扰动处理，改变刚体结构的组成特点，使围绕子单元核的设备像素分布具有充分的随机性。只要子单元核能够建立起来，就可以利用经典记录点集聚抖动方法使记录点（即设备像素）集聚成的“网点”进一步增长。

3.6.5 多中心点超细胞加网实现技术的应用

超细胞结构加网属于记录点集聚有序抖动处理之列，与常规记录点集聚有序抖动处理的主要区别表现在半色调单元包含的设备像素数量少，通过多个基本半色调单元组成超级细胞的方法更准确地逼近传统网点排列角度，但记录点集聚仍然是超细胞结构加网的基本手段。上一小节讨论的微观集聚半色调方法以频率调制、超细胞结构和围绕多个中心的记录点集聚为基础，其中频率调制在组建子单元（基本半色调单元）时通过成核（即记录点集聚成更大规模的点群）的随机性实现，因而记录点集聚随机成核是这种方法不同于常规超细胞结构加网技术的核心问题，通过多个中心点的超细胞结构实现记录点集聚抖动。

图3-27归纳和总结的半色调方法通过引入随机性的成核过程，实现多中心记录点集聚超细胞结构加网，可以利用图3-28所示的实现例子说明。由于该例子沿15°方向排列网点，显然无法实现有理正切加网，为此需要利用超细胞结构模拟有理正切网点，准确地逼近传统网点排列角度。图3-28所示的例子建立在19×19个设备像素划分成的二值记录栅格集合的基础上，由25个基本半色调单元形成超细胞结构，下面称这种由多个基本半色调单元构成的单元群为超细胞半色调单元。由于该超细胞半色调单元实际包含的设备像素达到241个，因而其总共具有表现241种层次等级的能力。为了便于理解超细胞结构加网技术，图3-28中的记录点或设备像素以细虚线表示，粗实线围出的不规则边缘组成的区域代表超细胞半色调单元，所有的基本半色调单元以粗虚线界定。

每一个基本半色调单元或子单元包含9个或10个设备像素，这些基本半色调单元的成核位置以1~15中的某一个数字标记，成核位置在241个设备像素构成的超细胞半色调单元中由多个记录点算法随机地确定。例如，超细胞半色调单元左上角的基本半色调单元成核位置标记为数字1，由10个设备像素构成；其右侧的子单元以标记数字23的设备像素为成核位置，总共包含9个设备像素。由此可见，记录点集聚的成核位置不一定在基本半色调单元的中心附近，每一个基本半色调单元的集聚成核位置完全由多个记录点算法随机地确定。显然，基本半色调单元的划分不影响超细胞半色调单元可以再现的层次数量。

由于常规记录点集聚有序抖动处理属于牺牲设备分辨率的技术，例如假定实现常规记录点集聚有序抖动方法时采用的半色调单元与图3-28中的超细胞半色调单元相同，由241个设备像素组成，如果以spi表示设备的空间分辨率，则这种半色调单元的构成方式导致硬拷贝输出设备的空间分辨率降低到原来分辨率的 $spi/(241)^{1/2}$。然而，由于超细胞半色调单元划由25个基本半色调单元组成，因而网点频率或加网线数提高了5倍，原连续调图像各像素的层次再现能力不受影响。

研究结果表明，对大多数硬拷贝输出设备而言，以超细胞结构模拟传统网点时，基本半色调单元包含的设备像素数量的最佳值大体上在6~32之间，具体数字与输出设备的空间分辨率有关。原则上，划分基本半色调单元时设备像素的数量可以低到1，这种情况下

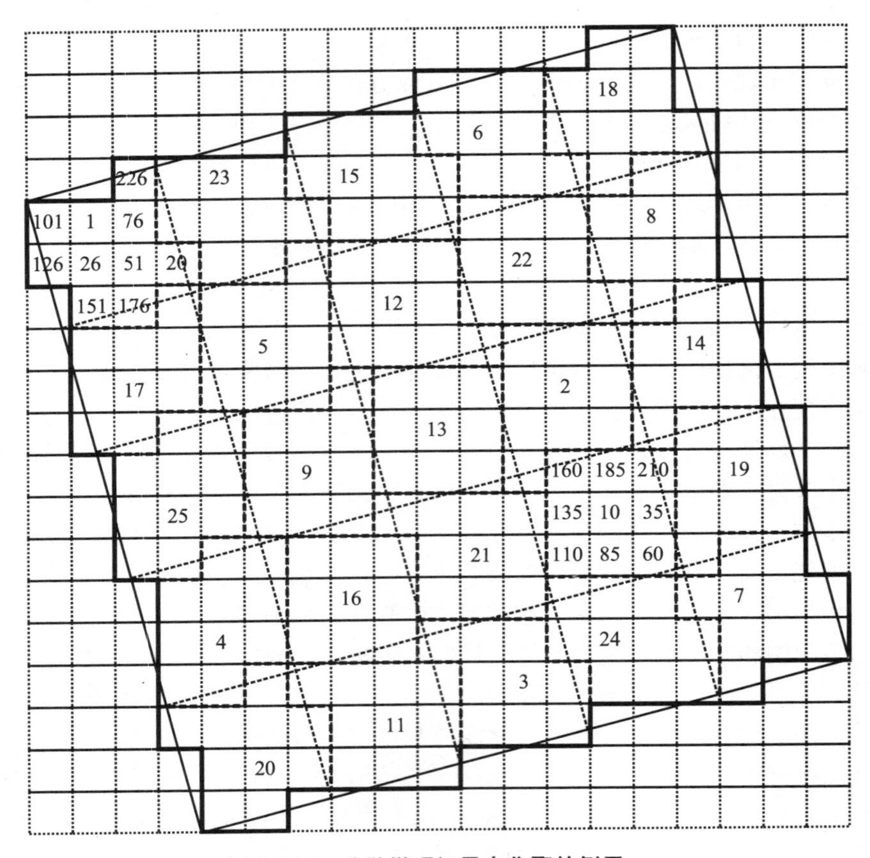

图 3－28　分散微观记录点集聚的例子

实际上已经演变成了纯记录点分散抖动处理了。对于高分辨率到中等分辨率的数字印刷机或打印机，可以划分成尺寸更大（设备像素更多）的基本半色调单元，这里提到的中等分辨率到高分辨率大体上对应于600dpi 到更高的记录精度。选择常规记录点集聚有序抖动半色调处理时，问题的关键在于设法保持更高的网点频率，有可能时建议大于150lpi。

以正方形原则划分二值记录平面时，若超细胞半色调单元由 $N \times N$ 个设备像素构成，则超细胞半色调单元的边长应该划分成 N 等分。如同前面已经指出的那样，基本半色调单元的形状和尺寸（基本半色调单元包含的设备像素数量）往往是彼此不同的。作为基本半色调单元划分的一般规则，至少应该确保有一半以上的设备像素包含在图 3－28 所示由 15°和 75°斜虚线分割成的小正方形单元内，做到这一点并不难。

3.6.6　超细胞结构的频域描述

现在考虑周期性网点图案的频率特征，假定水平和垂直频率分量之比为有理数。这种半色调图像设计的主要优点体现在不需要有限数量正方形“瓷砖”的周期应用，这意味着无须通过对于正方形“瓷砖”周期性的应用重新建立无限数量的平行四边形“瓷砖”拼贴图像。据此，水平和垂直方向的基础频率可写成以每“瓷砖”周期数为单位的整数值。为叙述问题简单起见，分别以 $f_1=(a, b)$ 和 $f_2=(c, d)$ 表示两种频率，两者正交时有 $(c, d)=(a, -b)$ 的关系，网点图像频率的任何谐波成分均可通过这些基础频率分量的整数线性组合表示。

在空间域中，半色调网点的位置可认为落到垂直于矢量 (a, b) 和 (c, d) 的两组平行线的交叉点上，其中垂直于矢量（a，b）的平行线间隔为 $1/(a^2+b^2)^{1/2}$，而垂直于矢量（c，d）的平行线的间距则等于 $1/(c^2+d^2)^{1/2}$。注意，这种网点的周期不等于按以上几何原理组成的平行四边形的边长，除非矢量（a，b）与（c，d）彼此正交。这些平行四边形的边长即网点中心的位移，由公式：

$$\Delta x_1=\frac{b}{ad-bc} \qquad \Delta y_1=\frac{-a}{ad-bc}$$

$$\Delta x_2=\frac{d}{ad-bc} \qquad \Delta y_2=\frac{-c}{ad-ba} \tag{3-11}$$

给定。

根据超细胞结构不规则“瓷砖”拼贴结构网点中心位置 $ad-bc$ 的推导结果，发现实际位置与栅格位置的差异并不大，因而不必为追求较小的网点中心位置误差而采用巨大的“瓷砖”尺寸，但各分色版的网点排列角度和网点频率不可能一致，只能近似。

在印刷实践中，以常规记录点集聚有序抖动技术建立二值网点图像时，半色调处理结果包含明显的周期性结构，这种网点结构的“瓷砖”单元将包含整数数量的设备像素。出于简单性的考虑，假定超细胞结构的网点分辨率由水平和垂直方向均包含 TS 个设备像素的平方决定，其中 TS 个设备像素实际上指组成超细胞网点结构每一块“瓷砖”的像素数量，则离散空间内的半色调图像将是“瓷砖”的周期性拼贴，半色调图像的频域特征可以用离散傅里叶变换与圆环的卷积准确地表示。

考虑到半色调网点在超细胞结构离散空间内的一般特点，从正方形“瓷砖”拼贴扩展到矩形“瓷砖”拼贴或矩形像素是很难避免的基本操作。公式（3－11）给定的网点位移有必要以像素单位表示，只需与 TS 相乘即得到以像素数量表示的网点位移，但通常情况下未必能得到整数结果。由此可知，在超细胞结构离散空间定义的半色调网点不可能在同样的相对于记录栅格分布的设备像素位置上，导致设计超细胞结构记录点集聚时出现一系列的问题。为了避免超细胞结构网点中心位移不能与记录栅格准确一致的麻烦，应该在空间像素域内设计半色调单元的位移，因为只要半色调单元的位移确定了，网点结构也随之确定下来。例如，假定半色调单元的期望位移按硬拷贝输出设备的像素数量给定，则只要设置到 $b=\Delta x_1$、$a=-\Delta y_1$、$d=\Delta x_2$、$c=-\Delta y_2$ 以及 $TS=AD-BC$ 的条件，就能够得到正方形“瓷砖”拼贴，再执行傅里叶变换就不再困难了。

如前所述，借助于超细胞结构可以精确地逼近有理正切加网无法实现的沿 15°和 75°角度方向排列网点的结构，半色调网点的基本频率可以用下式计算：

$$lpi=\sqrt{N/S} \tag{3-12}$$

式中的 N 和 S 分别代表每个超细胞结构内基本半色调单元所包含的输出设备像素数量和相应的面积。对静电照相数字印刷而言，主要兴趣在于从 130～220lpi 的绿噪声范围。

3.6.7 不良图案效果的纠正

给定灰度等级 $g_1>g_2>g_3$，假定以超细胞结构加网时对灰度等级 g_1 和 g_3 可产生视觉效果良好的半色调图像，但相同的技术对灰度等级 g_2 输出的半色调图像的视觉效果却不够令人满意，为此需要讨论如何“修复”两种良好半色调图像之间的效果不良的图像。合理的做法应该是利用视觉效果良好的新图像代替视觉效果不良的图像，而保持对应于灰度等级 g_1 和 g_3 的半色调图像不变。以 P_i 标记灰度等级 g_i 的黑色像素组成的图像，从计算时堆栈的限制条件考虑，则 P_1 中的像素将是 P_2 像素的子集，而 P_2 像素则是 P_3 像素的子集。由此可见，如果将 P_1 中的像素（此后称这种像素为固定像素）和自由像素子集设置为黑色，并重新排列自由像素，即可得到对应于灰度等级 g_2 的半色调图像 P_2，如图3－29所示的那样。

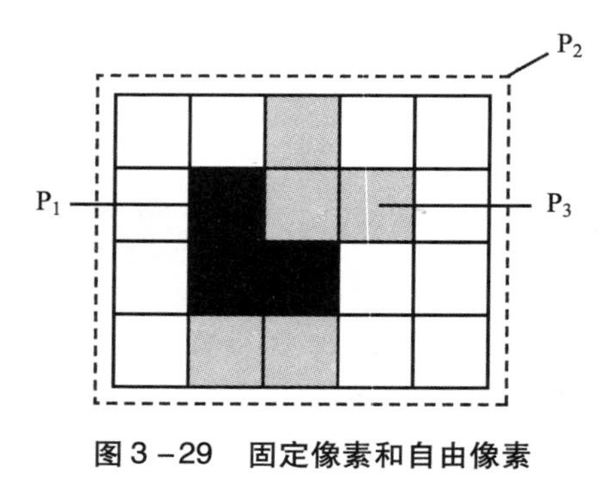

图3－29　固定像素和自由像素

在图3－29中，图案 P_1 的像素（固定像素）以黑色填充表示，图案 P_3 的像素则表示为黑色和灰色填充色块。考虑到自由像素定义为属于 P_3 但不属于 P_1 的像素，因而图3－29中描述的灰色填充色块表示自由像素。对于设置为黑色的像素做重新排列需要使用约束蓝噪声蒙版，但需注意只能重新排列从自由像素设置到黑色的那些像素，且必须确保固定像素位置保持原来的位置不变。此外，为了确保黑色自由像素与固定像素在相邻位置上，还应该对记录点集聚附加约束条件，这与当前处理的灰度等级和应用有关。之所以要附加约束条件，是为了防止半色调图像内出现孤立的黑色像素，保证记录点集聚的完整性。

第四章 记录点分散有序抖动

通常，有序抖动这一名称给予使用周期性抖动数组的任何半色调处理技术，包括记录点集聚和记录点分散两大类型，得名原因是作为半色调处理基础的抖动模板或抖动数组包含的单元本质上的有序特性，与白噪声抖动等的随机本质恰恰相反。记录点集聚和记录点分散体现数字半色调处理两种相反的原则，由于组织记录点的方式不同，导致半色调方法输出不同性质的二值图像，其中记录点分散有序抖动处理具有频率调制特点。

4.1 伪随机阈值方法

本质上，记录点分散有序抖动并非真正意义上的随机半色调方法，之所以不能归属于随机半色调处理是因为“有序”两字。既然有序，就不能算真正意义上的随机。然而，尽管记录点分散有序抖动按特定的规则在成像平面上组织和排列记录点，但仍然具有一定的随机性，因而称之为伪随机抖动恰如其分。抖动处理大多基于阈值操作，与连续调图像像素值的阈值比较结果往往具有不确定性，导致半色调图像黑白像素出现的随机性。

4.1.1 记录点分散有序抖动的含义

由于速度和处理过程简单的优势，通过有序抖动的半色调处理或许永远有吸引力，转换到0或1描述的像素，借助于不同的记录点组织形式，可模拟比二值更多的层次等级。

传统照相制版技术无法实现记录点分散有序抖动半色调处理，原因在于模拟摄影技术不能如同数字技术那样形成独立而彼此可明确区分的记录点，由制版照相机集群式的曝光特点所决定。记录点和网点是两个不同的概念，记录点集聚有序抖动的处理结果形成网点，阶调值或层次等级的复制能力取决于半色调单元包含的记录点或设备像素的数量，网点尺寸可变。采用记录点分散有序抖动技术时，名义上的网点实际上就是记录点，其尺寸与设备像素相同而为常数。由此可见，记录点集聚有序抖动和分散有序抖动的相同之处是有序和规则，两者的原则区别在于安排或放置记录点的方式，记录点集聚抖动总是按一定的规则安排记录点并使之集聚，而记录点分散有序抖动则尽可能分散地布置记录点。为方便理解起见，仍然以半色调单元为基础讨论记录点的位置特性，考虑图4－1（a）、（b）两图所示的记录点集聚抖动和记录点分散抖动的区别，该图假定要求再现25%的灰度等级。

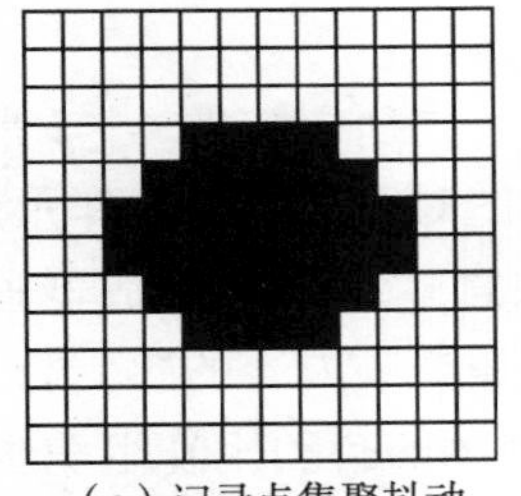

（a）记录点集聚抖动

（b）记录点分散抖动

图4－1 记录点集聚与记录点分散抖动的区别

实现记录点集聚或记录点分散有序抖动最容易的方法，是像素的阶调值以为映射的形式定义记录点或设备像素的排列结构，并将记录点的排列结果保存到数据存储器内。然而，这种方法在实践时容易引起数据存储器过载，以至于数字半色调处理系统的存储量无法承受很大的数据量，因而大多数实现技术采用在半色调单元内排列阈值的方法。

若设备具有可靠地复制独立记录点的能力，或设备对连续调图像阶调值的响应具有近似于线性的特点，则适合于采用记录点分散有序抖动技术。一般来说，记录点分散有序抖动技术展示不少颇具吸引力的特性，例如处理速度快和简单性，且输出的半色调图像不会出现记录点集聚有序抖动那样强烈的水平和垂直结构。

4.1.2 抖动矩阵

仅仅从一般性的角度考虑，所谓的抖动处理建立在阈值比较的基础上，为此需要称为抖动矩阵的数组，因这种数组内保存阈值而得名阈值矩阵，有时也称为阈值数组。由于抖动矩阵的空间变动特点，原连续调图像内的空间相关性经抖动处理后不再保留，多值的像素描述变换成以 0 或 1 表示的二值记录点图像。

如同记录点集聚有序抖动那样，记录点分散有序抖动也可用于从连续调图像转换到半色调图像，且以“有序”为共同原则，都属于有序抖动处理大家庭的成员。关于抖动处理的细节问题曾经由 Limb. f Lippel 和 Kurland 以及 Judice 等人研究过，虽然是重要的数字半色调处理技术之一，但应用没有记录点集聚有序抖动那样普遍。记录点分散有序抖动技术通过输入连续调图像信号（像素值）与位置相关的阈值集合比较确定记录点或设备像素的物理状态，例如连续调图像的像素值大于阈值时设置为白色，或半色调图像的像素值取 1；若连续调图像的像素值小于阈值，则半色调图像的记录点物理状态设置为黑色，或半色调图像的像素值取 0。

阈值通常组织成正方形的矩阵，即前面提到过的抖动矩阵或阈值矩阵，其中的元素称为抖动矩阵单元，使用时沿图像平面如同“瓷砖”那样重复地铺展，为整个连续调图像的半色调处理提供阈值“图像”。利用抖动矩阵可模拟连续调图像灰度等级渐变的视觉效应，其作用至关重要。数字半色调发展早期使用的记录点分散有序抖动矩阵相当简单，例如由 Judice 等人建议的如图 4－2 所示的 4×4 抖动矩阵，可处理 8 位量化的连续调灰度图像。

图 4－2 所示的抖动矩阵的组织形式十分简单，矩阵单元的数值从 0 开始，每次累加 256/16＝16 而得，经有序排列后可形成级差为 16 的等差级数。用于记录点分散有序抖动时，抖动矩阵元素没有也不应该按数值的大小排列，因为记录点分散有序抖动需要打乱阈值的有序排列而引入随机性，尽管通过这种方式得到的随机性很不彻底，但记录点分散有序抖动半色调算法输出的半色调图像具有伪随机特点是毫无疑问的。

0	128	32	160
192	64	224	96
48	176	16	144
240	112	208	80

图 4－2 数字半色调技术发展早期使用的抖动矩阵

从频率角度分析，之所以按图 4－2 所示的伪随机方式排列阈值，或者说该图对于各阈值矩阵元素位置的选择，是为了通过阈值的“故意”排列组织成低通滤波器，以模拟视觉系统对连续调图像高频内容的感受特点，尽可能保留反映图像基本内容的低频成分。与此同时，图 4－2 所示的抖动矩阵组织也考虑到了准确地复制对象边缘的需要，避免半色调图像内出现引起视觉副作用的结构性图案。当输入图像的像素值与该抖动矩阵空间变动的阈值比较时，原来存在于输入连续调图像内的大量空间相关性被抑制。由于原图像转换成半色调图像后原来包含在图像内的空间相关性丢失，因而导致某些二值信号的标准压缩编码方法失效，例如行程长度编码。

4.1.3 全局固定阈值方法

全局固定阈值的基本概念，就是从连续调图像内逐个取出像素，再以像素的灰度等级与固定的阈值比较，即来自连续调图像输入样本的灰度等级与预先给定的阈值比较，如果当前处理像素的灰度等级高于规定的阈值，则产生白色指定给二值图像对应位置像素的半色调操作结果，否则产生黑色。所谓的全局固定阈值指对于被处理连续调图像的所有像素使用相同的阈值，且使用的阈值固定不变。从以上对于全局固定阈值的定义可以看到，全局固定阈值法的运算极其简单，伪随机性完全依赖于原连续调图像的像素分布。若要求从原图像抽取更多的细节，最好在抖动处理前进行高通滤波处理。

图 4－3 可用于演示全局固定阈值法使连续调图像转换到半色调图像的处理流程，输入像素和输出像素分别标记为 $P(x, y)$ 和 $O(x, y)$，半色调图像的像素值只能在 0 和 1 间选择。

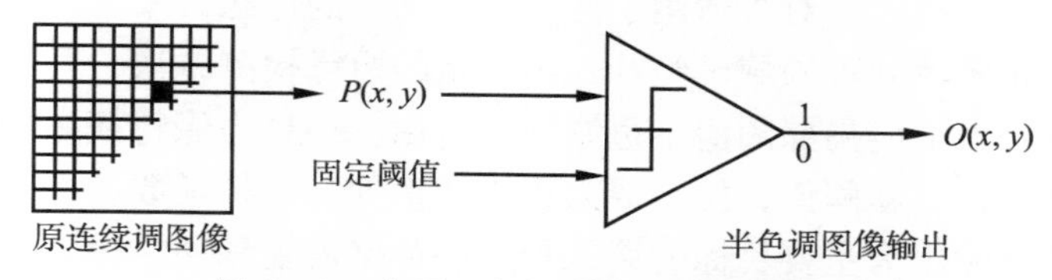

图 4－3 全局固定阈值法信号处理流程

阈值应该在处理给定的连续调图像前选择，局部固定阈值抖动方法输出时根据选定的阈值与像素的灰度等级比较后做出黑色或白色像素的决策，处理结果与输入图像的灰度等级在当前处理位置的数值有关。选择阈值的方法有不少，但一旦做出了选择，则该阈值就是全局固定的，对整幅图像都起作用，在处理输入图像期间一直有效。

全局固定阈值法的细节再现能力取决于被分析细节的灰度等级，若精细的灰度等级在阈值上下的小范围内摆动，则这种细节能表现出来。由此可见，只要被处理像素的灰度等级处在阈值附近的范围内时，那么这种中间范围的细节往往容易复制。高光和暗调细节很难用固定阈值法复制，如果能在输出半色调图像内看到也属偶然。总之，全局固定阈值法的细节再现能力限制在很小的范围，但很高的频率表现能力在特定的范围内相当有效，只要输入像素的细节尺寸就能探测出来，参阅图 4－4 所示的曲线关系。

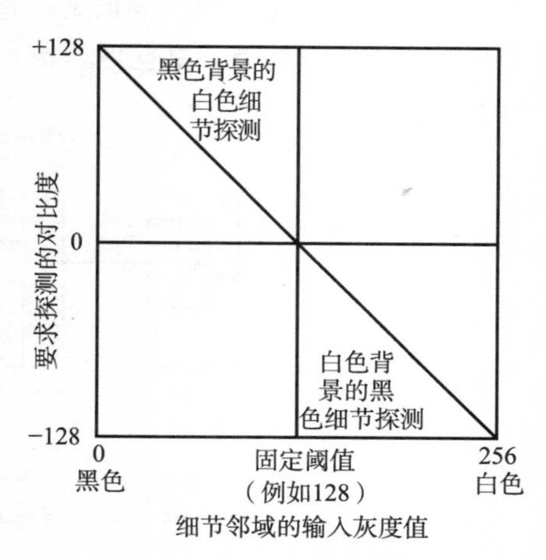

图 4－4 细节探测要求的对比度与背景灰度值关系

图 4－4 选择的固定阈值等于 128，刚好是 8 位量化数字图像灰度等级的一半，以全局固定阈值法处理连续调图像时经常采用这种阈值，例如以 Photoshop 图像（Image）菜单的模式（Mode）命令组中的位图（Bitmap）命令从当前灰度图像转换到二值图像时，转换方法中的 50% 阈值（50% Threshold）就是以 128 为全局固定阈值。若希望自由地设置全局固定阈值转换连续调图

像，应利用 Photoshop 图像菜单的调整命令组中的阈值命令，根据被转换连续调图像的内容特点规定合理的阈值。

与全局固定阈值方法有关的主要人工假象是低噪声水平的放大效应，出现在固定阈值附近的灰度等级，产生这种噪声的根源可能是半色调处理扫描系统的信/噪比限制，但最终结果表现为视觉赝像，它们不属于输入“场景”。如果输入图像的灰度等级缓慢变化导致形成从白色到黑色的渐变过渡区域，则全局固定阈值半色调操作产生的二值图像往往会出现条纹状的痕迹，因为微小的灰度等级差别为全局固定阈值处理所放大。

4.1.4 线条稿自适应局部阈值方法

已经出现的数量众多的阈值方法均可归入自适应局部阈值方法内，因为几乎所有的半色调操作都利用某种起局部作用的函数执行，并利用“局部函数”将灰色输入像素转换成二值输出。设计线条稿自适应局部阈值方法的主要目的在于有条件地接纳固定阈值，使之在寻求图像局部性前后关系的处理过程中，产生高质量的线条稿输出。

事实上，适合于线条稿输出的自适应局部阈值方法是固定阈值法直接扩展策略之一或两者兼而有之。其中，第一种对策适用于探测输入图像的边缘，属于图像处理领域特征抽取的范畴。迄今为止图像处理领域已经开发出大量的边缘检测方法，几乎所有的边缘检测方法都可以为线条稿自适应局部阈值半色调处理所用。一旦边缘特征被抽取出来，则随之而来的主要问题是如何更新阈值，使之成为边缘像素的某一种函数。

以线条稿半色调输出为主要目标的第二种扩展策略需要利用在输入图像内观察到的灰度等级存储内容，估计从白色像素到黑色像素过渡的分布特征。为此，半色调处理的操作者可以先扫描整幅图像，并利用扫描得到的数字图像（观察到的灰度等级存储内容）计算其直方图，最常见的页面内直方图取用局部最大和最小灰度等级存储形式。接下来再进行必要的计算，估计出合适的阈值，以便能区分出线条的细节。

作为自适应局部阈值方法的一个特殊例子，下面简要介绍由 Ullman 发表的方法。图 4－5 是线条稿自适应局部阈值处理过程的通用逻辑结构，选择的阈值是局部估计所得最白和最黑像素的平均值，这些像素被限制在局部区域内。

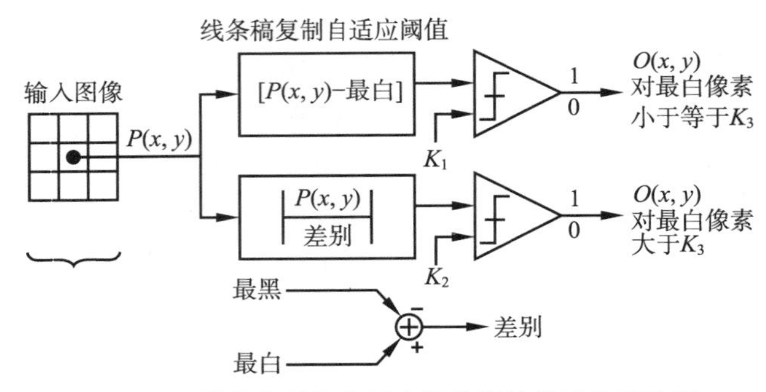

图 4－5　线条稿局部自适应阈值算法信号处理流程

由于这些像素通过局部估计而得，且限制在局部区域内，因而不能等同于全局性的最白像素或最黑像素。在图 4－5 中，根据局部最白和最黑像素确定的阈值在图中标记为 K_3；当图像处理的渐变运算操作符探测出超过预先确定数值（根据局部最白像素和最黑像素估计得到的阈值）的渐变时，就及时更新局部估计阈值。按上述原则确定的阈值仅在局部区域起作用，阈值更新也不能超出局部区域范围。因此，最终输出结果是设置在最白和最黑像素中间点的阈值，在图像的边缘位置上找到，反映最近更新的图像细节。

线条稿特征抽取属模式识别范畴，图像处理领域对此问题已经研究得很透彻，问题在于要找到最合理的算法，既能满足线条稿半色调处理输出边缘特征的需要，又要确保运算成本最节省。从发明专利和专业杂志（或图书）上可以查阅到各种各样的算法，图 4 – 5 所示的算法只是其中之一，目标在于输出原图像高质量的边缘特征，并不在于忠实地复制原图像的层次变化，因而灰度等级应该抑制。

4.1.5 平均约束阈值方法

所谓的“平均约束”阈值方法（Constrained Average Thresholding Algorithm）只是从全局固定阈值法直接扩展到自适应局部阈值方法的一个例子，以平均约束阈值方法为基础的半色调操作目标定位在灰度信息的输出上，因而根本目的是尽可能忠实地再现原连续调图像的灰度等级。实际上，平均约束阈值方法的种类也有不少，下面要介绍的方法由 Jarvis 和 Roberts 两人于 1976 年提出。其他功能上类似的方法还有 Morrin 在 1974 年提出的方法，也适合于从全局固定阈值方法扩展到自适应局部阈值处理，有利于正确地再现原图像的灰度等级，细节表现能力优于全局固定阈值方法。

图 4 – 6 是 Jarvis-Roberts 建议方法的流程图，虽然图中只给出了平均约束阈值方法最基本的计算过程，没有涉及细节问题，但从该图仍可了解“平均约束”的基础思想。正确使用 Jarvis-Roberts 方法的第一步是计算局部平均值，对图 4 – 6 所示的工作流程来说局部区域由 3 ×3 个像素组成，计算如此小局部区域像素的平均值是再简单不过的操作。局部平均值约束以像素邻域的中心像素为作用对象，例如 3 ×3 局部区域由 8 个邻域像素和中心像素构成，通过局部平均计算产生的阈值作用于中心像素；得到阈值后再对局部平均值和常数值作线性求和计算，图 4 – 6 中的 b 是输入线性系数，与原像素值比较后产生二值像素。

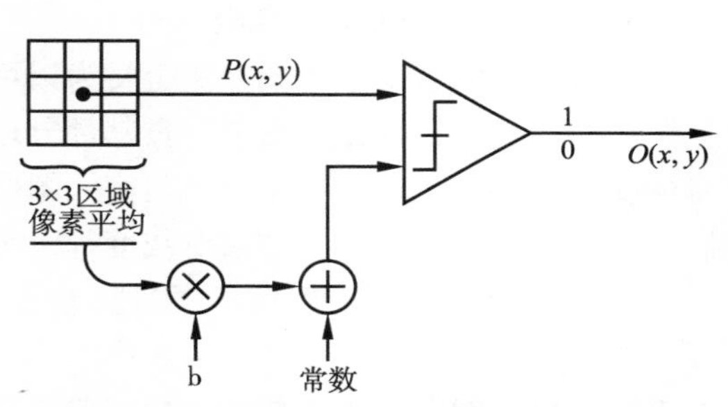

图 4 – 6　局部平均约束阈值算法信号处理流程

利用 Jarvis-Roberts 建议的平均约束方法将产生边缘增强效应，且增强作用的大小处于变化中。导致边缘增强效应的主要原因是阈值取决于局部邻域的平均值，而中心像素值又不同于局部平均值，因而从概念上理解，利用 Jarvis-Roberts 方法可建立颜色的变化。

平均约束阈值方法的低频阶调再现能力远超过固定阈值方法，尽管由系统噪声产生的微观结构细节导致这种方法相对完整的阶调复制能力，但前提是噪声的统计特征合理，或者说噪声的统计特征正是原连续调图像阶调正确再现所需要的。

利用 Jarvis-Rpberts 原文中建议的系统噪声可产生无限小的微观结构细节，即处在白色背景中的单个孤立的黑色像素以及处于黑色背景下的单个孤立白色像素，但这种精致的细节在实用成像系统复制后产生的统计特征存在不足，细节对平均约束阈值方法的阶调复制曲线过于敏感，比起限制纹理图案的方法来，阶调再现能力较差。

总体而言，局部平均约束阈值方法的主要优点表现在复制原图像高光、暗调以及中间调细节的能力，这种复制能力一定优于全局固定阈值方法。

根据高频内容再现的要求，局部平均约束阈值方法的边缘增强特征确实可以用来强调对象边缘，有效地增强细节。然而，这种细节增强以增加边缘噪声为代价。

由于确定阈值时利用了原数字图像生成时的上下文（前后）关系，因而对于给定细节的边缘位置必然会发生改变，如果全局固定阈值方法能够发现这种边缘细节，则局部平均约束阈值方法输出的边缘或许还不如固定阈值方法，细节表现得更模糊。

局部平均约束阈值方法复制灰度等级的能力取决于输入图像的噪声统计特征，最终输出结果包含某些低频噪声水平，能够为眼睛所察觉，代表强加给输出图像的人工假象。以局部平均约束方法阈值复制得到的图像的整体外观具有更明显的空间不均匀性，比起那些能复制出更多细节结构的方法来，画面效果显得太脏。

4.2 模式抖动

模式抖动以 Bayer 提出的数字半色调方法为典型例子，同样属于记录点分散有序抖动的范围，由于二值转换遵循一定的模式或规则，因而得名模式抖动。模式抖动半色调处理可以追溯到 1962 年由 Roberts 建议的伪随机阈值方法，一定程度上可认为 Bayer 抖动方法是 Roberts 提出的伪随机阈值方法的特例。本节以讨论 Bayer 提出的模式抖动技术为主，以伪随机阈值方法为引子，通过 Bayer 抖动可以加深对 Roberts 方法的理解。

4.2.1 伪随机阈值方法

这种类型的数字半色调方法定义为以可接受的质量和尽可能减少画面灰度等级实现半色调转换的技术，该方法的早期贡献部分地归功于 Roberts。伪随机阈值方法在输出量化前将伪噪声（Pseudonoise）序列加到输入图像上，以灰度等级表示的噪声量添加得很少，随后再去除噪声。最终输出结果对灰度等级数量的要求降低，图像复制质量可以接受。

Roberts 利用二维的伪噪声序列使半色调输出量化到每像素 4 位，对应于 16 个灰度等级的描述能力。以伪随机阈值算法应用于计算机显示系统为例，假定阴极射线管显示器具备连续调显示能力（大多数阴极射线管显示器确实如此），则在连续调图像显示前从已经量化的图像减去原图像同样的序列后，就能够产生灰度等级误差的空间分布，这种误差显然由量化步骤建立。研究结果表明，由 Roberts 提出的伪随机阈值算法大大降低了半色调图像出现伪等高线的可能性，观察者事实上只能感觉到接近于连续的灰度等级，因为眼睛的工作方式本质上是对二维小区域的平均处理，因而太小的细节看不到。

诸如阴极射线管显示器类的连续调图像多值显示系统并非伪随机阈值方法的唯一应用目标，只有二值表示能力的硬拷贝输出设备是这类方法更重要的应用方向，连续调图像的二值量化也是本书讨论的唯一重点。因此，以 Roberts 建议方法为基础的连续调到半色调转换技术不仅在他定位的应用方向上取得成功，且这种方法的基本原理有更宽的适用范围，其中最特殊之处表现在输出量化前添加伪噪声序列。在 Roberts 提出伪随机阈值方法后的进一步发展是取消 4 位量化的限制，因为 4 位量化的半色调转换仅适用于多值输出设备，例如阴极射线管显示器，为了满足绝大多数硬拷贝输出设备只具备二值描述能力的工作本质，必须取消 4 位量化的限制。虽然二值半色调转换过程的二维伪噪声序列也在输出量化前添加到输入连续调图像，但量化到 1 位，即只有两种灰度等级。最终输出结果体现量化过程产生的灰度等级误差的空间分布，观察者看到的是小区域经视觉系统作用后的集成平均反射百分比，接近于连续灰度等级效果。

伪随机阈值方法可视为电子加网的简单形式，两者多多少少有相似之处，图 4-7 从扫描线角度解释以伪随机噪声替代固定阈值的半色调处理如何实现。从该图不难看出，与固定阈值方法相比，区别在于伪随机阈值方法在成像信号上添加由伪随机噪声发生器输出的特定波形。这样，二值半色调处理就等价于连续调图像输入信号与阈值比较，阈值数组形状与添加的波形相同，且阈值数组内的单元数值是变化的。

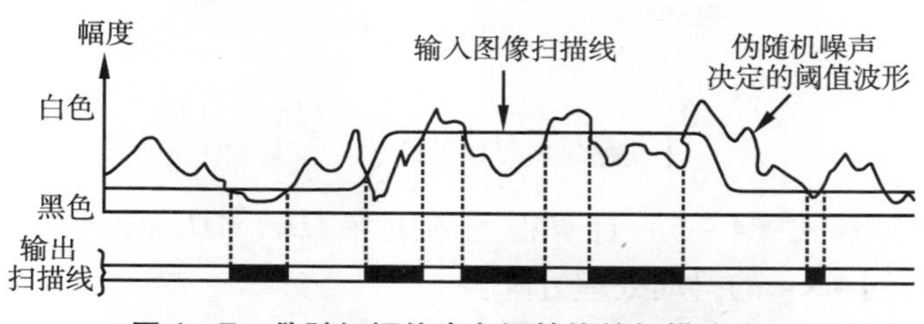

图 4－7　伪随机阈值半色调转换的扫描线演示

伪随机阈值方法以产生记录点分散抖动半色调处理结果为主要特征，虽然按伪随机噪声发生器输出的波形次序处理输入图像，但仍然可以归入有序抖动的范畴，且黑色像素和白色像素在记录平面内的分布带有一定的随机性。因此，伪随机阈值方法与记录点集聚有序抖动存在原则区别，不仅表现为记录点分散，也表现在结果的随机性上。事实上，伪随机阈值方法存在可视频率成分的相乘效应，与输入图像的灰度等级有关。

4.2.2　模式抖动的数学基础

模式抖动（Pattern Dither）在图像处理方面的应用起源于下述操作过程：对诸如电视信号等构成的灰度等级图像执行很粗糙的数字化传送，并将结果呈现在能充分表现阶调的显示设备上。为了防止对输入信号的抖动处理产生人工痕迹，人们采用了预先在原始信号中加入无规则噪声再进行数字化转换的方法。

模式抖动方法有多种，其中最有代表性的方法由 Bayer 于 1973 年提出，虽然他建议的方法建立在前人研究成果的基础上，但在数字半色调领域的影响很大，以至于人们往往以 Bayer 抖动为模式抖动的代名词。模式抖动方法很早就应用于微型计算机以及与微机配套使用的外围设备上，例如早期的扫描仪可以处理 32 种甚至 64 种灰度值，但那时的图像文件格式（例如 MacPaint）却仅支持单色，即只能以“0”或“1”描述像素。为了显示或输出这样的图像，使用了基本的抖动技术。

Bayer 抖动方法或许是迄今为止从连续调灰度图像转换到具有层次感半色调图像最简单的办法之一。模式抖动从灰度图像转换到二值图像时要用到 Bayer 抖动表，即抖动矩阵：

$$D_n = \begin{bmatrix} 4D_{n/2} & 4D_{n/2}+2U_{n/2} \\ 4D_{n/2}+3U_{n/2} & 4D_{n/2}+U_{n/2} \end{bmatrix} \tag{4-1}$$

式中的 $n=2^2$，2^3，2^4，……2^r，而 U_n 则表示抖动矩阵所有成分（元素）都取数字“1”的 $n\times n$ 阶矩阵（即 $n\times n$ 的单位矩阵）。

令 $D_1=0$，则模式抖动方法需要的抖动矩阵可递推得到，首先推得：

$$D_2 = \begin{bmatrix} 0 & 2 \\ 3 & 1 \end{bmatrix} \tag{4-2}$$

显然，利用式（4－2）给出的 2×2 矩阵可实现对原连续调图像规模为 2×2 像素子集的模式抖动处理，抖动矩阵中的元素即记录点分散有序抖动必须使用阈值，因而也称为阈值矩阵。从 2×2 矩阵易于推得 4×4 的模式抖动矩阵，过程如下：

$$4D_2 = \begin{bmatrix} 0 & 8 \\ 12 & 4 \end{bmatrix} \tag{4-3}$$

且有：

$$U_2=\begin{bmatrix}1 & 1\\ 1 & 1\end{bmatrix} \tag{4-4}$$

由此导得：

$$4D_2+2U_2=\begin{bmatrix}2 & 10\\ 14 & 6\end{bmatrix}\quad 4D_2+3U_2=\begin{bmatrix}3 & 11\\ 15 & 7\end{bmatrix}\quad 4D_2+U_2=\begin{bmatrix}1 & 9\\ 13 & 5\end{bmatrix} \tag{4-5}$$

通过式（4－3）和式（4－5）计算得到的矩阵 $4D_2$、$4D_2+2U_2$、$4D_2+3U_2$ 和 $4D_2+U_2$ 拼合起来，就得到 4×4 的抖动处理方阵：

$$D_4=\begin{bmatrix}0 & 8 & 2 & 10\\ 12 & 4 & 14 & 6\\ 3 & 11 & 1 & 9\\ 15 & 7 & 13 & 5\end{bmatrix} \tag{4-6}$$

式（4－6）所示抖动方阵扩充成与被抖动图像有相同的行和列，并以原图像中的每一像素值与该抖动矩阵的元素逐个比较，即可产生抖动图像。执行阈值比较时，如果原连续调图像的像素值大于或等于抖动矩阵对应位置上的元素值，则该像素被赋值为 1（即白色），反之为 0（对应于黑色）。图 4－8 给出了用 Bayer 抖动矩阵处理某一图像的结果。

原图像

8	9	9	10
8	5	7	6
6	5	4	8
3	2	0	1
4	3	3	6

抖动矩阵/阈值矩阵

0	8	2	10
12	4	14	6
3	11	1	9
15	7	13	5
0	8	2	10

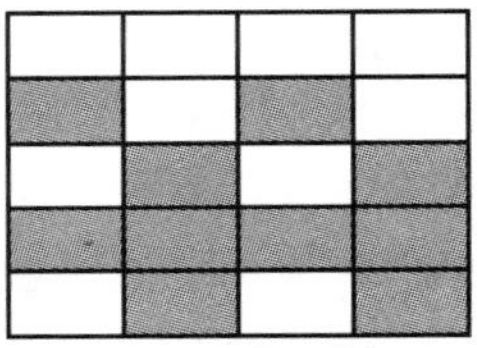

输出二值图像

图 4－8　用 Bayer 抖动法实现图像的二值化处理

4.2.3　高阶模式抖动矩阵

比式（4－6）处理规模再大一级的 Bayer 抖动矩阵是 8×8 方阵，用于将 8×8 的连续调图像的像素分布转换成二值半色调图像表示。如果以公式（4－6）代入式（4－1）所示的递推公式，则产生计算 8×8 方阵所需的基本矩阵 $4D_4$、$4D_4+2U_4$、$4D_4+3U_4$ 和 $4D_4+U_4$，再将这四个方阵拼合起来，即可得高阶模式抖动矩阵 D_8：

$$D_8=\begin{bmatrix}0 & 32 & 8 & 40 & 2 & 34 & 10 & 42\\ 48 & 16 & 56 & 24 & 50 & 18 & 58 & 26\\ 12 & 44 & 4 & 36 & 14 & 46 & 6 & 38\\ 60 & 28 & 52 & 20 & 62 & 30 & 54 & 22\\ 3 & 35 & 11 & 43 & 1 & 33 & 9 & 41\\ 51 & 19 & 59 & 27 & 49 & 17 & 57 & 25\\ 15 & 47 & 7 & 39 & 13 & 45 & 5 & 37\\ 63 & 31 & 55 & 23 & 61 & 29 & 53 & 21\end{bmatrix} \tag{4-7}$$

利用式（4－1）所示的递推公式可进一步得到比（4－7）更高阶的抖动矩阵，从数学角度看不存在任何的限制，但计算机处理速度却会限制抖动矩阵的规模。事实上，式（4－7）给出的抖动矩阵对绝大多数连续调图像的二值转换已经足够了，没有使用比 8×8

规模更高阶抖动矩阵的必要。

由上面的叙述内容以及图 4－8 的演示可以看出，以 Bayer 抖动矩阵处理连续调图像的本质仍然是阈值比较，因而 Bayer 抖动矩阵成为最终阈值矩阵的基本单位，基本阈值矩阵按输入连续调图像水平和垂直方向包含的像素数量扩充成与输入图像规模相同的矩阵，得到最终的阈值矩阵。以 Bayer 抖动方法为代表的记录点分散有序抖动的明显特征，在于该算法以固定的抖动模型强加于输入图像，表面上阈值比较针对整幅图像，但实际处理的还是像素子集。若要求彩色图像以 Bayer 抖动方法直接处理成二值图像，且不以分色输出为最终目标，则首先应该确定从彩色图像转换到灰度图像的处理规则，原图像中所有像素值用二维数组描述，再进行抖动处理。

4.2.4 处理技巧

8×8 形式的 Bayer 抖动矩阵元素表的取值范围从 0～63，扩充到与被处理图像有相同行和列的最终阈值矩阵后，该阈值矩阵的所有元素的取值范围仍然在 0～63 之间；若输入连续调图像是 8 位的灰度图像，则像素的取值范围从 0～255。由于输入连续调图像取值范围与最终阈值矩阵的取值范围不一致，因而输入图像的像素值不能与最终阈值矩阵的对应元素直接比较。可见，在利用 Bayer 抖动算法产生半色调图像前，应该采取必要的措施。

作为解决抖动矩阵取值范围与连续调图像的像素取值范围不一致问题最简单的解决方法，可以对 8×8 基本抖动矩阵做数值扩充处理，使基本抖动矩阵元素的取值范围与输入图像像素的取值范围匹配。只要基本抖动矩阵元素的取值范围与输入图像一致了，则可以确保扩展后的最终抖动矩阵与输入图像的像素取值范围匹配，例如下式所示处理结果：

$$D_8=\begin{bmatrix} 0 & 128 & 32 & 160 & 8 & 136 & 40 & 168 \\ 192 & 64 & 224 & 96 & 200 & 72 & 232 & 104 \\ 48 & 176 & 16 & 144 & 56 & 184 & 24 & 152 \\ 240 & 112 & 208 & 80 & 248 & 120 & 216 & 88 \\ 12 & 140 & 44 & 172 & 4 & 132 & 36 & 164 \\ 204 & 76 & 236 & 108 & 196 & 68 & 228 & 100 \\ 60 & 188 & 28 & 156 & 52 & 180 & 20 & 148 \\ 252 & 124 & 220 & 92 & 244 & 116 & 212 & 84 \end{bmatrix} \tag{4-8}$$

式（4－8）的每一个元素是式（4－7）所示每个元素与 4 相乘的结果，理由在于 (4－7) 表示的矩阵元素数值范围从 0～63，是 8 位量化图像的像素取值范围的 4 倍。当然，也可以采用输入图像的像素值除 4 的方法，同样可实现抖动矩阵元素与输入图像像素取值的匹配问题。完成匹配处理后，就可执行记录点分散有序抖动处理的阈值比较操作了，从连续调图像转换到二值半色调图像。

另一种处理方法是运算时对灰度图像的像素值执行移位操作，从 8 位表示转换到 6 位描述。这种处理要求很容易满足，只需将输入图像的二进制表示向右移 2 位就可以了，结果是输入图像像素值二进制表示前二位被置为 0，其他位保持不变。移位操作使输入图像的灰度等级范围缩小了许多，有可能丢失信息而值得分析。考虑下面这样的事实：原图像各位置局部区域之间的灰度值总是逐渐变化的，不可能一下子从 0 变到 255；模式抖动的目标是转换成二值图像，非 0 即 1，数值范围比起没有执行过移位操作的阈值矩阵来宽得多，即使丢失信息也有限。更何况移位操作的结果对输入图像灰度值超过 63 的区域内的像素相当于扣除了它们共同的底数，能反映层次变化的灰度信息并没有丢失。

4.2.5 模式抖动的优缺点

模式抖动矩阵元素的取值虽然互不相同，若按大小排列则组成有序的连续数列，则虽然表面上矩阵元素的分布是随机的，但由于基本阈值矩阵产生于递推公式，因而并非真正意义上的随机阈值矩阵，只能算作伪随机抖动处理。由此可见，模式抖动不属于随机阈值比较的半色调方法，处理效果肯定会受到影响。借助于 Photoshop 的 Pattern Dither（中文版“图案仿色”命令）和 Diffusion Dither（中文版“扩散仿色”命令）处理功能可以实现模式抖动和误差扩散处理，半色调转换结果如图 4 -9 所示。从该图给出的两种抖动处理结果容易发现，模式抖动并不是很好的记录点分散数字半色调方法。尽管如此，如果在输入图像和阈值矩阵取值范围的一致性问题上采用了移位操作技术，则考虑到执行模式抖动方法时的运算基本上不涉及数学，仅是移位和位比较，因此执行得特别快。

(a)模式抖动

(b)误差扩散

图 4 -9　模式抖动与误差扩散处理效果比较

Bayer 抖动方法的缺点还表现在，由于抖动处理建立在基本阈值矩阵推导的基础上，而基本阈值矩阵元素的数值和排列规则又是固定不变的，因而 Bayer 抖动过程将固定的模式强加于整幅图像；这种固定模式必然在处理结果中有所反映，导致半色调图像带有阈值矩阵固定不变模式的痕迹，这当然是半色调处理不希望出现的视觉副产品。

一般认为，在利用 Bayer 抖动方法生成半色调图像时，基本阈值矩阵的规格以 4 ×4 或 8 ×8 为宜。如果基本阈值矩阵的规模太小，会使扩充成的最终阈值矩阵给半色调处理结果留下明显的人工痕迹；若基本阈值矩阵的规模太大，则对于进一步提高半色调图像的质量没有明显的效果，但处理所需要的时间却因此而大大增加。由于这一原因，在通过 Bayer 抖动算法产生半色调图像时必须在运算时间和质量间进行取舍。实际上，8 ×8 规模的基本阈值矩阵已经足够了，需要的运算时间也不太多。

4.2.6 彩色图像的模式抖动适用性

Bayer 抖动方法也可以在显示器或硬拷贝输出设备上组合出彩色效果。例如，早期计算机显示系统仅提供 VGA 显示模式，只具备 256 色的显示能力，有必要在硬件能力受到限制的条件下改善显示效果，模式抖动方法便成为可用的解决方案之一。

很明显，彩色图像执行模式抖动方法时的处理过程与抖动灰度图像大体相同，基本阈值矩阵也需要扩充到与输入图像有相同的行和列，然后以扩充所得的最终阈值矩阵与输入图像的像素值比较。任何彩色图像可按主色信号 R、G、B 值分解成三幅灰度图像，尽管分解结果代表彩色图像各独立主色通道色调的深浅程度，但抖动处理方法并无区别。

以 Bayer 方法处理 RGB 图像时假定各主色通道的模式抖动彼此独立，只需一个阈值矩阵即可，即同一阈值矩阵适用于所有主色通道，为此需执行三次阈值比较运算，每一次阈值比较分别针对红色、绿色和蓝色像素。很明显，对任何输入图像的每一个像素来说，由于各独立主色通道的阈值比较结果都从 8 位（假定 RGB 彩色图像的位分辨率等于 8）表示转换成 1 位描述，因而各主色通道的计算结果合成后将形成 3 位描述的彩色图像，该图像中的每一个位表示相应色彩的打开或关闭。因此，彩色图像执行 Bayer 抖动处理后得到的结果是包含 8 种颜色的彩色图像，它们是红、绿、蓝三原色各自打开或关闭形成的组合：

$R=1$、$G=B=0$，红色；

$G=1$、$R=B=0$，绿色；

$B=1$、$R=G=0$，蓝色；

$G=B=1$、$R=0$，青色；

$R=B=1$、$G=0$，品红；

$R=G=1$、$B=0$，黄色；

$R=G=B=1$，白色；

$R=G=B=0$，黑色。

若输入图像由青、品红、黄、黑四色分量构成，则同样可通过 Bayer 抖动转换成半色调图像，但千万不要认为 CMYK 图像抖动后会产生比 RGB 图像抖动更多的颜色。

彩色图像经 Bayer 抖动处理后只能得到 8 色图像，虽然看起来有点粗糙，但通过伪随机性质的阈值矩阵处理后，眼睛感受到的颜色超过 8 种，对于快速和难以再现的色彩表达极其有效。对任意复杂的彩色图像而言，以 8 种可用色彩轮换地形成自然色彩的幻觉称得上是不错的解决方案，效果至少要比只是简单地用 8 色表示彩色图像要好得多。

4.2.7 阈值矩阵优化

伪随机阈值半色调方法的初期研究目标体现在：①提供数量足够、取值合理而又独特的阈值数组，防止在输出的半色调图像中出现伪等高线；②研究伪随机阈值数组的空间排序特征，使得输出设备产生的记录点的整体功率谱能量尽可能达到最高。

图 4－10 中（a）是 Bayer 完成的阈值优化处理结果之一，尽管仍然是 8×8 规模的阈值数组，但数组构成与根据公式（4－1）递推得到的同规模阈值数组相比只包含了从 0～31 的数字，从 32～63 的数字在伪随机阈值矩阵中不再出现；拼合成的 8×8 抖动矩阵的上半部是经典模式抖动矩阵上半部除 2 的结果，交换上半部的左右两半的数字排列，并复制到矩阵的下半部，即得图 4－10 中（a）所示的优化阈值矩阵。

与 Bayer 类似的抖动矩阵研究目标也由 Lippel 和 Limb 做过尝试，他们关注二值表示能力的显示屏技术，图 4－10 中（b）给出了 Lippel 和 Limb 使用的 4×4 抖动矩阵（某些场合称为 Nasik 抖动模式），与 Bayer 给出的标准 4 阶抖动矩阵颇不相同。此外，图 4－10 中（c）所示的 4×4 矩阵显然与标准 Bayer 抖动矩阵递推公式计算出来的结果相同，适用于发生规模更大的记录点分散有序抖动阈值矩阵。这种抖动矩阵很重要，发现这种矩阵的主要功劳应归结于 Jarvis，后来由 Bayer 归纳成有规律的数学运算法则。

为了针对各种不同类型的二值输出设备和成像技术发生任意抖动信号，在完成伪随机阈值数组（抖动矩阵）研究的同时也逐步形成了其他相关研究领域，例如 Allebach 于 1979 年提出建议，利用计算机辅助设计技术产生抖动信号，适合于特定的应用领域。

0	16	4	20	1	17	5	21
24	8	28	12	25	9	29	13
6	22	2	18	7	23	3	19
30	14	26	10	31	15	27	11
1	17	5	21	0	16	4	20
25	9	29	13	24	8	28	12
7	23	3	19	6	22	2	18
31	15	27	11	30	14	26	10

(a) Bayer矩阵

D^4

0	14	3	13
11	5	8	6
2	12	1	15
9	7	10	4

(b) Lippel矩阵

D^4

0	8	2	10
12	4	14	6
3	11	1	9
15	7	13	5

(c) Jarvis矩阵

图 4－10　三种抖动矩阵

4.3　递归拼贴法

对于空间分辨率不高的显示器或数字硬拷贝输出设备，以记录点分散有序抖动二值图像代替记录点集聚有序抖动半色调图像更合理。无论记录点分散或记录点集聚有序抖动半色调处理都需要抖动矩阵或阈值矩阵，有时也称为抖动模板。在数字半色调技术的发展历史中曾经普遍选择递归拼贴（Recursive Tessellation）的方法生成抖动矩阵，归结为以抖动矩阵可周期性地重复排列和基本周期尽可能均匀为两大主要目标。

4.3.1　规则栅格拼贴

某些数字输出设备按特殊的采样方案设计，允许以矩形描述基本输出单元，从而出现像素方位比的概念，这里定义为数字输出设备基本描述单元矩形的长边和短边之比。

因此，只有当像素方位比等于 1 时，矩形栅格才是规则的，此时采样栅格为正方形。所谓的规则指矩形描述单元的短边与长边相等，或边长相等的六边形。在三种像素方位比下，半规则的六边形将成为规则六边形（即正六边形），这三种像素方位比分别是 $\alpha=2/\sqrt{3}$（称为第一类规则六边形或第一类正六边形，如图 4－11 所示）、$\alpha=2\sqrt{3}$（即第二类规则六边形或第二类正六边形）和 $\alpha=2$（演变为正方形）。

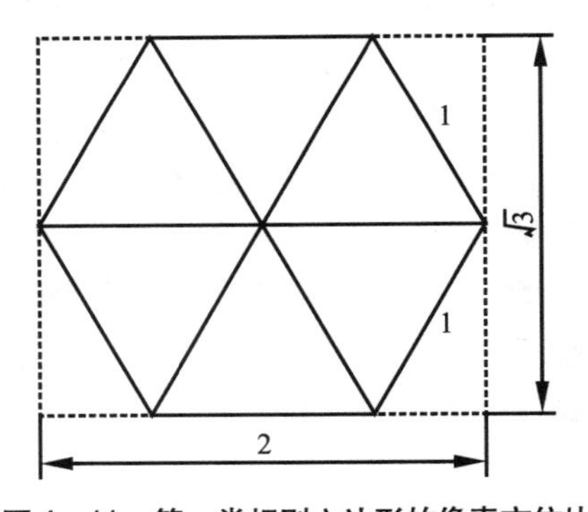

图 4－11　第一类规则六边形的像素方位比

下面将重点讨论方位比 $\alpha=1$ 的规则矩形和 $\alpha=2/\sqrt{3}$的规则六边形，这两种形状也是本节默认的规则矩形和规则六边形。通过旋转变换操作，默认的规则六边形抖动处理结果不难扩展到其他两种像素方位比条件下的规则六边形。第一类规则六边形的有序抖动结果应用于 $\alpha=2\sqrt{3}$的第二类规则六边形采样栅格时，旋转角度可取 90°或 30°；而为了将默认规则六边形的抖动处理结果扩展到 $\alpha=2$ 的规则六边形采样栅格，旋转角度需等于 45°。

记录点集聚有序抖动方法输出的网点形状取决于阈值数组或阈值矩阵的形状，意味着阈值数组的形状（数组内单元排列后产生的形状）与网点形状是一致的，大多数情况下每一个阈值数组体现一个采样周期。对递归拼贴法数字半色调方法也存在类似的概念，但称为阈值数组的基本周期或“瓷砖”。对矩形采样栅格的数字输出设备来说，基本周期或“瓷砖”的阈值数组包含 2 的整数幂个单元；当设备的采样栅格为六边形时，则反映基本周期的阈值数组将由 3 的整数幂个单元构成。这里，无论是 2 的整数幂还是 3 的整数幂，它们都定义为数组的阶数，以 η 标记。图 4 – 12 中（a）和（b）分别给出了前 8 阶的矩形“瓷砖”和前 5 阶的六边形“瓷砖”，也称为偶数阶或奇数阶，其含义是具有偶数阶或奇数阶的周期。

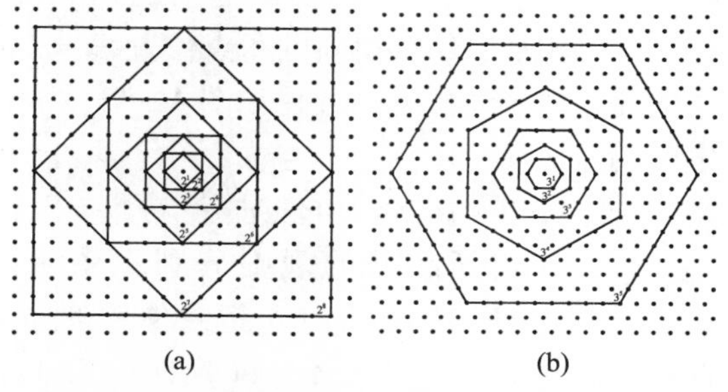

图 4 – 12　前 8 阶矩形和前 5 阶六边形“瓷砖”

图 4 – 12 所示的前 8 阶矩形和前 5 阶六边形“瓷砖”可以允许扩展到规模更大的矩形和六边形“瓷砖”，但必须考虑系统的处理能力，因而阈值数组的规模应合理选择。一旦采样栅格形状和周期阶数确定下来，则“瓷砖”在二维平面上的排列结果也相应确定。

4.3.2　递归过程

图 4 – 13 演示递归拼贴或对于记录平面排列“瓷砖”的不同阶段，目的在于说明构造 4 × 4 抖动模板的次序。在递归拼贴的 $i = 1$ 步骤，首先建立 4 × 4 的基本周期，并在遍及设备记录范围的二维空间上重复排列，如图 4 – 13（a）所示。注意，图中周期的顶部和底部边缘是周期循环的复制结果，如同左面和右面边缘重复那样，右侧和底部以粗线标记。

从图 4 – 13 可见，递归拼贴法从中心位置开始，序号标记为 0，这种选择周期性地重复。以均匀地拼贴图案为目标，下一个中心位置的候选者应该在已经重复排列位置间空白区域的中心。通过构造最近邻域的垂直平分线可找到空白区域的中心，“瓷砖”排列结果的角点成为下一个候选中心位置，从而标记为下一序列 1。

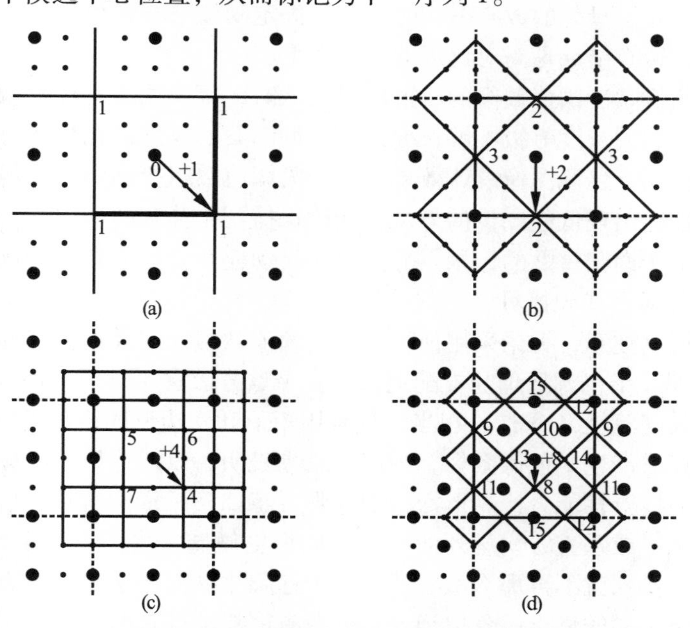

图 4 – 13　生成递归拼贴抖动模板的步骤

递归拼贴步骤 $i=2$ 如图 4－13 中（b）所示，中心位置在子"瓷砖"角点的空白中心，通过对已经排列点的最近邻域做垂直平分线予以确定，子"瓷砖"中心点的序号与 $2i-1$ 相加，即可得到这些新角点的序号，其中 i 表示当前步骤编号。相加运算方向如图 4－13 中的箭头所示，例如确定新的角点位置 2 时，应该按子"瓷砖"中心点序号 1 与 $(2i-1)$ 相加，结果得新的角点位置编号为 2。从子"瓷砖"中心到角点的箭头方向可以指向任何四个位置之一，比如图 4－13 中（a）标记为 1 的位置，需注意各"瓷砖"已确定的编号应保持不变。

继续按以上描述的方法进行步骤 $i=3$ 和 $i=4$ 的递归拼贴操作，确定新编号的规则分别见图 4－13 中（c）和（d），完成对所有 16 个基本记录单元的序号分配过程，由此得到的抖动模板如图 4－14 所示，由 4×4 个单元组成，称为 4 阶递归拼贴模板。

0	14	3	13
8	4	11	7
2	12	1	15
10	6	9	5

图 4－14　四阶递归拼贴模板

图 4－14 所示的递归拼贴模板即阈值数组或抖动矩阵，与 Bayer 提出的 4×4 阈值数组并无原则区别，只需将第一列和第三列转置，并调整第二列和第四列的个别数字，即产生与 Bayer 递推公式计算所得相同的 4×4 阈值数组了。

4.3.3　效果讨论

以记录点分散有序抖动方法从连续调数字图像转换到半色调图像时，处理效果与阈值数组的阶数有关，但更高阶的阈值数组需要更多的运算时间和数据存储成本。因此，确定记录点分散有序抖动阈值数组规模时，应该在处理速度和处理效果间权衡，高阶阈值数组或许能产生高质量的半色调图像，但阈值数组阶数的增加意味着运算速度的降低和数据存储容量的增加，对基于递归拼贴技术的数字半色调算法而言同样如此。

注意，使用 0 阶阈值数组（相当于 0 阶递归拼贴）的记录点分散抖动半色调处理效果等价于全局固定阈值法的使各种灰度等级的像素值转换成"0"或"1"。如同前面已经描述过的那样，处理 8 位量化的数字图像时，全局固定阈值法通常以像素值灰度分级 256 的一半 128 为阈值，转换结果是高对比度的二值图像。

当然，当递归拼贴法阈值数组的阶数取得较低时，等高线效应可能很难避免，原因在于二值图像可以表达的灰度等级不够，导致半色调图案的纹理结构变化。阈值数组的阶数取得较高时，产生的半色调图像总体效果优于低阶阈值数组抖动结果，但在原图像的均匀灰度等级区域往往会出现低频图像的外观，无法保持灰度分布的均匀性。

由此看来，基于递归拼贴的记录点分散有序抖动应存在阶数最优的阈值数组，最优阶数 η 与半色调图像显示或硬拷贝输出的分辨率有关，即黑色像素点在设备记录平面上单位长度内的重复周期。注意，无论采用何种阶数的阈值数组，记录点集聚有序抖动（传统网点技术）基本周期对半色调处理的支配地位在记录点分散有序抖动中将不复存在。

设原图像的灰度等级（分布）相当，分别用矩形和六边形阈值数组以基于递归拼贴的记录点分散抖动算法产生半色调图像，则比较结果表明，以六边形采样栅格转换得到的半色调结果内图像的抗干扰能力比矩形栅格图像强。正如第三章中解释过的那样，视觉系统对于传统网点沿水平或垂直方向排列的半色调图像更敏感，当网点按 45°角排列时，眼睛对于网点的有规则排列就不再那么敏感了。基于递归拼贴的记录点分散有序抖动算法与此类似，按矩形栅格采样的输出设备以记录点分散有序抖动处理时，如果记录点按水平或垂直方向排列，且存在一定的规律时，则视觉系统容易发现半色调图像的规律性。然而，六边形阈值数组产生的半色调图像却不存在方向敏感性的问题，因而以六边形栅格为基础产生的半色调图像的视觉效果更好。

4.4 空白与集聚抖动矩阵生成方法

记录点分散有序抖动因执行点处理操作而具有速度快的优点，无须处理或保存邻域像素数据。根据记录点集聚和记录点分散有序抖动原理，这些数字半色调方法的关键在于建立合理的阈值矩阵或抖动矩阵，一旦抖动矩阵建立起来，执行记录点分散有序抖动就十分简单了。因此，由 Ulichney 提出的空白与集聚抖动矩阵生成方法即半色调方法，也可视为记录点分散有序抖动，输出的半色调图像质量很高，不存在方向性的缺陷。

4.4.1 递归拼贴与模式抖动的不足

印刷设备以及只能表现两种阶调的显示设备无法直接复制连续调图像，必须先转换到二值图像，为此需要以输入图像像素的灰度等级值与阈值矩阵或抖动矩阵（也称为抖动数组和抖动模板等）的相应单元比较，如果输入图像的像素值大于抖动数组相应单元的数值，则半色调图像的像素值取 1，否则取值 0。对记录点分散有序抖动来说，半色调处理的本质和二值图像质量取决于抖动矩阵。

在记录点集聚有序抖动方面，执行抖动处理的前提是建立模拟传统网点的阈值数组或阈值矩阵，类似于照相制版使用的网屏，用于再现连续调图像的阶调和颜色。作为有序抖动的重要形式之一，生成传统网点的抖动数组中的阈值通常按螺旋形排列。这种记录点集聚有序抖动半色调方法为胶印所必须，原因在于各像素的物理面积太小，以至于印版无法保持住油墨。对于许多电子显示设备来说，基本上不存在单一像素的限制条件，从而更适合于使用记录点分散有序抖动，但这种半色调方法对二值图像质量的影响很少引人注意。

使用得最为广泛的记录点分散有序抖动或许应当算 Bayer 抖动，也称为模式抖动，产生的半色调图像是递归拼贴法输出图像的子集。模式抖动方法生成的半色调图像确实算得上质量分布均匀，但由于形成刚性的规则结构而成为视觉赝像。

刚性的有规律的结构影响半色调图像的视觉效果，有可能干扰对图像的正常阅读。解决这种问题的唯一方法是引入随机性，故意地破坏某些记录点分散有序抖动方法输出的半色调图像包含的刚性结构。利用随机性使记录点分散有序抖动半色调图像刚性规律“断裂”的方法首先由 Allebach 提出于 1976 年。后来，美国罗彻斯特大学的 Mitsa 和 Parker 建议以新的方法构造记录点分散抖动数组，利用新的抖动数组生成的半色调图像具有给定的空间频率域特征，应该归属于记录点分散随机抖动。模拟蓝噪声图案的尝试对数字半色调领域产生了深远的影响，由此而诞生了误差扩散半色调方法，但需要更多的计算时间。

事实上，基于空白与集聚抖动矩阵的半色调算法性质上介于记录点分散有序抖动和记录点分散随机抖动间，认为这种方法属于记录点分散有序抖动并无不当。结合误差扩散方法与记录点分散有序抖动方法优点的蓝噪声蒙版法输出的半色调图像质量相当高，但蒙版的规模太大，对 8 位量化的连续调图像通常要求构造 256 × 256 规模的蒙版。要求生成规模相对小的蓝噪声抖动模板时，可以采用很直接且十分有效的方法，通常被称为“空白和集聚”方法（Void and Cluster Algorithm）。如同所有的记录点分散有序抖动方法那样，空白与集聚抖动数组及其处理过程获得的二值图像均将具有周期性的特点。

4.4.2 方法概述

空白和集聚抖动数组（以下简称为空白/集聚数组）生成方法将建立尺寸为 $M \times N$ 的抖动数组，其中 M 和 N 可以取任意值，可理解为对应于任意的整数位置。注意，对于 M 和 N 的取值不必限制于 2 的倍数。虽然任何抖动数组用于抖动处理后可产生多层次的输出，但最方便的方法无疑应该从仅仅输出两种等级开始，即半色调图像的像素值取 0 或 1，此后再扩展到多层次抖动。

空白/集聚抖动数组按矩阵的形式组织，每一个数组单元被指定某一数值，对应于输入图像内需要在阈值比较后取值等于 1 的位置。因此，空白/集聚抖动数组的单元按规定的次序排列，并规定从 0 到 $MN-1$ 的唯一整数。如同其他记录点分散有序抖动数组那样，数组单元的排列次序称为序列，执行数字半色调操作时需归一化处理到与输入和输出值的范围相匹配。由于半色调处理的操作对象是连续调的数字图像，半色调处理输出二值图像，因而实际应当执行归一化处理的对象是输入图像。由 $M \times N$ 个单元组成的空白/集聚抖动数组在二维空间中是周期性的，它们在两个相互正交方向的模分别为 M 和 N。

为便于对空白/集聚抖动数组中的单元排序，要求使用与空白/集聚抖动数组维度准确一致的第二个数组或矩阵，不妨称之为原型二值图案（Prototype Binary Pattern）。这种原型二值图案是 1 和 0 两种数字组成的矩阵，相当于常数灰度等级图像半色调处理的输出图像，其中包含的数字 1 的数量应该与常数灰度等级图像的像素值对应。假定输入连续调图像的像素可以取 0～1.0 范围内的任意实数，输入图像的像素值都等于 0 时对应的输出值也全部为 0，而输入值等于 1 的灰度图像的输出值都等于 1。空白与集聚抖动矩阵生成算法的根本目标在于产生 1 和 0 均匀分布的半色调图像，没有扰动结构存在。为了建立空白和集聚抖动数组，要求同时处理两个数组，分别为原型二值图像和抖动数组本身。

根据抖动数组的单元数值或序列对原型二值图像排序，在原型二值图像中添加 1 或从原型二值图像中删除 1。抖动数组单元的序列对应于原型二值图像中已存在的 1 的序号。

不少数字半色调算法使用少数像素和多数像素的概念。如果原型二值图像中数值等于 1 的像素数量少于总像素数量的一半，则称这些像素为少数像素，而数值等于 0 的像素为多数像素；反之，原型二值图像中数值等于 1 的像素数量大于总像素数量的一半时，称其为多数像素，而数值等于 0 的为少数像素。集聚和空白指少数像素在多数像素背景上的排列，空白是少数像素之间形成的大面积空间，而集聚则是少数像素的紧密成群。

为了达到在硬拷贝输出设备成像平面上均匀地分布数字 0 和 1 的目标，少数像素总是加到原型二值图像最大空白的中心，并从原型二值图像最紧密集聚的中心去除少数像素，或以多数像素取代。实现上述目标的关键，在于利用过滤器发现空白和集聚。

4.4.3 空白与集聚查找

如前所述，记录点分散有序抖动的关键是建立抖动矩阵或抖动数组，只要抖动矩阵建立起来，后续的半色调处理只是输入图像像素值与阈值（抖动矩阵元素）比较操作，而二值图像的像素取值则取决于阈值比较的结果。

由于记录点分散有序抖动方法使用的抖动数组是周期性的，因而与空白/集聚抖动数组对应的原型二值图像应该在二维空间中沿水平和垂直方向如同“瓷砖”那样的形式重复地排列，且具有回绕特征。此外，为了获得抖动数组均质的分布特性，少数像素应该从集聚的像素群中删除，或者在空白中插入少数像素。

根据以上描述，建立空白与集聚抖动数组的关键，是寻找空白与集聚的像素群。用于寻找空白和集聚的工具称为滤波器，考虑到空白和集聚属于两种不同性质的像素集合，因而服务于寻找空白和集聚两种目的的滤波器应该不同。选择或设计用于寻找空白的滤波器时着重考虑原型二值图像每一成“簇”多数像素的邻域，而致力于查找像素集聚群的滤波器则考虑每一成“簇”少数像素的邻域。原则上，符合以上基本要求的各种类型的滤波器都可以使用，包括线性的和非线性的滤波器。

如同原型二值图像具有二维空间回绕排列特性那样，查找空白或集聚的滤波器也以回绕属性为基本特征，否则无法按“瓷砖”排列规则在图像平面上覆盖抖动矩阵。空间回绕特性可以用图4－15说明，图中的“圆盘”覆盖二值图像构成的二维空间。当查找空白或集聚的滤波器的跨度延伸到超过原型二值图像边界时，必须在同一空间内回绕到原型二值图像“跨度”的另一侧，如同图4－15中的虚线所示那样。

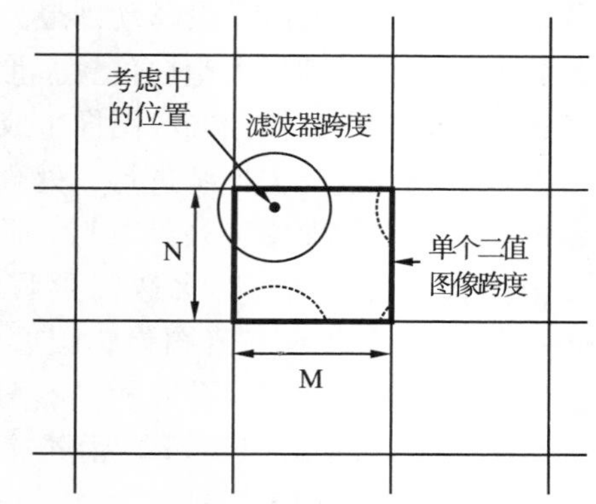

图4－15　二值图像的“瓷砖”空间排列和回绕特性

事实上，能否成功地找到空白和集聚像素群，关键在于选择合适的滤波器。根据数理统计知识，选择二维空间的高斯滤波器将是明智的决策，也得到实验数据的支持。

4.4.4　初始二值图像

记录点分散有序抖动数组需要人工“合成”，空白/集聚抖动数组同样如此，含义是抖动数组通过精心设计的算法在特定条件的约束下由相应的软件完成。空白/集聚抖动数组的生成开始于原型二值图像，而原型二值图像不能凭空地产生，只能以合理的步骤和方法构造出来，为此需要确定原型二值图像的出发状态。

用于生成初始二值图像的方法归结为执行多个恰当的操作步骤，以某种输入二值图像为构造抖动矩阵的出发状态。根据空白和集聚抖动数组生成算法提出者 Ulichney 的建议，要求输入二值图像数值等于1的像素的数量不能超过总像素数的一半，二值图像其余像素的取值为0。根据硬拷贝输出设备油墨覆盖的物理状态，这里假定像素取值为1时对应于黑色，像素值等于0时为白色。满足以上基本要求的几乎所有的二值图像都可用作生成初始二值图像的出发图像，如果按黑色和白色像素分布的随机性考虑，则采用白噪声抖动算法形成的二值图像无疑是最合适的。图4－16（a）可作为构造初始二值图像工作流程的输入二值图像的例子，由16×16个像素组成，包含26个随机生成的少数像素。

如同原型二值图像那样，初始二值图像生成方法追求黑色和白色像素的平均分布，为此需要执行多次迭代运算，才能逐步接近黑色和白色像素均匀分布的目标。由此可以认为，这种算法以少数像素从紧密集聚区移动到大面积空白区域为目的，每一次迭代过程都应该使得空白越来越小，而集聚则变得更松散。为了实现上述目标，应该确保每一次仅仅移动一个像素，一直到空白停止变小、集聚停止变得松散才结束。根据这种原则生成初始二值图像

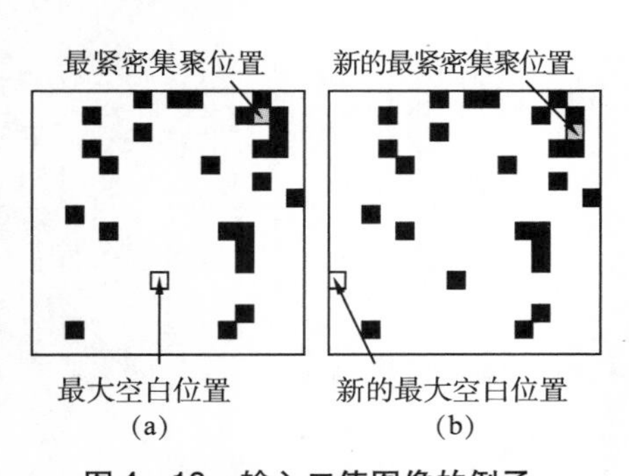

图4－16　输入二值图像的例子

的实践证明，设定的收敛条件很简单，当初始二值图像构造的出发二值图像内最紧密集聚内的 1 移动到建立最大空白时，生成初始二值图像的处理过程才算完成。

第一次迭代计算过程结束后，算法识别出最紧密集聚的少数像素和最大空白的多数像素，归结为确定最紧密集聚和最大空白的位置，如图 4 – 16（a）所示那样。完成首次迭代过程后，最紧密的集聚移动到最大的空白，即图 4 – 16 中第一次迭代找到的最紧密集聚位置的像素移动到最大空白位置，形成图 4 – 16（b）所示的新图案。接下来启动新一轮的迭代处理过程，初始二值图像生成算法找到新的最紧密集聚和新的最大空白。

以上处理过程需连续进行，处理结果如图 4 – 17 所示。据统计，从图 4 – 17（a）所示的出发点二值图像转换到（b）那样的原型二值图像总共需要 12 次迭代过程。根据图 4 – 17（a）给出的二值图像，很容易看出包含四个周期或四块像素分布相同的图像。

事实上，图 4 – 17（a）由 4 个图 4 – 16（a）所示的 16 × 16 像素二值图像排列而成，说明基本二值图像的回绕排列特性。因此，最终的初始原型二值图像由 32 × 32 像素组成。

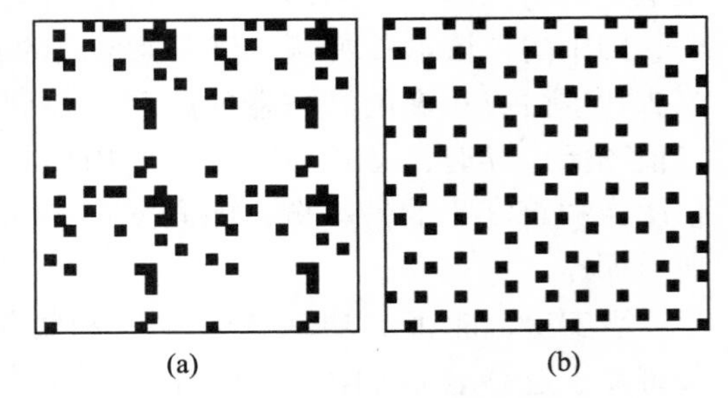

图 4 – 17　原型二值图像生成结果

第五章 记录点分散随机抖动与蓝噪声

记录点分散有序抖动在记录点集聚有序抖动的基础上前进了一步，但由于阈值数组或阈值矩阵的“有序”和周期性的排列，导致记录点分散有序抖动方法输出的半色调图像内容易出现带有结构性的纹理赝像，影响半色调图像的视觉效果。为了产生令人满意的半色调处理结果，有必要在半色调处理时引入随机性，由此产生了另一类十分重要的半色调方法，即记录点分散随机抖动。虽然记录点分散有序抖动方法也尽可能在转换连续调图像时引入随机因素，但并非真正意义上的随机抖动，或者说记录点分散有序抖动的随机性不彻底，只能称之为伪随机抖动。因此，讨论记录点分散随机抖动更有必要。本章讨论的内容包括误差扩散、蓝噪声蒙版及空白点与集聚抖动等。

5.1 白噪声抖动

从物理概念上理解，白噪声具有不规则信号完全随机分布的特点。理论上，如果白噪声作用于等待转换的数字图像后，将产生完全没有规律的二值像素分布处理结果，即带有充分随机性的二值半色调图像。然而，白噪声抖动的效果并不很理想，由于白噪声成分的复杂性及作用于连续调图像后产生过分平均的结果，图像质量不能令人满意。

5.1.1 白噪声

考虑如何在半色调图像内分布二值像素以组成微观层面良好的平均视觉效果时，最先想到的解决方案或许是借助于白噪声概念的阈值处理，称为白噪声抖动。历史上，这种方法在电子显示器中首先得到应用，以彼此独立的可寻址点再现原连续调图像，但容易产生颗粒感，因为白噪声抖动输出的二值图像中存在长波内容。

根据白噪声的特点，模拟白噪声分布的数字半色调方法是记录点分散随机抖动处理技术之一。从图像处理规模和运算特征的角度考虑，白噪声抖动是典型的点处理方法，同样通过阈值比较建立二值半色调图像。白噪声有不少工程应用，因噪声成分随机分布和出现的随机性而得名。白噪声成分缺乏相关性，通常以具有均匀灰度等级分布的连续调数字图像为半色调处理的对象，对灰度等级分布起伏很大的连续调图像不一定适用。

由白噪声抖动方法产生的半色调图像很值得研究，也值得与记录点分散有序抖动方法输出的半色调图像比较。例如，以 Bayer 抖动为代表的记录点分散有序抖动尽管占用比白噪声抖动更多的运算时间，但输出图像质量比白噪声抖动却好得多。

之所以要讨论白噪声问题，首先是因为白噪声半色调处理技术的历史地位，且白噪声作为记录点分散随机抖动技术之一使用有良好的实践基础，适合于可独立寻址并产生记录点的电子显示设备。如果输入图像没有足够的灰色层次变化，则白噪声抖动容易输出包含等高线赝像的半色调图像。为了提高半色调图像质量，Goodell 和 Roberts 分别在 1951 年和

1962 年先后提出如何通过添加白噪声纠正半色调图像等高线赝像的方法。

探究固定阈值控制下的记录点分散有序抖动方法的本质特征后可以发现，由于半色调处理利用固定的阈值矩阵产生的半色调图像质量不能令人满意，因而提出记录点分散随机抖动的初始设想或许是为了解决固定阈值方法的缺点；另一方面，早期数字半色调处理总是以技术比较为参考依据，而了解技术最方便的途径是通过其名称，注意到有序抖动这一称呼的基本含义与随机抖动相反，从而容易引起注意。

其次是白噪声抖动方法适合于研究单一灰度等级输出效果的需要。当灰度等级恒定的输入图像以记录点分散随机抖动方式执行半色调操作时，白噪声技术提供了一种核对径向平均功率谱和各向异性两种半色调图像评价指标有效性的措施。

固定灰度等级产生的半色调图像与半色调方法有关，可能产生周期性的图像，输出的二值图像也可能没有周期性。通常，研究非周期性的二值半色调图像比起周期性图像来显得更复杂一些，从周期性角度考虑往往无法评价。研究结果表明，非周期性半色调图像的期望属性应具有径向对称性或放射对称性，但仅仅满足径向对称性一种指标意味着半色调图像的方向性，而带方向性的人工效应同时也对视觉效果起干扰作用。

5.1.2 频域特征

在频域中表示信号往往可简化问题，如果改在空域中表示，则可能导致问题的复杂化，这对于噪声分析有特别重要的意义，对于抖动处理输出的半色调二值图像也如此。通过频域表示信号为人们检查半色调图像的能量分布提供一种途径，且据此判别半色调图像质量的高低。均匀填充图像的抖动本质极其重要，焦点集中在半色调图像的功率谱分布，通常检查固定灰度等级图像的抖动处理结果。

根据 Ulichney 的研究结果，若数字半色调方法产生非周期性的二值图像，则这种方法的执行效果应该以径向平均功率谱和各向异性两个指标评价，因为对于非周期性的二值像素分布以水平和垂直平均功率谱分布衡量半色调图像的频率特征并不合理。径向平均功率谱也称为放射平均功率谱，用于描述半色调图像平均功率谱沿极坐标系统之极轴方向的分布特征；如同半色调图像的平均功率谱二维分布以水平和垂直两个分量评价那样，仅仅有径向平均功率谱一个指标是不够的，还应该用另一种指标衡量，这种指标就是功率谱的各向异性特征。如果各向异性程度很低，则说明非周期性的半色调图像有良好的径向对称性。

由于灰度等级变化不大或固定不变的数字图像类似于白噪声分布，因而有已知的自相关函数，即位置在原点、面积为 σ_g^2 的脉冲（下标 g 代表数字图像的灰度分布），且功率谱应该表现出带固定 σ_g^2 幅值的径向对称性。这种径向对称性已经用光学方法观察到，是随机分布的孔径产生的 Fraunhofer 衍射图像。某些数字图像的统计特征可以用静态随机过程描述，而静态随机过程自相关函数的傅里叶变换产生功率谱。在大多数情况下，给定半色调处理过程的自相关函数是未知的，因而必须利用某种频谱估计方法得到功率谱的估计值。

从严格意义上说，模式抖动和误差扩散方法阈值矩阵使用的随机数是伪随机的，白噪声方法同样如此，它们借助于同余相乘的随机数发生器产生，许多程序库都有这种随机数发生器。同余相乘是一种很有效的方法，每发生一个随机数只需要一次相乘和相除运算，运算工作量与随机数发生器的重复周期有关。注意，虽然白噪声抖动阈值矩阵来自随机数发生器，且具有伪随机性质，但决定半色调方法随机性的还有其他因素，因而是否属于记录点分散随机抖动方法需要做综合考虑后确定。

5.1.3 白噪声抖动效果评价方法

为了证明半色调方法的有效性，以及对于实际应用领域的适应性，半色调处理结果的评价涉及接受评价的对象和评价指标两大方面，两者都很重要。下面讨论的抖动效果评价原则和方法不仅适用于白噪声，也适合于所有其他数字半色调方法。

1. 评价对象

灰梯尺是评价几乎所有硬拷贝输出设备阶调复制特性的基础，也是评价任何数字半色调算法输出效果的基础，结构和内容服从于研究目标和测量数据的分布要求，例如以10%步长逐步增加灰色程度的方法制作成色块序列，每一个色块包含恒定不变的灰度等级。评价半色调方法也需要反映实际场景的对象，采用数字摄影或扫描设备已成为从模拟原稿转换到数字图像的主要途径，这种试验样本常用来评价数字半色调工艺（包括算法和输出过程）对于实际应用的适用性，可认为是评价数字半色调方法的综合性指标。此外，数字形式的灰度图像还可能借助于应用软件建立，这种图像称为人工图像，同样应该成为数字半色调的评价对象之一。

由上面的讨论内容可以知道，对于数字半色调方法评价对象的选择归结为分别检验半色调处理系统输出灰梯尺图像、扫描图像和人工图像的半色调操作效果；若半色调处理的采样和量化过程建立在规则矩形栅格的基础上，则评价随机抖动算法的有效性和适应性转化为对上述三种输入图像随机抖动处理结果的评价。分析三种图像的白噪声抖动结果后可以发现，半色调图像内都出现了颗粒状的外观，考虑到在所有灰度等级上均存在长波（对应于低频）分量，所以在任何显示/硬拷贝输出分辨率下都可能发生这种情况。

2. 评价指标

数字半色调方法的处理效果确实可通过二值图案的傅里叶变换评价，但不少学者提出的评价方法往往只适用于某些特殊场合，例如偶数采样周期且执行正方形采样栅格的有序抖动处理。许多研究者认为，数字半色调处理技术最有特色的功能，是能够在均匀灰色区域产生纹理。如果输入图像包含明显的灰色渐变边缘对象，则高频细节的再现能力主要取决于原图像的锐化程度，对半色调处理系统整体而言则取决于执行半色调操作前高通滤波执行到何种程度。理论和实验研究结果都已经证实，执行半色调计算前预先做某种程度的锐化处理通常能产生高质量的半色调图像。

根据绝大多数学者的研究成果，衡量半色调方法优劣的最合适的指标，是此法再现均匀灰色区域的能力（因为这种区域准确通过数字半色调方法重构时相当困难），而用于在频率域内检查这种能力的方法则取决于最终产生的二值半色调图像是否带有周期性。记录点集聚有序抖动方法对固定灰度区域的处理将产生平网结果，这类半色调图像的密度测量数据通常能反映原灰色区域的密度等级，因而利用密度计测量数据足以评价半色调处理效果，通常无须采用复杂的基于傅里叶变换的功率谱分布分析方法。记录点集聚有序抖动处理固定灰度等级图像后输出周期性的网点分布，由于这种周期性分布并不反映固定灰度等级的本质属性，仅仅方法本身的特征，因而不必过于计较。如果固定灰度等级图像用其他半色调算法处理，例如模式抖动方法，则很难保证半色调图像具有网点分布那样的周期性。由此可见，固定灰度等级区域产生的半色调图像与半色调方法有关，更确切地说，正是半色调方法决定了处理结果的周期性特点，从而决定对半色调图像的评价方法。

5.1.4 功率谱分布

为了正确地绘制半色调图像的功率谱分布图，需要对输入连续调图像的灰度等级 g 做归一化处理，规定像素的取值范围从代表黑色的 0 到代表白色的 1；为了与半色调图像代表的油墨覆盖程度一致，例如记录点集聚有序抖动方法输出不同面积率的网点，数值 0 和 1 分别代表无油墨覆盖和 100% 油墨覆盖，此时取原连续调图像灰度等级变化的反序显得更为合理，可以与半色调图像代表的油墨覆盖程度取得更好的一致。

半色调处理系统的输入是连续调图像，像素值以非负的整数表示，灰度分级的高低取决于图像数字化过程的量化位数。然而，归一化处理导致像素值从非负的整数表示变换到由 0 和 1 界定的实数，虽然从数学角度考虑两者完全等价，但对计算机来说从整数运算变成浮点运算。随着二值图像内少数像素数量的增加，功率谱能量也相应增加，功率峰值出现在 $g=0.5$ 处，数值等于谱值为灰度等级方差所除之商。

图 5－1 演示径向平均功率谱的例子，绘制该功率谱分布的数据由测量而得，来自白噪声抖动算法输出的半色调图像。利用前面刚介绍过的归一化处理方法，对所有的灰度等级可得到与归一化处理前相同的径向平均功率谱分布图，区别仅在于灰度等级 1.0 附近的微小扰动或波动。如同期望中的那样，以白噪声阈值抖动处理得到的二值半色调图像具有平坦的径向平均功率谱分布，这里的白噪声一词建立在事实根据的基础上，因所有波长的能量相等而得名，与白色的谱分布类似。在半色调图像频率成分的低频端一侧，白噪声的能量分布导致颗粒感的赝像；由于眼睛的低通滤波本质，白噪声高频端的能量几乎不能察觉。因此，低频区域任意长度的波长都可能被注意到，从而影响图像内容的正确表示。

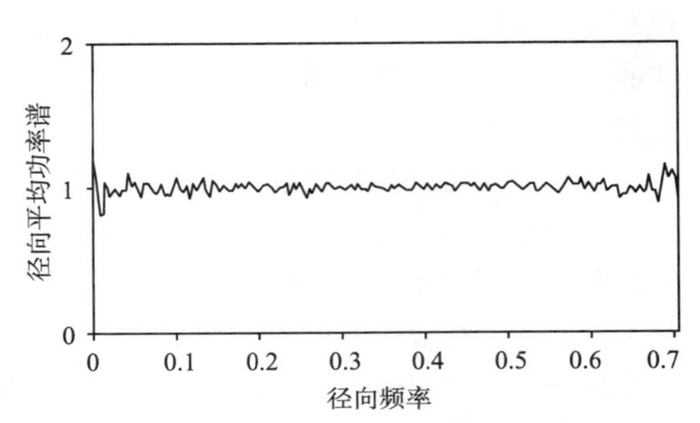

图 5－1 所有灰度等级的白噪声抖动图像径向平均功率谱

5.2 误差扩散

误差扩散称得上迄今为止实践应用最成功的数字半色调方法，可以输出视觉效果良好的半色调图像，因运算简单而得到普遍推广。从 Ulichney 指出误差扩散输出图像具有蓝噪声的基本特征后，基于经典误差扩散的各种不同的方法陆续出现，成为最重要而又数量众多的数字半色调技术类型，适合于记录点尺寸和形状均匀性良好的数字输出设备使用。

5.2.1 概况

误差扩散方法以很简单的形式开始，经过大量研究工作的积累，目前已产生了许多分支研究方向，从而大大地扩展了原来的概念，例如建立在分析基础上的自适应保持灰度等级方法和阶调相关方法等。误差扩散已成为许多领域的强有力工具，应用十分广泛。误差扩散在实现时可以取不同的技术方案，某些方法基于不同应用领域的不同需求。

根据今天人们对于误差扩散的理解，发明者 Floyd 和 Steinberg 对于方法本质的描述显得不够，但无疑已经很清楚地掌握误差扩散方法的优点，并合理地解释了这种半色调处理技术为何能很好地再现连续调图像；他们也知道误差扩散容易产生非期望纹理结构，并解释了发生这种现象的原因。然而，发明者却没有给出如何解决纹理结构的方法，以至于研究者们现在仍试图消除这种纹理结构。

由于误差扩散技术的独特优点，因而该方法提出后就不断地出现对于 Floyd-Steinberg 方法的修正建议，目标大多集中于如何消除误差扩散导致的纹理。通常，误差扩散引起的纹理呈现为两种形式，一是输入图像的中间调区域在半色调图像中表现为条带，二是在高光和暗调区域出现波浪线，俗称“蠕虫”现象。对于误差扩散算法的修正可以从误差控制、加权系数选择和改变阈值三方面着手，其中误差大小控制和加权系数选择往往与输入图像的像素值有关，而阈值修正体现在对于连续调图像的量化过程中，将影响阈值比较结果。无论采用哪一种方法，目的都是打算消除半色调图像的非期望纹理，取得成功的程度因修正方法的不同而异，但没有哪一种方法称得上是最好的，因而也不能成为唯一的选择。

如果误差扩散方法用于硬拷贝输出，甚至扩展到彩色图像复制，则还存在其他误差扩散修正方法，但这两种工作目标对方法的发明者来说都不重要，因为 Floyd 和 Steinberg 提出误差扩散方法时以解决某些显示器再现连续调灰度图像为主要目的。自从误差扩散技术发明以来，在硬拷贝输出领域已经取得了不少进展，其中有几种技术效果很不错，但扩展应用到彩色图像复制还是最近几年的事，也是目前正在发展的领域。

Knox 认为，从方法提出到新千年来临的 20 多年时间内，误差扩散技术取得的进展体现在不少方面，其中最重要的事件有三个：第一个具有分水岭意义的事件是 Ulichney 发表的论文，他描述并衡量了误差扩散方法的蓝噪声特征；第二个重要的技术事件是该方法的功率谱分析，解释了蓝噪声根源，揭示了误差扩散方法的固有边缘增强本质；第三个重大事件应归功于阈值调制技术的提出，由此而发展出了几种新的修正方法。

5.2.2 误差扩散法的起源

利用观察者将小区域内的黑色像素和白色像素合成为空间等价的平均反射系数的视觉系统功能特点，即可再现连续调图像的灰度等级，伪随机阈值方法就是这样处理的。也有研究者试图通过其他途径实现，最基本的方法便是量化误差的直接空间分布，因为阈值处理粗糙的量化处理规则总会产生误差，设法合理地分布这种误差的数字半色调方法称为误差扩散。如果说有序抖动只能实现二值输出，即半色调处理只能产生两种层次等级，那么误差扩散也可用于多层次输出，几乎所有的多层次半色调操作都以误差扩散方法为基础。

1969 年，Schroeder 在他发表的《Images from Computers》一文中提出了误差扩散的初始设想，但他的研究结果显然受到当时条件的影响。由 Schroeder 使用的输出设备称为 COM 记录仪（Computer Output Microfilm Maker），用于在计算机控制下输出缩微胶片，这种设备只能产生有限数量的灰度等级。为了复制出高质量的图像，他采用了在灰度等级间分布误差的方法输出给定像素，当前被处理像素灰度等级与阈值比较产生的差异不应该由该像素承担，分配给邻域像素更合理。Schroeder 使用的方法归结为：当前像素位置阈值比较产生的误差传递给其右侧和下方的像素，而这些像素正是以后要处理的对象；对邻域像素进行量化处理时，分配给这些邻域像素的误差在整体上起校正作用，当输入连续调图像的全部像素处理结束后，理论上的总体误差等于 0。误差扩散方法的关键是误差过滤器的加权系数分布，半色调处理结果与加权系数和输入图像的像素值有关。

误差扩散方法有能力复制出原图像完整的阶调范围，但应该注意到印刷图像包含的空间频率是被复制灰度等级和原连续调图像细节的函数，例如原图像转换到半色调图像后高光区域内黑色像素间的水平距离比中间灰度等级黑色像素的水平距离长。

倘若以误差扩散方法对输入图像做半色调处理，则无法控制阶调复制曲线的形状，比如无法在半色调处理过程中针对输入图像的高光特点调整阶调复制曲线。因此，需要高光增强或改变其他阶调复制曲线参数时必须在半色调处理前准备好，色调深暗的图像应该预先处理得更亮一些。

5.2.3 经典误差扩散法

Floyd 和 Steinberg 在 1975 年美国信息显示学会举办的年会上公布了他们的最新研究成果，给出了对误差扩散方法的两种描述，学术界通常以 Floyd 和 Steinberg 两人提出的方法为误差扩散发明的标志，后面称其为经典误差扩散。学术界的看法不尽相同，或许因为误差扩散虽然起源于 Schroeder 提出的方法，但不能产生质量合格的半色调图像的缘故。对误差扩散方法的第一种描述发表在当年的论文报道摘要中，第二种描述是第一种描述的扩展，系 Floyd 和 Steinberg 两人专门为信息显示学会 1975 年年会论文集改写的文章，出版于 1976 年。从学术观点看，第二种描述最值得引用，它对于误差扩散技术的发明介绍得更明确，不过基础仍然是第一种描述。据说，分析 Floyd 和 Steinberg 给出的两种描述很有意思，可以了解他们在误差扩散方法本质及方法的优缺点方面理解到何种程度。此外，通过对两种描述的比较，也能够了解他们为何要改变描述。

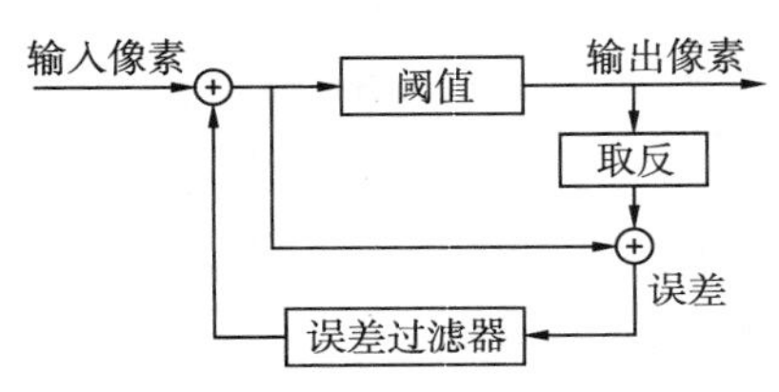

图 5－2　经典误差扩散算法原理

经典误差扩散从连续调图像转换到半色调图像的信号处理流程如图 5－2 所示，阈值处理后的信号分成两部分输出，分别对应于二值像素的 0 或 1 和量化误差；当前处理像素导致的误差传递给误差过滤器或误差分配器，分配到邻域的未来像素。

刊登在 1975 年文摘上的总结性文章很短，仅仅 2 页，其中一页是文本，另一页给出试验图像的例子，对于算法本身的描述非常简单。他们的基本思想是，若输入图像的灰度等级经归一化处理，由于像素的取值范围在 0～1 之间，而转换成半色调图像后只能取 0 和 1 两个数字之一，对应于屏幕显示点的关闭或打开，因而可能引入的最大绝对误差将是 +1 或 −1。假定原图像的像素值等于 1/4，且约定 0 和 1 分别代表黑色和白色，则此时设备显示像素取黑色，误差等于 −1/4。仅仅由当前处理像素负担该误差显然不合理，应该分配给邻域像素共同承担，使邻域像素的亮度接近于误差的平均值。注意，虽然误差分配到邻域像素必然导致邻域像素表现得更亮，但总体亮度水平却保持不变。

Floyd 和 Steinberg 在即使很简短的描述中也包含了几个要点，说明误差扩散的主要目的在于提高空间分辨率和动态范围。他们认为，与记录点集聚和记录点分散有序抖动技术相比，误差扩散算法具有低对比度特征，半色调处理结果的分辨率更高。虽然他们未给出引起这种物理效应的理由，不过从文章提供的图像例子来看，实际效果确实如此。与此同时，两人在当时已经指出了误差扩散方法存在的两大主要问题：首先，半色调图像纹理结构的偏移量是灰度等级 1/3 和 1/4 的倍数；其次，纹理结构会影响到视觉效果，而产生纹理的原因则是历史效应，即纹理与误差扩散的过程有关。

现在，人们已认识到误差扩散法产生的半色调图像表现出蓝噪声本质，这种图像的空间分辨率高，人们也认识到低对比度特征是方法包含了边缘增强功能，乃误差扩散方法的固有特点。没有迹象表明 Floyd 和 Steinberg 在当时已掌握为何误差扩散方法比有序抖动能模拟更高的空间分辨率，但他们确实认识到这种事实。以今天的角度来看，两人在特定的灰度等级下观察到的纹理其实更应该称为条带，对历史效应也没有解释或描述，读者只能从观察图像例子认识误差扩散产生的纹理，现在人们将历史效应描述为“蠕虫现象”。

1976 年发表于信息显示学会年会论文集中的描述扩充到 3 页，包括对于纹理和历史效应本质的讨论，以及对于算法扩展的某些思考。论文集给出的解释表明，他们已清楚地意识到产生非期望纹理的原因，中间调灰度等级导致误差扩散产生有规则图像，而在特定的灰度等级下则产生稳定的半色调图像，例如 1/3 和 1/4 等。只要数字图像的灰度等级有足够的变化，那么误差扩散图像会突然分裂，导致纹理改变。

5.2.4 误差过滤器

误差过滤器是误差扩散方法的关键，将决定输出半色调图像质量的高低、计算精度和频率分布，同时也决定了运算工作量的大小。设计误差过滤器的关键问题在于确定误差分配方案，即当前处理像素由阈值比较产生的误差如何传递给邻域像素。很明显，误差不能传递给已经处理过的像素，应该传递给那些未处理的像素，其中如何传递是关键。

误差过滤器的区别部分地体现在过滤器构成的复杂程度上，由 Floyd 和 Steinberg 提出的误差过滤器形式最简单。从此以后，不断有研究者推出其他误差过滤器，这些误差过滤器采用了不同的误差分配方案，体现对连续调图像进行误差扩散计算时的扫描规则。

图 5－3 归纳和总结了曾经公布的四种主要误差过滤器，虽然这些误差过滤器的形式和规模各异，但均可视为对于阈值比较所产生误差数据的脉冲响应，也称为误差分配方案或加权邻域分布，图中的黑色圆点代表当前处理像素。

注意，无论对哪一种误差过滤器，其中包含的数字都是确定的，它们之和与前面的数字相乘的结果都等于 1，这意味着误差既不放大，也不缩小。图 5－3 所示四种误差过滤器中的（a）、（b）和（c）专为矩形采样栅格设计，下面将分别检验这些误差过滤器的空域和频域特性；图 5－3 中的（a）所示误差过滤器适用于六边形采样栅格，研究方法与矩形栅格类似。

$\left(\frac{1}{16}\times\right)$

		•	7
3	5	1	

(a) Floyd—Steinberg 误差过滤器

$\left(\frac{1}{48}\times\right)$

		•	7	5
3	5	7	5	3
1	3	5	3	1

(b) Jarvis—JudiceNinke 误差过滤器

$\left(\frac{1}{42}\times\right)$

		•	8	4
2	4	8	4	2
1	2	4	2	1

(c) Stucki 误差过滤器

$\left(\frac{1}{200}\times\right)$

			•		32	
12		26		30		16
	12		26		12	
5		12		12		5

(d) Stevenson—Arce 误差过滤器

图 5－3 四种误差过滤器

该图中的（a）是 Floyd 和 Steinberg 提出的误差过滤器原型，也称为加权系数集。他们认为，由四个单元组成的误差过滤器算得上能产生良好半色调结果的最小过滤器，当误差过滤器包含的单元数少于 4 时，很难得到高质量的半色调图像。之所以选择图中给出的数字，是考虑到由这些数字构成的误差过滤器对中间灰度等级能确保产生棋盘状格子图像。

对灰梯尺图像的误差扩散处理结果表明，误差扩散方法之所以被普遍使用的原因不仅在于计算简单，更重要的是半色调图像的结构性记录点分布不明显，对原图像灰度等级的表示具有各向同性特点。然而，误差扩散法也存在某些缺点：首先，误差扩散法产生的半色调图像在许多灰度等级上出现有关联性的人工痕迹，灰梯尺的误差扩散结果最明显；其次，误差扩散法具有带方向性的滞后效应，源于该方法处理时的扫描栅线次序，在图像的明亮区域和深暗区域更容易出现；第三，在图像的边缘部位或边界上易出现突然的变化。

5.2.5 使用要点

倘若使用误差扩散法将输入连续调图像转换到半色调图像，则无法控制阶调复制曲线的形状，比如无法在半色调处理时针对输入图像的高光特点调整阶调复制曲线。要求对原图像作高光增强处理或改变阶调复制曲线参数时，必须在半色调处理前预先处理原图像，例如色调深暗的图像应该预先处理得更亮一些。

误差扩散法的细节再现能力可以用“优秀”两字形容，功率谱的高频区域几乎是一条平坦的水平线，体现典型的蓝噪声特征。误差扩散半色调方法适合于各种阶调特点（指某种阶调占支配地位）的图像，原图像的高光、中间调和暗调细节都可复制，但输入图像内细节的相位并不能总是复制得很一致，例如边缘位置的空间移位取决于图像内容。此外，误差扩散算法几乎都会将直线边缘表示成带有各种边缘噪声数量的对象，原因在于这种半色调技术对于前后关系具有依赖性。如果再考虑到当前像素位置形成的误差要分配给多个未来像素位置，因而这种半色调算法细节表现的一致性必然受到影响。

误差扩散法建立的半色调图像包含相对较低的空间频率成分，因而比记录点集聚有序抖动法产生的网点结构更容易看得清，无疑会造成对其产生的低频图像的限制，而这样的低频成分在整个阶调范围内均有可能产生。

另一种人工假象最容易出现在高光或暗调区域，俗称半色调输出的雪崩式结构。例如，在输入图像的大面积均匀高光区域若采用加权系数增强，则输出图像将包含相对较宽的独立且接近于对角线型结构。原因如下：对于像素灰度等级缓慢变化的区域，在半色调处理系统输出白色像素期间，误差扩散过程取得大致均匀的输入值，基本上按“扫雪”的方式前进，一直到误差累积超过阈值时才输出黑色像素；更由于像素处理顺序按从左到右、自上而下的方式扫描，必然导致黑色沿对角线分布占支配地位，但这种对角线结构在输入图像内并不存在。值得庆幸的是，与其他半色调方法相比，误差扩散法的对角线型结构并不经常出现。

事实上存在降低误差扩散法对前后关系（蠕虫现象）依赖性的可能，使计算误差达到很小的程度，但容易引起输出结果的细节结构不稳定，且显得杂乱。对此问题有人找到了经验方法，对大多数应用建议的误差扩散最少涉及 12 个像素，并执行所有量化误差项的求和运算，结果体现为 12 个像素（包含 3 条扫描线）的前后关系。

5.2.6　非期望纹理与解决措施

误差扩散法最明显的副作用是容易在输出二值图像中产生非期望纹理，许多人尝试避免这种纹理的出现，难度在于不能只考虑消除非期望纹理，应该满足消除非期望纹理的同时不能引起其他问题的条件，例如增加半色调图像的噪声水平。

最值得注意的非期望纹理是误差扩散算法容易在原图像的高光和暗调区域出现蠕虫现象。Floyd 和 Steinberg 认为，蠕虫效应归结为误差扩散必须遵守国际象棋的运棋规则（只能沿水平或垂直方向移动棋子）的处理特征。蠕虫状纹理成为首个误差扩散修正方法讨论的主题，由 Jarvis、Judice 和 Ninke 三人联合提出，降低蠕虫赝像措施核心体现在由 12 个元素组成的误差过滤器数组，一定程度上降低了蠕虫效应。几年后，Satucki 设计了另一种包含 12 个单元的误差过滤器，对蠕虫效应的降低效果更好。上述两种误差数组确实对降低蠕虫效应是有利的，唯一的问题是降低蠕虫效应的同时中间调区域引入了噪声。由于中间调在图像内占有很大的面积，容易引起过分的边缘增强效果。

使误差扩散法带有更彻底的随机性质是改善处理效果的重要途径，例如 Ulichney 提出在误差过滤器加权系数上添加随机性噪声，确实产生了分解蠕虫的效果，但同时也引入了大量噪声。阈值比较产生的误差与输入图像存在很强的相关性，为此需采用与输入图像不相关的方法改变误差扩散加权系数，这成为 Kolpatzik 和 Bounian 建议对误差过滤器的加权系数做优化处理的主要理由，试图避免引入过分的噪声。设计新的误差扩散修正算法时应该在误差与输入图像的相关性问题上做文章，比如 Kolpatzik 借助于在阈值上添加噪声的方法使得阈值比较误差与输入图像不相关，导致误差功率谱的白噪声化。然而，情况不像算法设计者设想的那样，Kolpatzik 提出的新算法仍然在输出图像内引入噪声。如此看来，随机化的误差扩散方法必须在蠕虫效应视觉灵敏度和噪声视觉灵敏度间取得良好的折中。

在消除蠕虫效应上性能表现最好的误差过滤器加权系数应该归功于 Shiau 和 Fan 两人开展的工作，比 12 个加权系数组成的误差过滤器更简单，只包含 6 个单元。出于简单性以及算法容易实现的考虑，误差扩散范围限制于一个附加行，但由于最后一个单元的数字取为 0/16，从而允许误差进一步向后扩散，表现出与经典误差过滤器的原则区别。

图 5－4 演示 Floyd-Steinberg 误差分配方案与 Shiau-Fan 误差过滤器之间的差异，两种过滤器的误差扩散返回范围不同，Shiau-Fan 过滤器的误差返回范围更大，在更宽的角度范围内起作用，因而起到了降低方向性效应的作用。Shiau 和 Fan 误差过滤器对中间调灰度等级的半色调图像没有影响，但能够有效地降低蠕虫效应。

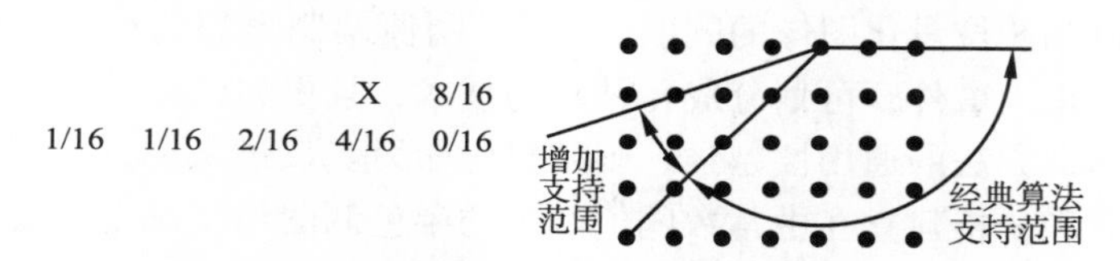

图 5－4 误差过滤器与误差返回范围比较

另一种消除蠕虫效应的技术措施试图以不同的误差扩散路径取得改善效果，最富有创意的误差扩散路径由 Witten 和 Neal 两人提出，通过空间填充曲线引入更多的随机因素。改进后的像素扫描路径确实有效地分解了蠕虫纹理，不足之处在于也引入了数量可观的噪声，产生新形式的非期望纹理。Knox 曾分析过蛇形扫描路径输出半色调图像的功率谱，证实了蓝噪声图像在水平方向确实有所改善，但垂直方向却未必如此。沿垂直方向的垂直纹理发生了偏移，相位偏移是扫描频率的一半，因而纹理不能消除，只是改变其形式。

Eschbach 使用两个误差过滤器，按输入图像的像素值确定误差分配方案。误差过滤器的规模设计得较大时，半色调处理结果在高光和暗调区域表现良好，没有蠕虫现象；若误差扩散过滤器单元较少，则中间调区域的处理效果表现得更好，引入的附加噪声很少。考虑到误差数组的这种特性，Eschbach 以输入图像为基础选择误差过滤器，按输入图像的像素值在预先确定的两个误差过滤器间切换。唯一的问题是等高线赝像，发生在一个误差数组切换到另一误差数组的连接部分，为此 Eschbach 采用了使大、小两个误差过滤器关联的方法，小规模误差过滤器定义为大误差数组的子集，取得了尽可能降低半色调图案等高线效应的处理效果。该算法的效果确实很不错，但容易受输入图像变化的影响。

Eschbach 于 1977 年又提出一种新的降低蠕虫效应的方法，称为输出相关阈值调制，利用高光和暗调区域相似像素的接近程度改变阈值。实验结果表明，在原图像的白色和黑色区域附近，低频图像的均匀性大为改善，中间调区域的半色调图像没有变化，这意味着输入图像中间调区域产生的半色调图像的条带效应仍未得到解决。

同样在 1997 年提出的阈值调制法还有两种，特别强调如何处理原连续调图像中间调区域转换到半色调图像后的条带效应。第一种方法由 Han 和 Lin 两人提出，他们为原图像与阈值调制误差扩散法匹配需要修改输入图像而使用了平滑滤波器，试图通过平滑滤波器降低半色调图像内出现条带效应的可能性。这种方法工作原理如下：来自邻域像素的误差与某一像素组合，在连续调图像量化处理到半色调图像前，预先对输入图像执行合理的滤波操作以增加变化，到半色调处理结果进入稳定状态后再减少变化。这种方法确实消除了条带效应，但却以增加中间调区域的噪声水平为代价。

第二种注重于处理条带效应的方法由 Jarske 和 Astola 提出，他们对阈值与原连续调图像像素值比较产生的量化误差项应用非线性运算，可以使原连续图像中间调区域的条带现象减少。他们的研究特点主要表现在不再使用简单形式的线性滤波器，而是对扩散误差项施加一系列的非线性滤波操作，包括二次多项式滤波、中值滤波和多项式滤波等。实验结果表明，中值滤波器和线性滤波器结合使用时能产生最好的误差扩散处理效果，输出半色调图像内的条带明显减少，代之以常见的更粗糙的图像。因此，学者们认为需强调阈值调制算法的合理使用问题，应该在粗糙图像和条带效应间取得最佳的折中。

5.2.7 阈值调制

经典误差扩散以固定阈值执行对当前像素的量化操作，通常以原连续调图像的灰度分级之半为阈值，例如 8 位量化图像的阈值取 128。阈值调制思想的提出是误差扩散技术发展历程中的第三个重大事件，可划分成几种新的技术，且更为新颖的方法还可能不断地推出。事实已经证明，方法的通用性越强，则越有生命力。反过来说，由于早期对于误差扩散处理结果的观察和分析建立在由常数阈值产生的半色调图像基础上，观察结果几乎没有差异。另一方面，经验却告诉我们，若以图像相关的形式改变阈值，或者以空间方式改变阈值分布，则对于输出图像的影响非常大。

调制阈值的第一个建议来自 Billotet-Hoffmann 和 Bryngdahl，他们在阈值数组上添加抖动图像，以改善误差扩散算法的硬拷贝输出能力，改善效果发生在图像的边缘部分。下一个阈值调制建议由 Fawcett 和 Schrack 提出，两人试图借助于改变阈值避免在半色调处理结果中出现非期望图像，阈值改变的具体数值取决于半色调图像最后 5 个输出像素的数值，也对边缘部分起改善作用。

阈值调制方面实质性的突破源于 Eschbach 和 Knox 建议的方法，他们利用输入图像改变阈值。研究结果表明，如果在阈值上添加正比于输入图像像素值的附加项，则输出半色调图像表现出明显的边缘增强效应。这种允许连续变化的边缘增强作用可以调节到很低或很高的程度，甚至允许从输入图像减去微量的像素值，但这种操作必须谨慎，需避免输出图像产生模糊效应。这两人建议算法的唯一副作用是边缘增强带有方向性。

在当时情况下，究竟是何种原因导致边缘增强尚不了解。首先对此现象做出明确解释的是 Daels、Easton 和 Eschbach 公布的一维分析结果。他们指出，一维阈值调制类似于将阈值函数的导数添加到输入图像上。对于阈值调制理解方面的突破性进展来自于 Knox 和 Eschbach 的分析方法，他们的研究成果表明，用函数 $T(u)$ 改变阈值的效果与通过经典误差扩散方法处理等价输入图像的频谱相同。

Knox 和 Eschbach 公布的分析结果证实，如果阈值函数正比于输入图像频谱，则输出图像与通过添加高通滤波器所得输入图像的误差扩散处理结果相同。考虑到通过滤波器的高频成分由误差扩散过滤器定义，这种借助于高通滤波实现的边缘增强效应可认为等价于误差扩散算法自身固有的边缘增强作用。有意思的是，上述处理原则可以应用到多层次误差扩散方法。如果阈值调制量正比于输入图像，则多层次半色调方法成为边缘增强过滤器，甚至适合于输出半色调等价灰度等级和输入灰度等级相同的多层次半色调操作。

5.2.8 硬拷贝输出应用

硬拷贝输出是半色调技术的主要应用领域，应采取特定的措施改善误差扩散方法的可输出性能。某些方法采用记录点集聚的方法使误差扩散图像更容易输出，其他方法则引入记录点集聚半色调网点图像，以产生更稳定而适合于硬拷贝设备的半色调处理结果。

与经典误差扩散最类似的方法由 Pappas 提出，这种方法称为基于打印机模型的误差扩散，计算误差项时利用不同记录点的实际组合反射系数改变误差扩散过程。添加到像素上的反射系数由测量结果决定，考虑了 3×3 图像的全部可能的输出组合，产生的误差修正信号反馈给半色调图像，因而是基于实际输出值的误差扩散法。此法难点在于涉及大量的测量任务，需要针对 3×3 记录点图像测量印刷图像的数值。由 Wang 和 Knox 等提出的方法可以简化基于打印机模型的误差扩散法，测量工作量也同时减少，输出结果中保留了误差扩散结果更多的高频内容，且阶调复制时也修正了网点（记录点）增大效应。

Levien 建议的方法将滞后处理概念引入到误差扩散过程，其目的也是改善误差扩散法的可输出性能。他对误差扩散的改进体现在输出结果中包含设备像素集聚，性质上属阈值调制方法，即在阈值上添加与输出相关的成分，这种附加的滞后项正比于两个记录点的输出像素值之和，两个记录点分别是当前处理像素的直接前方像素和直接上方像素。滞后项产生的效果是强制记录点集聚，如果没有滞后信号的作用，则这些记录点被白色像素所隔离。有滞后项的参与半色调处理时，硬拷贝输出被隔离的白色像素更可靠，但容易在输出半色调图像内引入附加的低频分量，很容易为眼睛所察觉。

另一种通过阈值调制改善半色调图像硬拷贝输出性能的方法来自 Eschbach，输出效果与经典误差扩散存在明显区别，试图复制记录点集聚结果的外貌，同时也改善了经典误差扩散方法可表现的灰度等级分辨率。实现时对于阈值的调制也需要添加附加控制信号，但改为图像和记录点集聚半色调网屏图像的线性组合。如果输出图像包含很强的固定频率分量，则记录点集聚的形状类似于传统网点。注意，Escbach 方法容易产生模糊效果，因而必须包含附加图像项，以在执行特殊的误差扩散操作时引入足够的边缘增强作用，消除半色调图像模糊效应。由于采取了上述特殊措施，误差扩散图像与记录点集聚抖动类似，且输出结果也类似于记录点集聚抖动，提高了灰度等级表达能力。

Rosenberg 以简单形式的打印机标定与基于模型的误差扩散技术比较，评价以打印机模型为基础的误差扩散阶调复制效果。他在标定打印机时使用了几个不同程度的灰色块，在目标打印机上输出误差扩散法产生半色调图像，并测量印刷图像的反射系数。在此基础上，他将测量结果绘制成反射系数与灰度等级的关系曲线，并通过转换法使这些曲线形成查找表，在执行误差扩散操作前将得到的查找表应用到输入图像。他的实验结果表明，结合打印机标定产生的输出结果等价于以打印机模型为基础的误差扩散方法。Rosenberg 方法的关键问题是打印机标定，不要认为一提到打印机标定就很复杂。与基于打印机模型的误差扩散法相比，打印机标定法更简单，或许是改善经典误差扩散半色调处理效果的最佳选择。根据某些研究者的观点，由 Rosenberg 提出的基于打印机标定的误差扩散法的实现需要更多的实验数据支持，使比较结果有更坚实的基础。

5.2.9 彩色输出

随着数字彩色图像的来源和获取途径越来越多，彩色图像的数量也日益增长，因而研究彩色误差扩散算法应该提到议事日程上。市场需求是刺激研究的不竭动力，导致讨论彩色图像误差扩散处理的论文呈日益增长的态势。

半色调技术处理彩色图像与处理灰度图像间存在本质区别。从数学角度考虑，彩色图像复制是三维甚至四维问题，比起从连续调灰度图像转换到半色调图像来要复杂得多，且彩色图像的硬拷贝输出也更复杂。彩色图像的半色调处理已经讨论了很长时间了，合理的彩色复制工艺也确实存在，问题在于如何将误差扩散算法应用到彩色图像。

误差扩散技术应用于彩色复制的第一种方式称为标量误差扩散或分等误差扩散，每一种分色内容各自独立地处理。之所以称为标量误差扩散，是因为主色通道以彼此相关的方式执行半色调处理时，主色通道组合应视为矢量，而相互独立处理时则具有标量性质。由于记录点集聚有序抖动输出网点图像，二值图案结构相当稳定，因而完全有条件对主色通道进行彼此独立的半色调处理。由 Pappas 提出的方法属于标量误差扩散类型，以打印机模型为基础的方法扩展应用到彩色图像。这种方法的提出是误差扩散彩色应用的良好开端，但由此也衍生出了相关问题，最值得注意的是分色版间的交互作用。问题的关键在于，误差扩散方法的最初设计目标是建立高空间频率的半色调图像，然而相互独立产生的半色调图像必须组合起来才符合彩色复制的基本要求，分色图像的误差扩散处理结果组合后，低频图像必然会发展起来，源于分色半色调图像的叠加。

为了解决分色版误差扩散半色调处理结果叠加而导致的低频图像，必须设计出不同于标量误差扩散的新方法，这就是矢量误差扩散。所谓的矢量误差扩散法，是彩色图像的三种或四种主色同时处理，每一种颜色看作矢量。在计算误差时，半色调处理程序寻找最接近的颜色，搜索过程在三维空间内进行，并将矢量反馈给邻域像素。这种方法能建立高频成分丰富的彩色图像，扩散误差时考虑到了三种主色分量的关系。

无法回避的棘手问题是，矢量误差扩散法并非没有缺点，最明显的不足是纠正图像的彩色分量时有可能超过硬拷贝输出设备的可再现色域范围。日本学者 Haneishi 和 Suzuki 等人的研究成果表明，颜色接近硬拷贝输出设备着色剂的色域边界时，来自邻域像素的误差修正结果将会改变颜色，使本来可能定位在色域范围内的颜色“推出”到硬拷贝输出设备的色域边界外，而如果要使这样的颜色返回到正确的数值，则需要很长的计算时间，才能进入输出设备色域。由于这一原因，矢量误差扩散算法的输出结果会导致颜色的变“脏”效应，发生在不同颜色形成的空间边界上。对此问题的解决措施之一，是对较大的颜色误差进行裁剪操作。由 Kim 等人提出的方法属类似的解决方案，他们利用阈值调制建立边缘增强效应。不少学者认为，对于颜色误差的裁剪操作有助于半色调处理过程更快地使恰当的颜色聚集在一起，降低颜色的变“脏”效应。最近由 Kim 等人发表的论文虽然建议了新的方法，但处理效果类似于他们以前建议的方法，因而结论也是相似的。

彩色半色调处理对模拟传统网点的记录点集聚有序抖动来说没有太大的困难，但误差扩散法要扩展应用到彩色图像的半色调处理总是有一定的难度。前面提到的标量和矢量误差扩散法并非唯一的技术，因为彩色间的其他交互作用效应必须考虑。例如，出现在白色背景上的少量黑色像素的视觉对比度可能会降低，主导原因在于黑色像素转换成分散的青色、品红色和黄色像素。这样就必须考虑分色版之间的交互作用效应，以其他分色版输出结果为基础调整当前处理分色版的输出效果。

5.3 误差扩散的蓝噪声特征

误差扩散法输出的半色调图像具有重要的特性，那就是半色调图像的功率谱具有典型

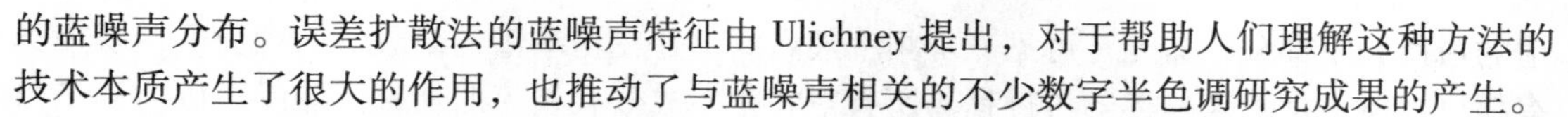

的蓝噪声分布。误差扩散法的蓝噪声特征由 Ulichney 提出，对于帮助人们理解这种方法的技术本质产生了很大的作用，也推动了与蓝噪声相关的不少数字半色调研究成果的产生。

5.3.1 噪声名称

噪声这一称呼来自随机信号。由于噪声具有不同随机性的来源，从这些不同的随机性来源映射到统计分析结果，便得到对应于不同噪声来源的不同统计特性。若噪声信号通过傅里叶变换“映射”到频率表示，则噪声的功率谱密度（即噪声在频域中的功率谱分布决定的信号特性）可用于区分不同类型的噪声。这种以功率谱密度分类噪声的方法导致以颜色命名噪声的有趣现象，即根据功率谱密度或功率谱分布赋予噪声以颜色的名字，在不同的学科中以颜色命名的噪声体现不同的重要性，例如声学、电气工程和物理学。

许多对于噪声的定义假定信号包含所有的频率成分，由于不同的频率成分具有正比于以 $1/f$ 为带宽单位的功率谱密度，从而可以按幂律为噪声命名。例如，白噪声具有平坦的功率谱分布，据此命名为 $\beta=0$ 的噪声；品红噪声和布朗噪声在幂律中的 β 分别等于 1 和 2，因而可以表示为 $1/f$ 和 $1/f^2$ 噪声。

白噪声的名称来源于具有平坦功率谱分布的信号或随机过程，与白光的功率谱分布相似。换言之，这种信号或噪声在任何给定的带宽（功率谱密度）内功率相等，例如白噪声信号在 40 ~ 60Hz 的频率范围包含与 400 ~ 420Hz 频率范围相同的声功率。

品红噪声在对数空间内的频率谱呈现线性特点，频带内相等的功率与带宽成正比，意味着品红噪声在 40 ~ 60Hz 频率范围的功率与 4000 ~ 6000Hz 频率范围的功率是相等的。由于人的听觉系统具有这种比例空间特性，所以耳朵对于 40 ~ 60Hz 频带的间隔和距离的听觉感受与 4000 ~ 6000Hz 频率范围相同，从这两种频带得到的听觉感受似乎与频率无关，这种现象称为倍频或 8 度音阶。由于每一段 8 度音阶包含相同的能量，因而品红噪声常用作音频工程的参考信号。与白噪声相比，品红噪声每 8 度音阶的功率密度降低 3 分贝，功率密度与频率的倒数 $1/f$ 成正比。由于这一原因，品红噪声也称为 $1/f$ 噪声。

在要求准确定义的领域，红噪声（也称为棕噪声或布朗噪声）这一术语通常用于指频率增加时每个 8 度音阶功率密度降低 6 分贝的信号，功率密度正比于 $1/f^2$，频率增加的范围不包括直流分量，即通常情况下不包含常数成分或 0 频率处的功率密度。这种噪声的无序性与物理学中的布朗运动类似。

蓝噪声也称为天蓝（Azure）噪声，随着频率的增加，蓝噪声每 8 度音阶的功率密度增加 3 分贝，即功率密度与频率 f 成正比。在计算机图形学中，通常以蓝噪声类比具有最低频率成分的噪声，能量分布中不存在明显的脉冲。当然，这样的类比并不严格。品红噪声具有高频本质。蓝噪声功率密度 f 与品红噪声功率密度 $1/f$ 互成倒数，蓝噪声和品红噪声成互补关系。由此可以认为，蓝噪声是品红噪声的高频表示，几乎不存在低频能量，从而可以产生高质量的半色调图像。品红噪声常用于描述低频白噪声，因为品红噪声的功率谱分布在超过某种有限高频限制的范围内也是平坦的。蓝噪声半色调图像与白噪声半色调图像至少在周期性和径向对称性上类似，可见了解白噪声技术有利于理解蓝噪声方法。因此，白噪声、蓝噪声和品红噪声间存在有趣的关系，掌握这三种噪声的功率谱密度分布和频率特征的关系有利于加深对每一种噪声的理解。

5.3.2 主波长计算

来自物理学的基础研究结果表明，光是电磁辐射的一种，而白光由电磁辐射可见光谱范围内的所有频率成分构成，占有电磁波谱特定的区间，其中长波端是红光，位置在功率谱的最低频率部分；蓝光是可见光中频率最高的，处在功率谱的高频端。因此，白噪声具有随机性质，常用来描述随机过程，所有空间频率成分有相等的功率。蓝噪声则不同于白噪声，包含高空间频率，但很少甚至没有低频成分。

视觉研究结果已经证明，低频成分最容易为眼睛所察觉。白噪声法产生随机性的半色调图像，包含大量的低频成分，且白噪声图像容易出现颗粒感。然而，由于误差扩散法产生的蓝噪声半色调图像内包含的大多数频率成分属于高空间频率分量，因而半色调图像内的纹理结构很难看得清楚。考虑到误差扩散法建立的半色调图像只是用来给出不同灰度等级的假象，细节不容易看清便成为蓝噪声半色调图像的重要优点。

Ulichney 定义了称为半色调图像主频的参数，用于描述误差扩散算法输出结果内纹理性图像的基本空间频率，反映蓝噪声半色调图像的黑色和白色像素尽可能在输出设备二维记录平面上均匀分布的本质。推导半色调图像主频的方法极其简单，假定连续调图像经过归一化处理，取值区间 0 ~1 分别代表黑色和白色，则对于给定的灰度等级 g，必然在半色调图像内存在 g 个白色像素，例如 $g=3/4$ 时总共存在 3/4 个白色像素，按四舍五入规则应该有 1 个白色像素，误差扩散算法产生的白色像素分散于单位正方形面积内。如果按单位面积计算，则每一个二值像素占有的面积等于 $1/g$，由于所有二值像素的平均距离正比于面积的平方根，因而主频计算公式归结为很简单的形式：

$$f_g=\begin{cases}\sqrt{g}, & 0\leqslant g<1/2\\ \sqrt{1-g}, & 1/2\leqslant g\leqslant 1\end{cases} \tag{5-1}$$

由于假定二值像素均匀分布，因而蓝噪声半色调算法输出的二值图像的功率谱分布应具有放射或径向对称性，其主波长与主频互为倒数关系，可写成 $f_g=1/\lambda_g$。

在半色调图像代表原连续调图像阶调特征的高光和暗调区域，如果灰度等级 g 等于 0 或 1，则主频趋向于 0。因此，连续调图像高光和暗调区域转换到二值表示后纹理图像的空间频率必须包含低频成分；而在原图像接近中等灰度等级的区域则有可能达到最高的空间频率。理论上，对于给定的灰度等级，只要半色调图像中的像素分散达到最大程度，就可以产生最高频率。蓝噪声技术广泛应用于随机网屏，此时的误差扩散图像多少与记录点分散有序抖动结果类似。根据灰度等级与误差扩散法半色调图像主频的关系可以绘制成图 5 -5 所示的关系，适用于规则矩形（即正方形）采样栅格。

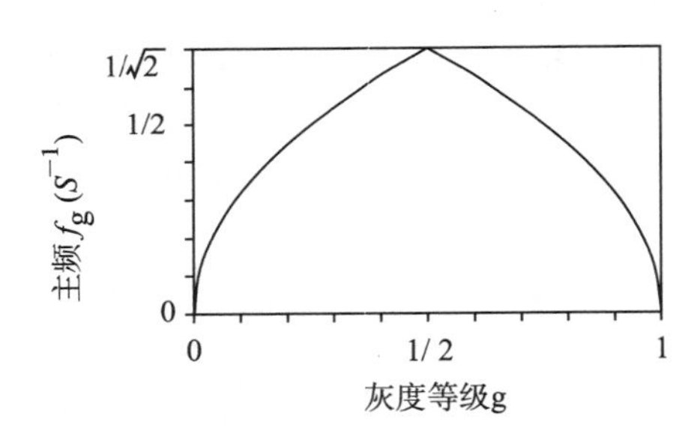

图 5 -5　主频表示为灰度等级的函数

从图 5 -5 容易看出，主频与灰度等级关系曲线的左右两侧以 $g=0.5$ 为对称轴，灰度等级 0 ~0.5 和 0.5 ~1 的曲线相同。正因为如此，才需要以公式（5 -1）分段定义主频。

5.3.3　蓝噪声特征

固定灰度等级图像以半色调图像重构时，只要半色调方法定义得足够好，则方法输出的半色调图像必须由各向同性的二值像素场构成，对这些二值像素来说必然存在一平均波长间隔 λ_g，且二值像素的平均间隔应该以互不相关的方式变化，但波长的变化不能明显超过平均间隔 λ_g。白噪声抖动处理之所以失败，是由于长波分量的存在。

图 5 -6 所示的径向平均功率谱分布来自对固定灰度等级图像的半色调处理结果图像

的傅里叶变换，图中给出的径向平均功率谱分布从三方面展现典型的蓝噪声特征。

首先，蓝噪声半色调图像应该由各向同性的二值像素域组成，像素的平均距离为 λ_g，对应于图5－6中（a）标记的主频能量峰值，意味着径向平均功率谱曲线的峰值应该出现在由固定灰度等级重构的半色调图像主频 f_g 位置；其次，二值像素的平均距离应该以与白噪声不相关的方式变化，波长的波动不能明显超过主波长 λ_g，由此得到蓝噪声的另一关键特征，低于主频的区域（过渡区域）功率谱陡峭地下降，意味着这种区域几乎没有能量存在，如图5－6标记的（b）段那样；在超过主频后的区域尽管有可能存在不相关的高频波动，但视觉系统很难感受到，总体上呈平坦而稳定的高频分布，意味着蓝噪声高频区域的径向平均功率谱分布类似于白噪声，因而称为蓝噪声区域，如图5－6中（c）段那样平坦分布。

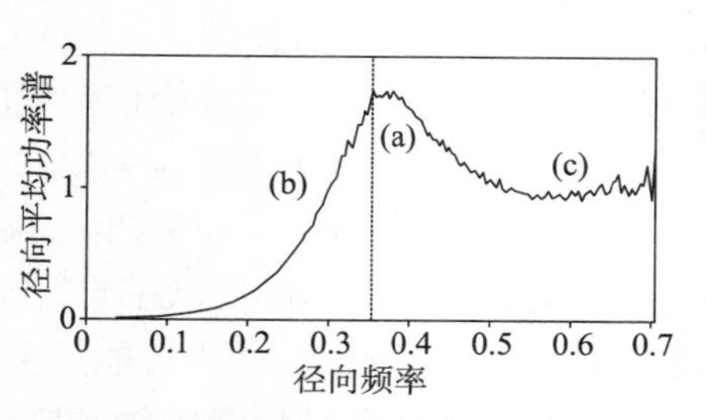

图5－6 蓝噪声半色调图像的功率谱特征

误差扩散法产生的多数半色调图像的视觉感受效果之所以很好，应该归功于误差扩散半色调图像的频谱特征。然而，任何方法不可能是完美无缺的，误差扩散法确实存在几个缺点。若添加一定程度的随机扰动，则可以提高误差扩散法的半色调重构能力，组成输出效果更好的蓝噪声发生器。在通常情况下，半色调图像对于视觉的干扰效应是因为存在明显的低频能量。对记录点分散有序抖动而言，给定的阈值数组作用于灰度等级之半的数字图像时产生的半色调图像内出现低频分量不可避免，这些低频分量对应于阈值周期尺寸的波长。如果蓝噪声算法的处理性能良好，则最低频率基本上等于主频 f_g；当误差扩散算法加入负反馈信号时，这种反馈信号可用作低频抑制器。

5.3.4 功率谱与各向异性特点

白噪声抖动处理结果宜采用径向平均功率谱和各向异性指标评价，因为这两个指标对白噪声抖动技术很有针对性。记录点集聚有序抖动的主要问题是网点排列角度，半色调处理结果的质量归结为寻求最合理的网点排列方向，需根据视觉系统的感受特征选择；记录点分散有序抖动算法产生的半色调图像适合于以复合傅里叶变换评价，这种方法也适用于误差扩散法，但定量描述误差扩散图像的频率分布显得不够。由于误差扩散算法与白噪声抖动处理有不少相似之处，因而以放射平均功率谱和各向异性程度为评价指标更合理。

根据放射平均功率谱和各向异性的定义，在Ulichney所著的《Digital Halftoning》一书中给出了灰度等级分别等于1/32、1/16、1/8、1/4、1/2、3/4和7/8时（即误差扩散对象为固定灰色等级图像）利用Floyd-Steinberg过滤器产生的半色调图像的放射平均功率谱和各向异性曲线，图5－7摘自其中的一幅，对应于灰度等级为1/32的固定灰度等级图像。

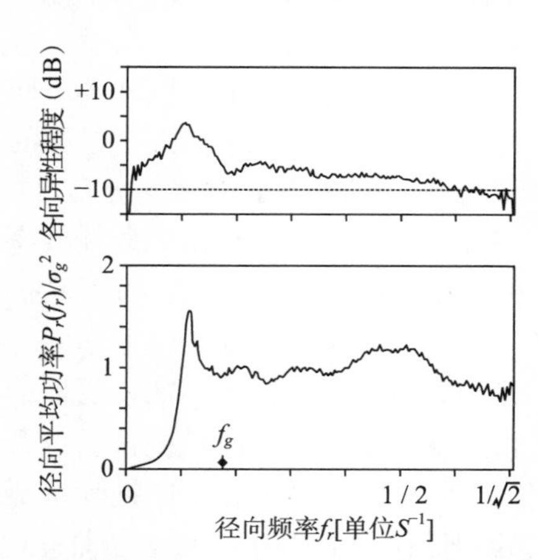

图5－7 灰度等级1/32的径向平均功率谱和各向异性关系曲线

图5－7所示两种关系曲线的横轴代表径向频率 f_r，单位取 S^{-1}，其中 S 表示周期；顶部关系曲线的纵轴是各向异性指标 $s^2(f_r)P_r^2(f_r)$，其中 s 代表信号强度；底部关系曲线的纵轴为径向平均功率谱指标 $P_r(f_r)$，考

虑到尽可能避免灰度等级的影响而采用了 $P_r(f_r)\ /\sigma_g^2$，这样处理不会影响平均功率谱指标的本质；主频率 f_g 用旋转了 45°的正方形标记，图中给出的主频位置用于衡量径向频率/径向平均功率谱关系曲线峰值位置的偏离程度，对各向异性指标也很有参考价值。

产生图 5－7 的灰度等级 $g=1/32$，频域参数分别为 $f_g/S^{-1}\approx 0.1768$ 和 $\sigma_g^2\approx 0.0303$。容易发现，直接利用由 Floyd 和 Steinberg 两人提出的误差过滤器产生的半色调图像的蓝噪声特征不明显，各向异性指标在低频区域的波动也较大，原因是多方面的，误差扩散系数（误差过滤器单元数量）较少可能是主要原因。

5.3.5 蓝噪声半色调图像的空间域统计特征

半色调处理效果空间域表示的最好方法，是建立页面高度或宽度与半色调图像的阶调关系。很可惜，直接以半色调处理结果绘制这种关系曲线没有多大实际意义，以硬拷贝设备输出半色调图像，再测量印刷品的阶调值并绘制成页面高度或宽度与半色调图像复制阶调表现才有意义。图 5－8 所示的测量结果来自 1200dpi 分辨率激光打印机输出的误差扩散算法得到的半色调印刷品，沿页面高度和宽度方向的阶调波动代表误差扩散算法对整页为 $g=7/10$ 固定灰度等级图像处理所得半色调图像的复制效果。

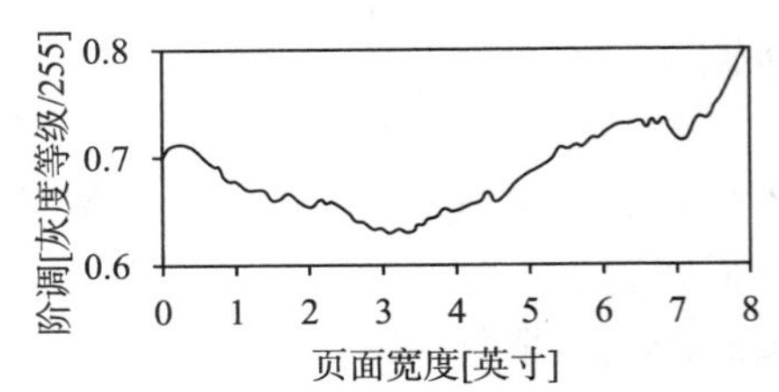

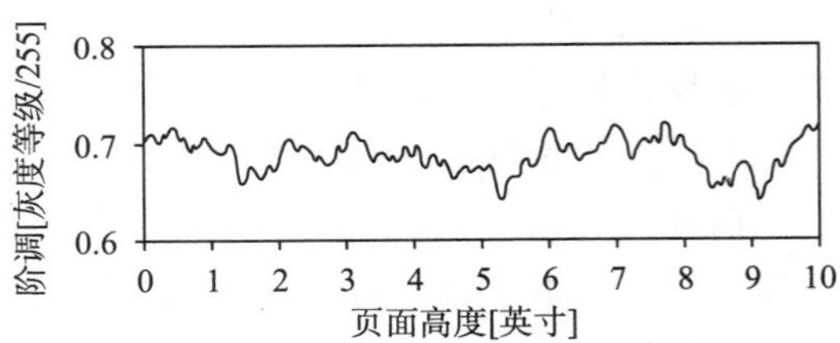

图 5－8 误差扩散法控制输出的阶调波动特性

图 5－8 虽然包含半色调图像的统计信息，但不直观，且半色调图像经过了印刷系统的作用。需要了解误差扩散法输出半色调图像的空间域统计特点时，必须直接研究这种方法输出的半色调图像，并与频域的蓝噪声特征比较，以更好地了解误差扩散方法。

对不熟悉随机过程频率统计特征分析和计算的人来说，随机过程的空间域统计特征显得更直观，也更容易理解，但物理含义却没有频率统计特征那样明确。频率域和空间域分析技术的区别在于，频域技术通过功率谱成分描述半色调图像的频率分布特征，而空间统计方法则更倾向于研究所谓的最近邻域分布，即被研究点相对于典型记录点的分布。

为方便讨论，下面以 Φ 标记连续调图像之半色调重构过程涉及的点处理操作控制事件的统计模型，半色调处理过程的事件控制实际上就是控制记录点出现的位置。数理统计认为，通过调节 Φ 的概率分布可得到附加信息，即点处理过程 Φ 在给定位置的记录点的统计特征，处理结果得到条件概率分布，统计学给予 Palm 分布的专门称呼。点处理操作 Φ 在 Palm 概率分布条件下用特殊的指标衡量，对应于连续空间和离散空间随机变量的二阶矩表示，不妨称为条件概率的二阶矩指标。随机变量的二阶矩即方差，描述随机变量取值的离散程度。这里不加证明地给出，按连续空间或离散空间条件概率分布的二阶矩指标可以推导出两个空间域统计量，方法与推导径向平均功率谱和各向异性指标类似。

评价半色调操作空间统计特征的另一种指标是成对相关系数，该指标反映各向异性点处理操作 Φ 的另一个静态统计量。对于静止状态的点处理操作，点处理过程 Φ 的统计特征必然具有位移不变性，对应于常数灰度等级图像。若顾及蓝噪声半色调图像的平均功率谱密度曲线反映的统计关系，确实有必要讨论成对相关系数的表现特点，其放射统计特征为：首先，在半径小于主波长的范围内，很少甚至根本不存在邻域像素；其次，对于半径大于主波长的区域，随着半径的增加，单位面积内记录像素的期望数量逐步接近于同面积内记录像素的平均数量。

蓝噪声半色调图像的成对相关系数有图 5－9 所示的形式，其中（a）表示在靠近半径等于 0 的位置上严格禁止出现有限数量像素的集聚效应；（b）段曲线指示随着半径的增加，反映记录点集聚程度（规模）的有限数量像素的成对相关系数降低；曲线段（c）表明有限数量像素集聚频繁出现的区域，可能有一系列的峰值，距离是主波长 λ_g 的整数倍。

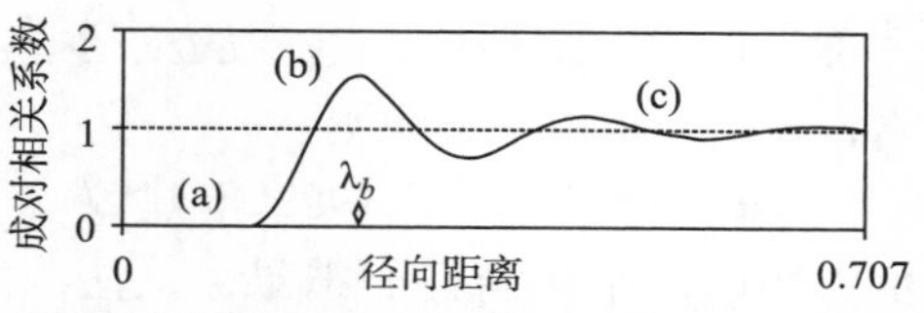

图 5－9　蓝噪声半色调图像的成对相关系数

5.4　各种误差扩散法及相关问题

误差扩散法有如此多的优点，以至于 Floyd 和 Steinberg 提出误差扩散法后，许多图像处理工作者和硬拷贝输出设备技术开发人员纷纷投入误差扩散法研究，相继设计了不同的误差扩散法，以解决经典误差扩散法的不足。另一方面，设计新的误差扩散时考虑到经典误差扩散法的特点，以便提出有针对性的解决措施。

5.4.1　改善半色调图像质量的措施

Ulichney 认为，改善误差扩散半色调图像质量需要从四方面着手，包括误差过滤器选择或设计、阈值扰动或摄动、设计合理的扫描路径和开发具有随机性的误差过滤器。

1. 误差过滤器选择

在基本误差过滤器的基础上改变其构成可视为对基本误差扩散法的修正。如果不考虑最终的处理效果，则误差过滤器的选择很自由，事实上有成千上万种不同的误差过滤器可供使用。然而，必须考虑的问题是修正经典误差扩散法的目的何在？半色调处理效果才是解决问题的关键，它直接关系到硬拷贝输出设备的成像结果与印刷品质量，误差过滤器形式和种类再多也于事无补。由此可见，如果从误差扩散法输出半色调图像的质量要求角度考虑，则误差过滤器的选择必须受到限制，不能自由地选择或设计。从分析经典误差扩散输出结果的分析可知，误差过滤器是误差扩散法的核心，对半色调处理结果起决定性作用。此外，设计误差过滤器的关键在于权重分配，即以什么样的比例将阈值比较产生的量化误差传递给邻域像素，以及传递给哪些邻域像素。误差过滤器设计涉及由多少个加权系数组成误差过滤器、加权系数的位置安排和加权系数的取值。很明显，为了提高半色调处理的计算效率，误差过滤器的规模应尽可能小，或者说加权系数的数量尽可能少。

2. 阈值扰动法

1983 年时，Billotet-Hoffman 和 Bryngdahl 两人建议以有序抖动阈值数组代替误差扩散法使用的固定阈值，但半色调输出结果与常规有序抖动的输出结果略有区别。以有序抖动阈值数组代替误差扩散固定阈值法的修正称为阈值扰动，其基本思想是利用记录点分散有序抖动或白噪声抖动技术在给定的最大百分比范围内改变经典误差扩散法固定不变的阈值。为此需确定某些附加参数，包括有序抖动的周期尺寸选择、有序抖动的扰动幅度或摄动幅度、白噪声扰动幅度。

3. 扫描栅线方向

误差扩散法的方向性效应在很大程度上源于处理时采用了传统的扫描次序，许多场合以纺织品纬纱（水平线）穿过纵向线的方式定义扫描线走向，如图5－10所示那样，这种扫描栅线次序称为正常扫描栅线，遵循从左到右、自上而下的一般规则。

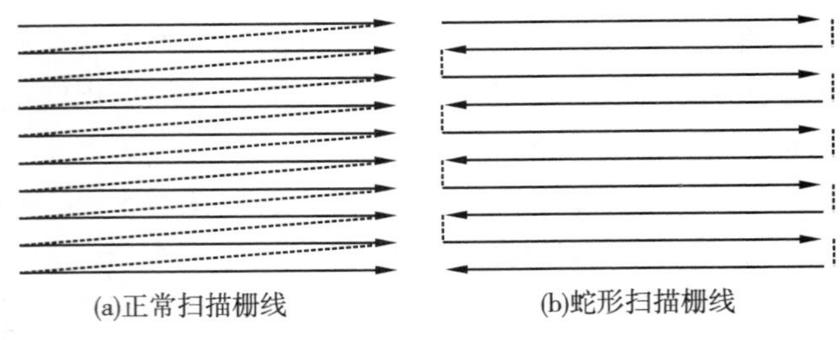

图5－10　两种扫描栅线

Witten和Neal于1982年建议的方法能产生相当好的结果，该法的基础是专门设计的误差过滤器，使用一个起决定性作用的加权系数，按所谓的Peano曲线（空间填充曲线的一种）路径处理二维图像数据，具有良好的随机性。两人提出的方法确实很特殊，但对于存储器的要求很高，且应该考虑使用非标准的扫描栅线次序。

正常扫描栅线的方向性体现在自始至终都按水平向右的方式处理图像数据，一行数据处理结束后再转到下一行，仍然是从左到右地扫描。改变这种扫描方式有可能打破误差扩散处理的方向性效应，例如采用图5－10（b）所示的蛇形扫描栅线，处理图像数据时无须完整的二维缓冲器。执行邻域运算时，图像处理硬件或软件都必须建立整行的图像数据的缓冲区，蛇形扫描栅线也不例外。但重要的问题在于，选择蛇形扫描栅线处理顺序后，对于存储器的要求不会超过正常扫描栅线对存储器的要求。

4. 随机过滤器扰动法

本方法以阈值扰动法为基础，随机噪声添加到误差过滤器的单元或加权系数上。随机过滤器扰动法的基本思想由Schreiber于1981年提出，论文没有公开发表。随机过滤器扰动法的附加噪声幅度或范围是可以调整的，且应该针对每一个加权系数执行，最后产生随机误差过滤器。必须注意，随机过滤器扰动法仍然应遵守经典误差扩散法对误差过滤器处理特性的基本要求，任何情况下随机误差过滤器加权系数之和等于1。满足这种条件的实现途径是使加权系数成对，随机数值添加到每一对加权系数之一，另一系数则减去同样的随机数值，使随机误差过滤器加权系数之和等于1的条件得到满足。

参数调整是修正和改善Floyd-Steinberg经典误差扩散法的基础，理论上的可用调整参数的数量以成千上万形容毫不为过。然而，考虑到现实条件，真正符合实际需要的调整参数总是有限的，不能盲目地选择和毫无章法地使用，应在试验甚至测量半色调图像硬拷贝输出结果的基础上确定，基本研究思路无非在如何使用调整参数上。一般来说，对于调整参数的考察和研究归结为下述两种基本方法之一：①以独立的方式考察每一种参数产生的影响，重点研究不同的调整参数到底对误差扩散法输出结果起何种作用；②研究不同调整参数组合产生的修正效果，以便找到最佳的参数组合。

5.4.2　蠕虫效应

经典误差扩散是数量众多的数字半色调技术之一，以其简单性和高质量的复制能力而成为流行的数字半色调方法，适合于有能力输出尺寸和形状均匀性良好的记录点的硬拷贝输出设备。误差扩散法按特定的对于原连续调图像的扫描路径分布量化误差，通过误差过滤器或阈值矩阵决定误差分配的比例或权重。由Floyd和Steinberg提出的误差过滤器包含4个单元，误差划分成不同的比例并分配给未来像素，容易产生不同类型的赝像。

经典误差扩散方法产生的赝像之一称为蠕虫，黑色和白色像素串联成的质量缺陷，被视觉系统感受为类似蠕虫的纹理，图 5－11 演示这种质量缺陷并比较两种扫描轨迹的差异。

图 5－11 中（a）图所示的蠕虫赝像大多出现在经典误差扩散所输出半色调图像的高光和暗调区域，按 Floyd 和 Steinberg 提出的误差扩散法并采用从左到右的扫描路径转换连续调图像时很容易产生；由于该图中（b）使用了蛇形扫描轨迹，蠕虫链被有效地阻断，蠕虫效应变得不明显。为了从半色调技术的本身避免蠕虫赝像的出现，学者们提出了大量类型不同的误差扩散法。

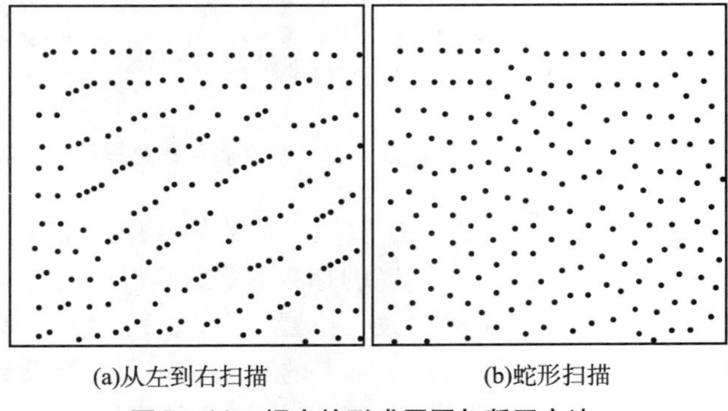
(a)从左到右扫描　　(b)蛇形扫描

图 5－11　蠕虫的形成原因与断开方法

Jarvis 等人提出的误差扩散法以 12 元素误差过滤器为主要特点，另一种 12 元素误差过滤器由 Stucki 建议，这两种方法都有效地打断了蠕虫链，但中间调区域出现赝像。后来由 Fan 提出的误差过滤器具有“长尾”形状，使高光和暗调区域的蠕虫结构断裂，该过滤器在中间调区域的执行性能与 Floyd-Steinberg 过滤器类似。

除误差过滤器外，为了建立视觉效果更令人满意的半色调图像，还可以从改变扫描轨迹或扫描路径着手，从而提出了不同的扫描方法。由 Floyd 和 Steinberg 提出的经典误差扩散算法采用从左到右的扫描轨迹，后来出现了蛇形路径扫描法，类似于牛耕地的先从左到右再从右到左的轨迹。其他的扫描方法更富有创造性，建立在空间填充曲线的基础上，例如著名的 Peano 和 Hilbert 路径，但在折断蠕虫链的同时引入数量可观的噪声。

5.4.3　降低蠕虫效应的误差过滤器

施乐的 J. Shiao 和 Z. Fan 认为，经典误差扩散半色调图像蠕虫赝像的形成源于误差的非对称传递，由滤波器的脉冲响应决定，为后面的叙述而标记为 $h(k, r)$。经典误差过滤器的加权系数的支撑角具有非对称的特点，蠕虫效应是这种支撑角作用的结果，与水平线的夹角分别为 0°和 135°，如此看来又呈现某种程度的对称性。若 Floyd 和 Steinberg 误差过滤器加权系数的 135°支撑角沿逆时针旋转 45°，就与水平线重合而呈现对称性。基于上述分析结果，他们提出只要对经典误差过滤器做简单修改即可减轻蠕虫效应，方法是原来在位置（1，1）的加权系数 1/16 移动到位置（－2，1），这种对于误差过滤器加权系数的初始修改结果如图 5－12 所示，原经典误差过滤器的（1，1）位置变空。

经典加权系数与新加权系数的 $h(k, r)$ 支撑特点如图 5－13 所示，与 Jarvis 等人以及 Stucki 建议的加权系数集合的支撑条件相同。由于误差传递后负反馈信号被引入到阴影区域，蠕虫赝像减轻。位置（1，1）加权系数的消失将改变输出图像，但不会有戏剧性的变化，因为误差朝向位置（1，1）的传递主要来自位置（1，0）和（0，1）加权系数的贡献。

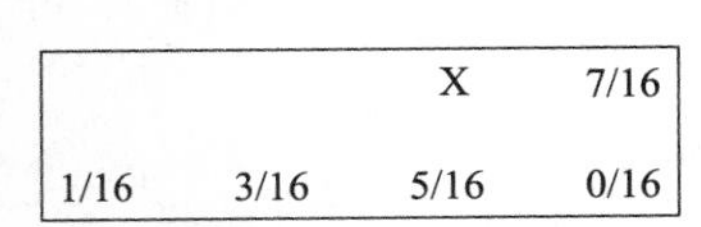

		X	7/16
1/16	3/16	5/16	0/16

图 5－12　修改后的误差扩散加权系数

图 5－12 所示误差过滤器的加权系数虽然在经典误差过滤器的基础上修改而成，但对于半色调输出的改善效果有限，改成图 5－14 所示的加权系数集合后效果更好。

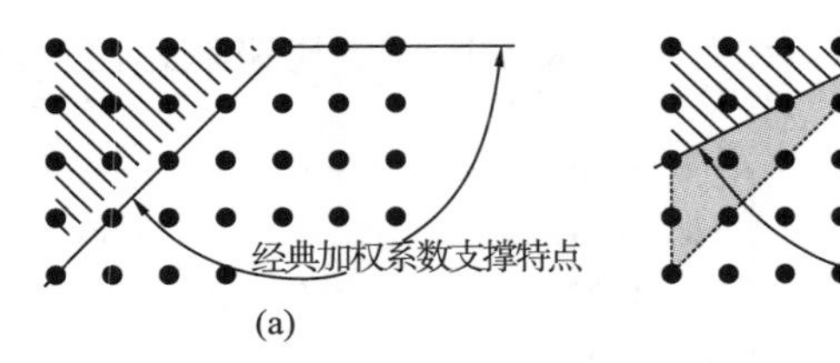

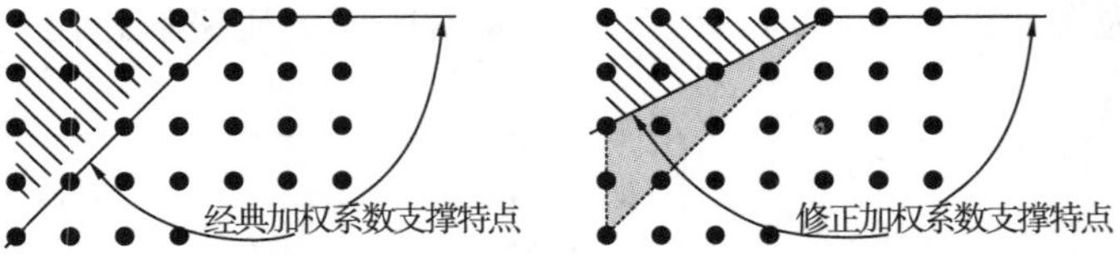

图 5－13　经典加权系数与新加权系数误差传递比较

			X	8/16
1/16	1/16	2/16	4/16	0/16

图 5－14　进一步改进后的误差过滤器

图 5－14 所示误差扩散加权系数集合中增加了一个系数，即位置（0，1）的加权系数从 7/16 改成 8/16，误差分配的比重加大；位置（－1，1）和(－2，1）上的加权系数分别从原来的5/16 和 3/16 降低到 4/16 和 2/16。与此同时，由于加权系数不同于初始修正形式，支撑角也必然发生变化，阴影面积扩大，误差传递的范围比图 5－13（b）进一步扩大，这意味着负反馈信号的作用范围进一步向左面延伸。现在，加权系数的分母仍然保持 Floyd-Steinberg 经典误差过滤器加权系数的取值，即保持 2 的指数关系；此外，加权系数分子也是 2 的指数，因而半色调处理过程中计算量化误差涉及的数量众多的相乘运算可以用简单的移位操作替代。

5.4.4　阶调相关误差扩散

经典误差扩散法以固定不变的阈值与原连续调图像当前处理的像素值比较，阈值比较操作产生的误差传递给邻域像素，遵循误差过滤器的误差分配比例。除遵从连续调输入图像所有像素的扫描规则外，阈值和误差过滤器是控制经典误差扩散法的两大要素，算法输出的半色调图像质量很大程度上取决于阈值和误差过滤器。阈值比较结果之所以用于修正连续调输入图像即将参与阈值比较的未来像素，是为了降低经典误差扩散法处理每一个像素的平均误差。例如，假定输入图像的像素值在归一化尺度 0～1 间的 0.6，其中 0 和 1 分别代表白色和黑色，且按惯例阈值确定为 0.5。这样，阈值比较后的二值半色调输出应该等于 1，导致当前像素处理后的结果比原来要暗 0.4 个单位。利用 0.6 像素值与 0.5 阈值比较结果取 1 后产生的误差 0.4 可以减少未来像素位置连续调图像的像素值，为了降低相似性，未来像素位置的二值输出的数值很可能取 1，以降低半色调图像的整体暗度。未来像素位置的误差修正根据误差过滤器加权系数集合确定，某些误差将扩散到与当前处理像素同一行后面（右面）的未处理像素，其余误差则扩散到下一行的三个像素。按 Floyd 和 Steinberg 提出的经典算法，这些误差扩散到当前像素的直接下方像素及对角像素。

误差扩散研究过去几年中取得的主要进展是发现了阶调相关加权，有可能明显地提高图像质量。阶调相关误差扩散（Tone-Dependent Error Diffusion，简写为 TDED）法使用的误差过滤器加权系数及阈值与像素的阶调值相关，如果在图 5－2 所示经典误差扩散法数据处理流程的基础上增加误差过滤器与阈值间的信息互通和关联机制，则 Floyd-Steinberg 提出的经典误差扩散便修改成阶调相关误差扩散，如图 5－15 中的虚线所示。

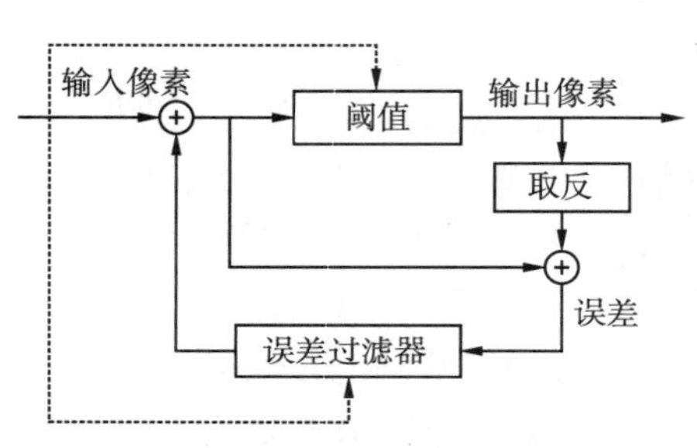

图 5－15　阶调相关误差扩散

J. P. Allebach 对于经典误差扩散、阶调相关误差扩散和直接二值搜索（学术界公认的输出半色调图像质量最高的半色调方法之一）半色调方法的实验比较结果表明，阶调相关误差扩散法消除了 Floyd-Steinberg 经典误差扩散法输出半色调图像顶部的结构性质量缺陷（即高光区域的蠕虫赝像）外，也消除了中间调区域的纹理缺陷。比较阶调相关误差扩散和直接二值搜索半色调方法的输出结果后不难发现，这两种方法得到的半色调图像无论从纹理特征和质量方面看几乎无法区分。由此可得出结论，阶调相关误差扩散法输出的半色调图像质量与直接二值搜索法基本相当，但计算复杂性明显降低。

5.4.5 误差扩散与 σ－δ 调制

从模拟信号转换到数字形式的过程通常称为组合离散过程，包括时间离散（采样）和幅值离散（量化），两种子过程均可能导致信息丢失。时间离散通过采样执行，对超过 Nyquist 频率的频率损失应该有全面的理解，也应该了解频率混叠的概念。传统意义上的幅值离散需借助于量化过程，每一个样本的幅值具有阶梯状的外观，允许大量表面上可自由选择的量化等级。对于数字图像的半色调处理问题，即连续调图像转换成能够在二值影像拷贝设备或显示器上表示的形式，则数字半色调处理就是二值量化最好的例子。

即使模/数转换和量化的结果是二值图像，只要采样率足够高，模/数转换和量化也能产生高质量的二值像素分布。对于声音信号，与 Nyquist 采样速率下的音频质量直接多“位”模/数转换相比，基于过采样的二值量化有许多实现优点。过采样信号转换和量化应用前景良好的技术是 σ－δ 调制，首先由 Inoye 和 Yasuda 发明，这种调制方法也是声音信号“半色调”处理的基础。以 σ－δ 调制为基础的模/数转换技术性质上属 1 位量化，完成量化后应执行与子采样组合的数字低通滤波处理，是由于多“位” Nyquist 采样速率数字表示的需要。半色调领域与 σ－δ 调制相同的方法称为误差扩散，由 Floyd 和 Steinberg 两人提出，这种方法在图像的半色调处理方面取得了很大的成功。

在过采样 σ－δ 调制和误差扩散半色调处理两个领域，研究工作取得的进展与其他领域的进步关系不大。为了加深对数字半色调信号处理本质的理解，尤其是加深对误差扩散法的理解，这里提供 σ－δ 调制和误差扩散法的统一表示，图 5－16 给出了 σ－δ 调制一维问题的工作流程框图，也适合于 Floyd 和 Steinberg 提出的经典误差扩散法，图中 $H(z)$ 代表带有误差分配性质的单位增益滤波器。图 5－16 所示的系统结构更适合于经典误差扩散数字半色调处理时应用，不过大多数 σ－δ 调制也采用该结构，以等价形式表示。

图 5－16 演示的信号处理框架的基本思想如下：量化器误差扩散到当前处理样本的下一样本，即邻域样本；分配到误差的邻域样本不只一个，有多少个样本“承担”量化误差以及“承担”误差样本所在位置由加权系数决定；加权系数之和应等于 1，或者说图 5－16 中的 $H(z)$ 应当是单位增益滤波器，才能扩散量化误差的准确值。如果加权系数也是非负的，则二值输出系统的稳定性能得到保证。对数字图像的半色调处理而言，某些情况下加权系数相加之和小于 1 或许正是系统所需要的，如此将提高二值输出图像的对比度，但几乎所有的误差扩散方法都采用加权系数之和等于 1 的误差过滤器。

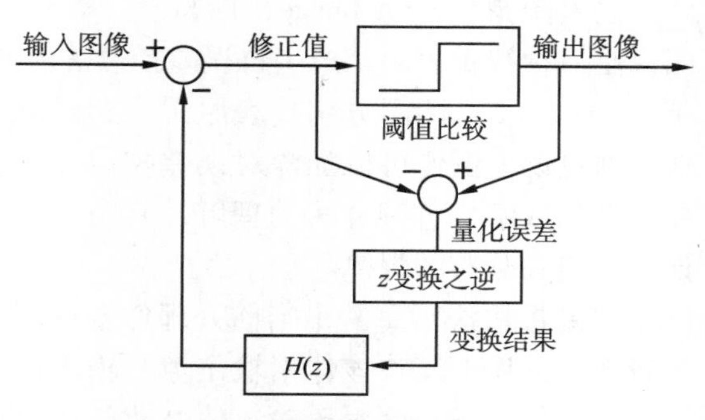

图 5－16 递归误差扩散框图

5.4.6 边缘增强误差扩散

Floyd 和 Steinberg 提出的经典误差扩散法虽然有锐化作用，但过分锐化或锐化不足都应该避免，为此 Eschbach 和 Knox 认为应该对这种经典误差扩散做必要的修正，使误差扩散方法具有调整半色调图像锐化程度的能力，如同图 5-17 所示那样。

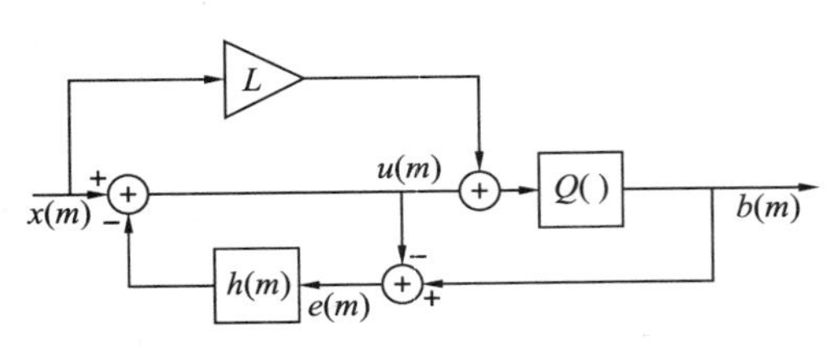

图 5-17 边缘增强误差扩散半色调处理框图

按图 5-17 修正后的半色调方法通常被称为边缘增强误差扩散，当前图像的像素值利用常数 L 作比例调整或缩放处理，并将调整的结果加到量化器 $Q(\ )$ 的输入端，与输入信号 $x(m)$ 合成后传递给量化器。因此，边缘增强误差扩散半色调处理可以视为与原连续调图像有关的阈值调制的例子。

图 5-17 中的 $h(m)$ 代表二维的固定不可分离有限脉冲响应误差过滤器，而 L 则表示标量边缘增强因子。随着 L 的增加，边缘增强扩散输出半色调图像的锐化程度也相应增加。根据这种特点，从全局角度考虑时 L 的取值等于 1，假定原数字图像在宽场景下具有静止特点，且量化器的输入和输出具有联合宽场景静止特性时，则说明锐化程度最小。较小的 L 值导致半色调图像模糊，而 L 值较大时引起锐化，可见 L 应该设置到降低线性畸变。

Kite 等人归纳出阈值量化条件下再现原连续调图像时半色调处理结果内不包含锐化信号成分的全局优化 L 值的计算公式，认为对信号路径附加不相关噪声的量化过程应该建立线性信号扩大模型。如果对于被处理信号扩大值的选择导致量化操作时输出与输入关系的线性最小均方根误差，则这种误差可以确保与量化器的输入没有相关性。由于信号扩大模型使半色调图像转换的量化过程具有线性特征，因而可以利用线性系统理论分析边缘增强误差扩散半色调算法。线性扩大值影响误差扩散的信号形成，而附加的不相关性则影响噪声的形成，但信号的线性扩大值不会明显影响误差扩散的噪声形成特性。边缘增强误差扩散假定量化器的输入和输出是组合宽场景静止随机过程，由于必须以样本平均作为统计平均的近似，因而计算线性最小均方根误差需耗用相当多的时间。

5.4.7 误差图像

误差图像（Error Image）的概念针对误差扩散法定义，在正常情况下不易发现。误差图像是一种视觉表示，产生自误差扩散法内部的误差，图 5-18 给出了误差图像的一个例子，（a）、（b）两图分别代表原图像和误差图像。通过误差图像可以加深对误差扩散这一重要类型的数字半色调方法的理解，有助于掌握误差传递和分布的规律。

图 5-18 误差扩散图像与误差图像例子

误差扩散法对每一个当前处理像素由阈值比较产生的误差反映该像素输出值与输入值修改结果间的差异，而对于输入值修改的结果等于原图像的像素值减去传递到该像素的加权误差，后者来自前一被处理像素传递过来的误差乘加权系数。描述像素位置 $(i,\ j)$ 产生的误差的递归方程由下式给定：

$$e(i,\ j)=b(i,\ j)-\left[m(i,\ j)-\sum a_{nk}e^{(i-n,j-k)}\right] \qquad (5-2)$$

其中，$e(i,\ j)$ 代表对位置在（$i,\ j$）的当前像素执行半色调操作产生的计算误差，不仅与当前被处理像素的灰度等级值有关，也与以前像素传递到当前像素的误差有关，是误差图像的描述依据；$b(i,\ j)$ 表示误差扩散处理系统的二值输出，只能取 0 或 1 两个数值之一；$m(i,\ j)$ 用于标记输入图像，实际上是当前处理像素的灰度等级。

公式（5－2）定义的误差函数 $e(i,\ j)$ 是二维数组，由每一个像素半色调处理过程中产生的误差组成，这些误差反映输出像素与输入像素修改结果间的差异，范围在 －0.5～＋0.5 之间。为了研究误差函数 $e(i,\ j)$，有必要修改误差扩散计算程序，以计算添加到二值输出图像上的这种误差函数。如果在结果误差上添加常数 0.5，则误差函数的取值范围将与连续调图像的归一化像素值范围相同，即从 0～1。通过这一方式，就可以看到以图像形式表示的误差函数，即前面提到的误差图像，优点在于以图像的形式表示误差函数，可以展示误差扩散附加的视觉信息，称之为误差图像的原因也正在于误差的视觉表示方式。

为了正确地理解图 5－18（b）所示的误差图像，有必要做简单的解释。考虑到误差图像视觉辨别的需要，误差图像上添加了数值等于 0.5 的常数，因而误差图像的较暗区域代表负的误差值，而较亮部分则表示正的误差。很明显，根据从图 5－18 得到的观察结果，误差图像并没有表现出随机性，或者说误差图像不能表示不相关的噪声。事实上，从误差图像可以看到输入图像的某些确定的成分，内容上与输入图像有相似之处。注意到误差图像包含与输入图像相似的场景，因而这种图像不属于负像。

5.5 蓝噪声蒙版

误差扩散法产生的半色调图像具有蓝噪声特征，可归入记录点分散随机抖动半色调技术之列；记录点分散有序抖动通过阈值矩阵或抖动矩阵实现半色调处理，阈值矩阵与记录点集聚抖动使用的阈值矩阵类似，相当于记录点集聚有序抖动模拟的网点结构，起控制记录点发生的蒙版作用，可以称之为记录点分散有序抖动蒙版。如果以记录点分散有序抖动蒙版的概念与误差扩散算法的蓝噪声特征结合，即赋予记录点分散有序抖动蒙版以输出蓝噪声图像的特征，则产生另一种数字半色调技术，命名为蓝噪声蒙版。

5.5.1 蓝噪声蒙版的基本特性

组建蓝噪声蒙版的原动力来自误差扩散和记录点分散有序抖动的组合优点，形成记录点分散有序抖动的随机版本，其含义是对本质上属于伪随机半色调处理的记录点分散有序抖动做必要的“改造”，使之过渡到记录点分散随机抖动技术，称为蓝噪声蒙版。这种新颖的数字半色调技术将记录点分散有序抖动的速度优势与误差扩散的高质量处理结果组合起来，实现方法归结为如何组建蓝噪声蒙版，形成二维的单一数值的函数，即在给定蓝噪声蒙版具备记录点分散有序抖动蒙版结构的基础上，要求这种蒙版能产生误差扩散方法的蓝噪声特性。值得注意的是，蓝噪声指处理结果所得半色调图像的功率谱曲线形状，并非蒙版自身具有蓝噪声特性。

蓝噪声蒙版的组建必须满足的重要条件是，当利用蓝噪声蒙版对任意灰度等级做阈值处理时，作为输出结果的半色调图像应该具有正确的一阶统计特性，而半色调图像的功率谱则具有蓝噪声特征。重要的问题在于，蓝噪声蒙版由 256×256 个像素构造而成，其尺寸或规模要明显大于传统记录点分散有序抖动蒙版。此外，蓝噪声蒙版组建成具有回绕特性，以至于虽然蓝噪声蒙版的尺寸比被处理图像小得多，但通过将蓝噪声蒙版排列成“瓷砖”状的结构，且只要“瓷砖”排列的周期合理，就可以处理尺寸更大的灰度图像了。

蓝噪声蒙版定义为二维的单一数值的函数，半色调处理时完全独立于灰度图像。对于蓝噪声蒙版和输入连续调图像间联系的唯一要求是，蓝噪声蒙版和被处理的灰度图像必须有相同的动态范围，可以理解为两者有相同的量化位数。在任意给定的灰度等级 g 处比较阈值时，得到的结果二值图像 $p(i, j, g)$ 称为该灰度等级的记录点分布，类似于记录点分散有序抖动输出图像那样。特定位置 (i, j) 灰度等级 g 的记录点分布数值由下式给定：

$$p(i, j, g) = \begin{cases} 1, & g > m_{ij} \\ 0, & g \leqslant m_{ij} \end{cases} \tag{5-3}$$

其中 m_{ij} 表示蓝噪声蒙版的对应像素。

式（5-3）所示的限制条件对于以半色调网屏形式实现的所有半色调技术都成立，这种限制条件源于误差扩散与传统记录点分散有序抖动特征的叠加，原因在于误差扩散半色调算法输出的记录点分布彼此独立，允许对各种灰度等级实现优化处理。

由于蓝噪声蒙版定义为二维的单一数值函数，因而不同灰度等级的记录点分布不具备彼此独立的特性。记录点分布的相关性可写成：

$$\text{if} \quad g_2 > g_1 \cap p(i, j, g_1) = 1 \Rightarrow p(i, j, p_2) = 1 \tag{5-4}$$

蓝噪声蒙版的重要特性表现在，利用蓝噪声蒙版在任意给定灰度等级下做阈值处理时得到的结果半色调图像具有蓝噪声属性。任何半色调图像的频谱由原图像特定频域位置的频谱排列与原图像非零频谱排列畸变版本的频谱组合而成，蓝噪声蒙版半色调图像处理的关键目标在于使非零频谱排列的能量最小化，因为这些频谱排列是半色调图像内出现结构性赝像的主要来源。

蓝噪声功率谱分布在蓝噪声蒙版与误差扩散两种方法间起连接作用。蓝噪声蒙版方法输出的记录点分布的频域特征设计得具有不同于对应误差扩散半色调图像的主频。由于利用蓝噪声蒙版的半色调处理仅仅要求简单的像素比较，因而蓝噪声蒙版半色调方法的执行速度比误差扩散法快。当然，误差扩散法的速度与特定的实现方法有关，例如固定误差分配方案比扰动误差分配方案的执行速度肯定要快。

5.5.2 蓝噪声蒙版的构造方法

半色调算法输出的二值图案 $p(i, j, g)$ 也称为各灰度等级 g 的记录点分布，当然可视为蓝噪声蒙版数字半色调算法对于常数灰度等级 g 的阈值处理结果。为了使蓝噪声蒙版控制下形成的记录点分布具有蓝噪声的平均功率谱分布，构造蓝噪声蒙版时要求这种蒙版自身在傅里叶域中具有蓝噪声特征，且在图像域（空间域）中具有正确的一阶静态特征，意味着蓝噪声蒙版产生的记录点分布的 $p(i, j, g)$ 的平均值为 g。

组建代表蓝噪声蒙版的单一数值函数时应顺序构造记录点分布，即对于灰度等级 $g_l + \Delta g$ 的记录点分布借助于转换给定像素编号的数值从灰度等级 g_l 的记录点分布构造而成，如果后面将要构造的记录点分布对应于比当前记录点分布更高的灰度等级，则变换期间以数字1代替0，这种方法称为向前构造；否则应该以数字0代替1，称为向后构造。如果不加特别的说明，默认的蓝噪声蒙版构造法总是假定采用向前构造的方法。注意，数字0和1用作像素的缩写，表示被讨论到的像素分别取0或1。

假定算法的设计任务归结为对 $M \times N$ 个像素构成的 B 位蒙版建立 2^B 的记录点分布，要求能够唯一地表示输入连续调图像全部有效的灰度等级。按向前规则从记录点分布

$p(i, j, g_l)$ 构造 $p(i, j, g_l + \Delta g)$ 记录点分布时，将要从 1 改变到 0 的个数等于 $X = (M \times N)\Delta_g$，其中 Δ_g 通常取 $1/2^B$。蓝噪声蒙版的典型特征表现在，对于任意给定常数灰度等级的阈值处理得到的二值半色调图像与设计时该灰度等级的期望记录点分布准确一致。构造记录点分布其实等价于组建蓝噪声蒙版，为了符合上述要求，在构造记录点分布执行的每一次迭代操作时，蒙版需保持对于数值改变像素的跟踪。更专业地说，当前记录点分布在位置（i, j）发生的像素值转换空间编码成另一数组，以位置（i, j）处像素值递减或递增的方式编码，由此形成的数组执行记录点分布改变的空间编码，称这种数组为累积数组。根据蓝噪声蒙版的构造要求，累积数组应该是空间位置和灰度等级的由单一数值表示的三维函数，标记为 $c(i, j, g)$。所有的记录点分布（对应于所有的灰度等级）构造完成后，累积数组就变成蓝噪声蒙版 $m(i, j)$。

从灰度等级 $g = 0.5$ 开始构造记录点分布显然最为合理，由此展开记录点分布的向前和向后构造过程，可得到均衡和对称的构造结果。由于灰度等级 $g = 0.5$ 的记录点分布是构造蓝噪声蒙版的开始，因而对应于该灰度等级的记录点分布可相对自由地选择，但必须符合某种形式的约束条件。一旦中间灰度等级的记录点分布建立起来，就可开展其他灰度等级的记录点分布的构造过程了，一般来说应该对 $g > 0.5$ 的灰度等级建立新的记录点分布。

为叙述方便，灰度等级 $g = 0.5$ 的记录点分布以 $p(i, j, 0.5)$ 表示。如前所述，该灰度等级记录点分布可相对自由地选择，但必须满足适合于产生蓝噪声半色调图像的约束条件，因而事实上并不自由。图 5－19 给出了灰度等级 $g = 0.5$ 的记录点分布的例子，若计算该记录点分布所有像素的平均值，则结果应等于 0.5。在选择好满足约束条件 $g = 0.5$ 灰度等级的记录点分布的同时，还必须对灰度等级 $g = 0.5$ 建立累积数组，要求按该数组给定内容在 $g = 0.5$ 灰度等级的阈值处理输出的结果二值图像与设计时的期望记录点分布 $p(i, j, 0.5)$ 一致。

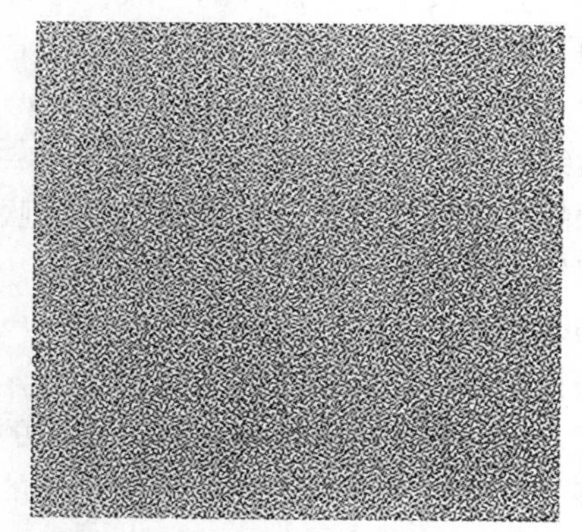

图 5－19　建立蓝噪声蒙版的开始图像

5.5.3　误差扩散与蓝噪声蒙版处理结果比较

作为例子，对数值为 $g = 0.89$ 的常数灰度等级图像以 256×256 像素的蓝噪声蒙版执行半色调处理，并利用扰动加权系数（即误差分配系数）的方法输出误差扩散半色调图像，两种半色调方法处理的结果分别见图 5－20 的（a）和（b）。

图 5－20（a）表示以蓝噪声蒙版对 $g = 0.89$ 的灰度图像执行半色调处理的结果，而图 5－20（b）所示的半色调图像则来自加权系数扰动误差扩散方法对相同常数灰度等级图像输出的半色调图像。两者比较，蓝噪声蒙版方法得到的半色调图像的黑色像素似乎多于加权系数扰动法误差扩散算法半色调图像包含的黑色像素。图 5－20 给出两种记录点分散半色调技术的直观比较，两种算法均

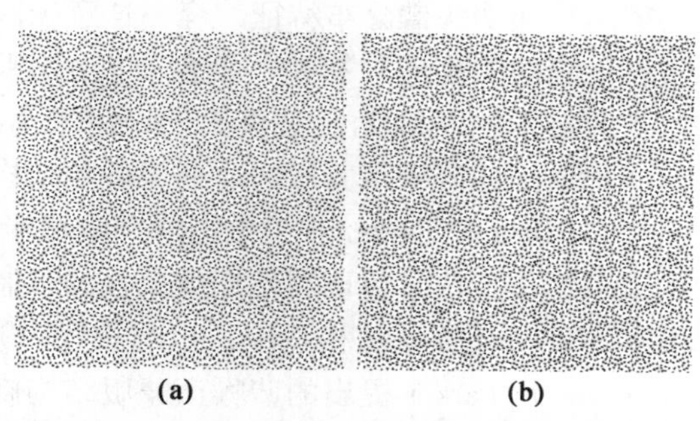

图 5－20　误差扩散与蓝噪声蒙版处理结果比较

具有记录点分散随机抖动的本质属性。

为了使读者获得更清晰的感受，图 5－21 比较了蓝噪声蒙版和加权系数扰动误差扩散算法对 $g=0.89$ 常数灰度等级图像处理所得半色调图像的径向平均功率谱分布。如同数字半色调技术专业人员们期望的那样，蓝噪声蒙版主频数值比误差扩散法要更低一些。

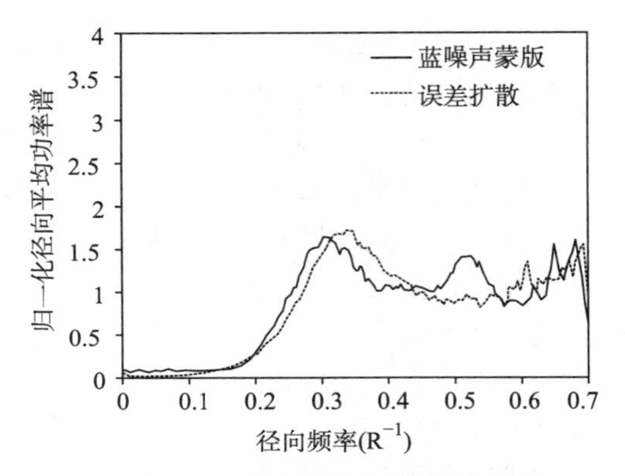

图 5－21　两种随机抖动半色调方法的径向平均功率谱比较

5.5.4　蓝噪声蒙版结构修正法

期望中的半色调操作结果应该是非结构性的、包含丰富高频分量的记录点图像，也是蓝噪声方法的典型特征，视觉效果良好。误差扩散法产生高质量的半色调图像，在变换域（频域）中呈现蓝噪声特征。更高级的方法利用误差扩散原理改善输出质量，已经提出的方法有许多，这些方法增加了误差扩散计算的复杂程度。

Sullivan、Ray 和 Miller 利用视觉判断准则产生蓝噪声图像，但半色调处理过程涉及全部灰度等级半色调图像的色域，不再是单一的半色调网屏。Rollesten 和 Cohen 以相关（高频）噪声建立半色调网屏，但对于各种灰度等级输出的半色调图像不能约束为输出呈现蓝噪声特征。蓝噪声蒙版的概念由 Mitsa 和 Parker 提出，对于各种灰度等级产生的半色调图案约束于一阶（保留灰度等级）和二阶（功率谱有蓝噪声特征）统计参数，因而二值图像的蓝噪声特征能得到保证。基于蓝噪声蒙版的处理过程很简单，运算过程仅仅是连续调图像的像素值与对应蒙版值的比较，如同记录分散有序抖动方法那样，但不会出现周期性的结构。与误差扩散法相比，蓝噪声蒙版法产生非结构性的记录点图像。尽管蓝噪声蒙版法输出的半色调图像视觉效果良好，但仍然有必要对构造蓝噪声蒙版的方法做进一步的修正，目的在于改善常规蓝噪声蒙版的半色调处理性能，以构造出新的、比常规方法效率更高的蓝噪声蒙版，进一步减少残留的低频赝像，并添加视觉系统所期望的特征。

简单地说，初始蓝噪声蒙版针对中间灰度等级构造，例如对 8 位量化的灰度等级分布应该取 $g=127$ 或 128。蓝噪声蒙版构造开始于初始二值图像，这种图像也称为蓝噪声蒙版的“种子”。每一个后续灰度等级的蓝噪声蒙版利用前一灰度等级的二值图像构造，因而蓝噪声蒙版是单一灰度值的函数，或者说类似于记录点分散有序抖动算法的阈值数组或抖动数组，构造出来的图像具有期望中的一阶矩和二阶矩统计特征。在每一个灰度等级下需要利用周向对称的滤波器识别并消除低频结构（记录点的丛生），使得处理结果与蓝噪声的径向平均功率谱分布特征兼容，这意味着要求采用周期性的滤波器，以便蓝噪声蒙版能实现无缝的“瓷砖”拼贴，覆盖面积比蓝噪声蒙版更大的图像空间。这些概念的提出对误差扩散技术的发展无疑是重要的，后来为 Ulichney 所采纳，他使用“空白”和“集聚”两个术语描述蓝噪声蒙版的非期望低频结构。

在 Mitsa 和 Parker 报道的蓝噪声蒙版半色调方法原文中，诸如局部平均值之类的空间约束也用作二值半色调图像期望属性的强制性冗余条件，周向对称并带有周期性特征的滤波器不仅与灰度等级相适应，也与按每一灰度等级构造的二值图像相适应。由 Meng Yao 和 Kevin J. Parker 提出的蓝噪声蒙版结构修正法比常规蓝噪声蒙版法更为简单，在没有任何附加约束条件的前提下使用各向异性的滤波器。然而，这种滤波器适应于灰度等级图像的滤波处理，但与构造过程中形成的二值图像细节不相适应。蓝噪声蒙版结构修正方法将会失去形成二值图像期望功率谱细节的能力，然而整体处理过程更简单，为构造相互独立的蓝噪声蒙版准备好所有的条件。由 Mitsa 和 Parker 提出的另一种修正建议包括视觉系统的各向异性特点，即考虑到了视觉系统对于角度的各向异性特点，使算法输出的二值图像功率谱中的更多能量集中到对角线上，原因在于视觉系统对于高频响应的灵敏度较低。

5.5.5 功率谱方法

功率谱方法由 Meng Yao 和 Kevin J. Parker 提出，可以将任何灰度等级产生的二值图像转换到蓝噪声图像。这种方法不同于由 Mista 和 Parker 提出的蓝噪声蒙版法，后者力图使二值图像强制性地转换成具有预先定义的各向同性的蓝噪声功率谱特征，带有可以忽略的低频能量，并规定平均功率谱分布的高频能级。功率谱法利用简单形式的各向异性滤波器消除低频能量，无须规定高频分量的细节，去除了二值图像的记录像素结块现象，产生视觉效果良好的蓝噪声图像。该方法的特别之处表现在，半色调操作开始时对打算使用的初始二值图像（例如白噪声抖动图像）执行快速傅里叶变换，在频域中施加滤波器，然后执行快速逆傅里叶变换返回到空间域，如此产生的数值不同于二值图像的取值，不再是二值的。对于二值图像中取值等于 1 的所有像素（对应于白色记录点），此法建议者发现经滤波处理后的像素具有与二值图像平均灰度等级最大的正标准离差，处在最大白色像素块的中心。类似地，对于二值图像中那些数值等于 1 的像素（对应于黑色记录点），发现这些像素具有偏离二值图像平均灰度等级最大的负标准离差，处在最大黑色像素块的中心。黑色像素块中心的值经过恰当的变换处理后，像素结块现象消失。上述处理过程一直重复地进行下去，直到满足停止准则，最终产生的半色调图像将具有期望中的良好质量。

二值图像功率谱处理方法的执行步骤可归纳如下：

（1）设置数值为 1 和 0 的像素对初始数字 M，这种数字对将在以后的每一次迭代过程中按规定的原则交换。

（2）规定适合于灰度等级图像的一维低通滤波器的变换域。

（3）对一维滤波器执行旋转操作，以产生二维低通滤波器。

（4）当前二值图像执行快速傅里叶变换。

（5）以二维低通滤波器过滤二值图像。

（6）对滤波后的图像执行快速逆傅里叶变换。

（7）通过计算滤波图像与该图像代表的灰度等级之差组成误差数组。

（8）按两种场合对误差分类，即二值图像数值等于 1 的所有像素归属于正误差，二值图像中取值为 0 的全部像素归类于负误差。

（9）确定 M 个 1 和 0 数值对中具有最大正误差和最大负误差的数字对，交换位置。

（10）计算滤波图像的均方根误差，如果均方根误差下降，则返回到步骤（4），并继续执行下一个迭代处理过程；当均方根误差增加，且 M 不等于 1 时，使 M 值降低一半，并返回到步骤（4）；若均方根误差既不增加又不降低，则停止迭代过程。

任何起平滑作用的数字滤波器均可用作二值图像功率谱处理算法的低通滤波器，例如频域低通滤波经常使用的巴特沃斯（Butterworth）和高斯滤波器等，其中巴特沃斯滤波器的实际性能与阶数有关。此外，视觉系统的感受特征也可以结合使用到低通滤波器中，有可能使功率谱处理方法建立的半色调图像更适合于眼睛的视觉特征。

5.5.6 平均功率谱比较

由于半色调记录点分布的频率指特定图案中记录点的紧密度，因而半色调方法输出的记录点分布特征可以用称为平均功率谱的数学结构描述，其含义是记录点分布决定的平均频率程度。低频导致各种区域内发生记录点的合并，形成均匀性更差的结果。蓝噪声蒙版半色调方法结合误差扩散与伪随机抖动的优点，可以过滤掉低频，减少粗颗粒结团。

根据 Ulichney 对数字半色调方法的研究结果，误差扩散处理系统输出的半色调图像具有蓝噪声特点，典型功率谱如图 5－22 中的虚线所示；蓝噪声蒙版半色调方法输出二值图像的功率谱特征与误差半色调图像扩散类似，同样具有蓝噪声功率分布，区别在于功率谱比误差扩散稍平坦些，平均功率谱分布在图 5－22 的右图给出。

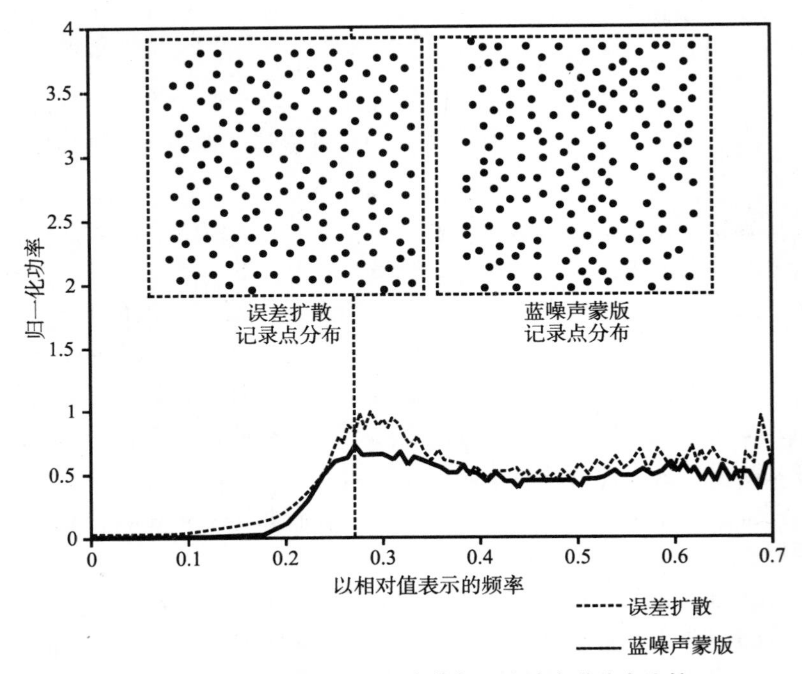

图 5－22 误差扩散与蓝噪声蒙版平均功率谱分布比较

图 5－22 的垂直轴有意义的计量范围从 0～1，超过该范围的数值并无实际意义。从该图所示的平均功率谱分布看，误差扩散的蓝噪声特征更明显，但蓝噪声蒙版方法输出的半色调图像的功率谱分布比误差扩散更平坦，因此两者各有所长。

第六章 调频和复合加网技术

调频网点也称为随机网点（Stochastic Screen），完整的含义是成像设备在数字半色调算法的控制下随机地将发生的记录点分布到二值成像平面上，保持记录点的大小不变，因而随机两字指记录点出现的位置没有确定的规律，不同于传统网点结构。幅度调制网点通过网点面积率的变化模拟连续调图像的阶调和颜色变化，网点的位置固定不变，其优点表现在具有稳定的网点结构，适合于复制颜色和层次变化平坦的区域。结合记录点集聚有序抖动和记录点分散抖动各自的优点，可形成复合加网技术，成为本章讨论的重点。

6.1 幅度调制和频率调制

对半色调技术而言，幅度意味着大小，而频率相当于记录点分布密度，借用无线电的幅度调制和频率调制信号生成和传输，就产生网点（或记录点）幅度调制和频率调制的概念，对应于两种不同的半色调方法。其中，幅度调制半色调处理着重解决如何合理地生成稳定的网点结构，关键在于以数字方式实现传统网点角度；频率调制半色调技术的重点是记录点分布，可通过记录点分散有序抖动和记录点分散随机抖动的方式实现，后者生成的半色调图像质量更高。

6.1.1 传统网点的幅度调制特点

现代激光照排机、直接制版机和数字印刷系统等硬拷贝输出设备以数字方式工作，即成像过程完全以数字方式控制，从连续调图像转换到二值图像。这些设备的成像信号来自栅格图像处理器，按 0 和 1 的数字组合转变成代表黑色和白色的物理记录点，而有限个黑色物理记录点的有序排列则组成规定大小的网点。由于激光照排机等现代硬拷贝输出设备和相关软件的出现，印刷业迅速地从模拟工艺转移到数字二值方法。

早期数字半色调技术的研究重点在于探索如何模拟传统网点，归结为以牺牲输出设备的空间分辨率为代价，换得有限程度的网点分辨率，因而硬拷贝输出设备的研发重点之一放在尽可能提高记录分辨率方面。

如果按原稿低频成分的再现能力衡量，传统照相半色调工艺确实可以复制出完整的阶调范围。对大多数各种类型数字半色调方法而言，输入连续调图像的常数灰度等级区域通常是最难复制的，但由于模拟传统加网技术的数字半色调方法产生的结构性图像（网点区域和非网点区域组成）是黑色记录像素集聚和堆积的结果，与灰度值对应的网点大小至少在理论上是固定不变的，因而常数灰度等级区域的复制结果相当稳定。

由于数字加网法总是试图通过记录点集聚有序抖动模拟照相制版的加网结果，因而这类数字半色调技术称为幅度调制加网，简写为 AM。幅度调制符合传统加网技术用改变网点大小的方法来再现连续调原稿的工作原理。对照无线电技术中的含义，改变网点的大小相当于调制波形幅值的高低，因而称之为幅度调制是合理的。

从细节再现的角度考虑，只要方法设计合理，充分考虑到硬拷贝输出设备的成像特点，数字半色调技术有能力复制出高对比度的细节。只要 Nyquist 采样定理得到满足，则半色调处理系统就允许代表细节的频率成分尽可能达到最高，在保留输入图像细节的同时仍然能复制整个灰度等级范围。另一方面，当高频细节的对比度很低时，网点函数将与高频细节发生交互作用，限制这种成分的频率响应。因此，可以认为数字半色调技术对高对比度输入能实现最佳的高频成分复制，保证对象的边缘清晰度。对于那些对比度较低的输入信号，数字半色调处理系统的细节再现能力逐步降低，以半色调单元的空间频率（分布密度）限制最小灰度等级细节的复制能力，而这有利于表现变化不大的原稿区域。

图 6－1 形象地说明了传统网点的幅度调制特性，图中画出了 5 个半色调单元，每个单元由 49 个设备像素组成。为了说明传统网点的幅度调制特点而有意识地使 5 个半色调单元沿水平方向紧接排列，中间一个半色调单元的网点面积率最大（有 13 个像素被涂黑），在该半色调单元左右两侧分别为涂黑了 5 个像素的半色调单元，最外侧的两个半色调单元仅有 1 个像素被涂黑。图 6－1 的底部演示五个网点的幅度（网点面积率）大小。

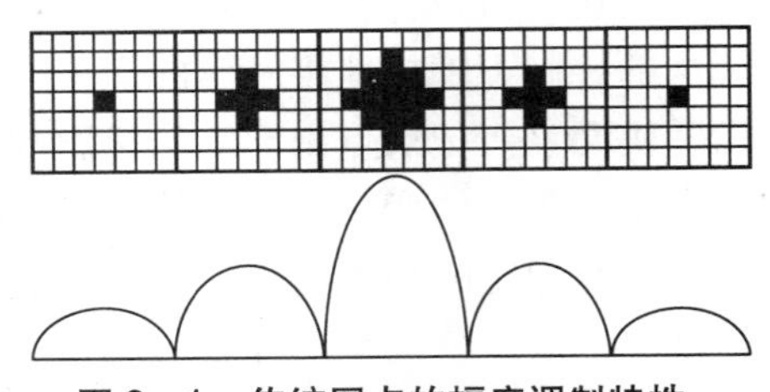

图 6－1　传统网点的幅度调制特性

调幅加网最主要的缺点是易产生莫尔条纹（俗称龟纹），源于两个或多个有规则调幅网点图像的叠加。单色印刷不可能产生莫尔条纹，莫尔条纹是彩色印刷的“副产品”。为了降低莫尔条纹干扰眼睛阅读印刷品，商业印刷通过合理地错开网点排列角度的方法使莫尔条纹效应达到最小化，其结果是产生称为玫瑰斑的环状图像。对齐交叉成一定角度排列的网点图像时必须十分小心，否则很容易导致莫尔条纹产生。幅度调制网点的另一个缺点是容易造成图像等高线，由于半色调纹理突然改变而建立的视觉弯曲效应，例如网点增大引起的阶调跳跃往往意味着半色调纹理突然改变。若通过记录点集聚增加最高灰度等级数，则幅度调制网点导致的这种赝像可以降低到不易察觉的程度，但增加调幅网点可表示的灰度等级数必然要求增加集聚成网点的记录像素数量，从而降低半色调图像的空间分辨率。

6.1.2　调频网点

记录点分散抖动技术不再采用通过改变网点大小的方法再现原稿阶调和层次变化，而是由栅格图像处理器驱动输出设备按数字图像的像素值产生大小相同的记录点群。假定仍然以半色调单元衡量，则记录点面积的总和等于阶调表现相同的幅度调制网点的记录点在半色调单元中占有同样大小的面积，但记录点群在半色调单元内又是随机分布的，即使记录点分散有序抖动法输出的半色调图像的记录点也有类似特点。

记录点分散抖动法的出现使加网技术进展到频率调制（FM）的阶段，也使幅度调制加网或记录点集聚抖动有了替代技术，调频网点（记录点）的尺寸保持为常数，但记录点分布的距离随阶调值而变，可以避免调幅加网的缺点，例如前面所说的莫尔条纹效应。

作为调幅加网的替代技术，频率调制半色调技术无须考虑网点排列角度，也不存在加网线数问题，其结果是产生没有人工假象的效果。此外，记录点分散随机抖动技术利用邻域像素的统计分析方法建立半色调画面，以更高的保真度再现连续调图像。根据网点增大周长理论，由于频率调制半色调算法输出的记录点不像调幅网点那样集聚在一起，因而网点增大值高成为调频加网的主要缺点，硬拷贝输出设备的像素点尺寸超过分色胶片或印版记录点尺寸。印刷时的网点增大效应会引起印刷阶调范围减少或压缩，导致原图像清晰度和细节（对比度）的损失，并进而产生空白堵塞（填充）现象，造成偏色。

图6-2给出了频率调制半色调技术以尽可能均匀的记录点分布模拟调幅网点阶调表现的工作原理示意图，频率调制记录点组成的半色调画面特定区域的大小与幅度调制网点的区域（半色调单元）相同，但此时可能不宜再称为半色调单元了。与调幅网点不同的是，调频网点的每一个成像光点（记录点）在特定的区域内随机地分布，不像幅度调制网点那样聚集在一起成为彼此连接的点群。因此，频率调制方法输出的半色调画面不像调幅网点那样由有限数量的记录像素聚集成固定的形状。

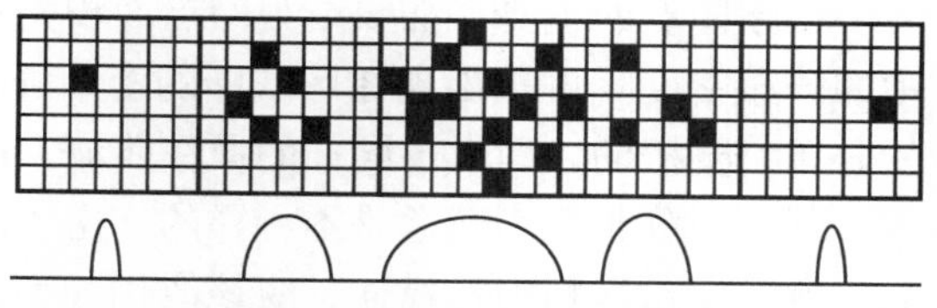

图6-2 频率调制示意图

调频网点（实际上是记录点）的尺寸与生成这种网点之设备（例如激光照排机）的记录精度有关，假定输出设备的记录分辨率为3600spi，则每个成像点的理论最小直径约等于7μm；当设备的记录精度降低到2400spi时，调频网点的最小理论直径大约为10.6μm；如果输出设备的记录精度进一步降低到1200spi，则每个记录点的最小理论直径也不过才21.2μm。以上列举的数字说明，调频网点的尺寸很小，因而对复制工艺的要求很高。

6.1.3 幅度调制与频率调制加网的区别

就数字半色调方法分类的角度考虑本无区分调幅和调频的必要，只需分清此法的区别和输出结果的不同就可以了。然而，以幅度调制和频率调制划分数字半色调技术输出结果的类别更符合印刷行业的习惯，有利于使人们从另一种角度了解记录点集聚和记录点分散等算法的物理本质，强调两种半色调画面的区别也有利于理解对复制工艺的不同要求，掌握幅度调制和频率调制半色调技术对复制效果的影响。

事实上，对频率调制数字半色调方法来说本没有网点的概念，无论记录点分散有序抖动还是记录点分散随机抖动方法，输出的半色调画面缺乏记录点集聚成彼此连接的网点特征，仅仅是按某种规则在采样平面上的记录点分布，因而频率调制网点或许更应该称为记录点群，概念上明显不同于传统网点。对幅度调制和频率调制方法输出的半色调画面不必过分强调两者的几何特征差异，更应该从总体特征上考虑。

为了方便叙述，且为了符合印刷业的习惯，采用调幅网点和调频网点的称呼是可以理解的。值得注意的是，虽然两者都冠以网点的称呼，但应该明确两者的区别，且调幅网点和调频网点的差异是多方面的，比如网点结构、几何尺寸、记录点生成方法和分布特征等，这些区别形成了调幅网点和调频网点的不同行为特征，并影响到复制工艺和复制效果。

所有模拟传统网点结构的记录点集聚有序抖动方法都采用改变网点大小的方法来表现连续调图像的颜色和层次变化，网点的位置不变，原图像中色调深的部位用面积率大的网点表达，而色调浅的区域则使用面积率小的网点描述。

常规加网工艺经历了从照相加网到电子加网再到记录点集聚抖动数字半色调处理的发展过程，但无论采用那种网点发生技术，最终形成的网点与照相制版投影网屏或接触网屏产生的网点具有相同的行为特征：网点的空间频率以及单位面积上网点数量是恒定不变的，网点面积的改变本质上源于网点强度信号（振幅）的改变，能稳定地表现常数灰度等级区域。因此，模拟传统网点的数字半色调方法通过调制网点幅度的方法表现连续调原稿或数字图像的阶调和层次变化，这是人们称之为调幅网点的主要理由。

调频网点的主要特征归结为网点面积固定不变，这种网点通过改变记录点在二维空间中的分布密度（网点出现在区域中的密集程度）来表现原稿色调。调频网点在二维空间中的分布是随机的，即对于同样的原稿阶调，此处与彼处的网点虽然在单位面积内的分布密度相同，但分布规律通常是不一样的。由于网点在区域内的随机分布特性，不能用网点的大小或幅度这样物理量描述，应该改用频率来表示，它反映网点的频率特征。

6.1.4 典型半色调图像的随机性分析

幅度调制和频率调制加网分别要求记录点集聚成面积率变化、位置固定的网点和记录点在成像平面上随机分布、尺寸不变但位置变化，尽管记录点分散有序抖动方法建立的半色调画面缺乏记录点分散随机抖动方法那样彻底的随机性，但这类算法输出的半色调图像仍然具有相当程度的随机特性，因而也可归入频率调制半色调方法的范畴。因此，满足记录点在成像平面内随机分布的数字半色调方法有不少，并非仅仅误差扩散方法，例如白噪声抖动、蓝噪声蒙版和直接二值搜索方法等。

图6－3给出了四种数字半色调技术产生的二值图像，目的在于比较不同半色调方法输出画面的视觉效果，检查这些方法的随机特征和达到的随机程度。为了便于比较，对图中的半色调图像做了放大处理，并按相关性增加的次序排列，这意味着平均信息量（信息熵）按次序降低。白噪声半色调画面之所以相关性最低，是因为其平坦的功率谱分布；记录点集聚有序抖动方法输出的二值图像是四种半色调技术中相关性最高的，记录点在二值记录平面上的定位完全按预定的规则产生。由于图中所示的四种半色调图像都来自对 $g=1/9$ 固定灰度等级图像的处理结果，因而大体上包含相同数量的黑色像素。

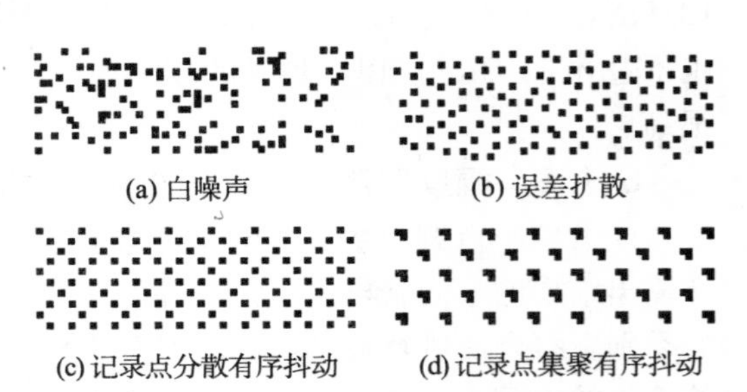
(a) 白噪声　(b) 误差扩散　(c) 记录点分散有序抖动　(d) 记录点集聚有序抖动

图6－3　按信息熵排序的半色调图像比较

白噪声抖动完全满足记录点分布的随机性要求，但由于白噪声抖动方法输出半色调图像平坦的功率谱分布，导致这种半色调图像整体上呈现太多的随机性，以至于记录点在成像平面上的分布显得杂乱。由此可见，如果记录点出现在二值平面上的位置太随机，则半色调图像的视觉效果未必很好，也不能用作高质量的调频网点发生器。

记录点分散有序抖动算法输出的半色调画面的结构范围比记录点集聚有序抖动方法输出的半色调图像大，每一个记录点占据的范围比记录点集聚有序抖动小，只要硬拷贝输出设备的分辨率达到一定程度，辨别记录点分散有序抖动的画面结构比记录点集聚有序抖动更困难。记录点集聚和记录点分散有序抖动这两种方法的共同特点可归纳为半色调画面都显得太规则，结构性太强，记录点的出现位置根本没有或几乎没有随机性可言，从而也不能用于产生以随机性为主要特征的频率调制半色调图像。任何半色调技术的主要目的是正确地表示连续调图像的阶调（层次）和颜色的变化，因而抖动处理的结果不应该出现任何半色调图像自身的形式或结构，只有当二值图像对视觉感受没有妨碍时，才能认为与其对应的半色调方法是成功的。

记录点集聚有序抖动能成功地模拟传统网点（调幅网点）结构，在表现常数灰度等级区域方面具有独特的优势，只要成像设备有足够高的记录精度，则视觉系统将无法辨别按预定规则组织起来的网点结构。但是，调幅网点对印刷工艺和操作技能的要求较低，如果高光区域的小网点不丢失，暗调区域的网点不发生合并，记录点集聚有序抖动还是成功的半色调方法，但这已经超出了讨论半色调方法随机性的范围了。

误差扩散方法输出的半色调图像视觉效果相当好，因为这种方法与不应该出现半色调图像自身形式或结构的基本要求没有抵触，画面中几乎不存在结构性的内容，记录点分布满足随机性的要求，又不会使人产生杂乱的感觉，相关性较低但又不完全不相关。

6.1.5 误差扩散法的频率调制特点

频率调制半色调画面的记录点不应该像幅度调制技术那样集聚在一起，使观察者很难看清结构性图像，因为与调幅网点的有规则栅格图像相比，视觉系统对于由频率调制半色调方法产生的随机图像结构缺乏敏感性。频率调制半色调操作在有限的设备记录精度条件下以明显高于幅度调制方法的空间分辨率重构连续调图像。

误差扩散法产生黑色像素的基础是阈值比较，虽然对于当前像素阈值比较产生的误差按预定规则分配给邻域像素，但由于每一次阈值比较产生的误差不同，再加上分配到邻域像素的误差始终在变化中，因而黑色像素的位置随机出现，满足频率调制的要求。

误差扩散法甚至还能够“冲破”二值平面上记录栅格结构规则的约束。例如，即使硬拷贝输出设备生成的记录点是理想正方形，且每一个记录点准确地对齐到矩形栅格的给定位置上，但总体上却趋向于打破这种严格的对齐限制，建立起良好的视觉效果，似乎产生“挑战”记录栅格的假象，尽管事实上记录点必须定位到栅格上。

误差扩散法既然满足调频加网的基本要求，则有必要讨论其频率。根据第五章对噪声的讨论，蓝噪声功率密度具有与品红噪声互成倒数的重要特点，两者成互补关系，蓝噪声是品红噪声的高频表示，因而蓝噪声频率与品红噪声的 $1/f$ 特性存在密切关系。误差扩散法输出的半色调二值图像具有典型的蓝噪声功率谱分布，从而可以用 $1/f$ 描述误差扩散法的频率特点。蓝噪声存在于众多的领域，误差扩散法或许受到这些领域的启发。多少年来，人们总是认为周期等于 $1/f$ 的噪声功率谱分布仅仅存在于电子系统，似乎只能“人工制造”，但大量有价值的发现却表明这种看法未必正确，至少是不全面的。研究工作的深入开展不断而且重复地确认，自然界的几乎每一个方面都存在周期为 $1/f$ 的功率谱分布，包括太阳黑点的位置变动、地球轴线摆动和尼罗河洪水等级改变等，都存在这种功率谱分布，证明了 $1/f$ 功率谱并非“人工制造”的专利。与此同时，生理学家们也对人类自身的活动规律展开了广泛的研究，有证据表明，生理系统同样存在周期等于 $1/f$ 的波动。研究成果还不止于此，电子大脑摄影图（Eloctroencephalogram，也称脑电波图）测量结果表明，当试验者受到“愉快刺激”（例如人体处在和煦的阳光下）时，也出现 $1/f$ 的功率谱。

更有趣的现象表现在音乐方面。由 Richard Voss 执行的研究项目测量了音乐会演奏时的功率谱，发现所有形式的音乐都拥有周期为 $1/f$ 的“噪声”分量。为此他专门研究了所谓的“随机音乐作品”与听众情感的关系，揭示出十分有趣的听觉规律：如果被试验者听到的是 $1/f$ 音乐，则听众会觉得这种音乐比白色音乐（White Music）更有趣味，这里提到的白色音乐指周期等于 $1/f_0$ 的音响作品。与音乐功率谱分布研究有关的名词除白色音乐外还有棕色音乐（Brown Music），前者以过于随机为典型特征，因为 f_0 是白色音乐发生系统的固有频率；棕色音乐的周期等于 $1/f^2$，可以用“过于相关”描述其物理特点。

1/*f* 频率成分影响人的情感，因而这种“噪声”也是研究视觉感受的主题。现在的问题是蓝噪声与 1/*f*“噪声”的关系，事实上蓝噪声应该描述为对于 1/*f*“噪声”愉快感觉的补充。在大自然与人工造就的 1/*f* 现象中，低频成分的支配地位是引起人们兴趣和反映自然结构本质的主导因素，也反映自然结构的本质。与此相反，蓝噪声既不有趣，但也不令人烦恼。由于蓝噪声几乎不存在低频分量，在频域内的峰值（放射平均功率谱曲线的尖头部分）集中在局部区域，因而蓝噪声半色调图案没有结构性内容，利用这种图案表示待复制对象时不会对频谱分布的兴趣特征产生干扰作用。

6.1.6　一阶和二阶调频网

随机加网或频率调制半色调处理的概念首先由德国 Darmstant 技术大学的 Karl Scheuter 提出于 1965 年。一直到 20 多年后，个人计算机的运算能力足以应付一般的半色调处理，出现了更高级的页面描述语言 PostScript，激光照排机和直接制版机的性能足够稳定，才使得 Karl Scheuter 当初的理想得以实现。应用频率调制半色调技术时必须明确，记录点的数量和平均距离比记录点集聚有序抖动方法的网点尺寸更重要，因为正是记录点在二值平面上的分布决定平均反射率，如同有规则排列的不同面积率的网点控制平均反射率那样。

学者们普遍认为，只要合理地应用频率调制半色调技术，就可确保硬拷贝输出设备所复制图像与原图像的一致性，连续调图像复制质量通常要高于幅度调制网点，例如可以复制更多的图像细节，原因在于频率调制画面的基本记录单元尺寸很小。

模拟传统网点的记录点集聚有序抖动需尽可能实现传统制版的最佳网点角度组合，由于在 0°～90°的范围内不能安排更多的分色版，因而幅度调制半色调技术允许使用的油墨颜色数量受到限制。以误差扩散和蓝噪声蒙版等为代表的频率调制半色调方法则不同，记录点在记录平面上的分布是随机的，不存在网点排列角度问题。因此，频率调制半色调技术允许使用更多的油墨颜色，例如适合于六色或更多墨水颜色的彩色喷墨设备。

幅度调制和频率调制半色调技术的结合形成复合加网或复合半色调技术，充分利用两者各自的优点。大多数复合加网方法保留频率调制半色调方法的高光和暗调再现能力，因为频率调制半色调方法所生成的小尺寸黑色记录点和大量黑色记录点堆积留下的少量空白更适合于复制连续调图像的高光和暗调区域。纯粹从频率调制的角度看，可以按照记录点的分散程度和排列特点划分成一阶和二阶调频网，如图 6－4 所示。

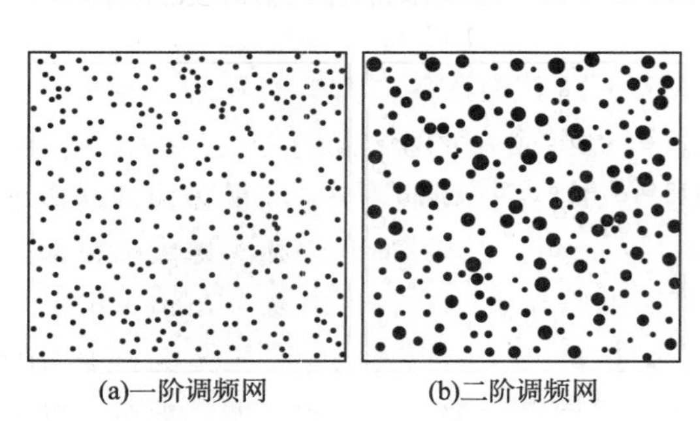

(a)一阶调频网　　(b)二阶调频网

图 6－4　一阶和二阶调频网

图 6－4 中（a）图所示的一阶调频网大体对应于由误差扩散和蓝噪声蒙版等半色调方法输出的二值图像，记录点的出现完全是随机的；图 6－4 中（b）图所示的二阶调频网包含由不同数量记录点集聚成的点群，这些点群的中心位置如同（a）图的一阶调频网那样没有规律，因位置和大小的随机性而称为二阶调频网，即复合半色调画面。

二阶调频网是复合加网的实现技术之一，在修改一阶调频网方法的基础上形成，以记录点分散随机抖动为基本方法，称为复合频率调制（Hybrid Frequency Modulated）半色调。另一种复合加网的实现技术与复合频率调制不同，以幅度调制半色调方法为基础，复合幅度调制（Hybrid Amplitude Modulated）由此而得名，有时也称为超频（XM）。

6.1.7 过渡区域处理

幅度调制半色调技术特别适合于中间调复制，网点增大小于频率调制半色调技术。另一方面，频率调制技术输出的半色调图像高光部分性能表现良好，最佳的记录点定位和最小记录点尺寸选择可与印刷过程的技术限制理想地匹配。基于对两种半色调技术长期使用经验的总结，探索如何结合幅度调制和频率调制半色调算法优点的活动一直在开展。根据两种半色调技术各自的特点，两者结合起来使用的最大的问题之一，是如何处理幅度调制半色调部分和频率调制半色调部分的过渡区域。

假定原连续调图像通过幅度调制方法按制版设备600dpi的分辨率转换成100lpi的半色调图像，根据600dpi空间分辨率可得记录点尺寸为0.0423mm；如果印刷方法不能形成由2×2个记录点组成的网点，即实际使用的印刷系统（包括印刷机、制版设备和印刷材料等印刷要素）形成的网点尺寸不能小于0.085mm×0.085mm，则仅仅靠幅度调制半色调技术无法完成复制任务。理由如下：考虑到制版设备只能达到600dpi的输出精度，为了满足100lpi的加网要求，半色调单元应该由6×6个记录点组成，可以表示6×6+1=37个层次等级；根据前面假设的条件，既然印刷系统不能形成小于0.085mm×0.085mm的网点，则意味着小于4/(6×6)≈11%的灰色阶调将无法复制出来，因而原连续调图像凡灰色阶调小于11%的区域经过印刷系统作用后将成为一片白色。

如前所述，试图让无法形成尺寸小于0.085mm×0.085mm网点的印刷系统复制出原连续调图像低于11%的灰色阶调是不可能的，因为可以形成的最小网点由制版设备2×2个记录点组成，可复制的最低灰色阶调只能达到11%左右。现在换一种思路考虑问题，在满足印刷系统只能复制2×2个记录点组成的最小网点的限制条件下，借助于改变频率（即网点出现位置）的方法能否复制出原图像的高光内容。答案是肯定的，那就是频率调制半色调技术。

实现上述目标的方法有两种。假定原图像以200ppi的分辨率扫描，半色调图像按100lpi印刷，则原图像的各2×2像素面积应该以一个半色调单元表示。由于制版设备的输出分辨率为600dpi，要求以100lpi的精度变换到幅度调制半色调图像时，每一个半色调单元应该由6×6个记录点或设备像素组成，因而半色调图像总的像素数量将是扫描图像总的像素数量的$(600/200)^2=9$倍，为此需要组建原图像分别以幅度调制和频率调制半色调技术复制面积的蒙版。对于以频率调制半色调技术复制的图像内容，网点或记录点集聚单元将由2×2个设备像素组成，对应于以频率调制半色调技术复制的图像内容应该在半色调处理前按比例调整，这些区域的像素数量应调整到原来的9倍。与此同时，以幅度调制半色调技术复制的图像内容则应该放大3倍，总的像素数量也是原图像的9倍。具体实现时，幅度调制半色调处理无需多说，只需按原图像的阶调值转换到相应面积率的网点就可以了。对于以频率调制半色调技术复制的区域可以采用下述两种方法之一：第一种方法归结为任意放置原则，即2×2个设备像素组成的网点可以放置在原图像高光区域的任何位置上；第二种方法仍然需要形式上的半色调单元，由2×2个设备像素组成的网点应该放置到对应半色调单元的中心，为此要求按幅度调制原理将记录平面划分为半色调单元。

6.1.8 频率调制半色调的工艺实现

借助于现代电子计算机的高速运算能力，再配合高效率的栅格图像处理器，实现调频加网的速度瓶颈问题已不复存在，但受到印前和印刷工艺的限制，需要予以解决。

一般来说，调频加网印刷品的边缘细节比调幅加网印刷品丰富，能实现长期以来印刷工作者期望的高保真彩色印刷。但是，频率调制画面的结构精细，有可能在硬拷贝输出结果中表现出程度更强烈的阶调畸变，原因在于这种画面内记录点尺寸的波动（即硬拷贝输出设备无法保证所产生的记录点尺寸严格一致），因此在使用上受到一定程度的限制，比如只能应用于类似喷墨打印机那样记录点尺寸和形状稳定的输出设备。

根据网点增大的周长理论，调频网点比调幅网点更容易出现畸变现象，但这并不意味网点增大会限制调频加网技术的使用，主要问题还在于能否复制出小尺寸的记录点。在可以重复的复制工艺中，印刷像素间的尺寸和形状变化很小，印刷工艺凭借网点增大补偿技术使畸变达到最小程度。然而，对缺乏可重复性的印刷工艺而言，记录点（网点）的尺寸和形状变化可能很大，为此要求网点图像相当稳定。总之，成像系统应该具备按实际需要在调幅加网和调频加网两种工艺间切换的能力，以可以复制出最小记录点为根本宗旨。如果半色调画面的基本组成部分（记录点）能够可靠地复制，则半色调算法就可以按记录像素尺寸设计。否则，网点应该由记录点的集聚形成，才能实现正确的阶调复制。

调幅加网技术通常用加网线数作为衡量半色调图像复制原稿阶调精细程度的指标，线数越高，则复制精度也越高。对调频加网技术而言，应该以记录点分布的密集程度（即单位长度内的记录点数量）表示半色调图像复制原稿的精细程度。然而，无论是调幅加网还是调频加网技术，网点（或记录点）在二维空间中分布的每一个记录栅格均是组成图像的基本单元，两种加网图像的输出精度需要由它来保证。

为了获得足够的明暗层次和阶调变化，对于流行图像处理软件普遍常用的256个灰度等级，调幅网点必须具备表达256种不同面积变化的能力。为此，每个调幅网点应该由16×16个设备像素组成记录点阵，该记录点阵中每个元素（记录点）的空间尺寸大小取决于输出设备激光光束的直径，这就是输出设备的记录分辨率。同时，用于记录调幅网点的材料（例如胶片或CTP印版）也应该具备这样的能力。例如，对150lpi的调幅加网图像，它对激光照排机或直接制版机激光束（或其他光束）的直径要求为：

$$d \leqslant \frac{1}{150 \times 16} = 4.17 \times 10^{-4}\text{in} = 10.6\mu\text{m} \qquad (6-1)$$

或要求照排机的记录分辨率≥2400spi。

调幅网点表现图像细微层次的最基本单元由加网线数决定，它需要以牺牲输出设备的分辨率为代价。例如，若输出设备的记录分辨率为3600spi，则为了复制出图像的256个灰度等级，输出时设备的记录分辨率降低为（3600/16）=225lpi。

对调频加网技术，由于网点（记录点）既是表达图像颜色的“元素”，也是表现图像细微层次的最基本单元。因此，在输出设备分辨率相同的条件下，调频网点相比调幅网点有更高的细微层次表达能力。通常，记录分辨率等于1000spi的调频网点印刷效果，需要用4000spi的传统网点记录分辨率才能达到。仅从这一数据就能看到，采用调频加网技术后用1000spi记录分辨率的照排机即可达到用4000spi记录分辨率的照排机以调幅网点复制图像的效果，这意味着可以用较低记录分辨率的设备获得高精度的复制效果。

6.1.9 复制能力与复制质量

1. 清晰度

借助于调幅加网技术复制图像时，印刷品的清晰度取决于加网线数的高低。加网线数取得越高，则对同一灰度等级的像素值将获得更小的网点（记录点）面积，当然其清晰度也越高。但是，过高的加网线数不仅导致照排输出设备记录网点的困难，对晒版和印刷工艺也将提出更高甚至无法实现的要求。因此，为了复制出原稿中的细微层次变化，提高图像复制的清晰度，需要采用合理而又符合目前复制工艺的加网线数（不能太高），然后利用 USM 滤波技术对图像执行细微层次强调。

调频加网采用的网点（记录点）面积通常都很小，相当于在调幅加网技术中采用很高的加网线数，从而能提高印刷的图像清晰度。因此，采用调频加网技术分色时，需尽可能少用细微层次强调，有时即使没有细微层次强调，加网效果也相当好。只要产生频率调制半色调画面的记录点足够小，产生的印刷品可以达到非常逼真的程度。

2. 渐变色调效果

采用调幅加网工艺复制彩色图像时，无论是制版设备还是印刷机，对颜色的渐变部分都必须用面积连续变化的网点来表达。但是，常规网点在面积渐变的过程中往往会产生阶调跳变现象，正方形网点表现得特别明显，当网点面积率变化到50%时，网点的四个角开始接触，印刷时由于转印压力的作用而导致阶调跳变特别严重。

调频网点（记录点）从结构上看是不规则的组成，而且比较纤细，因此用它来表达的颜色渐变过程平缓，可获得理想的颜色渐变复制效果。

3. 莫尔条纹问题

莫尔条纹（俗称龟纹）的产生源于两个或多个有规则排列的网点图像交叉成一定角度的叠加，因网目版间的遮光和透光作用导致莫尔条纹。与此相对应，频率调制画面不满足莫尔条纹产生的条件，因为记录点在二维空间中是随机分布的。对于同一原稿或分色图像，每次输出的半色调图像内记录点的分布是随机的，因此不存在网点排列角度的问题。由此推得，用调频网点来复制图像，莫尔条纹得以避免，也不会出现玫瑰斑，故而复制图像的清晰度特别高，细微层次的再现能力也相当强。

调频网点不仅避免了在印刷品上出现影响视觉效果的莫尔条纹，也避免了多色网点油墨堆在一起呈现灰色而影响彩色图像的复制效果。

4. 彩色复制能力

调频网点在二维空间中的分布是不规则的，因而不存在需正确选择网点角度并合理地组合的问题。对印刷工艺来说，其积极意义体现在印刷时允许使用超过四色的油墨，比如增加两种甚至三种颜色。目前，高保真彩色印刷通常采用六色系或七色系油墨组合复制彩色图像，能有效地扩大印刷品色域，大大减小印刷品与原稿颜色的差距，提高印刷系统的彩色复制能力。据专业文献报道，调频网点的色彩再现范围广，能产生常规四色印刷无法实现的特殊印刷效果，例如许多四色印刷不能复制的颜色可通过调频网点复制。

5. 生产效率

采用调幅加网技术时，为了满足在45°加网方向有足够的像素，故扫描时需要提高分辨率（通常是加网线数的二倍）。这样，数字图像的数据量将增加为不考虑45°方向加网影响因素的4倍。然而，如果用调频网点转换到半色调图像，则只要直接按加网线数扫描就可以了。理论上，需要多大的频率调制半色调画面记录点来再现原稿，就可以用相应的分辨率扫描。大量工业实验也证明，采用1∶1的规则扫描是完全行得通的，可达到与常规加网技术相同的复制效果。如此处理的结果是，图像数据量必然减小，图像处理和排版的速度明显提高，输出需要的时间也减少，从而提高印前作业的生成能力和效率。

6. 打样

由于习惯和观念等多种方面的原因，在色彩管理和数字打样技术已发展到高度成熟的今天，仍然有相当数量的企业不愿意接受数字打样工艺，多数业内人士也并不赞同采用数字打样技术，频率调制半色调技术的推广应用自然十分缓慢，主要指采用调频加网技术的打印机或类似设备。如果说目前情况下印刷企业仍然接受机械打样为通用的打样工艺，则存在问题与印刷类似；对于其他的打样设备，某些设备也不适用于调频网点。由于调频网点过小，这样就带来了与晒版再现有关的一系列困难。

7. 晒版

典型的调频网点（记录点）直径在15～25μm之间。通过计算可知，直径等于20μm的记录点相当于100lpi印刷品中面积率1%大小或在200lpi印刷品中相当于2%大小的常规网点。若晒版工人在生产中小点未能晒实，对常规网点而言可能只损失了高光区域的小部分层次；但在调频加网情况下，则会失去包括中间调在内的大部分图像。

8. 网点增大规律

印刷过程中的网点增大是不可避免的，这种网点增大是物理学边缘效应的一种，网点增大值与单位面积内网点的周长成正比。对于同样面积率的网点，调频网点（记录点）的周长总和要比调幅网点大。因此，调频网点的网点增大值要高于调幅网点。

与常规网点相比，调频网点增大值在20%～40%之间，这比常规网点增大值要高出20%左右。解决这一问题并不太困难，例如可在分色时予以补偿。

9. 复印困难

采用频率调制半色调技术印刷出来的产品虽然能达到接近连续调原稿的效果，但由于图像部分的墨点太小，从而对复印及传真等图像复制方法带来相当的困难。

6.2 绿噪声与复合加网

复合加网技术充分利用幅度调制和频率调制半色调技术的综合优点，只要合理地控制好两种半色调画面的过渡区域，就可以复制出高质量的图像。目前，复合加网以误差扩散方法发展成的绿噪声半色调技术最为典型，因而本节将以绿噪声半色调方法为主介绍复合加网技术，并讨论与复合加网和绿噪声半色调相关的问题。

6.2.1 幅度调制与频率调制的细节再现

利用幅度调制和频率调制技术建立半色调网点，目的归结为消除频率调制加网阶调平坦变化区域容易出现的颗粒特征，但仍然保持频率调制半色调技术的细节再现能力。为了决定何处应用幅度调制或频率调制半色调技术，需要关注细节再现问题，并在半色调处理系统中增加细节分离程序，以便在执行半色调处理前对原图像扫描。一般来说，原连续调图像的细节内容适合于以频率调制半色调技术复制，由于大多数连续调图像所包含细节数量众多的原因，只要达到一定的加网线数，颗粒度问题并不很大。然而，对于连续调图像阶调变化平坦或细节不多的区域，仅仅以频率调制半色调技术复制时这种区域的颗粒度将变得十分明显，容易出现视觉效果令人不满意的图像，因而阶调变化平坦的区域适合于以幅度调制半色调技术复制。对于半色调处理结果不希望在频率调制和幅度调制半色调区域间形成陡峭的渐变，为此需要频率调制和幅度调制结合的半色调方法，这就是所谓的复合加网技术。对于复合加网技术应该注意频率调制网屏的附加噪声，降低这类噪声有必要采取针对性的优化处理措施，以提高频率调制半色调技术的细节再现能力。

为了演示幅度调制和频率调制半色调技术的图像再现能力，图6－5给出了针对细节再现能力评价目标特别设计的测试图，包括高对比度区域（例如原图像的文本部分）和中间对比度区域。该测试图也包含频率增加的对象，随对比度的变化而提高细节的频率。

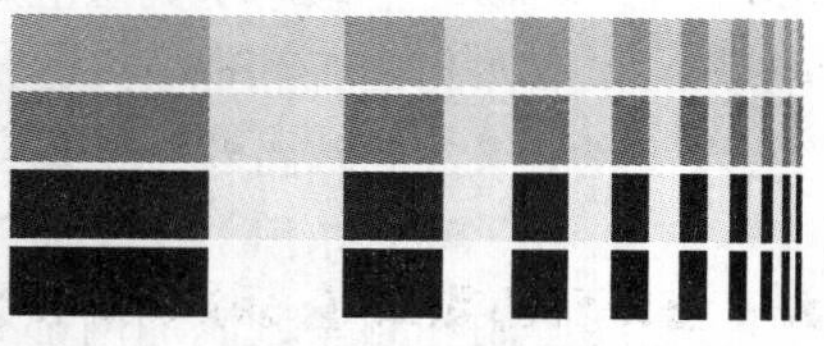
图 6－5 评估细节再现特征的测试图

图 6－5 所示的测试图通过频率调制方法转换到半色调图像，结果如图 6－6（a）的二值图像演示的那样，原图像顶部相邻灰色块大约 5% 的阶调差异保持得相当好，沿垂直方向排列的灰色级差再现得也很不错。同样的测试图以幅度调制半色调技术处理后得到的二值图像如图 6－6 的（b）所示，灰色测试图低对比度区域（例如测试图顶部相邻灰色块）的细节显然不像频率调制半色调方法输出的二值图像保持得那样好；但在测试图的高对比度区域（例如图 6－5 的底部），幅度调制半色调方法表现良好。

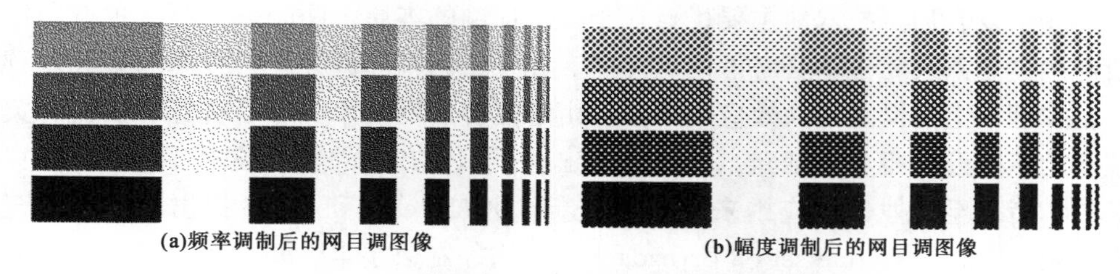
(a)频率调制后的网目调图像　(b)幅度调制后的网目调图像

图 6－6 频率调制与幅度调制半色调技术比较

从整体上观察，频率调制半色调方法输出的二值图像在确定或再现低对比度对象的边界方面的表现明显优于幅度调制半色调技术，估计对文本边缘的再现效果类似。从图 6－6 所示的两种半色调技术对灰色测试图的再现效果看，幅度调制半色调技术的细节再现特征取决于图像对比度，这种半色调技术对高对比度区域的再现效果与频率调制技术相似。

6.2.2 复合加网的必要性

虽然频率调制半色调技术相比于传统加网技术具有再现更多细节的优势，但如果两种或两种以上的颜色叠印时，频率调制半色调技术的缺点也就出现了，主要缺点是不同的颜色相互叠印后容易彼此干涉。由于频率调制半色调记录以不规则的间隔排列，因而干涉图像也具有不规则的分布，导致类似白噪声径向平均功率谱。

即使幅度调制半色调这样的传统加网技术，干涉图像也是不可避免的，除非能做到网点对网点的精确套印。尽管如此，幅度调制网屏产生的干涉图像规则地分布，形成所谓的玫瑰斑结构，比频率调制半色调网屏彼此叠印引起的不规则干涉图像视觉效果更好，频率调制半色调干涉图像的视觉副作用称为颗粒度。在原图像的细节区域，由于颗粒与连续调图像的细节混合，因而频率调制半色调干涉图像的颗粒感不明显。然而，在连续调图像阶调变化平坦的区域，频率调制半色调干涉图像的颗粒感很容易察觉。

根据以上简单分析，最佳的半色调处理结果要求使用两种半色调技术，如何使用与连续调图像内容再现的本质特征有关。如果频率调制半色调技术良好的细节再现能力与幅度调制半色调能很好地表现平坦变化阶调的优点结合起来，则可以期望获得高质量的复合加网半色调图像，在发挥两种半色调技术优点的同时抑制各自的缺点。为此，最终的解决方案归结为两种半色调技术各司其职，幅度调制半色调用于原连续调图像缺乏细节的区域，而频率调制半色调重点表现细节。为了能够建立陡峭的渐变，可以采用下述原则：频率调制网点从阶调渐变的一侧使记录点集聚得越来越大，最终达到形成幅度调制网点。

栅格化处理原图像前，需要以专门设计的计算机程序探测连续调图像每一个像素周围的细节，获取的信息用于确定应用幅度调制或频率调制半色调技术的权重。对于原连续调图像的扫描探测还有其他意义，比如利用探测到的细节信息，再借助于添加噪声可优化半色调处理结果，导致再现细节时半色调处理系统更快速和更准确的响应。

6.2.3 AM与FM复合加网

幅度调制和频率调制加网都有各自的特点，并非十全十美。既然如此，若这两种加网技术能结合起来，充分利用调幅和调频网点的结构特征和阶调复制优点，则预期复制效果应该比单独使用调幅或调频加网技术好。以某种原则结合使用幅度调制和频率调制网点的数字半色调技术称为复合加网，是目前数字半色调领域研究和技术应用的重要方向。

复合加网技术的核心问题是建立有限数量像素的集聚效应，记录点群尺寸和间距可按阶调值改变。复合加网技术的主要优点在于随机加网的本质，两幅或多幅半色调图像的叠加不会产生莫尔条纹，也不必考虑网点角度。此外，调幅和调频复合技术与单纯调频加网相比，至少理论上的网点增大效应小得多。由于复合加网技术的综合优点，因而有关这种加网技术的研究开展得相当活跃，并因此而出现了不少有效的实现技术，对专门研究半色调算法的学者甚至工业领域应用来说也并不新，例如Velho和Gome提出的空间填充曲线数字半色调技术，Scheermesser和Bryngdahl的结构控制数字半色调方法，以及Levien的输出相关反馈误差扩散方法，其中Levien方法与蓝噪声的关系十分密切。

幅度调制加网通过记录点的有序集聚形成网点，毫无疑问应借助于记录点集聚抖动技术使连续图像转换成半色调图像。根据上一章给出的随机性分析结果，调频加网以误差扩散算法实现更合适，已研究得十分透彻，误差扩散图像在均匀阶调区域表现良好，具有各向同性（径向对称性）的蓝噪声频谱特征。建立半色调图像的根本目的在于表示连续的阶调等级，因而不应该有方法本身的任何形式或结构；如果半色调图像不存在明显缺点，则这种图像是半色调方法成功的标志。

Levien通过对误差扩散过程添加输出相关反馈信号“改造”误差扩散算法，使记录像素能够集聚起来，组成带有记录点随机分布特性的半色调画面，并保持调幅和调频网点的基本特性。此外，Levien还通过调整参数来体现输出相关反馈信号对误差扩散过程的控制作用，使误差扩散算法转变到具有增加或减少像素集聚程度的能力，可以按需要调整半色调网屏结构，按成像系统的可靠性实现优化处理，成功地复制出记录像素等。

以绿噪声方法模型产生半色调图像的基础是蓝噪声技术，两种方法构造出的半色调画面具有不同的视觉感受，而视觉感受的不同则源于绿噪声和蓝噪声图像的频率分布。由于调幅和调频复合加网技术的阶调可调整特点，绿噪声技术有能力建立记录点集聚数量可变的半色调图像，而蓝噪声则成为绿噪声的极端情况。

当然，绿噪声方法不能代表复合加网技术的全部，事实上还存在其他方法，例如IBM公司的White于1980年针对传真机打印部分提出了一种很有意思的复合加网技术，他的方法基于下述基本思想：输入信号先分解为低频和高频两部分，半色调处理分别针对低频和高频部分进行；低频部分用传统网点表示，半色调单元由8个记录像素组成；高频成分通过3×3的拉普拉斯算子产生，在此基础上执行误差扩散运算。在White提出分解方法后两年，Anastassion等提出了另一种改进方法，他利用非线性的拉普拉斯运算降低调幅网点区域的莫尔条纹效应，有助于避免等高线效应，也对半色调处理结果起锐化作用。

6.2.4 绿噪声的基本特点与半色调技术类型

蓝噪声代表白噪声的高频成分，而绿噪声却反映白噪声的中等频率分量。绿噪声的优点在于二值输出图像的非周期性，表现出与颗粒度不相关的结构特征，更准确地说是半色调图像内几乎不存在由低频成分导致的颗粒度。绿噪声与蓝噪声半色调图像的根本区别在于前者存在记录点的集聚效应，因而绿噪声半色调图像缺少蓝噪声图像的高频特征，其频率成分类似于可见光的绿色频谱。此外，绿噪声半色调操作产生非周期性的图像，没有必要具有径向对称性。考虑到视觉系统的对比灵敏度函数不具备径向对称特性，所以允许绿噪声图像出现非对称特点是合理的。绿噪声技术的处理目的在于利用蓝噪声半色调画面的最大分散度属性，有利于实现与幅度调制半色调图像记录点集聚的结合。

常规半色调图像的统计指标不能用于描述存在记录点集聚现象的分布特点，例如对绿噪声半色调操作应当按两个独立的处理过程检查：子过程一称为父辈处理过程，常用来描述记录点群的位置；子过程二属于子女处理过程性质，描述记录点群的形状。幅度调制半色调处理过程产生的记录点集聚后必然在规则栅格平面上放置，因而幅度调制半色调图像的变化由记录点集聚的大小和形状体现。频率调制半色调画面的记录点“集聚”形状是确定的，或者说记录点“集聚”实际上取单个记录点的形状。因此，记录点的形状对于描述频率调制半色调特征并不重要，频率调制二值图像的记录点位置才是它最有趣的特征。绿噪声半色调图像与频率调制二值图像的区别主要体现在既有记录点群形状的变化，也有记录点群位置的变化，从而要求同时分析子过程一和子过程二。

绿噪声半色调技术已成功地应用到彩色打印领域，是标准误差扩散方法经改进后的扩展结果，利用输出相关反馈信号控制半色调处理过程往往成为经常采用的手段。绿噪声技术应用于彩色打印时，不仅体现在允许控制同种颜色的像素丛生和集聚，也体现在可以控制不同颜色的像素丛生和集聚，这意味着对不同颜色成分的半色调操作将以相关的方式进行，其结果必然是不同颜色油墨的叠加数量或者增加，或者降低。通常，半色调处理的习惯做法是每个主色通道互不相关地执行半色调操作，而基于输出相关反馈信号控制像素丛生的绿噪声半色调算法却与主色通道独立地执行半色调操作形成鲜明的对比，大大提高了对于半色调处理结果的控制能力。上述半色调工艺称为第一类绿噪声技术。

第二类绿噪声技术利用了主色间的期望相关性，用于构造多通道的绿噪声蒙版，扩展了 Lau 和 Arce 等人研究成果的应用能力，包括彩色半色调处理。这种新的蒙版被故意设计成保持单色蒙版的全部期望属性，例如各向同性、粗糙度可调节性等，且不同主色成分产生的二值记录像素的搭接是可以控制的。

6.2.5 从蓝噪声到绿噪声

由 Floyd 和 Steinberg 两人提出的误差扩散法对连续调图像的重构结果已经具备了蓝噪声频谱的基本特征，因而可认为 Floyd-Steinberg 方法是蓝噪声半色调技术的起源，或者说蓝噪声技术对应于误差扩散方法的标准形式。虽然已经有不少学者研究过它，但误差扩散方法的发展历史却并不长。对误差扩散方法的处理性质存在争议，有人认为这种方法应该归类于区处理操作的范畴，主要理由是当前像素阈值比较产生的误差通过误差过滤器分配到邻域像素；有的学者对此持有不同的意见，他们认为误差扩散方法不属于区处理，只能算是点处理操作，表现在阈值比较仅仅针对当前处理像素进行，尽管阈值比较误差分配到了邻域像素，但这些像素却并不参与阈值比较。其实，误差扩散方法究竟是点处理还是区处理并不重要，关键在于误差扩散方法能否成功地重构出连续调效果。

蓝噪声半色调画面与记录点集聚有序抖动技术建立的半色调图像不同，区别在于二值像素的分布规律。一般来说，标准误差扩散方法产生的半色调画面中的二值像素具有随机分布的特征，控制输出设备产生记录动作的二值像素分布将尽可能均匀地扩散，以这种方式分布的记录点形成的半色调图像呈现明显的非周期性和各向异性特点，很少甚至不包含低频功率谱分量。蓝噪声技术不会与图像结构发生冲突，即使图像内容发生了变化，蓝噪声画面也不会导致令人不满意的视觉印象；此外，误差扩散算法建立的二值图像不可能因过多的“噪声”而降低半色调处理结果的质量。

Levien 在 1992 年举办的第八届国际非撞击印刷（数字印刷）技术年会上提出的误差扩散改进方法与调幅和调频加网都有区别，由于执行误差扩散半色调操作时使用了与输出有关的反馈信号，因而能产生调幅和调频兼具的复合网点。这种方法借助于记录点群形成的随机图像建立连续调假象，记录点群的尺寸和距离都可以变化，与常规误差扩散方法的主要区别是参数调整，且只需调整一个参数就能改变输出图像的阶调值，由此得名阶调可调整误差扩散算法。Levien 算法的主要优点体现在对网点增大值高的硬拷贝输出设备产生较大的记录点群，而在网点增大值低的设备上则产生小尺寸的记录点群。

根据 Lau 等人的研究结果，Levien 方法建立的半色调图像从功率谱内容分析具有绿噪声特征，因为半色调图像既不包含低频成分，也没有高频功率谱内容。后来，Mitsa 和 Parker 于 1992 年利用蓝噪声的功率谱特征生成蓝噪声蒙版，其实是二值抖动数组，与调频加网工艺结合使用时可大大降低计算的复杂性。与此类似，Lau 等人在 1996 年利用绿噪声的空间特征和频率特征引入了绿噪声蒙版的概念，目前还在发展中。

绿噪声半色调方法具备复合加网的基本属性，仍然值得重视的问题是它对于彩色调频加网工艺的意义，不少学者投入了很大的精力开展相关研究，重点放在彩色印刷应用领域。绿噪声半色调技术的范围很广，从各彩色分量独立应用的简单形式到更复杂的以模型为基础的绿噪声半色调技术，后者从 CMYK 色彩空间转换到替代色彩空间，例如 CIE Lab 空间。

6.2.6 绿噪声的功率谱统计特征

Lau 等人给出了二值半色调图像记录点群总数、记录点群尺寸以及半色调图像所代表的灰度等级间的关系，他们根据半色调图像的统计特征得出单位面积内有限量记录点（描述蓝噪声图像内记录点的分布特点）的期望数量表达式，进而推导出二值半色调图像内各记录点群所包含的有限记录点的平均数字，并以该指标描述记录点的集聚程度。

绿噪声算法产生的半色调图像由有限数量记录点集聚而成的记录点群将以尽可能均衡的方式分布，导致各记录点群中心对中心的平均分离距离的平方与单位面积有限记录点集聚成的记录点群的平均数量成反比关系。根据以上参数可推导出绿噪声半色调图像的主波长 λ_g，形式上与误差扩散等蓝噪声算法产生的半色调图像主波长的计算公式类似。

如果给定二值图像的记录点群尺寸变化很小，则记录点群偏离主波长的位移必然会导致在功率谱分布内特定的位置出现很强的功率谱峰值。描述绿噪声半色调图像功率谱和空间统计特征计算公式的推导过程不是一两句话能说得清的，下面引入两条通过分析绿噪声半色调图像空间统计数据后得出的功率谱分布特征的直观结论。首先，随着记录点群平均尺寸增加，绿噪声半色调画面的主频趋向于傅里叶频谱的直流分量；其次，当记录点群的尺寸降低时，绿噪声半色调图像的主频趋向于蓝噪声画面的主频。

图 6 - 7 演示绿噪声半色调测试样本的径向频率与期望平均功率谱密度的关系，从中可归纳出三点不同于蓝噪声半色调画面的主要特征：首先，绿噪声半色调图像内仅存在数

量很少的低频成分，甚至没有低频分量；其次，高频功率谱分量明显不同于蓝噪声，绿噪声二值图像的高频成分随记录点群尺寸的增加而逐步消失；第三，若通过傅里叶变换得到的功率谱分解成一系列宽度等于 $\Delta\rho$ 的圆环，该圆环中心半径（即组成圆环的外半径和内半径之和的一半）的频率以 f_ρ 标记，它代表圆环的平均功率，且仍然用下标 g 表示绿噪声图像的主频 f_g，则立即可发现绿噪声图像的功率谱在位置 $f_\rho = f_g$ 处出现峰值。图 6－7 的计量单位是标准离差 $\sigma_g^2 = g(1-g)$，横轴和纵轴分别代表径向频率和径向平均功率谱密度。

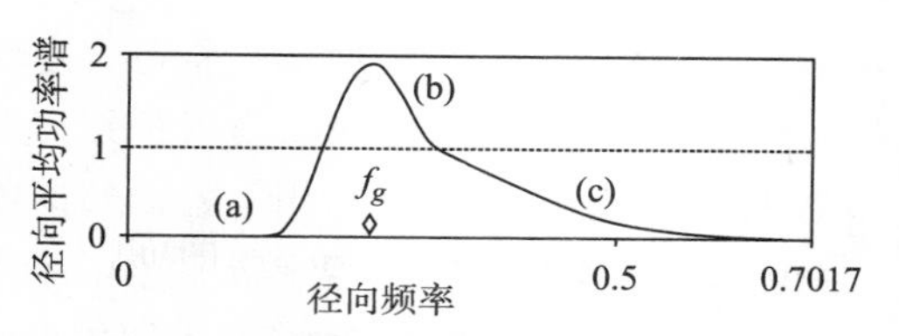

图 6－7 绿噪声半色调图像的功率谱特点

绿噪声半色调图像的径向平均功率谱主频峰值的锐利程度受多个因素的影响。首先考虑蓝噪声二值图像的功率谱曲线，有限数量记录点的分离形态应该有某种程度的变化，绿噪声半色调图像的主波长 λ_g 不应该明显超过蓝噪声图像的主波长 λ_b，否则一定会在对应的绿噪声图像内增加低频分量，导致绿噪声图像表现得比蓝噪声半色调图像更淡，这种现象称为二值图像的白化效应。由于绿噪声操作产生的半色调图像的记录点群之间分离距离的变化较大，因而在频率位置 $f_\rho = f_g$ 的峰值处不再那样锐利，而是随黑色像素分离距离的变化变得更模糊，导致在功率谱中添加新的频率成分。这种绿噪声图像的“白化”效应也可以借助于增加记录点群的尺寸变化建立，过大的记录点群有利于低频分量的产生，而记录点群过小时容易导致高频成分。总之，当记录点群的形状为圆形时，绿噪声画面必然具有各向同性特征，出现在主频 f_g 处的峰值最锐利，这种记录点群的特点是尺寸变化小。

6.2.7 空间统计特征

作为重要的复合加网技术之一，记录点的随机集聚应该是绿噪声半色调处理必须具有的特点。因此，绿噪声半色调方法的空间统计特征应该能反映二值图像内对应设备像素或记录点的集聚程度，与半色调图像的记录点群总数、记录点群平均尺寸和单位面积内有限记录点集聚的期望数量有关，这些参数对于分析绿噪声半色调处理结果很重要。若比照绿噪声半色调处理结果与传统网点的相似性，则幅度调制半色调操作成为绿噪声处理的特例，此时尽管单位面积内有限记录点集聚的期望数量可能变化，但二值图像内记录点集聚的总数却保持为常数。与此类似，频率调制半色调操作也是绿噪声处理的特例，单位面积内有限像素集聚的期望数量也可能处于变化中，然而半色调图像内各记录点群有限记录点集聚的平均数字保持为常数。

假定绿噪声半色调图像的形成过程足以反映静态随机过程的典型特征，且二值图像有各向同性特点，则绿噪声半色调图像的成对相关系数曲线如图 6－8 所示。由该图可归纳出下述要点：①“子女”点处理操作产生的记录点的平均值将落在以“长辈”记录点为中心、半径等于 r_c 的圆形区域内，这里的 r_c 用于描述半色调图像的记录点群尺寸，圆形区域的面积与组成记录点群的黑色像素数量相等，即半径为 r_c 的圆形面积等于组成记录点群像素的平均数量；②各记录点群与其邻域记录点群的位置关系有规律可循，邻域记录点群的平均距离为 λ_g；③随着圆形半径 r 的增加，记录点群对于邻域记录点群的影响逐步降低。

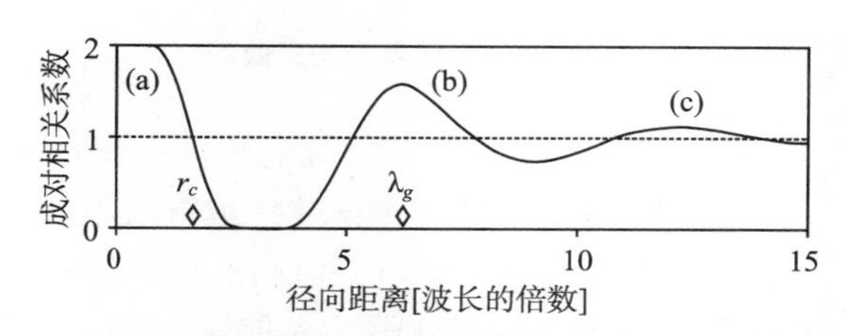

图 6－8 绿噪声半色调图像的成对相关系数曲线

观察图中的成对相关系数分布后发现，该参数具有下述特点：①在圆形半径 $0<r\leq r_c$ 的范围内，由于黑色记录像素（记录点）的集聚而导致非零的频率分量；②随着半径 r 的增加，径向距离对于成对相关系数的影响逐步降低；③在径向距离等于主波长 λ_g 的整数倍位置上出现了峰值，意味着黑色记录点群将以均衡的方式分布。注意，在图 6－8 中半色调图像记录点群尺寸参数 r_c 也用菱形画出，定位在水平轴上。

对静态点处理操作和各向异性的绿噪声半色调图像，成对相关系数也具有图 6－8 所示的形式，但由于记录点群没有径向对称性而导致在靠近记录点群半径 r_c 的区域出现成对相关系数峰值不明显的现象。考虑到记录点群之间的分离也会改变方向，因而与绿噪声画面主波长 λ_g 成整数倍位置上出现的成对相关系数峰值不再很锐利。

6.3 复合半色调的实现技术

蓝噪声代表白噪声的高频成分，而绿噪声却是白噪声的中等频率分量。如同蓝噪声半色调图像那样，由绿噪声方法输出的半色调图像也有非周期性的优点，二值画面表现出与颗粒度不相关的结构特征，更准确地说是几乎不存在由低频成分导致的颗粒度。绿噪声半色调图像与蓝噪声的根本区别在于前者存在记录点集聚，因而绿噪声技术产生的二值图像缺少蓝噪声图像的高频特征，其频率成分类似于可见光的绿色频谱。为了体现绿噪声与蓝噪声的功率谱分布差异和非结构性的相同优点，复合半色调方法在蓝噪声基础上发展成为不少研究者的首选，但也有某些特殊的复合半色调实现技术。本节讨论从误差扩散方法发展起来的复合半色调技术，特殊复合半色调方法放在其他相关部分。

6.3.1 输出相关反馈误差扩散

图 6－9 所示的半色调处理流程表示输出相关反馈误差扩散工作原理，由 Levien 提出。由于这种半色调方法从经典误差扩散算法继承和发展而得，仍然需要扩散误差，且算法输出的半色调图像具有绿噪声特征，因而称为绿噪声误差扩散。从该图给出的原理看，经典误差扩散方法是 Levien 绿噪声误差扩散滞后常数 $G=0$ 时的特例。

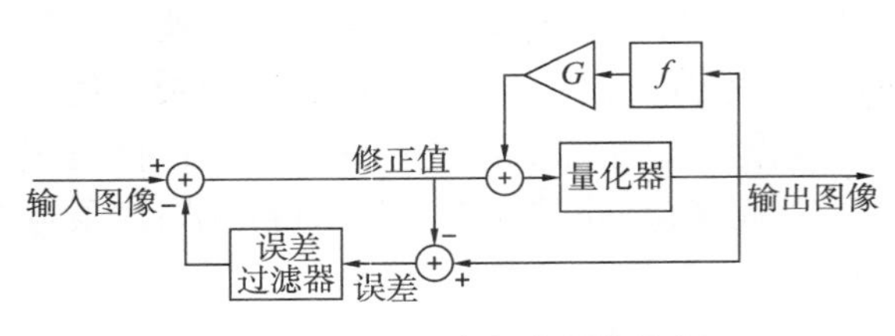

图 6－9 绿噪声误差扩散流程

图 6－9 中的误差过滤器的全称为固定的二维不可分离有限脉冲响应误差过滤器，符号 f 和 G 分别代表二维有限脉冲响应滞后滤波器和滞后常数，其中滞后常数 G 用于控制记录点集聚尺寸。如同经典误差扩散方法那样，绿噪声误差扩散的量化误差计算方法归结为从当前输出半色调值减去当前修正输入值；误差过滤器起线性加权滤波作用，该过滤器结合以前的误差项实现修正。

Levien 建议的绿噪声误差扩散方法不同于经典误差扩散之处，主要表现在该方法利用有限响应脉冲滤波器 f 过滤以前的输出像素，以滞后常数 G 调整过滤结果，并将滞后常数调整所得结果加到量化器输入信号上。

滞后滤波器和滞后常数输出误差信号的过滤版本，添加到量化器的输入信号后导致输出像素的集聚。绿噪声半色调处理引起非周期性和随机的记录点集聚过程，有助于激光打印机等记录点尺寸和形状非均匀硬拷贝设备的网点复制和阶调控制的规则化。更一般地说，绿噪声半色调方法使某些印刷过程受益，但伴随有网点转移和增大问题。Lau、Arce 和 Gallagher 发现，由 Levien 建议的误差扩散方法输出的半色调图像功率谱中包含中等频率或绿噪声成分，介于经典误差扩散输出的蓝噪声图像和有序抖动图像之间。滞后常数 G 控制 Levien 方法的记录点集聚尺寸。Lau 等人还建议随机地扰动误差过滤器系数，以消除绿噪声误差扩散方法输出半色调图像内的周期性赝像。以绿噪声方法对连续调图像执行半色调处理时，利用蛇形扫描轨迹可明显改善半色调图像的视觉效果，优于栅线扫描。

He 和 Bouman 针对具有脉冲宽度调制能力的打印机开发成绿噪声误差扩散方法，类似于幅度调制和频率调制复合半色调处理，可以按给定的灰度等级同时优化网点排列密度和网点尺寸。为了与这些打印机的工作原理和复制特性匹配，需首先建立阶调和畸变表面模型，表示为网点尺寸 θ 和网点密度 ρ 的函数。他们发现，通过使畸变函数 $D(\theta, \rho)$ 最小，可以优化网点尺寸和密度，其中畸变函数受到近似于期望阶调曲线的约束。这种算法的频率调制成分处于网点中心的外部区域，而幅度调制部分则调制记录点集聚的尺寸，结果半色调图像具有绿噪声误差扩散算法的记录点随机集聚特点。

6.3.2 腐蚀与膨胀蒙版生成复合半色调

幅度调制和频率调制半色调技术有各自的优点和缺点，原图像包含严重的纹理结构时适合于使用频率调制半色调技术，不仅细节复制能力优于幅度调制半色调，且输出结果中的纹理结构可以达到眼睛不易察觉的程度。然而，若原图像的灰色阶调十分接近或阶调变化十分缓慢，则利用记录点集聚有序抖动一类的幅度调制半色调技术可以建立阶调分布更均匀的半色调图像。因此，需要兼顾细节和平坦变化的阶调复制效果时，问题归结为如何将这两种性质不同的半色调技术结合起来，原图像的细节以频率调制半色调技术复制，其他部分（例如阶调变化平坦的区域）则由幅度调制半色调技术“负责”。

为了实现幅度调制和频率调制“各司其职”的复制目标，首先应该对原连续调图像执行高通（允许原图像的高频成分在滤波后得以保留，而低频成分则被截止）滤波处理，要求高频通过的区域具有最大的密度值，即原连续调图像经过高通滤波处理后细节继续保留。接下来执行阈值处理，以原图像高通滤波版本的绝对值与固定的阈值比较，发现后续半色调处理过程需要的蒙版，再借助于这种蒙版实现幅度调制与频率调制半色调技术的结合。有时，用于结合幅度调制和频率调制半色调技术的蒙版需要特殊的生成方法，例如通过大量的腐蚀（Erosion）和膨胀（Dilation）运算，才能得到与复合半色调技术工作目标一致，且执行效率高的蒙版，如同图 6 – 10 中的（b）所示的那样，原图像［图 6 – 10 中的（a）］

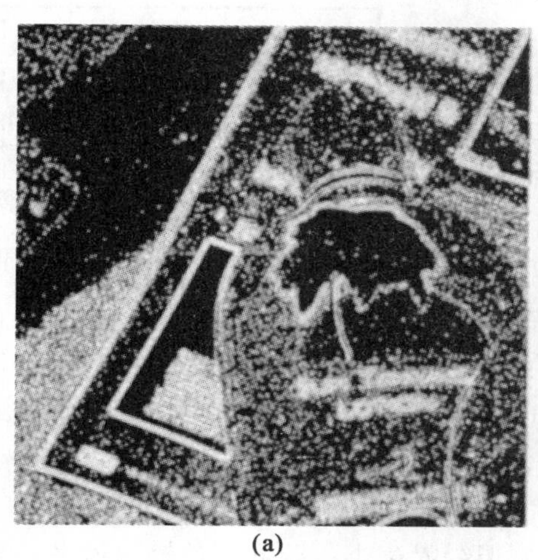
(a)

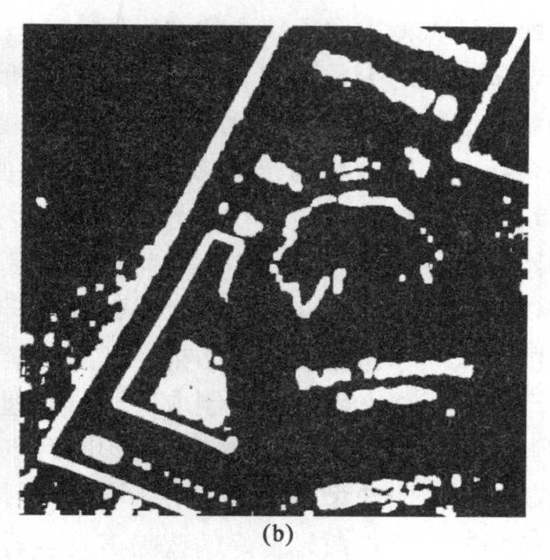
(b)

图 6 –10　腐蚀和膨胀蒙版生成法

的细节可局部地保持在蒙版内。若改变高通滤波器的结构成分，或改变固定阈值的大小，则可以形成不同的蒙版，从而得到不同的复合半色调输出二值图像。图 6－10 中的右图所示蒙版将原连续调图像划分成两种主要区域，分别以幅度调制和频率调制半色调技术控制输出。

6.3.3　块误差扩散绿噪声

记录点分散有序抖动或随机抖动算法产生的半色调图像硬拷贝输出时难以避免地受到物理打印机非理想条件的影响，例如记录点的增大和传递问题。记录点增大导致阶调范围变小和复制图像清晰度的降低等质量缺陷。Lau、Arce 和 Gallagher 进一步指出，如果来自打印记录点之间的尺寸和形状波动数值不大，则可以利用记录点增大补偿方法减轻记录点增大造成的影响。然而，打印机输出的记录点尺寸和形状变化较大时，数字半色调处理采用记录点集聚的方法可以增加半色调处理的稳定性，许多场合必须这样做。

幅度调制和频率调制复合半色调技术不会产生周期性的赝像，原因在于复合半色调处理并不涉及周期性的随机过程。与此同时，由于记录点本身集聚到一起，因而印刷时半色调处理的结果对记录点增大相当稳定。

Velho 和 Gomez 通过如下方法产生幅度调制和频率调制半色调结果：首先将输入连续调图像划分成更小的细胞，再计算细胞内的平均灰度值，并据此生成近似表示各细胞平均灰度等级的记录点集聚半色调图像。各细胞内记录点图像亮度与平均灰度值之间的差异沿扫描方向传递给相邻区域，细胞内的记录点重新定位，以对半色调处理结果引入随机性特征并“对抗”周期性的赝像，记录点集聚形成的网点尺寸由细胞内的像素控制。

块误差扩散（Block Error Diffusion）以像素块代替传统误差扩散的像素。为了在邻域块中选择合适的像素，阈值比较产生的量化误差按恰当选择的比例扩散，整个块的量化误差同时扩散到相邻的像素块。块误差分布模型和块过滤器的操作与经典误差扩散流程图基本相同，仅误差过滤器的系数取值例外，图 6－11 用于说明块误差过滤器的运算特点。

图 6－11 中的像素块由 2×2 个像素组成，黑色大圆表示当前处理的像素块，均匀分布 4 个小圆的像素块表示经误差过滤器作用后的误差图像组成的像素块。利用误差过滤器蒙版内全部 16 个误差像素的 4 种线性组合，即可计算输出像素块中的像素值。

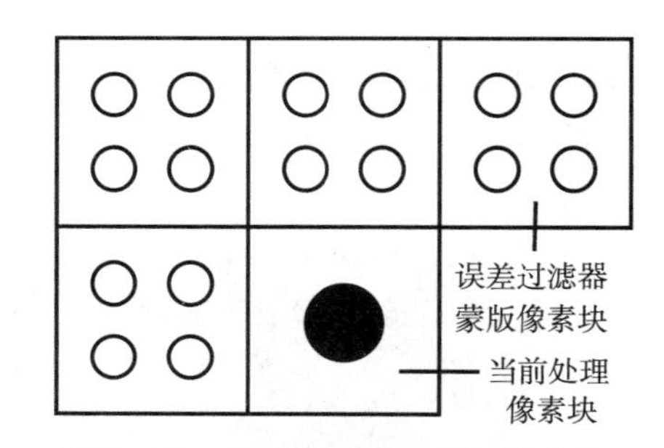

图 6－11　块误差过滤器的运算特点

确定像素块的少数或多数时，首先比较量化器当前输入块中等灰度等级的量化值，若中等灰度等级的量化结果相等，则该块确定为多数像素块，否则为少数像素块。像素块被确定为少数块时，输出像素块以期望的网点形状替代。

利用块误差扩散的基本框架可以在经典误差扩散法的基础上实现由用户控制网点形状和尺寸的二次频率调制半色调结果，生成的半色调图像可以设计得具有很低的网点尺寸和形状波动，对于网点间隔的调制取决于被处理的连续调灰度图像。包含记录点集聚成网点的频率调制半色调图像可提供稳定的印刷网点，对所有的灰度等级值均如此。

6.3.4　其他典型绿噪声方法

虽然经典误差扩散是良好的蓝噪声发生器，但绿噪声半色调处理使输出设备记录点集聚的优异本质导致经典误差扩散显得有些不合理。Levien 建议以输出相关反馈信号误差扩散算法代替经典误差扩散处理，以前输出像素的加权系数之和用于改变阈值，使得记录点更容易在半色调图像内集聚，称为滞后误差扩散，这已经在前面介绍过。

其他建立绿噪声图像的半色调技术可以调整粗糙度，包括 Velho 和 Gomes 提出的空间填充曲线数字半色调技术，以及由 Scheermesser 和 Bryngdahl 建议的通过纹理结构控制记录点集聚的半色调方法。其中，空间填充曲线方法利用一维记录点集聚抖动技术对二维的连续调图像转换到二值半色调图像，遵循 Peano 和 Hilbert 等空间填充曲线扫描路径，改变记录点发生位置。通过巧妙地处理能组成记录点群的最大设备像素数量，以空间填充曲线为基础的数字半色调技术能控制结果图像的粗糙度。以空间填充曲线为基础的半色调方法与幅度调制加网技术的区别体现在，组成记录点群的最大记录点数量会限制半色调图像可以表示的灰度等级数，当前记录点群扩散的量化误差不同于下一记录点群，导致非周期性结构与集聚记录点的结合。

Scheermesser 和 Bryngdahl 算法试图通过迭代式的记录像素打开和关闭控制实现记录点的特殊排列，使半色调处理的成本最小化。与记录点特殊排列相关联的半色调处理成本由以下两个因素决定：首先是图像指标，用于衡量半色调算法重构结果的视觉感受图像和连续调图像感受结果间的差异；第二个成本因素是数值纹理结构指标，它用来度量有限个记录点集聚的相对方向。他们提出的方法能产生粗糙度可以调节的半色调图像，借助于调整纹理和感受两个成本指标的权重关系控制半色调处理过程。

事实上有许多算法可以形成记录点群的随机排列，即产生绿噪声半色调图像。之所以选择 Levien 输出相关反馈误差扩散作为主要绿噪声半色调方法的理由，是出于对复合加网与记录点分散随机抖动理想适配性的考虑，很大程度上依赖于由 Floyd 和 Steinberg 提出的经典误差扩散方法，以便能更好地说明 Ulichney 归纳和总结出的蓝噪声半色调模型如何“进化”到绿噪声半色调技术。蓝噪声和绿噪声技术确实有不少相似之处，从绿噪声的角度看，蓝噪声是绿噪声在滞后常数为 0 限制条件下的特例。此外，输出相关反馈误差扩散方法建立的半色调图像体现绿噪声的典型特征，无论在空间域还是频率域均出现明显的峰值。

6.3.5 四参数控制绿噪声方法

该方法由 Levien 提出，仅使用图 6－12 所示的两个滞后过滤器加权系数和两个误差过滤器加权系数，因而可称之为四参数法，其主要优点是计算复杂性低。

Ulichney 建议的几种扰动解法确实能改善经典误差扩散方法输出半色调图像的蓝噪声特征，他提出的方法为改善误差扩散处理效果拓宽了思路，不再限制于仅仅改变误差过滤器加权系数的数量和加权系数的取值。由 Floyd 和 Steinberg 提出的经典误差扩散过滤器由四个加权系数构成，其他方法虽然使用了不同的误差过滤器，但基本思路并没有改变，因而扰动解法主要围绕阈值扰动和误差过滤器加权系数扰动展开。Levien 的滞后误差扩散方法却与此不同，主要体现在可以扰动误差过滤器系数或扰动滞后过滤器系数。

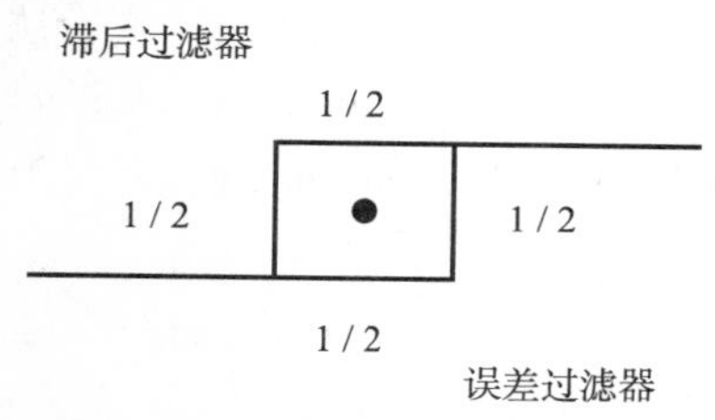

图 6－12 两个滞后加权系数和两个误差加权系数的排列

图 6－12 所示的误差过滤器只包含两个加权系数，数值均等于 1/2；滞后过滤器与误差过滤器类似，两者呈对称排列，因而能降低半色调处理系统计算的复杂程度。尽管如此，这种排列方式意味着只能采用从左到右的扫描轨迹，由于存在强烈的对角线纹理结

构，因而按该图给出的滞后误差扩散计算方案产生的半色调图像质量不能令人满意。为了克服从左到右扫描轨迹的缺陷，应该强制性地改变误差扩散处理输入图像时的扫描路径，比如改用蛇形（先从左到右、再从右到左）扫描轨迹，结果明显改善。

6.3.6 误差加权系数随机扰动绿噪声

采用扰动误差扩散技术并在误差过滤器加权系数上添加50%随机扰动信号后，半色调图像原本存在的方向性赝像分解，降低了对角线方向的相关性，同时也使得记录点群的尺寸变化增加。对于误差过滤器加权系数的扰动使半色调处理结果开始出现噪声外观，主频处的功率谱峰值也变得模糊起来。值得注意的是，由于记录点群尺寸变化的增加，反映空间统计特征的成对相关系数的波峰和谷底不再清晰可辨，说明此时产生的半色调图像的空间域特征和频率域特征与白噪声半色调图像更相似。

扰动信号作用于误差过滤器加权系数后，带方向性的赝像基本上看不见，但低频成分相比不加扰动信号的半色调图像而言更丰富一些，各向同性特征也更明显，尤其是灰度等级提高到1/2后径向频率与各向同性关系曲线接近于水平线。此外，由于误差过滤器加权系数受到扰动信号的作用，导致成对相关系数曲线逼近等于1的水平线。当75%的随机信号作用于滞后过滤器的加权系数时，由于扰动效应而基本上消除了方向性赝像。

在中等灰度等级条件下，由灰梯尺重构所得的半色调图像出现较明显且带有方向性的纹理结构，纹理方向随灰度等级不同而略有变化，基本上呈现相互垂直的结构；虽然在滞后过滤器上添加随机扰动信号后也存在类似的结构，但没有无扰动信号作用产生的半色调图像那样明显，需仔细观察才能发现。

特别值得注意的是，无扰动信号作用于滞后过滤器加权系数时，绿噪声半色调图像的黑色记录像素集聚发生于所有灰度等级，记录点群间出现明显的边界；滞后过滤器加权系数添加75%的扰动信号后，记录点集聚现象仍然存在，且记录点群的尺寸和形状变化比没有扰动信号作用的半色调图像更明显，表现出更明显的绿噪声特征，意味着更适合于用作调幅和调频复合加网技术。灰度等级较低时（例如g接近于0）发生黑色像素的集聚，记录点群的尺寸和形状变化比滞后过滤器受扰动信号作用产生的半色调图像更为明显，记录点群与记录点群之间的距离似乎增加了；当灰度等级接近于$g=1$时，两者的差异减小，黑色记录像素集聚转变为白色“记录像素”集聚。

6.3.7 十六参数控制绿噪声半色调

图6-13演示了十六参数法绿噪声数字半色调处理的误差扩散系数分配方案示意图，实际上是Floyd-Steinberg和Stucki误差过滤器的组合，其中Floyd-Steinberg误差过滤器用作滞后过滤器，而Stucki误差过滤器则作为误差加权系数使用。

滞后过滤器

	3/16	5/16	1/16	
	7/16	•	8/42	4/42
2/42	4/42	8/42	4/42	2/42
1/42	2/42	4/42	2/42	1/42

误差过滤器

图6-13 两种过滤器加权系数的组合

之所以采用图6-13所示的过滤器加权系数排列组合，是为了研究不同过滤器加权系数对绿噪声半色调处理结果的影响，其中滞后过滤器的4个加权系数用作输出相关的反馈控制信号，作用到误差过滤器系数上。如果滞后常数等于1/2，则利用图6-13给出的加权系数组合对灰梯尺图像的半色调处理效果优于四参数控制绿噪声技术。为了在十六参数控制的基础上减少方向性的纹理结构，可以采用对滞后加权系数和误差加权系数添加扰动信号的方法，添加的多少取决于控制纹理结构的需要。

与四参数法控制绿噪声方法相比（即两个相等的滞后常数和误差过滤加权系数），十六参数控制绿噪声方法输出的半色调图像产生更大程度的记录像素集聚。由于众多不相等滞后常数和误差过滤器加权系数的作用，十六参数控制绿造声方法输出的半色调图像的记录点群尺寸变化很小，因而这种方法建立的绿噪声半色调图像在径向平均功率谱密度分布中必然存在明显的峰值，且方向性纹理结构表现得不很明显。尤其是滞后加权系数和误差加权系数上都添加30%的随机性扰动信号后，带方向性的纹理结构遭到破坏而分解为大小不等的记录点群。由此可见，只要合理地组合已有的误差过滤器，例如Floyd-Steinberg误差过滤器加权系数作为绿噪声方法的滞后过滤器，而Stucki建议的误差过滤器则用作十六参数控制绿噪声方法的误差过滤器，则两者的组合导致半色调处理效果优于四参数法。

对十六参数控制绿噪声方法而言，不添加扰动信号和添加扰动信号两种条件下产生的绿噪声半色调图像间存在一定程度的相似性，区别不像仅仅使用2个滞后加权系数和2个误差加权系数得到的半色调图像那样明显。此外，即使总共使用了16个控制参数，添加扰动信号后也存在白化效应，肉眼可以分辨出来。

6.3.8 半色调图像对比

仅仅比较蓝噪声和绿噪声半色调图像的区别对全面了解半色调方法还不够，或许还应该与其他数字半色调方法比较。图6－14给出了由五种主要数字半色调技术类型产生的二值图像，用于比较白噪声抖动、蓝噪声算法、绿噪声算法、记录点分散抖动和记录点集聚抖动的区别。Ulichney也曾经作过类似的比较，但未提供绿噪声数据，他认为蓝噪声半色调图像给人以“愉悦”的视觉效果，因为蓝噪声方法不会在半色调图像上添加与其自身有关的结构，而记录点分散抖动和记录点集聚抖动都会导致记录点排列成有规则的图像。

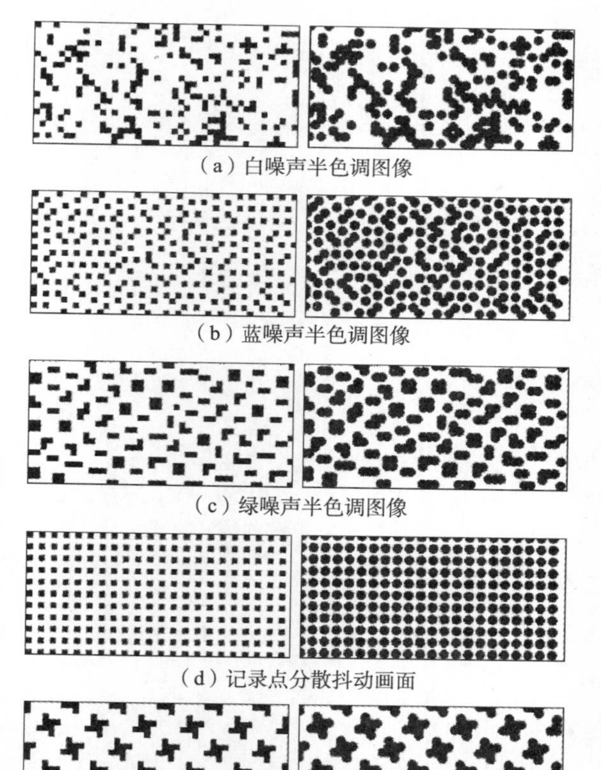
（a）白噪声半色调图像
（b）蓝噪声半色调图像
（c）绿噪声半色调图像
（d）记录点分散抖动画面
（e）记录点集聚抖动半色调图像
图6－14 五种主要半色调技术比较

图6－14之（a）、（b）、（c）、（d）和（e）的左图和右图分别代表理想打印条件产生的半色调画面以及考虑了圆形记录点搭接打印机模型产生的半色调画面。

绿噪声方法以类似于蓝噪声方法的随机方式建立半色调图像，不会像记录点分散有序抖动和记录点集聚有序抖动方法那样在二值图像上添加抖动矩阵的自身结构，从而在处理结果中出现结构性的纹理。此外，绿噪声方法与白噪声抖动也是不相同的，白噪声抖动方法输出半色调图像的记录点完全随机出现，因而噪声感相当强烈；绿噪声半色调画面没有噪声感，原因在于记录点间存在一定的相关性。通过绿噪声方法复制连续调图像时，能充分利用输出设备有限的记录精度，有助于提高输出半色调图像的空间分辨率。在非理想的印刷条件下，例如存在诸如网点增大一类几何畸变的印刷条件下，绿噪声半色调技术比蓝噪声方法更合适，优点与记录点集聚有序抖动类似。

在结束本章前，有必要就蓝噪声方法做一些附加评论。蓝噪声技术在数字半色调领域产生的影响不可低估，应用范围不断扩大，同时也刺激了许多领域的发展。特别值得一提的是，由于蓝噪声蒙版这一概念的提出，使得蓝噪声计算的复杂程度大为降低。蓝噪声蒙版也可以移植到绿噪声方法，于是产生了绿噪声蒙版的概念。

第七章 迭代优化数字半色调技术

根据计算结构，数字半色调算法可以划分成三种类型。第一种算法具有典型的点处理特征，通过连续调图像和周期性重复的阈值矩阵的像素依次比较得到半色调图像，例如模拟传统网点的加网技术；第二种算法基于邻域处理技术，比如误差扩散；第三种算法本质上是迭代处理，例如直接二值搜索算法，要求多次通过扫描图像获得最终的结果。点处理和邻域处理可用于产生记录点集聚或记录点分散半色调结构。

7.1 直接二值搜索算法

直接二值搜索（Direct Binary Serch）是迭代型算法的典型代表，针对显示或硬拷贝输出设备执行视觉优化处理。这种新颖的半色调算法搜索由记录像素值组成的二值数组，使连续调图像和半色调图像间的差异最小化。一般来说，直接二值搜索算法需要建立打印机和视觉系统模型，因而直接二值搜索算法的有效执行总是依赖于特定的模型。

7.1.1 问题的提出

从20世纪90年代开始，人们对于为输出设备建立模型的兴趣大增，出现了大量研究打印机模型的文章，并提出了配合打印机模型的新型半色调算法，直接二值搜索算法就是在这样的研究浪潮中出现的，已成为数字半色调领域的主要研究方向之一。

直接二值搜索算法应该基于某种判断准则，且一旦判断准则建立起来，就成为半色调算法的有效组成部分。在各种判断准则中，以视觉效果判断半色调处理结果相当流行，尽管衡量指标可能各不相同。出现以视觉系统作为半色调处理系统固有成分的这种趋势并不奇怪，因为半色调处理的根本目的在于二值显示和硬拷贝输出，而无论是显示还是硬拷贝输出的效果应当由视觉系统判断。为了适应上述趋势，有必要探索新的计算方法，使视觉判断成为算法设计的步骤，或作为算法本身的组成部分加以考虑。

任何以半色调图像模拟连续调效果的处理系统都会导致输入与输出信号误差，从而可以说所有半色调算法都力图降低输入和输出误差，直接二值搜索算法也不例外。与其他算法不同的是，直接二值搜索算法开始于预先假设的二值图像，以明确或隐含的方式使连续调图像和半色调图像间的全局误差指标最小化，为此只能借助于迭代方法找到误差最小的优化结果，但总的迭代次数不能预先确定。

事实上，基于视觉系统模型的半色调算法早在20世纪80年代初期时就已提出。不少学者甚至认为，任何数字半色调算法都可视为包含在输出设备和视觉系统的明确或隐含的模型框架内，这种看法确实有它的道理。例如，模拟传统网点的记录点集聚有序抖动算法隐含地利用了视觉系统模型，仅当眼睛具有低通滤波特征时才能将半色调处理系统的输出图像感受为连续调效果；另一方面，记录点集聚有序抖动算法能否成功地重构连续调效果也取决于输出设备的空间分辨率，因为这种算法以牺牲输出设备的空间分辨率为代价换取合理的加网线数。记录点分散抖动同样如此，正是视觉系统的低通滤波本质才能够成功地过滤半色调图像的噪声成分，且处理结果适合于以中等分辨率的记录设备输出。

7.1.2 基本算法

本质上，直接二值搜索算法属于启发式的优化处理技术，实践证明这是一种解决二值信号设计问题的强有力工具。直接二值搜索算法以任意离散参数组成的初始二值图像 $b_0(i, j)$ 开始，判断条件采用总体平方误差，由欧几里德距离计算公式 $E = \| g^*(i, j) - b^*(i, j) \|^2$ 给定，其中 $g^*(i, j)$ 表示视觉系统对于原连续调图像的感觉结果，由视觉系统模型确定；以 $b^*(i, j)$ 代表半色调图像的理由在于每一次迭代计算的输出总是不同于初始二值图像，因而 $b^*(i, j)$ 并非算法输出的最终结果，仅当满足预先设定的优化准则/条件时才可写以成 $b(i, j)$。优化的最终目标通过与设定的条件比较，优化目标的实现需要迭代运算。因此，直接二值搜索过程也是迭代运算过程，初始或中间二值图像的像素按某种预先确定的次序扫描。对于输入连续调图像内每一个待处理的像素，直接二值搜索算法采用局部数值交换的方法寻找可能存在的最优解，数值交换的对象是当前处理像素及该像素之 8 个最近邻域内的任意一个像素。

当前处理像素与该像素之邻域像素的数值交换必然导致总体平方误差的改变，称之为误差改变效应。直接二值搜索按下述原则执行迭代运算过程：邻域像素值的交换虽然限制在局部的范围内，但引起误差是难以避免的，问题在于最终应保留何种结果？明显的结论是应当保留使得总体平方误差发生最大程度降低的交换结果；如果没有一种交换能导致总体平方误差降低，则作为中间处理结果的二值图像的像素值 $b^*(i, j)$ 保持不变；当前像素处理结束后，再按规定次序处理下一像素。

很明显，每一次迭代计算仅仅产生局部的优化结果，只有多次迭代计算并满足预先确定的判断准则时才能得到总体最优解。因此，多次迭代计算和多次局部优化构成直接二值搜索算法整体。在每一次迭代计算过程中，直接二值搜索算法需要检查初始二值图像 $b_0(i, j)$ 或中间二值图像 $b^*(i, j)$ 的每一个像素，分别对应于首次迭代和后续迭代处理，并尝试在当前处理像素与其 8 个最近邻域像素间交换像素值，只有当整个迭代过程发现没有一个交换结果可以接受时，才能结束直接二值搜索算法。

通常，总体平方误差将会包含许多局部最小值，可作为直接二值搜索所得结果之离散二值图像 $b(i, j)$ 的函数，因而最终结果取决于初始二值图像。另一方面，搜索结果并不表示与修改搜索策略存在明显的相关性，比如像素值交换范围从 8 个最近邻域像素扩大到超过 8 个，或立即接受第一次交换试算得出的误差降低结果；此外，修改迭代过程中像素扫描的次序也不会产生明显的改善效果。在此之前，Analoui 和 Allebach 两人还曾经尝试将退火模拟技术与直接二值搜索算法结合，以便搜索范围能脱离局部最小值的限制。实践结果证明，采用退火模拟技术后导致的误差降低效果并不明显，但却以明显增加运算成本为代价。

应用直接二值搜索算法时必须要考虑的重要因素是计算成本。若以 g 和 b 分别表示需要再现的连续调图像和二值图像，假定 g 和 b 都由 $L = N \times N$ 个像素构成，并支持包含 $K = M \times M$ 个像素区域的点扩散函数，则据 Analoui 和 Allebach 估计，评价二值图像 b 需要执行 $2K$ 次相加运算。由于计算新的误差时要求对整幅图像作求和计算，因而大约需要执行 L 次相加和 L 次相乘运算。此外，不能不考虑的事实是，只有约 K 项可能发生数值交换结果，因此真正要求执行求和计算的平方误差项也大体上等于 K。这样，相加计算和相乘计算的次数均可分别降低到 $3K$ 次和 K 次，运算成本大大减小，比例大约为 $K:L$。在此情况下，每一次迭代过程将需要大约 $40KL$ 次的相加计算和 $8KL$ 次相乘计算，但如此大的计算工作量仍然难以接受。特别重要的问题是每次迭代计算独立于数值交换的数量，在迭代计算期间该数量保持不变，然而随着直接二值搜索算法执行过程的逐步展开，数值交换的数量将会迅速下降；在后面的迭代计算过程中，发生数值交换的次数保持在很低的水平，需要执行的计算工作量大体上正比于可接受的数值交换次数。

7.1.3 直接二值搜索算法的性能特征

为了验证直接二值搜索算法能否以不同的方式实现，该算法提出者 Analoui 和 Allebach 曾经以 SUN SPARC Station 2 工作站为计算工具，同时实现了不使用查找表的直接二值搜索算法以及基于查找表的直接二值搜索算法，成功地将上述两种算法应用到流行的标准测试图像上。测试图像总共包含 512×512 个像素，基本研究内容并不复杂，归结为比较半色调处理的效果，即评价以初始二值图像（例如以 50% 固定阈值产生的二值图像）为搜索出发点的半色调处理结果。尽管说起来很简单，但比较和评价的合理性却并非想象的那样简单，更何况比较和评价还得考虑记录点外形函数和观看距离等因素对处理结果的影响。

直接二值搜索算法以二值图像为初始出发点，这种图像应该在执行迭代计算前预先按某种规则产生。初始二值图像以 50% 固定阈值比较的方法建立时，由于全局固定阈值算法决定像素值的比较操作过于简单，算法输出的二值半色调图像调性太硬，常呈现为高反差图像。虽然如此，通过直接二值搜索算法的多次迭代过程和优化，可以从调性太硬的二值图像建立模拟连续调图像灰色层次的渐变效果，原因在于直接二值搜索是一种渐进式的处理过程，二值图像从搜索开始到结束体现半色调图像视觉质量的逐步改善。

图 7－1 所示的 4 幅半色调图像用于说明直接二值搜索算法的“进化”过程，输出图像质量也处于逐步改善的过程中。其中，图 7－1中（a）代表初始二值图像，来自全局固定阈值算法的半色调操作结果，原连续调图像的像素值与常数阈值 0.5 比较，产生高对比度的半色调图像。图 7-1 中的（b）、（c）和（d）分别代表经过 1 次、10 次和 100 次迭代处理的结果。

(a)初始二值图像 (b)1次迭代产生的结果

(c)10次迭代结果 (d)100次迭代结果

图 7－1 直接二值搜索初始二值图像和迭代处理结果

可以看到，图 7－1 中（a）所示的初始二值图像包含大面积的全白和全黑区域，反映全局固定阈值算法最明显的特点（也是缺点），与高质量半色调处理结果差距甚远。随着搜索过程的展开和深入，原初始二值图像全白区域和全黑区域内的像素逐步合并或分解，黑色像素和白色像素穿过原来的边界互相迁移。如果说 1 次迭代计算结束后只发生少量像素的迁移，初始二值图像内大面积白色区域和黑色区域仍然很明显，则 10 次迭代处理结束后大面积白色区域和黑色区域减小，尤其是经过 100 次迭代计算后，已经不存在明显的白色区域和黑色区域。由于迭代次数增加后，发生迁移的像素数量逐步增加，导致直接二值搜索算法产生的半色调图像与初始二值图像的差异增加，半色调操作结果的灰色层次感也逐步增加，渐进式地接近高质量半色调图像。

由于研究目标是白色像素和黑色像素间的数值交换效应，要求最终半色调图像能模拟空间连续变化的灰色层次效果，因而要求经多次迭代运算后黑色像素迁移到大面积白色区域内，或白色像素向大面积黑色区域的中心部位迁移；如果搜索结果发生了变化（接受数值交换结果），则认为像素的状态反转，比如从白色改成黑色或反之。因此，从不很准确的角度说，直接二值搜索算法是对于全局固定阈值算法的一种补偿措施，但可能需要较多的迭代搜索次数；如果不采用全局固定阈值算法产生的初始二值图像，或者说初始二值图像不包含大面积黑色和白色区域，则搜索效率可能更高。

7.1.4 初始二值图像选择

改善直接二值搜索算法的处理效果并不局限于增加迭代计算次数，如果确实存在更有效的技术，应该值得尝试，因为通过增加迭代计算次数的方法改善处理效果代价太高。即使计算机运算速度大幅度提高的今天，增加迭代计算次数也可能使直接二值搜索算法变得不切合实际，快速收敛是所有算法追求的永恒目标。

让我们改变一下思路，考虑初始二值图像选择的合理性问题，更确切地说是通过初始二值图像的合理选择减少迭代计算次数。若考虑到高分辨率输出设备适合于以模拟传统网点的方法再现连续调图像，则最容易想到的方法便是以传统网点图像为初始二值图像，直接二值搜索算法的处理结果容易在中等分辨率设备上模拟出连续调效果。

比较结果表明，如果分别以模拟传统网点的记录点集聚有序抖动和全局固定阈值法输出的数字半色调图像作为初始二值图像，并执行直接二值搜索算法建立连续调效果，则初始二值图像选择数字网点图像时仅仅经过 10 次迭代运算，直接二值搜索算法就产生了符合优化准则的处理结果，质量与选择全局固定阈值法半色调图像作为初始图像经 100 次迭代处理的结果，效果甚至更好，也更适合于在中等记录分辨率的硬拷贝设备上输出。

上述比较结果说明，初始二值图像对直接二值搜索算法的收敛速度有明显的影响。若再考虑到直接二值搜索算法在局部误差达到最小值时都会停止下来，则初始半色调图像将明显影响最终处理结果。为了比较不同的初始二值图像对直接二值搜索算法最终处理效果的影响，有必要以不同算法生成的二值图像作为初始图像，检查迭代的次数，并由此决定最适合于用作直接二值搜索算法的初始二值图像及相应的算法。

分别使用全局固定阈值、记录点集聚有序抖动、记录点分散有序抖动和经典误差扩散 4 种半色调算法，其中全局固定阈值法使用的阈值取灰度分级的一半。结果如下：记录点集聚有序抖动算法产生的网点图像为迭代起始点时，迭代计算次数大大低于固定阈值初始半色调图像；以记录点分散有序抖动输出结果为初始二值图像时，直接二值搜索的迭代次数与记录点集聚有序抖动相似；经典误差扩散算法产生的半色调图像用于直接二值搜索出发点时，结果图像内仍保留着误差扩散二值图像的纹理结构，原因在于起始误差比其他初始半色调图像直接二值搜索的同类误差低得多，在误差尚未达到其他初始图像直接二值搜索误差前迭代计算就已经迅速地收敛到目标半色调操作结果。然而，以经典误差扩散初始图像为初始图像时的迭代计算开始于局部最小误差附近，且结束于该局部最小误差，似乎掉入了局部最小误差的“陷阱”，虽然收敛速度很快，但处理结果不能令人满意。

如果按直接二值搜索算法使用的初始二值图像排序，则最终半色调图像与连续调图像视觉感受的均方根误差按升序排列的次序为误差扩散、记录点集聚有序抖动、记录点分散有序抖动和固定阈值法，该排列清单也表明了从最小误差到最大误差的排列次序。值得指出的是，纯粹地按均方根误差排序并不合理，这种排列次序并不符合半色调图像按主观感觉的排列次序。可见，综合性的处理效果排序不能置主观评价试验于不顾。但是，即使未曾经过主观评价排序实验，仍然有理由猜测绝大多数观察者很可能按主观感受排列为记录点集聚有序抖动、记录点分散有序抖动、全局固定阈值和误差扩散。以记录点集聚有序抖动和记录点分散有序抖动建立的半色调图像为初始二值图像时，直接二值搜索算法产生的结果图像是如此地相似，以至于观察者很难决定两者究竟孰前孰后。考虑到各方面因素，以视觉系统模型为基础确定的误差度量指标确实能有效地指导直接二值搜索算法，但不应该视为半色调图像质量的全局性指标。

7.1.5 与其他算法的复杂性比较

数字半色调算法的多样性决定了算法的复杂程度差异，若以最低复杂性层次（设计算法所要求的计算部分除外）而论，则 Sullivan 等人提出的模拟退火算法和 Chu 提出的遗传算法当列于首位，这两种算法都适合于产生对视觉影响最小的二值纹理。退火算法和遗传算法均涉及特定的记录像素平均吸收系数，覆盖从 0 ~ 1 的范围。由于算法本身的特殊性，二值纹理只能预先设计，且呈现特定的结构，它们是组成半色调算法的基础，每一个记录点位置利用输入连续调图像的灰度值在二值图像堆栈内建立索引，但由于二值图像间缺乏连续性而不能准确地描述相邻灰度等级，导致质量较低的半色调图像。

通过阈值操作以记录点集聚有序抖动的方式实现半色调算法时，必然隐含着对于二值图像很大程度上的连续性要求，问题归结为设计合适的记录点集聚方法，以便使输出半色调图像内纹理的可察觉程度最低。以周期性的网屏作为直接二值搜索算法的初始图像时，算法提出者 Allebach 和 Stradling 借助于成对交换的启发式搜索方法找到阈值排列次序，使记录点外形的最大加权傅里叶变换系数最小化。在这一研究领域，Mitsa 和 Parker 设计出了具有蓝噪声特征的蒙版，相当于记录点集聚有序抖动算法的阈值矩阵，从吸收系数等于 0.5 开始处理，通过在半色调图像中增加黑色像素的方法得到更高吸收系数的二值图像，但必须保留二值图像的蓝噪声特征；对于吸收系数低于 0.5 的纹理可使用类似于得到高于 0.5 吸收系数的方法，但此时应该从半色调图像中减少黑色像素。研究结果表明，设计二值图像或阈值矩阵时涉及很大的计算工作量。然而，只要能形成二值图像或阈值矩阵，就可以通过逐个像素索引或阈值操作的方法对连续调图像执行半色调处理了。

比退火模拟算法和遗传算法再复杂一些的半色调技术当数误差扩散，或基于误差扩散原理的各种扩展算法，例如 Eschbach 和 Knox 建议以图像相关的方式确定阈值，要求控制边缘增强的程度，误差扩散算法确实具备这种能力。以蓝噪声概念解释误差扩散由 Ulichney 首先实现，他建议对误差扩散矩阵（误差过滤器）引入随机加权系数，也提出了修改扫描次序的建议。反馈信号算法从另一种角度改进误差扩散效果，由 Sullivan 等人提出的这种算法将误差信号反馈给误差过滤加权系数，需利用过滤信号修正阈值。Stucki 以及其后出现的 Pappas 和 Neuhoff 方法至少在半色调操作时结合使用打印机模型上类似，以循环方式反馈信号时特别考虑到非线性叠加的记录点搭接效应。Eschbach 以脉冲密度调制和误差扩散技术相结合，因而改善了吸收系数接近于 0 和 1 处的二值纹理。经典误差扩散及其改进算法都以串行方式处理，对连续调图像逐个像素地执行二值化操作。

另一类误差扩散改进算法建立在像素块操作的基础上，目标归结为满足像素块对平均吸收系数的限制条件，以 Roetling 的研究成果最为典型。块处理算法产生二值图像时也有强调连续调图像细节结构的建议，此时目标约束条件归结为如何保证像素块的细节结构。

无论是逐个像素地执行二值化操作，还是以像素块为基础产生二值图像，输出结果都以一次通过的方式建立。并行处理方式形成多次通过的半色调处理技术，为此需定义所谓的子采样栅格。在每一次信号通过期间，属于子采样栅格陪集的像素执行二值化操作，误差扩散到当前尚未执行二值化操作的像素。虽然 Pali 采用的方法类似，但他的算法更应该归类于多重分辨率金字塔框架结构，金字塔每一层的像素邻域模拟固定尺寸的像素块。

大多数迭代优化半色调算法的误差衡量指标归结为频域加权均方根误差，不同算法之间的差异主要体现在优化处理的框架结构。某些算法要求分布更合理的记录点，或者如同再结晶退火那样借助于“内力”的交互作用实现粒子平衡；有人在研究半色调算法时借用了神经网络的概念，引入了新的思路；有的迭代优化算法通过公式描述将最小化问题表示为数值积分的线性编程问题，以连续量的线性编程与分支搜索技术结合的方式求解；也有人提出基于最小二乘原理的数字半色调优化算法，追求印刷图像与原图像差异最小化。

7.2 遗传算法

无序和随机是大多数自然现象的本质。然而，人类追求有序，因为如果没有按期望目标组织成的次序，大规模工业生产和社会活动就无法开展，记录点集聚和分散有序抖动或许正是这种思想的产物。虽然如此，无序和随机却更能反映自然的本质，记录点分散随机抖动符合自然现象。通过迭代和优化过程建立半色调图像时，不仅需要随机，也需要利用规则，于是某些有典型随机特征，又体现一定规律的自然现象就得以利用，比如基于遗传理论的半色调算法，通过使连续调图像与二值图像之间的感觉反射区别最小产生半色调结果。为了衡量原图像与半色调图像间的差异而采用了最小平方判断准则与视觉系统属性相结合的方法，遗传算法则用于研究复杂的搜索问题。复制过程中的网点增大现象很难避免，导致灰度等级畸变，据此采用了修正记录点覆盖打印机模型。打印机模型和基于测量的算法结合后就能估计记录点半径，使半色调算法与广泛范围的打印机和纸张适应。

7.2.1 灰度等级畸变补偿方法概述

提出以测量和标定为基础的半色调算法的主要目的在于补偿灰度等级畸变，由 256 个灰度等级组成的连续调图像经半色调处理后打印出来，同时也绘制成阶调响应曲线，以测量印刷图像的反射系数。阶调响应曲线和标定对补偿灰度等级都是必须的，其中阶调响应曲线描述眼睛感受灰度等级（输入反射系数）与输出反射系数间的关系，而标定技术则着眼于校正特定的半色调算法的输出结果，为此需利用逆映射函数针对特定的硬拷贝输出设备予以实现。尽管阶调响应曲线与标定相结合的灰度等级补偿技术工作得很不错，但存在下述三个主要缺点：首先，不仅要求对每一种半色调算法都需要标定，且必须针对不同的打印机执行标定操作；其次，以抖动算法实现半色调操作时，抖动处理结果可能导致少于 256 个灰度等级；再次，由于半色调图像内容的复杂性，测量所有记录像素组合形成的半色调图像事实上无法做到，只能测量特殊形式的记录像素图像。可见，如果半色调图像的微观结构与被测量像素图存在很大差异，则标定曲线预测的灰度等级或许无法在纸张表面通过打印机表示出来，原连续调图像的阶调也不能准确地复制。

半色调技术可视为在二值输出设备上产生和排列黑色记录点的处理过程，用于模拟原图像的灰度等级。某些算法以最小平方误差为半色调处理结果的判断准则，此时的半色调技术作为优化算法使用，由算法根据从原图像读出的像素值在二值记录平面上搜索合适的位置并产生黑色记录像素，理论上能够以最小的灰度等级畸变输出半色调图像。但就目前对于半色调技术的了解和知识范围而言，绝大多数基于最小平方判断准则的半色调算法在补偿灰度等级畸变方面的能力很差，需要不少附加操作步骤才能获得更好的结果。

Zakhor 等人曾提出适用于灰度图像的抖动技术，原连续调图像划分为许多小块，约束条件归结为原图像与经过低通滤波处理图像间对应小块的灰度等级差别最小，为此通过二次方程以线性约束条件寻找最优解。但遗憾的是，他们在设计半色调算法时没有考虑到打印机的工艺特征，即他们提出的半色调算法没有针对特定的打印机补偿灰度等级畸变。

Saito 和 Kobayashi 两人曾试图通过方根计算产生灰度等级畸变较少的半色调图像，但他们忽视了补偿网点增大的打印机模型，处理结果很可能偏离实际。此外，由于选择半色调算法时过多地考虑简单性，往往会与某种缺陷相关联，比如随机误差。

基于模型的半色调技术依赖于准确的打印机模型预测和补偿灰度等级畸变，力图产生畸变更少的半色调图像，目前已出现了多种以建模为基础的半色调算法。Anastassiou 建议以频率加权均方根误差作为判断准则，使经过眼睛滤波的二值图像与眼睛滤波灰度图像间的均方根误差最小，存在的主要问题是他们假定打印机产生非覆盖的理想记录点。

Pappas 和 Neuhoff 尝试打印机模型和最小平方建模兼具的半色调算法，希望产生最佳的半色调复制效果，他们以打印机和视觉模型对于二值图像的串联响应与视觉模型对于原灰度图像响应间的均方根误差最小为判断准则。但是，由于在寻求最佳半色调图像时即使对一个像素的值更新一次也需要大量的搜索时间，因而总的求解时间必然是海量的。

7.2.2 遗传算法基础

遗传算法是基于自然选择和基因遗传学原理的搜索算法，它将“适者生存”这一基本的达尔文进化理论引入串结构，并且在串之间进行有组织但又随机的信息交换。伴随着算法的展开，优良的品质被逐渐保留并加以组合，从而不断地产生最佳个体。这种过程如同生物进化那样，好的特征被不断地继承下来，坏的特征被逐渐淘汰。由于新一代个体中包含上一代个体的大量信息，因而新一代的个体不断地在总体特性上超过旧一代，使整个群体向前进化和发展。由此可见，遗传算法能不断地接近于最优解。

上述遗传现象的基本原理可以移植到半色调处理，形成基于遗传理论的数字半色调技术，若结合使用经过修正的网点（记录点）覆盖打印机模型，则能够得到最小平方的半色调处理结果。一般来说，寻找最优解的途径划分成解析法、枚举法和随机法。解析法寻优是研究得最多的一种，但只能寻找局部极值而非全局的极值，要求目标函数连续光滑且需要导数信息，因而求解性能较差。枚举法可以克服解析法的缺点，也不要求目标函数的连续光滑性，但计算效率太低。正因为解析法和枚举法存在的诸多局限性，使随机搜索算法受到人们的青睐，然而这种算法得到的结果通常情况下还不是最优解。

遗传算法虽然也用到随机技术，但不同于一般意义上的随机搜索，它通过对参数空间编码并以随机选择为工具引导搜索过程向更高效的方向发展。尽管如此，从不太严格的角度考虑，认为遗传算法的数学本质是概率搜索并无不妥。遗传算法能够以很高的效率和很强的适应性处理很大的搜索空间。基于遗传算法的半色调处理方法最初由 Holland 提出并建立数学模型，现在已出现了服务于通用目标的优化技术，研究工作开展得相当活跃。一般来说，为了补偿处理结果的灰度等级畸变，在半色调图像内安排黑色记录点的操作过程十分烦琐，需要大量的运算时间。考虑到遗传算子能在二值输出设备上动态地安排黑色记录点，因而可以将遗传算法用作半色调处理的搜索算法。在开始讨论前，首先考虑遗传算法与打印机模型如何结合这一特定问题，最终目的是改善灰色层次的再现效果。

Pappas 等人建议用两种打印机模型补偿灰度等级畸变，分别称为网点（记录点）循环覆盖模型和打印机参数测量模型。下面将介绍与遗传算法结合的打印机模型选择网点循环覆盖模型，主要理由如下：第一，网点循环覆盖打印机模型形式上更简单，比起打印参数测量模型更灵活；第二，基于参数测量的打印机模型需要解决约束条件优化问题，必须提供满足约束条件求解结果的初始估计；第三，基于参数测量的打印机模型通常在解空间中存在几个局部最小值，因而确定全局最小值几乎不可能；第四，测量模型的参数（例如 3×3 或更大）太多，以至于无法解决整体约束条件优化问题。

尽管如此，网点循环覆盖打印机模型在印刷图像内会产生偏差，为此需要开发所谓的修正网点循环覆盖打印机模型，以补偿灰度等级畸变，解决印刷图像的偏差问题。值得强调的是，使用网点循环覆盖打印机模型时应该预先知道网点半径。

7.2.3　算法流程与最小平方准则

对半色调处理最直觉而感性的解释可归纳如下：整个处理过程的目标归结为找到合适的二值图像，使得原连续调图像与视觉系统感受到的二值图像间的灰度等级差异最小。由于视觉系统的作用类似于低通滤波器，因而最小平方半色调算法要求灰度图像的低通滤波版本与半色调图像间的均方根误差最小。

在基于遗传理论的半色调算法执行过程的开始阶段，根据通过迭代过程寻求最优解的基本工作程序，应该先定义用于度量原连续调灰度图像低通滤波版本与该图像半色调处理版本间差别的最小平方准则，并引入修正网点循环覆盖打印机模型并使之参与到最小平方准则判断的过程，以补偿算法输出的半色调图像借助于硬拷贝输出设备形成印刷图像后产生的灰度等级畸变；下一步是利用遗传算法找到以最小平方准则为基础的最佳半色调复制结果，这里提到的最佳半色调复制结果假定灰度输出响应是线性的，即硬拷贝输出设备的阶调响应（复制）曲线是一条通过原点的45°倾斜直线；此后，图像划分为多个小块并以栅线扫描次序处理，小块的灰度等级误差传递给右面和下面的邻域小块。

通过上述处理程序实现建议算法的工作流程见图 7－2，该图给出了基于遗传理论半色调算法的最小平方模型，其中（a）和（b）分别代表进化过程和遗传算法，右下角的 *SUS* 是英文词组 Stochastic Universal Sampling 的缩写，称为随机通用采样法。

设尺寸为 $M \times N$ 的灰度图像以 $g(i, j)$ 表示，其中 $i = 1, 2, \ldots, M$；$j = 1, 2, \ldots, N$；通常情况下可以用脉冲响应为 $h(i, j)$ 的二维高斯滤波器模拟视觉系统模型，用于评价连续调灰度图像与其半色调图像间的灰度等级差异；原图像 $g(i, j)$ 划分多个 $n \times n$ 的块，要求 M/n 和 N/n 为整数。在上述条件下，对于已经划分成块的评价函数可定义为：

$$E = \sum_{i=1}^{n} \sum_{j=1}^{n} [z(i, j) - w(i, j)]^2 \tag{7-1}$$

其中

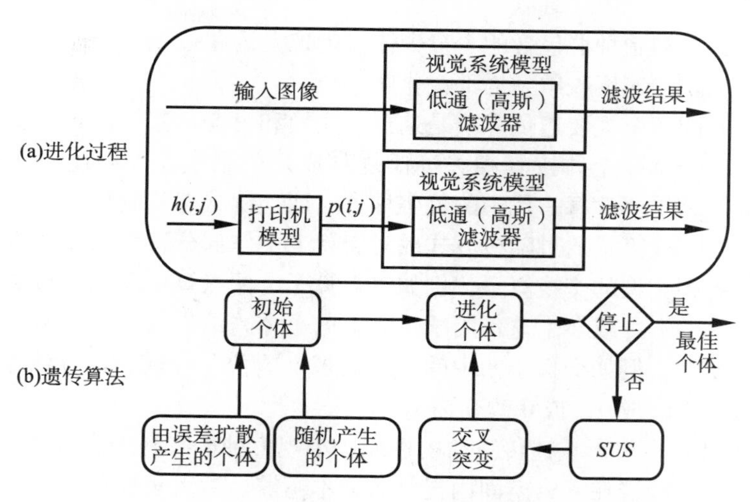

图 7-2 遗传算法的最小平方模型

$$z(i,\ j)=g(i,\ j)\otimes h(i,\ j)$$
$$w(i,\ j)=p(i,\ j)\otimes h(i,\ j)$$
$$p(i,\ j)=P[W(i,\ j)]$$

式中的⊗表示卷积运算符。公式中的 $p(i,\ j)$ 是修正网点循环覆盖打印机模型参数，用于代替输出二值像素 $b^*(i,\ j)$，以补偿灰度等级畸变。此后的任务是利用遗传算法执行演进计算，通过使均方根误差最小化来产生半色调图像 $b(i,\ j)$。

7.2.4 随机搜索与遗传算子

遗传算法包含对搜索空间潜在解的固定规模种群的某种运算处理，这些解编码成位串，称为个体或染色体。初始种群可以以随机的方式建立，或者以对于特定问题掌握的知识为基础建立。每一次迭代运算产生新的种群，称为“代”。为了在以前处理种群的基础上产生新一代种群，遗传算法执行下述三步运算。①进化：老的种群中的每一个体通过拟合函数得出评价结果并给定一个值，以标记其衡量指标；②选择：相比之下，进化阶段总是能产生拟合程度更好的个体，因而本步骤应该选择这种个体，以产生新一代更优的种群；③杂交（或交配）：该步骤利用遗传算子为下一代种群产生新的个体，可以使用的遗传算子有交换（Crossover）和突变（Mutation），前者的遗传个体由减数分裂期内同源染色体之间的遗传物质交换而产生，后者指变种生物体的基因或者染色体的突变，产生一种父代所没有的新的个体特征或者个体特性。

上述步骤针对多代种群执行迭代运算，直至找到满足预期条件的解，或满足预先确定的停止准则，迭代过程结束。典型地，若需要利用遗传理论解决某一实际问题，则必须提供下述基本内容：①对所研究问题求解的遗传表示；②建立求解所需初始种群的方法；③按拟合程度认定候选解的评价函数；④复制期间影响子代遗传信息的遗传算子；⑤控制参数，例如种群规模（尺寸）、交换和突变速率等。

在通常情况下，遗传算法通过以随机产生位串填充的方式建立初始种群。为了改善搜索性能，初始种群个体常以启发的方式产生，比随机产生方式或许更理想。启发式的种群初始化操作有利于问题的求解，但必须十分仔细地处理，避免迭代过程过早收敛。按上述初始种群随机产生的原则，以标准误差扩散处理产生的结果为个体是合理的，其他个体以随机方式产生。如果初始种群包含的少量个体在地位上远超过该种群中的其他个体，则遗传算法有可能以很快的速度收敛到局部优化解。

遗传算法涉及的三个主要遗传算子是选择、交换和突变。其中，选择算子用于确定幸存者的个体，每一个幸存个体按其相关责任复制成几个副本，人们通常使用两种复制对策，其中世代复制结果代替每一代中的整个种群，而连续状态复制仅仅代替每一代中拟合程度最差的成员；交换算子通过随机方式成对交换老个体部分遗传信息的方法产生新的个体，为此可使用各种类型的交换算子，例如一点算子、两点算子和均匀分裂型算子；突变算子通过改变个体的一个或多个遗传因子建立新的个体，结果与个体的概率有关，目的在于提高种群的可变性，例如交换子辈中的一个或多个“位”反转，即算法输出的半色调图像的记录点状态从1改成0，或0改变为1。

种群规模（尺寸）将影响遗传算法的性能，小规模种群有利于降低进化成本，但导致过早收敛，原因在于种群在搜索空间内提供的样本不够。对大规模种群来说，遗传算法得到更多的信息，用于搜索出更好的结果，因为在整个搜索空间内种群包含更多的求解表示。

交换和突变概率可以影响遗传算法的性能。如果交换概率太低，则遗传算法将在搜索新的解时发生堵塞；若交换概率太高，那末对具有更好拟合程度的个体来说或许有可能很快地在种群内发生不稳定解替换的情况。另一方面，突变概率太高时，遗传算法的搜索过程将变成类随机过程，为此需执行额外的实验，以找到更合理的控制参数值。

7.3 进化计算半色调技术

基于进化计算的半色调算法同样属于迭代优化问题，归结为设法在半色调图像内确定黑色像素呈现良好视觉效果的位置，类似于基于遗传原理的半色调算法。以进化计算的方式求解最优结果时可使用简单遗传算法和简单繁殖遗传算法。

7.3.1 算法基础

在讨论以进化计算为基础的半色调算法前，有必要重复某些最基本的概念。毫无疑问，半色调技术用于在二值显示设备或打印机上再现连续调图像，原图像的灰度等级只能用黑色或白色表示。黑色或白色像素与再现连续调图像的设备有关，黑色可能来自硬拷贝输出设备的记录结果，也可能是显示器的背景颜色；白色的形成类似，例如硬拷贝输出设备本身并不能产生白色，应该由纸张给定，而显示器的白色则源于发光器件。

无论黑色像素和白色像素如何产生，视觉系统感受到半色调图像内黑色像素和白色像素的密度表现后，由眼睛的光感受器及相关生理系统解释为灰度等级的变化，并最终形成连续调变化的假象。一般来说，为了产生视觉效果良好的半色调表示，视觉系统应该接收到高空间分辨率和灰度等级分辨率的图像，才能将半色调图像感受为连续调图像。

进化计算是一门新兴学科，研究并仿照生物进化自然选择过程中所表现出来的优化规律和方法，适合于求解那些传统优化理论难以解决的问题，展开优化计算、预测和寻求最优等处理过程。进化计算由遗传算法、进化规划和进化策略三方面构成。关于遗传算法已经在上一节介绍过，进化规划主要用于预测和数值优化计算，而进化策略则主要研究基于经验的寻优求解技术，目的在于获得最优化的策略。

根据上面对于进化计算的简单介绍，尝试以进化计算逼近的方法获得视觉效果良好的半色调图像值得尝试，这种半色调技术借助于空间视觉分辨率和灰度等级分辨率（或色调分辨率）评价二值图像质量，并通过进化计算产生质量更高的半色调图像。如同基于遗传理论的半色调算法那样，基于进化计算的半色调算法同样处理优化问题，归结为搜索半色调图像黑色记录像素的恰当位置，以视觉效果良好为优化目标。为了求解二值图像内黑色像素的优化位置，使用了简单遗传算法和简单繁殖遗传算法，这两种算法将与基本半色调算法结合起来使用。考虑到传统半色调技术是确定性的处理方法，产生的半色调图像质量不可能很高，因为一旦算法确定，黑色和白色像素的位置也就确定下来，不存在逐步优化的过程。优化算法与传统半色调算法的主要区别在于以期望质量为处理目标，由处理过程调整图像质量，有可能产生二值图像的最佳表示，原因在于半色调图像的质量在处理过程中不断“进化”，并伴随有质量评价子过程，最终结果通常要优于传统数字半色调技术。

进化算法的大体步骤如下：执行基于进化计算的半色调操作前，先将输入图像划分为某种形式的像素块，转换成具有确定尺寸的图像子区域，其中包含来自原图像的像素子集，如同图7－3所示那样。在每一个像素块中，基于进化计算的半色调技术通过优化处理步骤调整二值图像的采样表示，在此基础上使半色调图像的质量得到优化。由于优化问题的求解必须有确定的目标和评价指标，且最合理的优化目标必然是半色调处理的质量，因而基于进化计算半色调算法的核心问题归结为半色调处理过程中的质量评价。

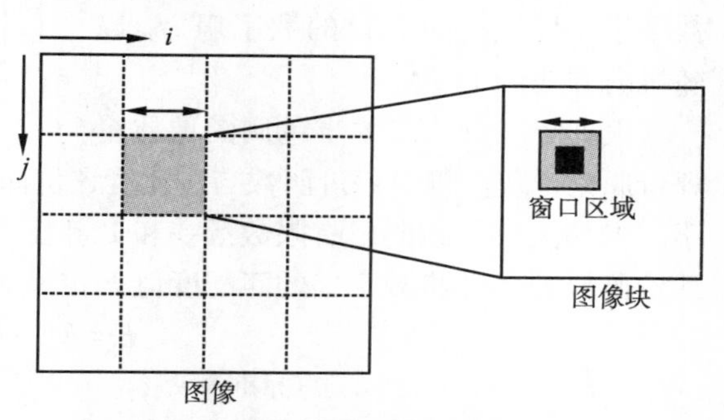

图7－3 图像块与窗口区域

7.3.2 质量评价

由于以进化计算为基础的半色调算法产生的二值图像是进化计算的搜索结果，因而进化算法半色调图像将具有更好的质量。仅仅以“视觉效果良好”一类的语言描述评价半色调图像质量肯定是不够的，应该表示成明确的目标，这种明确的目标将成为进化计算所追求的目标，围绕目标而展开的处理过程即寻求最优解的过程。

标准进化计算以适应度检验搜索结果的优劣。在进化策略中，设定每个个体的适应者就等于该个体对应的目标函数值，不再对所求解最优化问题的目标函数做任何形式的变换处理，这主要是由于优化策略中的选择运算是一种按确定的方式执行的缘故。进化计算应用于半色调技术时，以半色调图像质量代替适应度评价搜索结果更合理。

评价半色调图像质量的方法有许多，例如通过离散傅里叶变换得到半色调图像的功率谱，再根据功率谱的能量分布和主频位置评价半色调图像；以连续调图像不同区域的阶调表现与半色调图像的相同区域比较，从图像主体内容和细节再现角度评价半色调重构结果质量的优劣；按半色调图像的视觉效果开展质量评价，为此需要观察者的参与，由于图像质量评价涉及大量生理和心理因素，为此需预先设定满足视觉效果良好的基本条件，例如半色调图像再现的局部区域平均灰度等级应尽可能与原连续调图像的灰度等级接近，半色调图像应该有合理的对比度。对于以进化计算为基础的半色调技术，由于执行算法时涉及大量的随机搜索，运算工作量很大，因而若分析半色调图像的功率谱将大大增加计算量；评价图像主体内容和细节再现与此类似，计算工作量也很大。因此，适合于进化计算半色调处理的质量评价以最后一种方法最为合适。

7.3.3 两种实现技术

通过简单遗传算法可以找到与二值半色调图像（像素）块 $b_1(i, j)$ 有最高匹配度的值，然后再将半色调图像的二值像素块“装配”起来，假定局部最优的像素块“装配”后的结果为全局最优，则可得到视觉效果良好的半色调图像整体。

图7－4给出二值图像块编码成数字串的例子，模拟“初始人口”分布特征。若二值图像的黑色像素转换成以数字“1”表示，而白色像素用数字“0”标记，则二值图像块可以编码成二维的数字串，代表初始人口的数字串 N_P 以随机的方式产生。

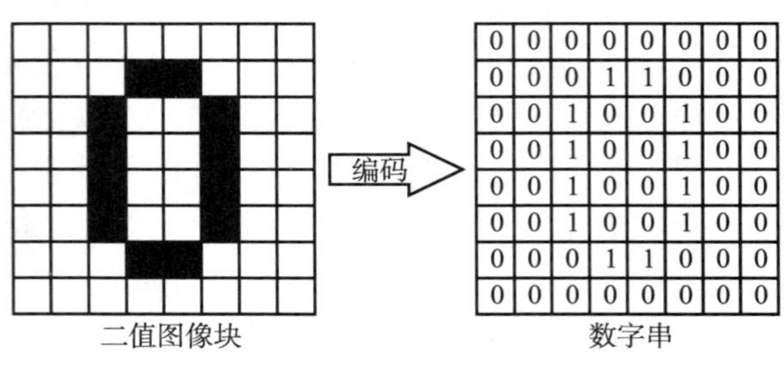

0	0	0	0	0	0	0	0
0	0	0	1	1	0	0	0
0	0	1	0	0	1	0	0
0	0	1	0	0	1	0	0
0	0	1	0	0	1	0	0
0	0	1	0	0	1	0	0
0	0	0	1	1	0	0	0
0	0	0	0	0	0	0	0

图7－4 二值像素块编码成“串”

根据第二章给出的半色调图像质量评价原则，灰度等级评价函数与对比度评价函数以加权系数组合后得到综合评价函数；由于“初始人口”编码成有限数量0和1组合成的二值数字串，需计算半色调图像块的综合评价函数 E_t，并将数字串的匹配度值 F 定义为：

$$F = E_{st} + E_{\max} - E_t \tag{7-2}$$

式中 E_{st}——人口之 E_t 的标准离差；

$E_{\max}$——人口综合评价函数 E_t 的最大值。

简单遗传算法的复制操作是对于产生下一代“人口”的数字串（即新的二值图像像素子集）的选择。在确定的人口规模下，对于每一种数字串总能根据公式（7－2）给出的匹配度值计算其应该被选择的条件概率，符合选择条件的数字串满足最大条件概率。

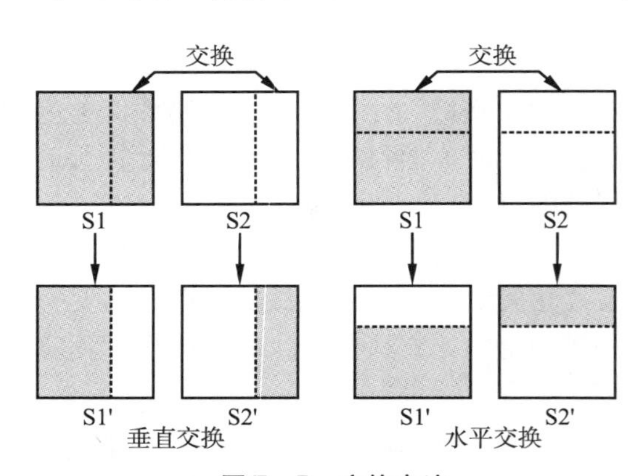

图7－5 交换方法

交换操作符用于从所选择的串通过复制产生新的人口。假定有两个串存在，分别标记为S1和S2，并按S1和S2的次序排列，通过复制操作产生两个新的串排列S1和S2，然后按图7－5所示形式作局部交换，包括水平和垂直交换两种方法，随机地选择。

突变操作符的工作原理如下：以随机方式选择数字串，该数字串中的某一个“位”发生反转，数字“1”改变为“0”，或者从“0”改变到“1”。综上所述，利用简单遗传算法可以使数字串具有更大的匹配度值 F，并最终获得视觉效果良好的半色调图像。

简单遗传算法需要的计算时间太长，为此可利用简单繁殖遗传算法简化计算过程，开始时只需产生一个数字串，再通过遗传运算使该数字串进化。

为了得到问题的最优解，首先以随机的方式产生半色调图像，要求黑色像素总数与连续调图像总的灰度等级相适应；在此基础上产生第一个数字串，确定黑色像素的总数，并随机地决定黑色像素的位置。得到第一个数字串后对其执行反转操作，按预定规则交换0和1的位置，产生新的数字串。计算反转操作产生之新“串”的匹配度值，如果新数字串的匹配度值大于以前数字串的匹配度值，则以前数字串用新“串”替代；否则“宣布”

新的数字串“死亡”，以前数字串存活下来。通过上述方法，数字串逐步进化，得到更高的匹配度值，这种以简单繁殖遗传算法为基础的半色调处理技术收敛速度更快。

7.4 打印机模型

数字半色调的研究过程中出现了不同的算法，其中有一类算法与硬拷贝输出技术和设备结合得最紧密，这就是基于打印机模型的半色调算法。目前，以打印机模型为基础的半色调算法为数不少，原因在于打印机的多样性，以及在如何建立打印机模型方面确实存在多种选择。以打印机模型为基础的数字半色调技术考虑了记录点搭接“畸变”效应，但由于打印机类型的不同，产生的记录点畸变也各不相同。

7.4.1 打印机模型分类

通常，在设计半色调算法时几乎毫无例外地均需做出打印机为理想设备的假设，即打印机有能力在正确的位置上产生理想的正方形记录点。但不幸的是，大多数打印机却无法满足这种假定。当半色调算法不能按打印机的实际条件执行时，硬拷贝输出所得二值图像纹理完全有可能偏离算法预测的感受效果。为了正确地复制出原灰度图像，有必要针对打印工艺建立打印机模型，并将建立的模型与半色调算法结合起来。由于上述原因，大量研究项目致力于如何建立打印机模型，以及如何使模型与半色调算法结合起来。

根据建模时所采用的技术，可以将打印机模型分成两大类型，分别称为印刷品特征化模型和工艺特征化模型，前者属于整体性的模型，以出现在打印页面上的半色调图像的整体特征为基础；后者能反映打印机的实际工艺特征，这种打印机模型通过数字半色调技术使记录点转换成页面上的着色剂。

使用得最为广泛的印刷品特征化打印机模型当数硬圆形记录点模型，由 Roetling 和 Holladay 两人首先提出，这种模型考虑到了着色剂在记录介质上的扩散效应，导致印刷品的吸收比提高，通常归结为网点增大机制。若采用的是硬圆形记录点打印机模型，则必须假定打印机产生圆形记录点，在打印机的每一个寻址位置上吸收比等于常数，多个记录点重叠时对出现在印刷品上的每一个点用逻辑或求解。为此，Stucki 建议了一种结合使用硬圆形记录点打印机模型的扩展误差扩散算法；Stevenson 和 Arce 将误差扩散算法扩展到六边形采样栅格，并利用硬圆形记录点打印机模型补偿邻域记录点的交互作用效应；Pappas 等人及 Knox 等致力于硬圆形记录打印机模型的推广和通用化，使这种模型归纳成以参数表示的模型；Baqai 和 Allebach 结合硬圆形记录点打印机模型提出了直接二值搜索半色调算法，建立在寻找半色调图像再现和原连续调图像之均方根误差最小的基础上；Lin 和 Wiseman 提出随机记录点模型的建议，以墨粉颗粒出现在特定位置上的概率为基础建模，假定墨粉颗粒以记录点为中心呈高斯分布；Flohr 等则利用 Lin 和 Wiseman 提出的打印机模型改善纹理质量，区别在于半色调图像用直接二值搜索算法产生；Baqai 和 Allebach 建议的随机打印机模型建立在列表模型的基础上，并使之结合到直接二值搜索算法。

打印机的工艺特征化模型可追溯到由 Ruckdeschel 和 Hauser 完成的工作，他们的研究成果与分析光学网点增大效应有关，这种物理现象使印刷品外观比预期的更暗，原因在于着色剂记录点下方的光线散射。Loce 等人针对静电照相工作原理及相应设备提出新的打印机模型，分析机械振动引起的条带效应。Kacker 和 Allebach 为静电照相数字印刷开发了更详细的模型，其基础还是直接二值搜索半色调算法，焦点问题在于曝光步骤，认为成像系统以高斯分布激光束在光导鼓上“写”入信息。与印刷品特征化模型相比，工艺特征化模型的优点主要体现在描述模型时只需使用较少的参数，但这种模型往往很复杂。

7.4.2 记录点搭接激光打印机模型

静电照相打印机（激光打印机是这类硬拷贝输出的通俗称呼）乃至于静电照相数字印刷机（后面统一称所有基于静电照相原理的数字硬拷贝输出设备为激光打印机）只能产生圆形记录点，无法形成正方形记录点，是激光器或发光二极管发出的光束外形为圆形、调制到正方形成本太高的缘故。由激光打印机产生的黑色记录点的理想形状应该是黑色的实心圆，记录点内部以及与背景的过渡区不存在色调渐变，圆形记录点的理想尺寸（半径）等于 $T/(2)^{1/2}$，该尺寸是最小半径值。只要黑色记录点半径达到 $T/(2)^{1/2}$，则所有位置均产生记录动作时黑色记录点可以覆盖住整个页面，如图 7－6 所示。

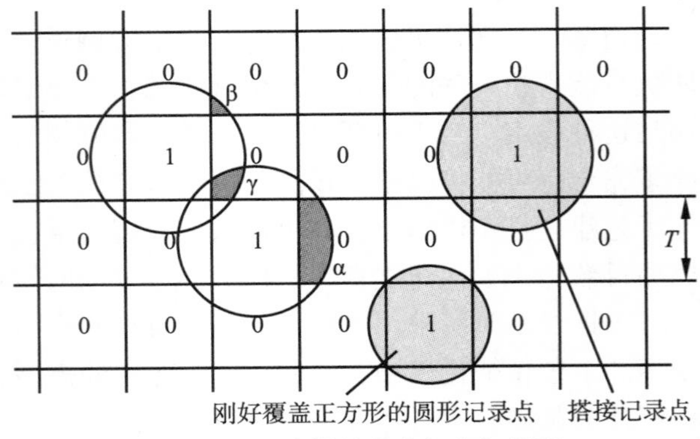

图 7－6 记录点搭接激光打印机模型

激光打印机实际产生的记录点形状不可能是理想圆形，不能达到理想黑色的程度，也很难刚好等于理想尺寸，出现一定程度的偏差是难免的。上面给出的描述还不能反映记录点偏离理想状态的全部，如果出现其他物理现象也不足为奇，例如几根黑色线条包围下的白色线条比只有两根黑色线条包围的白色线条看起来更亮。引起同宽度线条明暗差异（畸变）的原因多种多样，比如墨粉散射，光束扩散，光束的交互作用，光束在光导体表面充电时的交互作用，墨粉颗粒因受到电荷作用而产生的移动，墨粉颗粒的热效应，等等。

大多数激光打印机产生的最基本的几何畸变演示于图 7－6，记录点尺寸大于为覆盖输出设备正方形栅格所必须的最小尺寸，这种现象称为记录点搭接，考虑激光打印机输出记录点尺寸扩大因素导致搭接效应的设备模型称为记录点搭接激光打印机模型。

根据图 7－6 所示的圆形记录点搭接特征，可以用下式描述记录点搭接模型：

$$p(i,\ j) = P[W(i,\ j)] = \begin{cases} 1, & b(i,\ j)=1 \\ f_1\alpha + f_2\beta - f_3\gamma, & b(i,\ j)=0 \end{cases} \tag{7-3}$$

式中，窗口 $W(i,\ j)$ 由中心二值像素 $b(i,\ j)$ 以及它的 8 个邻域像素构成，这里假定以 3×3 像素集合建立打印机模型；f_1 表示 $b(i,\ j)$ 之水平方向和垂直方向的邻域记录点，这些记录点应该出现在 3×3 二值像素集合内，且必须是黑色记录点；f_2 代表以 $b(i,\ j)$ 为中心考虑时沿对角线方向的黑色记录点数，也不能超过 3×3 像素窗口范围，限制条件是对角黑色记录点不能与已经计数的水平和垂直方向黑色记录点相邻；f_3 是黑色记录点配对数，必须黑色记录点两两配对，其中一个记录点在水平邻域，另一个记录点在垂直邻域；α、β 和 γ 分别表示邻域记录点以不同方式搭接时形成的公共部分与二值像素栅格面积 T^2 之比。

如果以实际记录点半径与理想记录点半径 $T/(2)^{1/2}$ 的比值 ρ 为特征参数，则根据记录点搭接的几何关系可得：

$$\alpha = \frac{1}{4}\sqrt{2\rho^2 - 1} + \frac{\rho^2}{2}\sin^{-1}\left(\frac{1}{\rho\sqrt{2}}\right) - \frac{1}{2}$$

$$\beta=\frac{\pi\rho^2}{8}-\frac{\rho^2}{2}\sin^{-1}\left(\frac{1}{\rho\sqrt{2}}\right)-\frac{1}{4}\sqrt{2\rho^2-1}+\frac{1}{4} \tag{7-4}$$

$$\gamma=\frac{\rho^2}{2}\sin^{-1}\left(\sqrt{\frac{\rho^2-1}{\rho^2}}\right)-\frac{1}{2}\sqrt{\rho^2-1}-\beta$$

图7－6已经给出了α、β和γ的几何意义，这三个参数是建立激光打印机模型的关键。推导公式（7－4）时假定$1\leqslant\rho\leqslant(2)^{1/2}$，意味着圆形黑色记录点的面积应足够大，才有可能覆盖$T\times T$的正方形面积。但是，当水平或垂直方向上的两个黑色记录点为中间的白色记录点分离时，即使黑色记录点不能完全覆盖$T\times T$的面积，这两个黑色记录点也将从两侧搭接到白色记录点的局部区域。由于α是三个参数中的最大者，不妨称这种模型为α记录点搭接模型，它对于输入位（控制激光打印机产生记录动作的输入位，例如图7－6所示的由数字“0”和“1”组成的图像）来说是非线性的，因为黑色墨粉熔化后在白色纸张上叠印时不满足线性叠加规则。对于以理想记录点尺寸$\rho=1$输出的打印机，三个参数取最低值，分别为$\alpha=0.143$、$\beta=0$和$\gamma=0$。显然，当记录点形状为正方形时，不会出现记录点搭接的现象，为此可以称这种打印机为$\alpha=0$的记录点搭接打印机或$\alpha=0$的搭接模型。

7.4.3 基于测量的打印机模型

直接二值搜索算法需要打印机模型和视觉系统模型的支持，其中打印机模型又建立在记录点模型的基础上，基于测量的打印机模型更以记录点模型为基础。

现在，首先要提出的问题是，建立打印机模型的基本目的何在？模型建立后有何作用？按应用需求和打印机再现连续调图像的工作机制，建立打印机模型的基本目的离不开对于打印机输出像素灰度等级的预测，要求尽可能与实际形成的灰度等级一致。众所周知，打印机工作时将二维平面划分成等间距的正方形记录栅格，并按输入图像的灰度等级和数字半色调算法在二维平面特定的栅格位置上产生黑色记录点，搭接到邻域像素位置的现象很难避免。不可否认，任何记录点（设备像素）产生的灰度等级表现不仅与该记录点自身能复制出的灰度水平有关，也与该记录点的邻域像素有关，例如邻域像素同样有黑色记录点产生与没有黑色记录点产生时的最终结果肯定是不相同的。

假定任意位置的灰度等级可以由3×3记录像素组成的窗口决定，则考虑记录点搭接效应后，以等价的灰度图像$b^*(i,j)$代替数字半色调图像$b(i,j)$，其中$b_1(i,j)$以像素挨着像素为基础定义成与打印机输出的实际半色调图像有相同的平均吸收系数。图7－7（a）和（b）分别给出了表示成位图（即数字0和1的组合）的半色调图像及其等价的灰度图像，其中图7－7（b）列出的数字代表通过测量得到的吸收系数。由于这些系数的分布决定了相当于灰度图像的感觉效果，不可能与半色调图像记录点的客观效果完全一致，因而只能说是等价。

0	0	0	0	0
0	1	0	1	0
0	0	1	0	0
0	0	0	0	0

(a) 半色调图像

0.13	0.30	0.28	0.27	0.11
0.29	0.68	0.70	0.65	0.22
0.16	0.54	0.67	0.50	0.13
0.05	0.15	0.26	0.13	0.05

(b) 等价灰度图像

图7－7 半色调图像与等价的灰度图像

根据上述基本思想，等价灰度图像$b_1(i,j)$由下式给定：

$$b_1(i,j)=F[W(i,j)] \tag{7-5}$$

式中的$W(i,j)$由$b_1(i,j)$及其8个邻域像素组成，且F是W的某种形式的函数。一旦获得了所有的测量值，则产生能够描述 F 对于（i，j）的 8 个邻域像素相关性的打印机模型，这些数值存储到查找表内，供采用半色调算法时使用。

7.4.4 喷墨打印机模型

尽管在打印机模型及其有关的半色调算法上取得了不少成功，但迄今为止几乎所有以打印机模型为基础的数字半色调算法都针对激光打印机建模。因此，仅仅考虑静电照相原理的打印机模型缺乏与喷墨打印机工作方式的可比性，主要原因如下：第一，输出灰度图像时，喷墨打印机往往采用二次通过模式输出整页内容，激光打印机只需一次通过就完成整页打印；第二，墨滴喷射到纸张表面后，墨水不可避免地产生扩散和渗透，因而喷墨打印机缺乏像激光打印机那样以接近硬圆形边缘的理想记录点形状再现理论记录点的能力；第三，由于墨粉颗粒尺寸和形状的非均匀性，墨滴的尺寸和形状十分均匀，因而喷墨打印机再现的记录点尺寸和形状比起激光打印机来要稳定得多；第四，喷墨打印机很容易出现记录点位置偏差，源于打印头喷嘴位置的对准有困难，喷嘴排列本质上带有随机性质。

记录点的不规则性有可能来自墨水的合并，或者是产生了卫星墨滴。例如，相邻喷嘴同时喷射时，发生墨水合并的可能性相当大。如果喷嘴以超过自身能力的频率喷射，或者说喷嘴的喷射频率高于设计频率，则容易在喷嘴口附近导致墨水搅混在一起而产生卫星墨滴。为此，设计者往往采用多次通过打印模式，以避免墨水合并和卫星墨滴。喷墨打印机处于多次通过打印模式时，喷嘴访问每一个像素的次数大于一次，在特定的通过周期内产生一个墨滴，因而需要额外的逻辑控制，才能确定是否在给定的位置和给定的通过时刻喷射墨滴。在此情况下，为了能够对喷墨打印机提供逻辑控制，有必要使用打印蒙版，常编码成 0 和 1 组成的阵列。若阵列中的某一单元标记为 1，且在该位置上的半色调像素值等于 1，则说明喷嘴将喷射墨滴；当阵列单元的编码取 0 值时，无论与该位置对应的半色调像素值等于多少，均不喷射墨滴。图 7－8 是二次通过打印模式下打印蒙版的示意图。

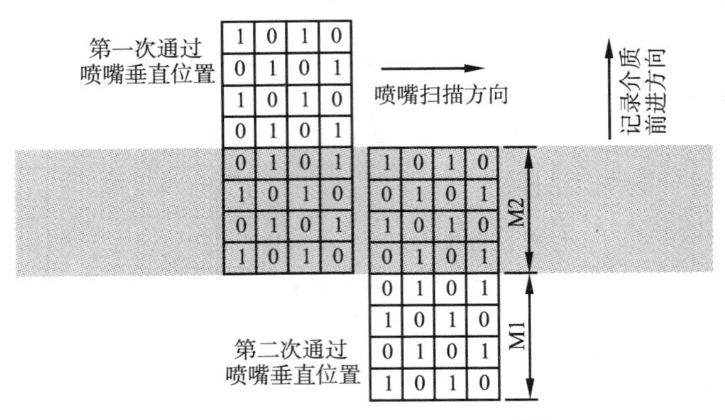

图 7－8　二次打印模式与打印蒙版

图 7－8 所示打印蒙版的宽度和高度分别等于 4 和 8，编码成 0 与 1 交替出现的阵列，用于打印图中的阴影区域。由于打印蒙版类似“瓷砖”那样地覆盖在记录介质上，如果某一位置的半色调像素值等于 1，则喷嘴扫过记录介质时每隔一个像素就标记数字 1，形成类似棋盘格子的 0/1 数字阵列；此后，记录介质前进喷嘴高度之半，并重新开始打印。从

打印蒙版1和0的配置特点可以看出，第一次通过时由M1阵列漏掉的所有位置将由第二次通过时阵列M2的位置补上。打印蒙版反映硬件对喷射频率的限制，可以有效地避免同一喷嘴连续地喷射，从而也避免产生墨水合并和卫星墨滴。

作为打印机建模的第一步，首先对特定型号的喷墨打印机作特征化处理，为此需利用等待建模的喷墨打印机输出测试样张，利用数字照相机或扫描仪转换成数字图像。测量记录点尺寸外形和质心，据此估计出记录点偏离理想位置的距离。根据记录点的各种测量数据建立喷墨打印机模型，参与数字半色调算法设计。由于这种建模方式必须针对特定的喷墨打印机，而商业市场的喷墨打印机多种多样，建模工作量之大可以想象。

7.5 利用打印机模型的半色调算法

打印机模型可参与各种数字半色调算法设计，以修正打印机所输出记录点偏离理想记录点引起的误差。例如，积聚点搭接激光打印机模型可用于修正误差扩散算法，考虑到了激光打印机记录点畸变的影响。基于打印机模型的最小平方半色调算法则致力于探索打印机模型和视觉感受模型的半色调应用，通过使打印机和视觉模型对于二值图像响应与视觉模型对于原灰度图像响应间平方的最小化产生最佳的半色调效果。与传统技术相比，修正误差扩散算法表现出更高的空间分辨率和灰度等级分辨率，但容易产生赝像和非对称性。以半色调工艺为基础的最小平方算法明确使用视觉模型，依赖于打印机模型，能够预测打印机畸变，目的在于提高而不是降低设备的空间分辨率和灰度等级分辨率。

7.5.1 记录点搭接打印机模型修正误差扩散算法

打印机模型的价值必须与半色调算法结合起来才能得到体现，例如Roetling和Holladay利用圆形记录点搭接打印机模型修改记录点集聚有序抖动（模拟传统加网工艺）的阈值数组，输出结果是线性变化的灰度等级，他们也使用这种打印机模型优化网点设计。由于记录点集聚有序抖动以牺牲设备分辨率为代价换取灰度等级分辨率的提高，因而当设备分辨率不高时，低频网点结构容易看清。圆形记录点搭接模型根据激光打印机的输出特征建立，当然应该以激光打印机为典型应用领域，喷墨打印机因成像原理和墨水喷射机制等与激光打印机差异很大而不能使用。通过激光打印机模型可获得线性改变的灰度等级，明显改善印刷品的空间分辨率效果和低频效应，甚至还有助于提高灰度等级分辨率。

由于到目前为止激光打印机的输出分辨率还不够高，若与模拟传统加网技术的记录点集聚有序抖动算法结合，则必然导致牺牲设备的空间分辨率，并进一步影响最终印刷品的精度与质量。因此，激光打印机模型与记录点集聚有序抖动组合并非好的选择，应该与适合于激光打印机输出精度的半色调算法结合起来，例如误差扩散算法。

如同已知的半色调算法那样，误差扩散半色调处理之所以能取得成功，是因为这种算法隐含着对于眼睛低通滤波特征的利用，足以欺骗人的眼睛。原连续调灰度图像与半色调图像间的差异是客观存在的，或者说误差扩散处理过程必然会引入噪声，但这种噪声不能为眼睛所察觉，原因在于误差扩散过程产生的噪声信号的大多数能量集中在高频区域。

在灰度等级迅速改变的区域，误差扩散算法通过扩散记录点模拟高分辨率输出，因而与记录点集聚有序抖动相比，误差扩散算法对记录点搭接效应很敏感。如果确实存在记录点搭接现象，则误差扩散处理倾向于产生更深暗的图像，可能会限制这种算法应用于不存在记录点搭接的成像系统。不过，纠正输出图像过于深暗问题其实并不复杂，只需结合使用考虑记录点搭接效应的激光打印机模型即可得到合理解决，可用图7-9说明。

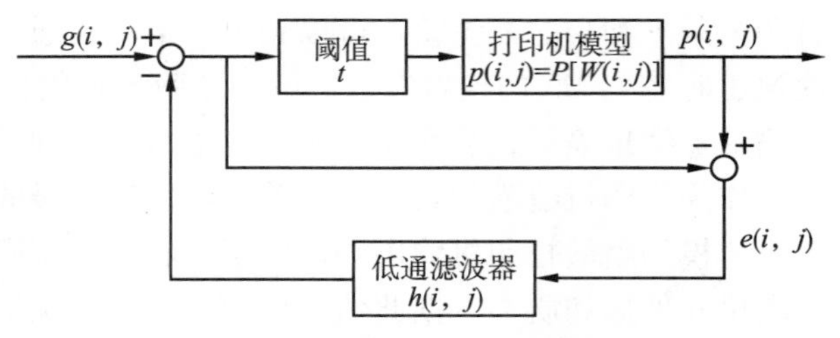

图7-9　修正误差扩散算法

在半色调算法中加入打印机模型的目的是补偿记录点搭接效应，现在误差定义为纠正灰度等级和打印机模型输出结果间的差值。这样，计入打印机畸变和量化效应后，可认为经典误差扩散或其他误差扩散算法经过了打印机模型的修正。

7.5.2　基于模型的最小平方半色调算法

基于模型的最小平方半色调算法属于迭代优化处理的范畴，以最小平方误差作为寻求半色调图像最优解的判断条件。在各种页面文件的硬拷贝输出领域，若借助于高保真度的灰度图像二值编码技术重构连续调效果，则基于模型的半色调算法对产生高质量的文档特别有用。在这种场合，半色调操作在打印机的接收装置上执行，因而半色调处理恰好发生在打印动作前。除二值编码效率外，基于模型的算法也允许半色调处理系统针对特定的打印机调整，原因在于不同打印机的技术特征可能很不相同，即使同类打印机也如此，例如写黑与写白激光打印机的差异。注意，本节讨论的半色调算法适合于激光打印机，但如果从激光打印机模型改变为其他类型的打印机模型，则该算法提供的原则和基本思路也适用于基于其他成像技术的打印机，然而算法实现可能会相当复杂。

半色调技术依赖于眼睛的低通滤波本质。目前已经开发成功更有细节特征的视觉感受模型，因而通过视觉模型实现半色调工艺是完全可行的。本节将要介绍的基于模型的最小平方半色调算法涉及两种模型，它们是打印机模型和视觉系统模型，其中打印机模型考虑了记录点搭接效应导致的灰度等级畸变，视觉系统模型建立在对于眼睛空间频率灵敏度的基础上，这种模型由 Mannos 和 Sakrison 建立。

如前所述，由于基于模型的最小平方半色调技术不仅用到打印机模型，也利用了视觉感受模型，因而能产生最佳的半色调转换效果。以打印机和视觉模型为基础的最小平方半色调算法借助于使输出平方误差最小化实现优化复制，为此需计算打印机输出和视觉模型对于二值图像的响应与视觉模型输出对于原灰度图像响应的平方误差。

由 Pappas 和 Neuhoff 提出的算法对一维最小平方问题的处理归结为独立地执行连续调图像的像素行和像素列的半色调操作，建议用 Viterbi 算法实现。但不幸的是，以这种算法原则不能找到二维问题的封闭形式的解，因为二维最小平方半色调算法的解决方案需借助于迭代技术。实验结果表明，基于模型的最小平方半色调算法比起传统技术来可以再现更多的灰度等级，似乎提高了设备的空间分辨率。此外，基于模型的最小平方半色调算法还有不少其他优点，其中最突出的是该算法能消除与误差扩散有关的缺点。

以打印机模型为基础的最小平方半色调算法是平方误差最小化技术的一种应用。由于眼睛类似于滤波器的功能不存在与图像的关联性，因而最小平方半色调算法也不存在这种关联性，这意味着算法对于图像内任意点做出的决策取决于过去和未来的决策。以误差扩散处理实现时，对于图像内任意点的二值决策仅仅与过去的决策有关。正是由于最小平方算法的这种无关联性，才使得算法能自由地产生清晰的过渡和跟踪边缘，比起其他算法来效果更好。基于模型的最小平方半色调算法以二维方式实现时的系统整体如图 7－10 所示。

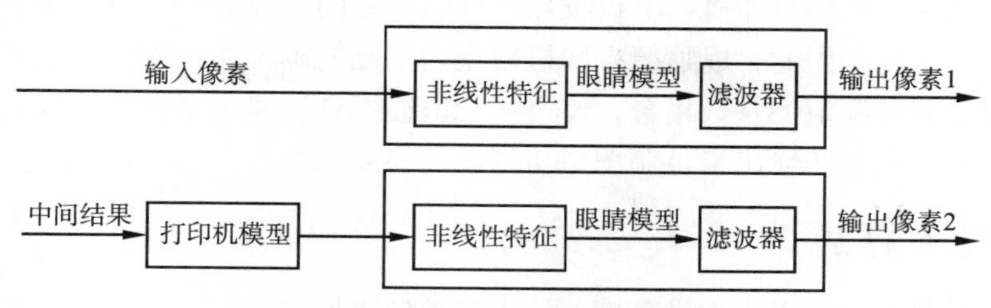

图 7－10　打印机和视觉感受模型

在迭代搜索过程中，一旦像素位置达到平方误差的最小值，则迭代计算结束。起始点为全黑或全白图像时，只有极少数的迭代计算要求收敛，典型迭代计算次数在 5～10 之间。若初始图像由修正误差扩散算法产生，则迭代计算次数更少。Anastassiou 提出类似的计算程序，区别在于他建议的计算基于神经网络。尽管误差是局部的，但仍然与邻域像素存在很强的相关性，可能在很大的区域内传递。因此，处理时将图像分解成小块并对分解成的像素块独立地优化处理或许并不合适，有可能导致明显偏离最优解。

注意，连续调图像利用上述半色调算法处理仅仅是最小平方问题的局部最优解，对于给定的图像，这种最优解可能不止一个，结果与初始二值图像有关。

7.5.3　基于喷墨打印机模型的阶调相关误差扩散

桌面喷墨印刷应用领域广泛采用误差扩散算法生成半色调图像。自从 Floyd 和 Steinberg 的经典误差扩散算法提出以来，有不少学者在改善误差扩散算法方面付出了大量艰苦的努力，旨在提高半色调转换结果的质量，扩展这种记录点分散随机抖动算法的能力，其中包括使用不同的加权系数集合、阈值调制、采用不同的扫描路径和自适应滤波等。理论分析和实验研究结果表明，上述方法确实有效地改善了半色调图像质量，但最终结果仍然无法与迭代优化算法产生的半色调图像相比，例如直接二值搜索算法。

Eschbach 于 1993 年在电子成像技术杂志上发表的论文中提出输入相关平均权重误差扩散的概念，其核心思想在于加权系数与输入像素值有关，对极端灰度等级（例如高光和暗调）使用较大的加权系数，而中间调像素值的加权系数则较小。后来，Li 和 Allebach 两人提出阶调相关误差扩散算法，与输入图像（连续调图像）阶调相关的因素包括加权系数集合和阈值数组，他们通过离线训练过程选择加权系数集合和阈值数组。

为了获得最佳的加权系数和阈值，有必要采用 Allebach 于 1999 年提出的频率加权均方根误差度量指标。研究结果表明，这种指标通常情况下能够反映二值纹理的平滑程度，但有时却无法衡量二值纹理（图像）的种类和均匀度。在对于阶调相关误差扩散算法的加权系数和阈值执行优化处理时，初始半色调纹理由误差扩散计算产生，因而缺乏均匀性和多样性，特别是在中间调范围内，需要用打印机模型修正。

阶调相关误差扩散算法之所以能取得成功，关键在于这种半色调算法建立在离线训练的基础上，正成为半色调算法设计的重要内容之一。由于阶调相关误差扩散算法的这种离线训练特点，因而有助于训练算法本身，避免半色调图像出现噪声赝像，而噪声正是喷墨打印工艺的固有特征（缺点）。据此，Lee 和 Allebach 建议训练阶调相关误差扩散算法的参数集合，力图使得阶调相关误差扩散半色调图像在喷墨打印机模型作用下再现的功率谱与理想直接二值搜索半色调图像再现结果的功率谱相似。值得指出的是，在执行基于喷墨

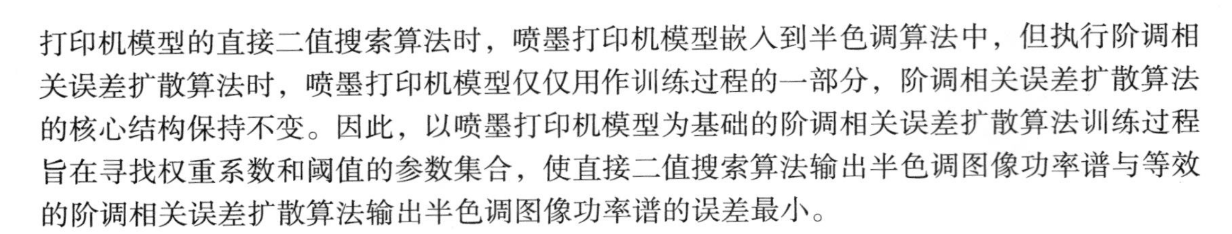

打印机模型的直接二值搜索算法时，喷墨打印机模型嵌入到半色调算法中，但执行阶调相关误差扩散算法时，喷墨打印机模型仅仅用作训练过程的一部分，阶调相关误差扩散算法的核心结构保持不变。因此，以喷墨打印机模型为基础的阶调相关误差扩散算法训练过程旨在寻找权重系数和阈值的参数集合，使直接二值搜索算法输出半色调图像功率谱与等效的阶调相关误差扩散算法输出半色调图像功率谱的误差最小。

7.6 退火算法

除染料热升华打印机等少数设备外，绝大多数硬拷贝输出设备往往只具备二值表现能力，这类输出设备产生的记录点密度在低到中等程度上，中低档打印机的典型记录分辨率在300～400dpi间，二值图像噪声的可察觉程度未达到视觉系统的阈值水平。因此，均匀灰度区域的半色调重构结果并不理想，现有的标准半色调算法（例如记录点集聚抖动和记录点分散抖动）产生的周期性二值图像在正常观看距离下很容易察觉。以随机退火与最小视觉调制结合的算法富有创新精神，能合理地再现由计算机生成的均匀灰度图像和自然图像中的均匀灰色部分，利用了金属退火再结晶现象的随机性，并通过最小视觉调制传递函数改变二值图像的纹理结构，降低噪声的可察觉程度。

7.6.1 视觉调制传递函数与视觉成本函数

提出随机退火结合最小视觉调制算法的主要目在于降低半色调图像的噪声效应，使之不能在正常观看距离下察觉。除记录点集聚有序抖动算法外，其他数字半色调算法对均匀灰色区域的二值图像重构都存在一定的困难，有必要借助于某种方法使均匀灰色区域的感受水平达到最小程度，算法之一便是最小视觉调制技术。由于这一原因，首先需给出视觉调制的定义。为简化叙述，这里不加分析地直接采用由 Daly 提出的视觉系统低对比度适光调制传递函数的一阶模型，以后简称为 Daly 视觉调制传递函数或视觉调制传递函数：

$$V(i,\ j)=\begin{cases}a[b+cf_r(i,\ j)]\exp\{-[cf_r(i,\ j)]^d\},\ f_r>f_{r,\max}\\1.0,\qquad\qquad\qquad\qquad\qquad\qquad \text{其他}\end{cases}\tag{7-6}$$

式中的 a、b、c 和 d 是常数，由实验数据计算得到的具体数值分别为 $a=2.2$、$b=0.192$、$c=0.114$、$d=1.1$；f_r 称为径向空间频率，按观看距离缩放的视觉感受尺度，单位取“周期/度”；$f_{r,\max}$对应于加权指数达到峰值的频率。为了实现式（7-6）所示的视觉模型，有必要将离散的水平和垂直文档（矩形描述的文档）频率（f_i，f_j）转换成径向视觉频率。

式（7-6）定义的二维视觉调制传递函数可用于估计给定二值半色调图像的感觉噪声或视觉“成本”，为此需执行二值图像的加权离散傅里叶变换，并对离散傅里叶变换所得的所有离散频率分量的模执行求和计算，以符号形式表示就成为：

$$\text{成本}=\sum_{i=1}^{32}\sum_{j=1}^{32}V(i,\ j)^2F(i,\ j)F^*(i,\ j)\tag{7-7}$$

式中的 $F(i,\ j)$ 表示半色调图像的离散傅里叶变换，$*$ 号代表复数组合。

设计图像处理算法时往往要考虑到所谓的视觉成本（Visual Cost）指标。由于显示设备和一般用途硬拷贝输出设备的记录分辨率（或空间分辨率）相当有限，而视觉成本的最小化往往意味着设备有限的分辨率资源能得到最有效的发挥，可见研究视觉成本的主要目的在于针对低空间频率（分辨率）设备的有限表达能力设计出具有最小视觉功率谱的二值半色调图像。无论是对于哪一种应用都需要衡量半色调处理质量的技术指标，与视觉感受最直接相关的衡量指标便是畸变，包含与建立改进算法有关的视觉模型。

7.6.2 随机退火优化

在工业应用中，退火措施以金属的再结晶处理最为典型。例如，金属压力加工过程中的压延和拉伸等超过材料的屈服应力时，导致金属的冷作硬化，屈服应力的增加导致后续的加工过程无法进行下去，需要做退火处理；由于这种退火以消除冷作硬化为主要目标，因而加热温度应低于金属的再结晶温度，旨在恢复金属原来的屈服应力。在金属再结晶的退火过程中，晶格的中心位置随机地产生，如同形成半色调图像记录点那样。正因为金属再结晶退火的随机性，才产生了模拟再结晶退火过程的随机半色调算法。

假定半色调单元由 32×32 个设备像素或记录点组成，并假定这些记录点中有 p 个记录点处于打开状态，则可能出现的配置数由下式给定：

$$Conf = \frac{1024!}{p!(1024-p)!} \tag{7-8}$$

从上式容易看出，配置数实在太大，只有少数很高或很低的 p 值才例外。可见，以常规搜索算法求解视觉成本最小的半色调图像显得并不实际，采用迭代优化计算法求解或许更合理，具体实现时可以对确定性的和随机性的优化算法做分解处理。其中，确定性算法的例子是通过最陡下降法找到局部最小值，使用得相当普遍。在经常使用的随机算法中，以非直接随机搜索技术最为典型。随机退火算法是随机算法的例子之一，研究结果表明这种方法在求解组合最小化问题上非常成功。随机退火算法有其特定的统计理论基础，与经过长期工程应用的所谓“大都会算法”（Metropolis Algorithm）直接相关，已成功地用于确定材料的最小自由能。这里介绍的优化算法可认为是对于材料自由能的模拟，不过处理对象是半色调图像的视觉成本。“大都会算法”认为，倘若新的配置使自由能降低，或能量增加符合下式所示的波尔兹曼分布规律，则允许粒子重新配置：

$$\mathrm{Prob}(E) \sim \exp\left(\frac{-E}{T}\right) \tag{7-9}$$

式中的 T 代表温度。从上面的叙述可以看到，二维平面上记录点的打开或关闭对应于不同的配置，而基本粒子的能量分布也是体现不同的配置特点，两者是可以模拟和类比的。

重新配置必须符合半色调图像的特殊规律，若某一位置的记录点状态设置成打开，则必然有另一个位置的记录点状态切换成关闭。假定半色调算法的执行结果使得视觉成本降低，或视觉成本的增加在统计规律上符合波尔兹曼分布，那么半色调图像的重新配置方案可以接受。此外，由于温度降低而导致的视觉成本增加几乎不能接受。在操作层面上，随机退火算法允许搜索那些从局部最小值浅层区域逃逸出来的对象，因为波尔兹曼分布这一形式决定了只需较小的能量差就能逃逸。上述算法在实现时需执行下面所列步骤：

（1）对半色调图像作初始化处理，随机确定 p 个记录打开的位置。

（2）利用公式（7－7）计算视觉成本。

（3）随机地打开/关闭一对记录点，即两个记录点配对，当一个记录点打开时另一个记录点关闭，计算重新配置后的视觉成本。

（4）计算波尔兹曼试验统计值 q，以确定新的图案是否能够接受，计算公式如下：

$$q = \exp\left(-\frac{\Delta_{\mathrm{Cost}}}{T}\right) \tag{7-10}$$

式中的 Δ_{Cost} = 新成本 − 老成本，开始时将温度 T 设置到很大的百分比，例如即使成本差大于0，但只要温度设置成80%，步骤（5）产生的新图像就可接受。

（5）如果 $q>1$，即 $\Delta_{\mathrm{Cost}}<0$，则新的图像可以接受；当 $q\leqslant1$ 时，若 $\xi\leqslant q$，那么新图像也可以接受，其中 ξ 是 0 和 1 间的均匀随机数，否则拒绝接受新图像。

（6）经过多个从步骤（3）到（5）的循环（例如1500 次）后，温度降低到 k^T，这里的 $k<1$，比如 $k=0.95$，视觉成本增加的图像逐步趋向于不能接受。

（7）返回步骤（3）重新生成记录点，除非 T 的数值足够小，或 T 取得成功值处的最终成本不再改变，或者是发生了固定数字的温度变化。

7.6.3 半色调处理效果

从 20 世纪 60 年代开始，以模拟多个阶调层次为目标的支持硬拷贝输出数字半色调技术已进入实际应用阶段。半色调处理解决输出问题的关键归结为如何在二值硬拷贝输出设备上产生多种层次的均匀灰色区域，包括颜色和阶调的渐变。

如同其他半色调算法需要实验验证那样，以视觉成本达到最小程度为最终目标并通过随机退火优化的半色调算法也应该得到实际处理结果的验证。例如，假定连续调图像的像素值经归一化处理，则对于 $g=1/8$ 的常数灰度等级图像的半色调处理如图 7－11 所示。

可以认为，图 7－11 中的（a）和（b）分别代表初始随机抖动图像和最终半色调图像关闭记录像素的位置关系，最终半色调图像的视觉成本达到最小化，对应于图像面积内的黑色记录点大约占总面积的八分之一。注意，记录像素的打开和关闭是相对的，例如以激光在记录平面上成像时，通常意义上的激光束打开对应于成像系统产生记录动作，因而前面提到的像素关闭更应该称为像素打开，但如果认为某一位置上产生记录点后使材料表面处于封闭状态，则称之为像素关闭也完全说得通。为了使读者能看清半色调图像记录像素的打开或关闭状态，图 7－11 中的（a）和（b）已经做了 4 倍的放大处理，由激光打印机输出，垂直尺寸与水平尺寸之比等于 5/3，因而从图像结构尺寸来说具有非对称性质。

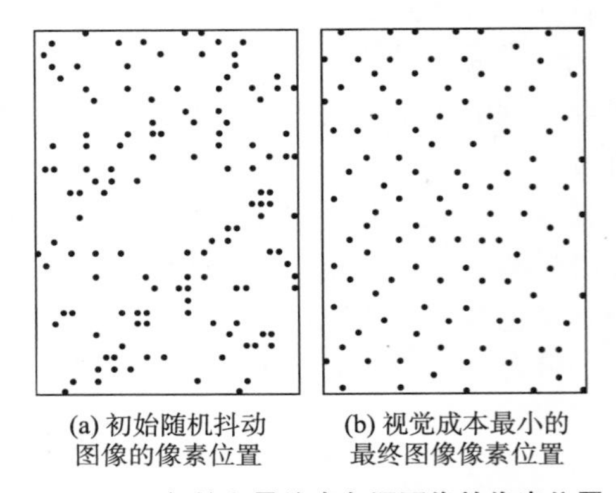

图 7－11　初始和最终半色调图像的像素位置

从图 7－11 中（a）和（b）所示的半色调图像不难看出，优化处理产生的二值图像记录点明显比初始随机抖动二值图像更分散，发生集聚的可能性更少，阶调分布也更均匀，因而记录点集聚的最大间隙减小，是由于低频调制降低的原因造成的。

第八章 彩色数字半色调

如今，彩色打印机的制造成本越来越低，除办公应用外，家庭拥有彩色台式打印机也不再是稀罕事。与此同时，适合于商业印刷领域使用的彩色数字印刷机越来越多，输出速度越来越快。高速度和高质量的彩色印刷需要相应数字半色调算法的配合，为此应该设计和开发合理的彩色半色调算法，不能停留在只能处理灰度图像的水平。

8.1 基本问题

早期开发的半色调算法大多以灰度图像为处理目标，被处理对象为彩色图像时最多只是同一种半色调算法对于彩色图像各主色通道的依次应用。对模拟传统网点的记录点集聚有序抖动算法而言，这种想法确实并无不妥，四种主色的半色调处理结果即使有差异，也仅仅是网点排列角度不同，算法的主体部分不存在原则区别。然而，如果以其他半色调算法重构彩色连续调效果，则问题没有想象的那样简单。

8.1.1 单色半色调与彩色半色调

单色半色调算法指针对连续调灰度图像二值硬拷贝输出和显示的转换技术，原连续调图像的多值像素表示转换成二值编码，只要合理地排列二值记录点的位置，就能够模拟原灰度图像的层次变化，二值图像在眼睛的低通滤波效应作用下感受为连续调图像。所有具备商业应用价值的半色调算法都经过仔细的设计，尽可能消除视觉赝像，为此必须考虑到引起视觉赝像最重要的原因，即网点或记录点的亮度波动。对二值半色调（即仅产生黑色和白色记录点）处理来说，产生视觉赝像的因素与记录点的排列/布置方式有关，缓解视觉赝像只能借助于黑色记录点的合理分布。彩色半色调算法通常是三个或四个半色调处理单色平面的笛卡尔乘积，三个单色或四色平面对应于原 RGB 或 CMYK 连续调彩色图像的主色分量。由于各主色等价亮度差异的原因，如果从单色半色调算法考察彩色图像半色调处理结果中的着色记录点，则这些彩色记录点的亮度肯定不相等。

为了产生良好的彩色半色调处理结果，必须在“放置”各成像平面的彩色记录点时遵守下述优化规则：①记录点定位到目标位置后形成的二值图像视觉上不易察觉，每一种主色平面都应该满足这种要求；②彩色记录点叠加后呈现的局部平均颜色与期望颜色相同或类似，为此要求彩色记录点满足位置对准精度；③所使用的颜色应该能降低记录点图像的可察觉程度，应该按彩色叠加/合成的原理选择合理的颜色。在以上条件中，前两个彩色半色调算法设计准则很容易由单色半色调算法满足，第三个准则显然无法从单色半色调处理结果的简单笛卡尔乘积得到满足。

第三种设计规则用于确认在印刷系统作用下再现给定输入图像颜色时是否使用了恰当的半色调颜色，例如显示设备应该选择 RGB，而彩色硬拷贝设备则选择 CMYK。确定基本主色分量并不困难，除非输出设备要求更多的颜色，例如不少彩色喷墨打印机以 4 种以上墨水颜色复制彩色图像。彩色半色调处理更复杂的问题还在于参与复制颜色的参数，如果处理不当，则容易引起色彩空间的畸变，需作为半色调操作的前处理过程考虑。

连续调彩色图像由红、绿、蓝三色分量构成，假定利用 CMY 三色打印机（例如染料热升华打印机）输出，并假定以网点大小的变化模拟不同程度的阶调和颜色，则只要先将 RGB 彩色图像的各主色通道转换到相应的补色，并利用某种数字半色调算法将连续调主色通道图像转换到二值图像即可。改成 CMYK 四色印刷时，以上原则同样适用。由于记录点集聚有序抖动算法输出的半色调图像由网点构成，转换过程几乎不涉及主色通道的相关性，因而可采用主色通道彼此独立的转换原则。然而，对其他算法类型就未必如此了，例如不同主色半色调图像内记录点彼此搭接，从而增加印刷图像的颗粒度。以误差扩散算法从分色版图像转换到半色调图像时，当前像素阈值比较引起的误差分配给邻域像素，由于同一位置不同分色版图像的像素值彼此不同，即使误差分配方案相同，但分色版图像当前像素阈值比较引起的误差不同，导致邻域像素分配到不同的误差，因而不再彼此独立。因此，彩色图像往往不能采用通道独立的方法执行半色调处理，受到半色调算法的限制。

8.1.2 半色调图像组合的因果关系

在许多彩色印刷领域，技术的选择很大程度上依赖于经验，然而连续调图像的再现结果却不能仅仅靠经验分析和评价。就蓝噪声技术而言，色彩再现的结果是蓝噪声图像某种方式的叠加或组合，参与叠加的蓝噪声图像可以是相互关联的或相互独立的，从而产生多个蓝噪声图像叠加引起的蓝噪声质量问题。不仅蓝噪声图像的叠加如此，其他半色调算法输出的半色调图像的叠加类似，可能彼此关联，也可能彼此独立。若半色调算法对分色版图像的处理不能彼此独立，则处理过程与印刷时分色版半色调图像叠加间存在因果关系。

由于某些半色调算法的随机性，只要抖动矩阵由随机发生器组建而成，则即使对同样的灰度图像以白噪声抖动算法的处理结果也会不同。例如，假定彩色图像的某一局部区域为灰色，并假定该灰色刚好满足青、品红、黄数值相同的灰平衡条件（这当然仅仅是假设，实际分色方法和很难满足这种严格的假设性条件），意味着黑色成分为 0，则分色版图像内容相同。由于对各分色版图像的白噪声抖动结果不同，三色分色版半色调图像叠印后未必得到与原图像相同的灰色。然而，白噪声图像的叠加结果仍然是白噪声图像，不会改变各分色版图像半色调处理结果为白噪声图像的本质。

分色版图像以误差扩散算法从连续调图像转换到半色调图像后，各分色版半色调图像都具有蓝噪声特征。图 8－1 演示两幅蓝噪声图像叠加后导致质量较差的二值图像，或者说叠加得到的结果半色调图像出现过分的颗粒感。前面已经提到过，两幅白噪声图像的叠加肯定得白噪声图像。类似地，两幅蓝噪声半色调图像的叠加结果当然也应该是蓝噪声图像。然而，如果独立地看，叠加前的两幅半色调图像都是高质量的蓝噪声图像，但叠加得到的组合结果尽管仍然是蓝噪声半色调图像，但有可能失去蓝噪声特征，至少不能完全保留蓝噪声的主要优点。

图 8－1 中（c）所示半色调图像是两幅质量良好的蓝噪声图像的叠加结果，产生的组合半色调图像质量反而比原来图像的质量差。由此想到不如改变一下思路，例如将高质量蓝噪声图像与颗粒感相对较强的蓝噪声图像叠加并观察其效果。非常有趣的现象是，上述两幅不同质量的蓝噪声图像叠加后，结果图像的质量相当好，保持了蓝噪声图像的特征。

如果形成组合结果的两幅蓝噪声半色调图像经过有针对性的合理构造，且满足彩色半

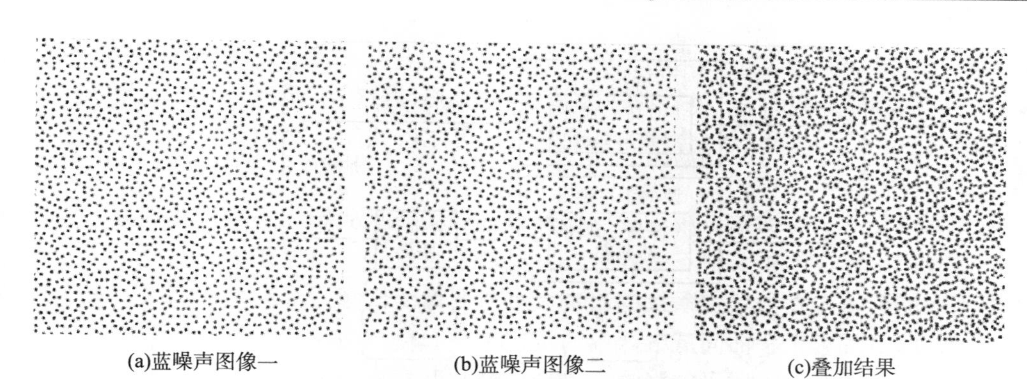

(a)蓝噪声图像一　　(b)蓝噪声图像二　　(c)叠加结果

图8-1　蓝噪声图像及其叠加结果

色调的合成规则要求，即参与组合的两幅蓝噪声图像在半色调处理阶段都经过有针对性的合理构造，由于该半色调算法输出时考虑到彩色成像平面二值图像的相关性，且满足半色调图像合成规则的要求，因而可以确定无疑地组合成高质量蓝噪声结果图像。

以蓝噪声蒙版法为例，针对彩色复制应用设计蓝噪声蒙版的工作任务归结为组建一套半色调二值图像，“子女”图像和“长辈”图像都是高质量的蓝噪声半色调图像。蓝噪声图像质量的高低取决于蓝噪声质量，尽管两者在概念上不同，但它们存在因果关系。显然，高质量的蓝噪声是产生高质量蓝噪声半色调图像的前提。引入“蓝噪声质量”这一术语的目的固然在于讨论问题的方便，然而更重要的问题在于必须强调蓝噪声质量与蓝噪声图像质量的关系。一般来说，高质量的蓝噪声应该能产生视觉效果良好的半色调图像，不存在视觉系统可以明显察觉的纹理结构，在图像域中也不存在二值记录像素的大规模结块(从而不会有明显的颗粒感)，以及其他有碍视觉效果的赝像。

8.1.3　标量半色调

与灰度图像的半色调处理相比，从彩色图像转换到半色调图像要复杂得多，必须注意的条件是，对于最终转换结果的黑白半色调图像（即二值半色调图像）提出的质量要求，在彩色图像的半色调处理时都必须得到满足。彩色半色调图像由多幅黑白半色调图像组成，对应于它们各自作用的彩色成像平面，为了保持黑白半色调图像复制成彩色图像时彼此间的协调和一致，必须控制这些黑白半色调图像间的交互作用。

彩色半色调处理是针对不同的彩色（着色剂）平面生成半色调图像的过程，例如对四色印刷设备来说需要建立青色、品红色、黄色和黑色半色调图像。彩色图像半色调处理的最直接的方式是对于不同的彩色平面分别应用与灰度图像半色调处理相同的方法，比如相同的记录点集聚有序抖动阈值矩阵完全适用于青、品红、黄、黑彩色平面，得到四幅黑白半色调图像。由于每一幅黑白半色调图像对应于各自的彩色平面，形成四个半色调平面，印刷时利用这些半色调平面控制着墨点，在纸上确定四种颜色各自的位置。对所有彩色成像平面应用相同算法的技术称为标量半色调，处理方法具有实现简单和容易的优点，但存在某些特殊的问题。

可以这样说，以标量原则处理彩色半色调问题的方法最简单，因为这种彩色半色调技术仅仅以数量（标量）形式相互独立地应用到RGB色光系统或CMYK着色剂平面。正如可以预期的那样，这些标量技术导致彩色赝像，色彩的再现质量很差，原因在于它们不考虑色光或着色剂平面的相关性，而相关性对于彩色感觉和半色调质量却至关重要。传统加网工艺通过改变记录点有序集聚而成的网点防止赝像，对不同的彩色平面应用不相关的半色调网点图像，属于标量半色调的范畴，由于记录点集聚的有序性和网点图像的规律性，标量半色调处理基本可行。如果以特殊的线性滤波器设计幅度调制和频率调制相结合的记录点图像结构，或借助于设计合理的抖动矩阵使莫尔条纹的可察觉程度最小化，则彩色或亮度波动能降低到最小程度。

传统彩色复制领域通常采用记录点集聚有序抖动技术从彩色图像转换到分色版半色调图像，这种简单转换的主要缺点是容易引发莫尔条纹效应，因为几乎所有的印刷设备都存在程度不同的套印误差。莫尔条纹的出现大多与图像的低频内容有关，源于彩色平面彼此间的干扰，或者说彩色平面间低频内容的干扰是引起莫尔条纹效应的主要原因。为了降低甚至避免莫尔条纹对印刷质量的影响，典型传统加网技术采用对不同彩色平面半色调图像旋转不同角度的方法，以30°角度差最为常见，这种角度差适合于强色和次强色，即青色与黑色、黑色与品红色的角度差取30°。两幅网屏交叉成30°叠加时，莫尔条纹的出现频率为网点频率之半，即网点在记录平面上重复的周长是莫尔条纹周长的一半。如果说莫尔条纹应当避免，但玫瑰斑的出现不仅无法避免，而且有必要，部分原因是玫瑰斑的高频本质。当青色与黄色网点图像以及品红色与黄色网点图像交叉成15°排列，且黑色与黄色网点图像成45°角排列时，玫瑰斑图像的视觉效应达到最小程度。然而，对于以记录点集聚有序抖动为基础的传统半色调处理来说，这种网点排列角度在高保真彩色印刷中受到限制。

8.1.4 矢量半色调

最近，彩色印刷的研究方向之一是印刷过程引入更多的颜色，以扩展色域，复制出那些常规CMYK四色套印无法复制的颜色，例如喷墨印刷。对模拟传统网点的记录点集聚有序抖动技术来说，根据以往的经验，引入的额外颜色对应的网点图像必须旋转不同的角度，以避免莫尔条纹效应。然而，分色版的增加使旋转角度受限，原因在于0°～90°范围内可选择的旋转角度数量有限，只要部分网点图像的旋转角度不够，则莫尔条纹将无法避免。事实上，某些半色调算法可完全消除莫尔条纹，例如蓝噪声蒙版和误差扩散。在这些算法建立的半色调图像内，记录点出现的位置是随机的，因而执行彩色图像的半色调处理时无须旋转网屏角度。但随机半色调技术也存在自己的问题，例如误差扩散算法用于彩色图像的半色调处理时容易出现相关的图像，蓝噪声蒙版存在周期性的“瓷砖”图像排列问题等，这些问题对单色连续调图像的半色调处理可不予考虑，但存在更多彩色平面叠加时，则结构性的赝像容易为眼睛所察觉。

彩色半色调处理技术最有可能产生分散的记录点纹理组织，不同着色剂记录点的交互作用有机会充分地发展。为此，许多半色调研究者提出以彼此相关的方式从分色版连续调图像转换到二值半色调图像的建议，这种处理方法称为矢量半色调。

Miller和Sullivan在矢量空间中处理彩色图像，试图利用误差扩散算法提高彩色半色调处理的视觉质量。他们没有采用对彩色成分各自独立的处理方法，每一个像素作为彩色矢量进入半色调处理流程，这种方法也称为矢量误差扩散。该算法首先将彩色图像转换到不可分离的色彩空间（说明：对于可分离的色彩空间，矢量误差扩散将得到与标量误差扩散相同的结果），指定给像素的半色调颜色与不可分离色彩空间接近。矢量误差扩散算法的误差传递方式与标量误差扩散相同，即矢量误差也分配给邻域的未来像素。

Klassen等人也提出矢量误差扩散技术，旨在使彩色噪声的可察觉程度最小。他们提出的矢量误差扩散算法建立在视觉系统感受特性的基础上，对比度灵敏度随空间频率的增加而迅速下降。获得空间频率增加的方法之一，在于避免印刷那些比邻域像素对比度相对高的像素，例如明亮的灰色采用非搭接的青色、品红色和黄色像素叠印的方法。与其他半色调算法相比，经典误差扩散算法在彩色半色调方面表现得更成功，而矢量误差扩散算法在给定像素位置引起的误差则以组合方式扩散到彩色平面，或由独立于色彩空间的设备执行。

Kite 等人通过线性误差扩散定量地研究灰度误差扩散引入的锐化和噪声，他们借助于由 Ardalan 和 Paulos 开发的线性扩大模型改变量化器在误差扩散处理流程中的位置，实现 $\sigma-\delta$ 调制。这种模型可以准确地预测误差扩散半色调图像的噪声和锐化。

Damera-Venkata 和 Evans 成功地将灰度图像误差扩散的线性系统模型移植到矢量彩色误差扩散算法，以矩阵扩散模型并利用矩阵值系数组成的误差过滤器特性代替线性扩大模型。他们建议的矩阵扩大模型包含早期线性扩大模型，作为矩阵扩大模型的特例。矩阵扩大模型在频域中描述矢量彩色误差扩散，预测半色调处理造成的噪声和线性频率畸变。

8.1.5 最小亮度波动准则

众所周知，在 RGB 彩色立方体中给定某种颜色后，可以利用该彩色立方体 8 个顶点的基本颜色再现出来。事实上，任何颜色只要 4 种或 4 种以下的颜色就可以再现，但不同的颜色要求不同的 4 种颜色关系的组合。此外，对应于特定颜色的四色关系通常不具备唯一性，例如在线性色彩空间中任何四色构成的凸壳将包含期望颜色，而包含期望颜色的凸壳形状可以互不相同，从而不存在唯一解。假定要求印刷的是实地色块，则问题归结为应使用什么样的颜色。以前对数字半色调处理的研究重点主要集中在记录点应该“放置”到什么样的半色调图像内，什么样的情况下导致问题颜色的出现。对于这些问题，最小亮度波动准则可以给出完整的答案。

先考虑与半色调处理有关的基本原理。给定包含大量高频成分的半色调图像时，视觉系统对该半色调图像执行低通滤波处理，得到半色调图像的平均感觉。分辨率 600dpi 的喷墨打印机现在已比比皆是，这种分辨率当然算不上高，因而大多数眼睛有能力分辨半色调图像的结构，说明图像内必须包含更高的频率成分。与色度变化相比，人的视觉系统对亮度的变化更为敏感，因为眼睛可以平均处理更低的频率成分。根据这一原理，最小亮度波动准则适合于实地色块的半色调处理，抓住了问题的主要矛盾。

最小亮度波动准则可叙述为：为了减少半色调噪声，应该从所有半色调集合可能再现的颜色中选择亮度波动最小的颜色。

目前有多种标准的视觉上均匀的色彩空间和标准色差度量方法。最小亮度波动准则并不等价于选择最大色差测量值最小的颜色集合，隐藏在这种准则后面的基本原理是更注重颜色在明度轴上的一维投影，一种视觉均匀色彩空间更通用的度量指标，针对大面积实地填充色块开发的结果颜色的色差度量。另一方面，最小亮度波动准则也考虑到了高频图像的颜色，由于色度通道强烈的低通滤波效应，参与半色调处理颜色间的色度差异仅仅扮演局部角色，在标准色差计算公式中所起的作用比亮度小得多。若输出设备分辨率有限，则只能选择最小亮度波动准则。考虑仅需对图 8－2 所示的 8 种基本颜色的亮度波动排序。

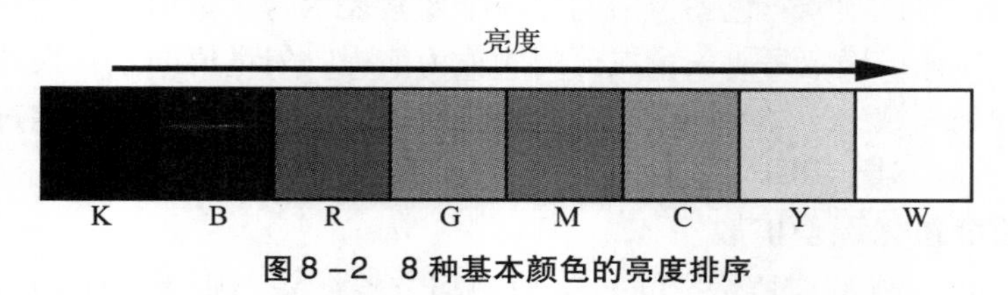

图 8－2　8 种基本颜色的亮度排序

使用最小亮度波动准则有趣的期望“副产品”是色块呈现的颜色更饱和。之所以希望提高颜色的饱和度，是因为最小亮度波动准则使用黑色和白色两种非彩色的概率很小，需要时可以用其他6色尽可能饱和的颜色替代，因而再现色块离中性色很远。

8.2 彩色误差扩散

误差扩散是高性能的数字半色调算法，阈值比较产生的量化误差扩散到未来将要处理的像素，结果半色调图像具有典型的蓝噪声特征。历史地考虑，Floyd 和 Steinberg 提出经典误差扩散算法时，原本打算用于灰度图像，但可以扩展应用到彩色图像。然而，如果对经典误差扩散不作任何的修改，各自独立地应用到主色通道，则效果并不理想。大量研究结果证实，经典误差扩散算法不能原封不动地移植到彩色半色调处理。

8.2.1 可分离误差扩散

为了在调色板数量有限的低成本彩色显示器或空间分辨率不高的彩色打印机上高质量地再现连续调彩色数字图像，彩色误差扩散可以提供很好的解决方案。对于误差扩散算法的彩色显示器应用，输入色彩空间可视为红色、绿色和蓝色组成的三角形，以输出等级（例如调色板）选择的方式确定显示器的设计参数。对于打印机领域，输入色彩空间是青色、品红色、黄色和黑色组成的四色关系，输出水平则是固定的。举例来说，假定以点对点叠加的方式再现，则二值输出能力的 CMYK 打印机总共存在8种可能输出的颜色。

针对灰度图像连续调再现的误差扩散算法直接移植到各彩色平面时，显然不能反映视觉系统对于彩色噪声的响应特点。按理想状态考虑，阈值比较引起的量化误差必须按频率和颜色扩散，误差扩散的目标应该考虑视觉系统最不敏感的对象。可以期望的是，彩色量化发生在诸如 Lab 那样的均匀感觉色彩空间内，作为输出颜色的着色剂矢量选择感觉上应该与被量化的彩色矢量最接近。

Kolpatzik 和 Bouman 利用明度和色度空间可分离的误差过滤器处理彩色平面间的相互关系，在可分离视觉系统模型的基础上以彼此不相关的方式针对明度和色度通道设计各自独立的误差过滤器。由于这种误差过滤器设计时没有考虑到彩色成像平面的相关性，因而称为标量误差过滤器。尽管如此，由于对误差过滤器没有附加约束条件，因而可以确保扩散红色、绿色和蓝色通道的所有量化误差。他们按白噪声过程建立误差图像模型，推导了优化的可分离误差过滤器，分别用于明度和色度通道。上述处理方法意味着假设明度和色度通道不相关，说明从 RGB 到明度和色度空间的变换矩阵是一元的。

Damera-Venkata 和 Evans 解决了通用场合的不可分离误差过滤器优化问题，针对所有误差要求扩散的领域，采用不可分离的彩色视觉模型，从 RGB 到相反色空间的变换具有多元变换性质。这种解决方案的明度和色度可分离误差过滤器包含在矢量误差扩散公式中。

彩色误差扩散的可分离算法不考虑彩色平面的相关性，因而属于标量性质。矢量误差扩散则与此不同，原连续调彩色图像中的每一个像素表示为矢量值。因此，矢量误差扩散的阈值处理步骤应该以确定每一矢量成分的阈值为前提，矢量值的量化误差反馈给系统并经滤波后，添加到邻域的未经半色调处理彩色像素。以矩阵值表示的误差过滤器考虑到了彩色平面的相关性。对于 RGB 图像，误差过滤器系数组成 3×3 矩阵。

8.2.2 色度量化误差扩散

在着色剂空间（例如 CMYK 空间）中使用均方根误差准则等价于均匀、可分离和标量性质的量化。如果按感觉准则执行量化处理，则视觉量化误差有可能进一步降低。这种方法的典型彩色半色调处理目的包括色度误差的最小化、明度波动或两者的组合。

Haneishi 等人建议利用 XYZ 和 Lab 空间执行色彩的量化和彩色图像的误差扩散处理，此时的再现色域不再是 RGB 彩色立方体。无论 XYZ 或 Lab 空间的均方根误差准则都用于对最佳输出颜色的决策，当前像素阈值比较产生的量化误差是 XYZ 空间的矢量，通过合理的误差过滤器扩散到邻域像素。然而，由于色度量化存在亮度的非线性波动，因而 Lab 空间并不适合于误差扩散。色度量化误差扩散算法的执行性能要优于可分离量化，但容易在彩色边界上出现所谓的“污染”赝像（颜色的相互渗透）和慢响应（彩色记录点出现位置的滞后现象）赝像等，原因归结于从邻域像素将量化器输入颜色推出到色域外部的累积误差。若对此采取彩色误差裁剪措施，或采用标量和矢量复合的量化方法，则可减少彩色误差扩散的副作用，因标量与矢量结合而得名半矢量量化。

上述方法基于如下事实：着色剂空间的误差较小时，矢量量化不会产生所谓的“污染”赝像；若检测出较大的着色剂空间误差，则可以利用标量量化技术，以避免潜在的半色调图像被“污染”的可能性。实现色度量化误差扩散算法时首先应确定着色剂空间的误差在何处超过了预设的阈值，再据此执行标量性质的量化处理。

8.2.3 追求最小亮度波动的彩色误差扩散

根据最小亮度波动准则，特定颜色必须利用半色调集合中亮度波动最小的颜色再现。考虑大面积实地色块的简单例子，可分离误差扩散半色调实践采用所有 8 种颜色再现实地色块，这些颜色的色貌比表现为离期望颜色距离的某种递减函数。然而，使用 8 种基本颜色与最小亮度波动准则多少有些矛盾，事实上 4 种颜色已经足够了，更何况几乎任何实地颜色中的黑色和白色的亮度波动总是最大的，但仍然使用。

为了利用最小亮度波动准则找到所要求的半色调图像集合，考虑以大尺寸的半色调图像再现任意实地输入颜色。为此需执行半色调图像变换，目的在于保留平均颜色，减少亮度波动，参与半色调处理的颜色数量降低到最小值，即仅仅使用 4 种颜色。以上条件控制下得到的半色调结果的四色关系将产生要求的半色调集合，称为最小亮度波动四色关系。

上述要求通过油墨重新定位变换得以实现。在油墨重新定位处理的过程中，相邻半色调“配对”变换到亮度波动最小，但保留它们的平均颜色，即：

$$KW \rightarrow MG \tag{8-1}$$

为从黑色和白色半色调配对到绿色和品红色半色调配对。显然，式（8－1）定义的相邻半色调配对变换基于最小亮度波动的考虑，根据图 8－2 所示 8 种颜色的亮度排序，黑色和白色处在排序的两个极端位置，要求从黑色和白色配对变换到最小亮度波动准则的半色调配对时，品红色和绿色配对成为必然的选择，其他主色配对均不满足最小亮度波动准则。

经过一系列的变换后，半色调处理过程的每一种输入颜色均可利用 RGBK、WCMY、MYGC、RGMY、RGBM 或 CMGB 之一得以再现，六种组合中的每一种四色关系显然都具备最小亮度波动特征。显然，由以上六种主色组合给定的四色关系使 RGB 立方体划分成六个四面体，这些四面体之间彼此没有搭接，可以用图 8－3 表示。

四个顶点组成一个凸壳，每一种半色调四色关系只能再现相应凸壳中的颜色，给定输入颜色的最小亮度波动四色关系显然是其所在四面体顶点的集合。这样，如果给定了某种 RGB 三色关系，就可以通过点的位置计算最小亮度波动四色关系了。

下面将要讨论的彩色误差扩散算法是标准误差扩散算法的矢量修改版本。记 $RGB(i, j)$

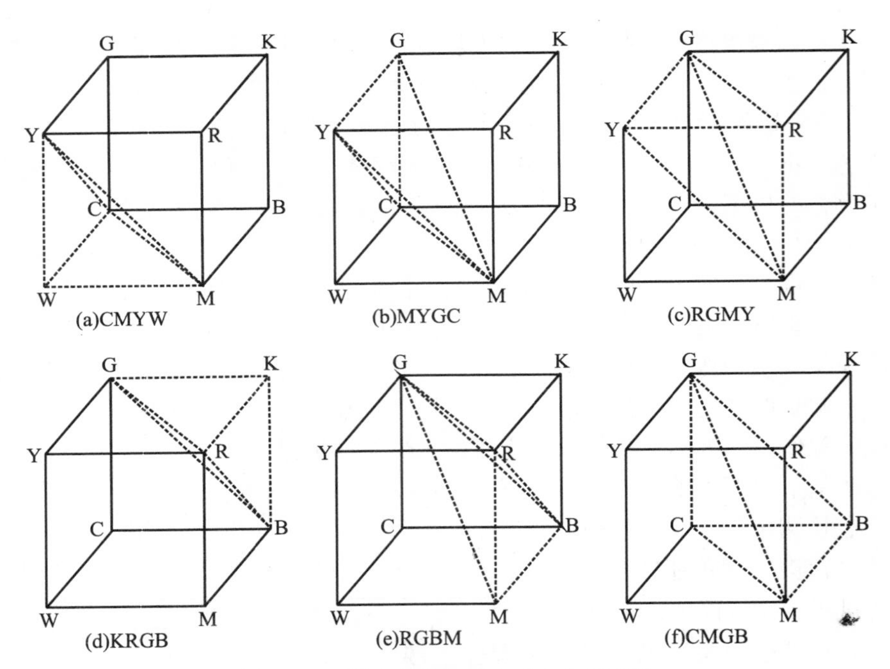

图 8－3 彩色立方体划分成六个四面体

为像素位置（i，j）的 RGB 值，并以 $e(i, j)$ 表示像素位置（i，j）的累积误差，则彩色误差扩散算法可以用公式化的语言描述如下，对于图像中的每一个像素（i，j）执行下述操作：

（1）确定以 $RGB(i, j)$ 表示的最小亮度波动四色关系 MBVQ[$RGB(i, j)$]。

（2）找到属于该最小亮度波动四色关系的顶点 v，应该最靠近 $RGB(i, j)+e(i, j)$。

（3）计算量化误差 $RGB(i, j)+e(i, j)-v$。

（4）将误差分布到未来像素。

可分离误差扩散算法与彩色误差扩散算法间的唯一区别是以上描述的步骤（2），彩色误差扩散算法寻找最接近于输入颜色最小亮度波动四色关系的顶点。这样，任何可分离误差扩散就可以修改到彩色误差扩散，与像素排序以及误差计算或分布的方式无关，意味着允许以任何误差扩散算法为基础，例如 Floyd 和 Steinberg 提出的经典误差扩散算法。

8.2.4 高质量省墨彩色误差扩散

对记录点分散随机抖动技术而言，针对彩色印刷的半色调操作以主色通道相互独立的方式处理，但即使各主色通道记录点在产生时能够以相似的方式定位，也无法保证不同主色通道的记录点彼此关联地放置得具有相似性。学者们认为，误差扩散算法应该着眼于统一考虑彩色通道，参与彩色复制的彩色通道需视为整体，有可能在油墨消耗量减少的条件下获得更准确的彩色复制效果。然而，由于算法上带有方向性的传递特征，最终处理结果必然会产生人为的副作用，这种典型缺陷涉及误差扩散算法的本质。

灰度图像的误差扩散多种多样，图 8－4 所示的误差扩散流程是其中之一，与经典误差扩散的主要区别表现在要求搜索最大像素位置，且带有前处理和添加少量噪声的功能。连续调灰度图像进入流程时首先以 11×11 的数字滤波器作锐化处理，改变滤波器的配置可改变图像的锐化程度。由于这种误差扩散处理过程建立在搜索最大值的基础上，因而对于像素值为常数的输入图像，第一个或最后一个像素都有可能被选择为最大值像素，导致最终图像的高度结构化。为了避免半色调图像内出现明显的结构赝像，可以采用对输入图像添加噪声的方法，但添加的噪声必须极其微量，使得常数图像的像素值产生微小的差异。

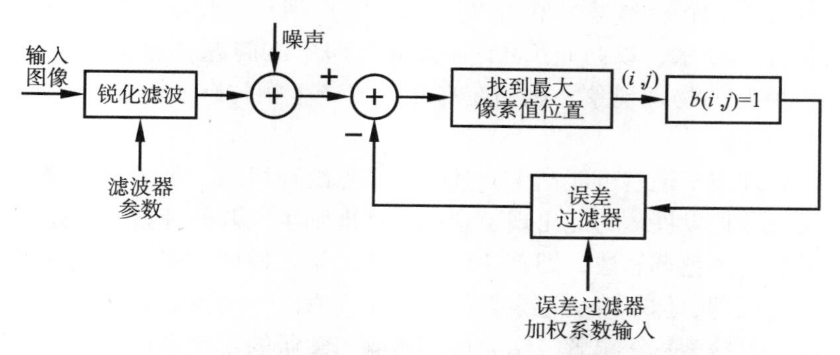

图 8－4 与相关性省墨彩色误差扩散配套的灰度图像处理流程

图 8－4 所示的灰度图像误差扩散方法很容易扩展到相关性彩色半色调处理。假定彩色印刷仅使用青色、品红色和黄色三种油墨，则完全有理由认为其中的一种主色油墨可以按独立于其他两种主色油墨的原则执行半色调处理。考虑到白色纸张上的黄色油墨比起青色和品红油墨来更不容易看清，因而选择黄色作为独立于其他两色的半色调处理主色通道，操作结果不至于对其他两个主色通道产生明显的影响。四色印刷的处理原则类似，即首先假定一种主色独立于其他三色，对该主色通道执行独立的半色调处理。

独立地完成对黄色通道的半色调处理后，接下来的问题是如何处理青色和品红色，为此需要确定正确的策略，根据一个主色通道独立，其他主色通道相关的特点，相关性省墨误差扩散算法要求尽可能避免记录点挨着记录点的印刷方式，在整个彩色图像平面上类似地放置青色和品红色记录点。为叙述方便，分别以 c 和 m 标记青和品红油墨覆盖率，并从预设条件 $(c+m)\leqslant 1$ 出发开始讨论，这意味着记录点挨着记录点的印刷方式可完全避免。

如同灰度图像半色调处理那样，相关性省墨误差扩散算法需要在处理前预先计算放置到青色和品红分色版内不同区域的记录点数，找到青色和品红通道内的最大像素值。假定发现的最大像素值在青色通道内，则执行量化误差反馈过程，应针对青色和品红通道展开。由于最大像素值在青色通道内发现，因而青色通道的锐化滤波器必须选择得与灰度图像半色调处理准确一致。当然，确定用于品红通道的锐化滤波器需要更多的研究。假定 $c>0.2$，则可计算出青色通道记录点的平均距离小于 2.23，将其圆整到最接近的整数 2；为了尽可能均匀地分布记录点，青色和品红记录点的距离应该等于 1。因此，对于品红版来说只需使用 1×1 的滤波器就足够了。对于 $c<0.2$ 的条件可以按类似的方式处理，先计算青色版记录点的平均距离，并按对半原则确定适合于品红版的滤波器尺寸。如果搜索结果表明最大像素值在品红通道内找到，则可以使用同样的处理方法。当前像素的量化误差反馈过程执行结束后，算法从修改后的青色和品红通道寻找下一个最大值像素，并在相应主色通道的对应位置上放置下一个记录点，然后再次执行误差反馈过程。上述处理过程需继续重复地执行下去，直到预先确定的记录点全部放置到每一个主色通道对应的阶调区域。

8.2.5 蓝噪声蒙版三色抖动处理

如果仅仅以简单的方式将单色半色调处理方法应用于彩色，则某些情况下可能产生不希望出现的效果，以至于无法实现准确的彩色复制。由于大多数彩色打印机使用底色去除或灰成分替代工艺降低彩色油墨的消耗量，加强非彩色成分的对比度，从而导致明亮区域的黑色记录点产生颗粒感的图像，视觉系统对此十分敏感，很容易感受到颗粒。有时，灰度图像和复合图像（包含彩色和灰色的图像）用彩色喷墨打印机输出，往往为了节省油墨而使用黑色墨水，以防止 CMY 平面的套印不准问题。然而，仅仅使用黑色墨水打印也会引发特定的物理现象，例如在高光区域产生颗粒感，而黑色记录点的颗粒感更明显。

彩色半色调处理技术最有可能产生分散的记录点纹理组织，因为不同着色剂记录点的交互作用有机会充分地发展。为此出现了彩色设计准则半色调处理技术，建议采用新的以着色剂为基础的彩色半色调算法，即首先设置总的记录点排列方式，在此基础上执行记录点颜色改变的优化处理，但不改变记录点的总体排列方式，实现方式之一是启发式地通过交替执行的直接二值搜索算法求解。结合使用蓝噪声蒙版的彩色半色调算法将四个蒙版应用到对应的彩色平面，通过蓝噪声特征叠加成彩色图像，来自不同彩色成像平面的记录点以共同的方式互相排斥，在高光层次等级区域最大程度地分散开来。

为了降低明亮区域的高颗粒度，出现了利用蓝噪声蒙版对 CMY 记录点作空间分散处理的半色调算法，用来代替明亮区域内的黑色记录点。分析蓝噪声蒙版算法后发现，从当前灰度等级到下一灰度等级构造半色调图像时无须改变当前的像素位置。以这种限制条件为基础，若将要打印机的输入灰度等级在 171 ~ 255 之间（占动态范围的三分之一），并以 CMY 记录点代替黑色记录点时，记录点的数量应该是输入灰度等级记录点数量的 3 倍。

蓝噪声蒙版 CYK 抖动算法并非只使用三色油墨，而是四色油墨基础上的半色调图像优化算法，分成四色记录点组合和分散处理 CMY 记录点。为了获得高质量的包含蓝噪声特征的彩色半色调处理结果，首要任务在于确定避免记录像素重叠的阈值，并按下述原则处理：小于此阈值时通过蓝噪声蒙版转换成的半色调图像由 CMYK 记录点组成，而高于阈值时产生的半色调图像则使用经分散处理的 CMY 记录点。

为了分散 CMY 记录点，算法使用有共同互斥特性的青色、品红色和黄色修正蓝噪声组合蒙版，因不包括黑色而总共有三种，分别命名为青色修正组合蓝噪声蒙版、品红色修正组合蓝噪声蒙版和黄色修正蓝噪声组合蒙版。对经典蓝噪声蒙版算法而言，在当前蒙版图像基础上更新下一蒙版图像时，下一蒙版图像内的记录点指定到非重叠的位置上。例如，对某一尺寸为 $N \times N$ 的蒙版需要 P 个记录点以降低一个灰度等级，若灰度等级 $g-2$（即 254）的蒙版图像由 P 个记录点组成，则 $g-3$ 蒙版图像需要 $2P$ 个记录点，而 $g-3$ 蒙版图像应该包含 $3P$ 个记录点，其结果是可以避免蒙版图像的重叠。为了利用空间分散的 CMY 记录点来表示 $g-2$ 这一灰度等级，由青色修正蓝噪声组合蒙版产生的 $g-2$ 图像指定给青色通道。此后，为着避免任何蒙版图像重叠的原因，由品红修正蓝噪声组合蒙版产生的$g-2$蒙版图像指定给品红通道，而黄色修正蓝噪声组合蒙版产生的 $g-2$ 图像则指定给黄色通道。

灰度等级低于阈值时，输入图像分离为 CMYK 通道，为此先确定黑色生成函数，再根据底色去除或灰成分替代原则（通常采用底色去除原理）得到青色、品红色和黄色。

有了分色结果后，就可执行蓝噪声蒙版 CMY 分散抖动处理，得到由青、品红、黄、黑记录点组成的输出半色调图像。图 8－5 以图形方式演示分散 CMY 抖动算法的原理，其中（a）、（b）和（c）分别表示单个叠加、双重叠加和三重叠加半色调图像，而图中的（d）、（e）和（f）则演示指定给 CMY 记录点的半色调图像，以主色油墨的英文首字母标记。

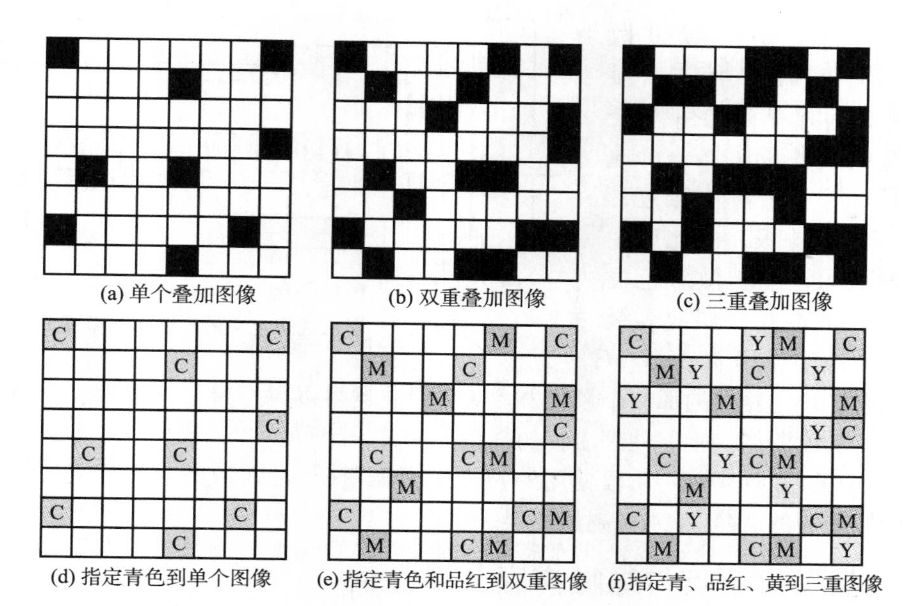

(a) 单个叠加图像　(b) 双重叠加图像　(c) 三重叠加图像

(d) 指定青色到单个图像　(e) 指定青色和品红到双重图像　(f) 指定青、品红、黄到三重图像

图 8－5　分散 CMY 抖动例子

虽然图 8－5 仅仅用于演示目的，但对于青、品红、黄记录点的空间分散处理原则却表示得很清楚。从图 8－5 也可以更清楚地理解为什么分散 CMY 抖动仅适用于明亮区域，因为对暗色调区域分散 CMY 抖动无法避免青、品红、黄三色记录点的重叠。

8.2.6　嵌入式彩色误差扩散

这种彩色误差扩散算法主要用于累进式的图像传输、图像数据库和图像浏览系统，但也可用于印刷。例如，在 Web 图像浏览系统中，图像以有损的方式存储，误差扩散格式已经为使用不同显示设备的用户所接受。

举例来说，彩色显示器位分辨率为 8 的用户能接收 8 位的彩色连续调图像，或许以累进方式接收图像数据；使用只有单色表示能力显示屏的用户能接收 8 位彩色图像的 1 位数据，意味着只能显示彩色图像的二值误差扩散版本；对 4 位液晶显示器来说，显示能力为 8 位彩色图像的 4 位，说明需要按半色调原理显示 4 位灰度或彩色图像模拟连续调效果。进而，任何用户都可以将图像传送到二值单色或彩色打印机，获得高质量的硬拷贝输出。

事实上存在许多将误差扩散图像嵌入更高层次等级图像的方法，例如以彼此独立的方式产生两幅误差扩散半色调图像，分别为 1 位误差扩散图像和 3 位误差扩散图像；上述两幅图像组合在一起后，则嵌入操作完成，产生包含 1 位误差扩散图像的 4 位层次等级误差扩散图像。通过以上特殊的半色调处理方法，结果图像就具备了嵌入半色调数据的属性。然而，这种方法无法以智能化的方式利用 16 位的全部有效彩色信息或灰度等级，结果半色调图像不如下面要描述的方法产生的图像好。

若以一般方式叙述，则改进后的嵌入式误差扩散算法的目标是 M 个层次等级的误差扩散图像嵌入到 N 个层次等级的误差扩散图像，这里的 $M < N$。这种算法分解成两步操

作：在处理过程的第一阶段，先利用 M 个二进制矢量组成的量化器产生 M 个层次等级的误差扩散彩色半色调输出；进入第二阶段处理步骤后，有序排列的由 N 个二进制矢量构成的量化器分解成 M 个量化器，每一个量化器包含 N/M 个输出层次等级，由此产生 N 个层次等级的误差扩散彩色输出，由第一阶段的 M 个层次等级误差扩散输出决定使用 M 个 N/M 层次构成的矢量量化器中的那一个量化器。矢量量化器可以用标量量化器替代，用于处理二值或连续调灰度图像。上述处理流程的框图如图 8－6 所示。

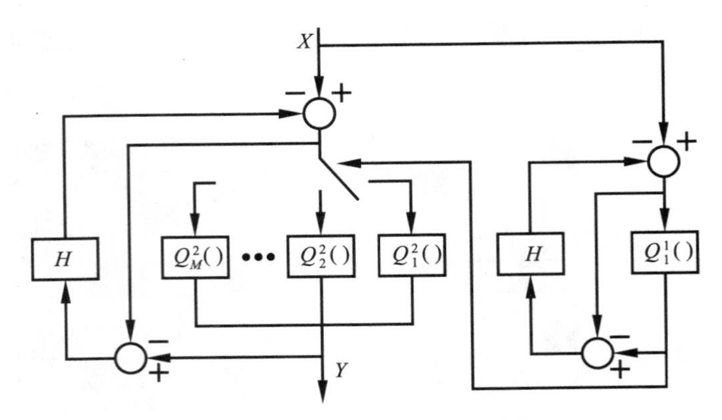

图 8－6　嵌入式彩色误差扩散算法框图

图 8－6 中的 Q_1^1 代表第一阶段使用的 M 个二进制量化器，而 Q_1^2，Q_2^2，…，Q_M^2 则分别表示第二阶段使用的 N/M 个二进制量化器。

8.3　蓝噪声蒙版与绿噪声彩色半色调

借助于传统加网技术的彩色半色调工艺需要仔细地选择加网角度，目的在于避免莫尔条纹的出现。蓝噪声蒙版半色调技术具有明显的优点，表现在无须考虑加网角度组合，也不会出现传统意义上的莫尔条纹。然而，当硬拷贝输出系统存在微小的套印误差时，如果所有彩色平面使用同样的蓝噪声蒙版，则结果无法令人接受，有可能导致印刷品偏色。由 Yao 和 Parker 提出的算法考虑到上述因素，他们对不同的彩色平面采用蒙版移位、蒙版反转或相互排斥的蓝噪声蒙版等方法。

8.3.1　基本蓝噪声算法的彩色复制适应性

对模拟传统网点的记录点集聚后序抖动算法而言，相同的网点结构可分别应用到青、品红、黄、黑四色平面，得到四色半色调图像。然而，存在套印不准可能时为避免出现莫尔条纹，应该在半色调图像应用到彩色平面前对不同的彩色平面使用不同的加网角度。要求扩展硬拷贝输出设备色域时，如果仍然采用传统加网工艺，则必须对四种基本色以外的其余颜色规定加网角度，但问题在于半色调网点图像的角度选择不能无限制地进行，必然受到相关约束。由此可见，对高保真彩色印刷来说仍然采用传统半色调工艺存在很大困难。

蓝噪声算法是重要的随机半色调技术之一，而利用蓝噪声蒙版则可以解决莫尔条纹以及增加油墨颜色数量带来的选择加网角度的困难。通过蓝噪声蒙版建立的记录点排列成非结构性的图像，可见旋转网屏角度不再是必需的操作了，彩色半色调处理更容易实现。

在使用蓝噪声的半色调技术中，不同彩色平面的组合是蓝噪声图像的合成。对于图像空间域和频率域的蓝噪声半色调属性已经有了很好的描述，但组合平面的蓝噪声半色调特征不能自动得到保证。从某种意义上看，二值半色调图像合成的目标在于规划半色调处理方案，为各彩色平面建立视觉效果良好的半色调图像，同时也需要建立视觉效果良好的组合图像，倘若对所有彩色平面准备了各自独立的蓝噪声蒙版，则合成质量必然有所改善。每一个蒙版能保留蓝噪声质量时，组合后形成的结果半色调图像将展示出高质量的蓝噪声外观效果。例如，浅灰色的色块要求打印全部 CMY 三种主色的 10%，浅红色色块需打印品红色和黄色各自 10%，而浅青色色块则只需打印 10% 的青色记录点。对于以上每一个例子，输出半色调图像都应该是高质量的蓝噪声处理结果，无论打印的是 10% 的灰色、红色、绿色、蓝色、青色、品红色还是黄色，只是组合方式不同而已。非实地区域的打印要求对建立浅色密度区域给予特殊的关注，因为高光区域产生的像素结块或颗粒度都很容易看清。

众所周知，随着空间频率的增加，眼睛感觉到的对比度灵敏度迅速下降，体现视觉系统感受信息的重要特性。为了提高空间频率，应尽可能选择低对比度的色彩组合，产生最精细的“马赛克”图案（不能出现记录点很大的结块），使得彩色半色调图像的噪声达到最小程度。因此，浅灰色应该用非搭接的青色、品红色和黄色记录点打印，这些颜色间夹杂着白色像素，用来代替偶然出现在大面积白色背景上的黑色记录点群。

8.3.2 彩色半色调蓝噪声蒙版算法

许多不同的方案可用来产生一个或多个彩色蓝噪声图像，共有四种主要类型。

对于彩色蓝噪声蒙版记录点分散随机抖动的直觉而最简单的理解就是点对点方案，所有彩色通道都使用同样的蓝噪声蒙版，容易在高光区域出现看得见的图像。例如，若半色调处理对象是 10% 的中性灰色块，则青色、品红色和黄色记录点打印到同一位置，三色记录点的叠加将在组合平面上产生包含 10% 程度黑色的二值记录点图像。这种方法建立的半色调图像结构性赝像容易察觉，且对于彩色成像平面的位置误差十分敏感。

第二种方法称为蒙版的空间移位，可用于各主色通道，使相互重叠记录点的数量达到最小程度。例如，先将蓝噪声蒙版应用于青色通道，然后使该蒙版偏移一定数量的像素位置，再将移位后的蓝噪声蒙版加到品红通道。蒙版移位具有循环的特点，记录点位置也有周期性，移位既可以沿垂直或水平方向，也可以在两个方向都移位。如果蓝噪声蒙版的移位数量不同，即移动不同数量的像素位置，则黄色或其他彩色平面就获得了新的蒙版。选择移位值时必须十分小心，任何的疏忽均可能导致在组合彩色平面上添加低频赝像。

另一种应用蓝噪声蒙版的彩色半色调技术称为蒙版反转法，反转后的蒙版加到一个或多个彩色平面上。所谓的反转蒙版就是取蒙版的 255 个互补分量。很明显，反转蒙版也是蓝噪声蒙版。如果有两个或两个以上的彩色平面叠加，则蒙版及其反转版本应用于不同的彩色平面后会减少重叠记录点的数量。在浅色灰度等级区域，蒙版及其反转版本的使用有利于保证第二个彩色平面的记录点不会叠印在第一个彩色平面同位置的记录点上，这种非重叠的畸变导致微小的视觉误差。然而，尽管蒙版反转法能防止两个或多个彩色成像平面记录点的重叠，但只能用于其中的两个平面，其他彩色平面可以使用蒙版的位移版本，因而蒙版移位法是蒙版反转法很好的补充。

点对点技术、蒙版移位法和蒙版反转法或者是只使用一个蓝噪声蒙版，或者是使用一个蓝噪声蒙版及该蒙版的某种变换形式，比如移位版本和反转版本。四蒙版法也称为互斥蒙版法，需要使用一整套蒙版，互补的随机“种子”用作蓝噪声发生过程的初始图像，这些“种子”图像在某一灰度等级 g 具有相互排斥的特性。例如，对四色印刷系统需要四个蓝噪声蒙版，四个“种子”图像可借助于对蓝噪声图像作阈值加倍的方法产生。原连续调图像的像素值划分成［0，63］、［64，127］、［128，191］和［192，255］四个区间，这些区间的记录点位置分别标记为第一、第二、第三和第四个图像的少数记录点位置。这样，四个“种子”图像的记录点填充密度等于 25%，它们是彼此排斥的。从这四个彼此排斥的“种子”图像出发，对应于四种主色的四个蓝噪声蒙版就可以独立地构造出来。如果全部彩色平面的灰度等级低于25%，则四个蒙版产生的彩色记录点不会重叠。

分析结果表明，如果对彩色图像使用了不同的蓝噪声蒙版算法，则产生的感觉色差也是不同的。通常，点对点技术导致最小的色度误差，但明度误差最大；四蒙版技术引起的明度误差最小，色度误差却最大；蒙版移位技术与点对点技术和四蒙版技术的区别，主要体现在较为中性，性能介于点对点和四蒙版法之间。由于点对点技术的实现缺点，因而更符合彩色半色调处理本质要求的措施应该是：对两种彩色平面分别使用相互排斥的蓝噪声蒙版，以降低感觉色度误差；对其他彩色平面采用自适应蓝噪声蒙版，以保证彩色半色调处理结果的总体质量。

8.3.3 自适应蓝噪声蒙版彩色半色调

假定数字硬拷贝输出设备基于三色印刷原理，图 8－7 是自适应蓝噪声蒙版彩色半色调处理的工作流程示意图。

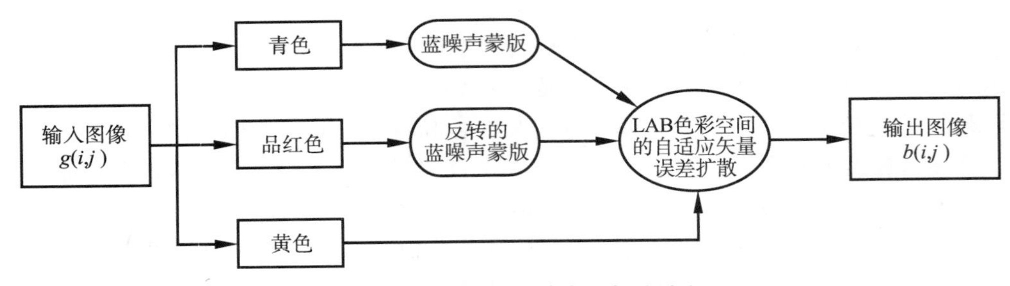

图 8－7 自适应彩色半色调操作流程

对自适应蓝噪声蒙版彩色半色调算法而言，必须知道目标打印机 8 种主色的 LAB 值。为此，应该在执行半色调处理前首先打印这些实地色块，测量每一色块的颜色值，并为每一种颜色建立对应 LAB 值的彩色查找表。

建立 LAB 彩色查找表后，先对青色平面应用蓝噪声蒙版算法，再将该蓝噪声蒙版的反转版本应用到品红色平面，以确保得到最高的空间频率。对黄色记录平面来说，分色版图像的像素取值只能有两种可能，即等于 255 或 0。由于这一原因，必须对黄色版的像素从两种可能的主色中选择其一，以 c_1 和 c_2 表示。为此须先找到对应于 c_1 和 c_2 的 LAB 值，以及对应于原像素 c_0 的 LAB 值；计算 c_1 与 c_0 以及 c_2 与 c_0 在 LAB 色彩空间中的距离，据此确定能给出与特定像素距离最近的主色；最后再计算选定的主色与原来颜色之间的明度和色度误差，并将误差传递给邻域像素，以更新误差扩散过程中必然涉及的原像素值。

为了比较蓝噪声蒙版自适应彩色半色调算法与其他蓝噪声彩色半色调算法（比如四蒙版技术和点对点技术等）的性能差异，有必要将各种算法应用到样本图像，并评价处理系统的输出半色调图像的感觉明度误差和色度误差。一般来说，用于打印半色调图像的硬拷贝输出设备应该有较宽的色域范围，比如相变喷墨打印机。

8.3.4 Levien 绿噪声彩色半色调

基于记录点随机分散的频率调制半色调算法能避免传统意义上的莫尔条纹现象，也无需考虑如何安排网点角度。如同已经多次提到的那样，频率调制半色调算法借助于改变记录点距离的方法模拟连续调效果，记录点尺寸不变而位置随机改变。典型频率调制半色调图像由误差扩散算法产生，这种算法用于建立随机排列的记录点。除了能避免莫尔条纹外，频率调制半色调技术通过使有限数量的记录点孤立起来的方法最大程度地利用打印机的空间分辨率，最终输出图像的分辨率相对于打印机来说是提高了。

根据 Lau 等人的研究结果，由 Levien 建议算法重构的半色调图像从功率谱内容分析具有绿噪声特征。由于输出相关反馈信号的作用，导致半色调图像既不包含低频成分，也没有明显的高频功率谱内容，因而有利于表示原图像的主体部分。绿噪声模型与 Ulichney 提出的蓝噪声模型在概念上是一致的，蓝噪声模型描述理想误差扩散半色调图像的功率谱特征，半色调图像内几乎不出现低频成分，高频区域相对平坦。后来，由 Mitsa 和 Parker 提出的方法利用蓝噪声的功率谱特征生成蓝噪声蒙版，其实是二值抖动数组，例如以白噪声抖动技术产生初始蒙版，并通过递推方式以当前灰度等级蓝噪声蒙版构造其他灰度等级的蓝噪声蒙版。如果以蓝噪声蒙版算法与其他频率调制半色调技术（例如经典误差扩散算法）结合起来，则可以大大降低计算的复杂性。

绿噪声半色调算法最值得重视的方面是它对于彩色调频加网输出的意义，不少学者投入了很大的精力开展相关研究，重点在彩色印刷应用领域。由于记录点生成时不再要求像经典误差扩散那样几乎不发生集聚，因而有能力从记录点位置改变和记录集聚尺寸变化两方面优化半色调图像结构，导致绿噪声技术的覆盖范围很广，从各分色版图像独立应用的简单形式到更复杂的以模型为基础的绿噪声半色调技术，基于模型的绿噪声半色调转换要求从 CMYK 色彩空间转换到替代色彩空间，例如 CIE Lab 空间。

如前所述，绿噪声半色调技术的重要应用领域是彩色硬拷贝输出，而彩色图像半色调复制的基础则是针对各分色版建立单色半色调图像。由于误差扩散算法对于阶调再现的优异能力，完全有能力作为主要的频率调制技术。绿噪声半色调处理本质上是经典误差扩散算法的一种扩展应用，主要途径是使用与输出相关的反馈信号，不仅体现在控制同一主色通道半色调画面的记录点集聚，也体现在使不同主色通道转换到半色调图像时的记录点集聚控制方面。经典误差扩散算法以输出相关反馈信号控制后，各主色通道不再以各独立的方式重构半色调图像，能实现不同主色成分的半色调操作以相关的方式进行，其结果必然是不同颜色油墨的叠加数量或者增加，或者降低，彩色复制效果因此而得到改善。习惯上，按 Levien 建议算法执行的半色调工艺称为第一类绿噪声技术。

8.3.5 绿噪声蒙版彩色半色调

第二类绿噪声技术利用了主色间的期望相关性，用于构造多通道的绿噪声蒙版。这种新的蒙版被“故意”设计成保持单色绿噪声蒙版的全部期望属性，例如各向同性和粗糙度可调节等，且不同主色成分产生的二值像素的搭接是可控制的。

绿噪声蒙版是产生抖动数组的新颖而独特的技术，通过原图像和抖动数组（也称为蒙版）的智能像素比较从连续调图像转换到二值半色调图像。以前的绿噪声半色调算法建立在误差扩散的基础上，对具有高网点增大特征的打印机建立记录点集聚规模较大的半色调图像，打印机网点增大值较低时则产生小规模的记录点集聚，其主要缺点是运算成本高。第二类绿噪声技术借助于使用绿噪声蒙版执行半色调操作，建立粗糙度可调节的随机记录点图像，但计算自由度与记录点集聚有序抖动算法大体相同，适合于许多硬拷贝输出设备，克服了记录点集聚有序抖动算法的固有缺点，例如“瓷砖”排列状的人工假象。尽管采用与设备有关的补偿技术能使许多类似的缺点降到最小的程度，有时甚至能够在视觉上达到可忽略的程度，但性能上不如绿噪声蒙版算法。

根据 Lau 等人给出的单色图像半色调处理方法，绿噪声蒙版由 $M \times N$ 像素规模的绿噪声二值图像集合定义，产生于某种抖动算法，每一幅抖动算法产生的二值图像对应于某种特定的离散灰度等级或色调等级，因而8位灰度图像应该有256种抖动图像。这种集合满足数据的连续性条件，尺寸参数 M 和 N 是产生规模更大蒙版的任意整数，借助于边缘紧挨边缘排列“瓷砖”的方法构造，原来的 $M \times N$ 蒙版作为基本“瓷砖”使用。

对彩色半色调处理，多通道绿噪声蒙版由集合 $\{\phi_{c,g}: c=1, 2, \dots, C$ 以及 $0 \leqslant g \leqslant 1\}$ 定义，其中 $\phi_{c,g}$ 是对于主色通道编号 c 和灰度等级 g 的二值绿噪声抖动图像，而 c 的取值范围与彩色图像的模式有关，大写字母 C 则表示主色通道的总数。例如，当半色调操作对象为CMYK图像时，主色通道编号 $c=1, 2, 3, 4$，在此情况下主色通道的总数 $C=4$。因此在理解 $\phi_{c,g}$ 时应该使当前主色通道编号 c 和当前处理的灰度等级 g 联系起来，集合包含的元素显然比单色图像大得多。比如，输入24位的RGB图像时，每个主色通道分别对应于集合 $\{\phi_{1,g}: 0 \leqslant g \leqslant 1\}$、$\{\phi_{2,g}: 0 \leqslant g \leqslant 1\}$ 和 $\{\phi_{3,g}: 0 \leqslant g \leqslant 1\}$，分别对应于红、绿、蓝三色；由于每一主色通道有256种抖动图像，因而RGB图像抖动图像有 3×256 幅。类似于单色图像的绿噪声蒙版半色调，上述集合也应该满足数据连续性条件，但仅仅对给定的主色有效，不能同时满足所有主色。

单色绿噪声蒙版二值抖动图像的物理结构通过命名为二值图像成对相关系数结构算法的处理技术产生：先建立一个不包含有限像素集聚的空数组，并为每一个单元指定其成为有限像素集聚的概率；此后二值图像成对相关系数结构算法将可能性最大的单元转换到需要集聚的有限像素，每次转换一个，直到黑色像素与白色像素之比等于 g；在当前迭代计算期间，最有希望转换的单元是概率最高的占多数地位的像素；为了使抖动结果图像具备期望的统计特性（即期望的成对相关系数），二值图像成对相关系数结构算法将根据当前少数像素集聚特点在每一次迭代过程中调整数组内每一种多数像素集聚的概率。

二值图像成对相关系数结构算法以不相关的方式分配概率，但随着逐步加入新的少数像素，所有相邻多数像素的概率应按结果图像需要的成对相关系数调整。考虑到成对相关系数是像素间径向距离的函数，如果多数像素离最新产生的少数像素的径向距离对应于成对相关系数大于1的条件，则多数像素的概率提高；而当这种径向距离对应于成对相关系数小于1的条件时，多数像素的概率降低。例如假定用二值图像成对相关系数结构算法构造蓝噪声图像，要求当径向距离接近于0时成对相关系数为0，如果与新产生少数像素对应的阈值数组单元的直接相邻单元的概率设置为0，则可以获得以上描述的成对相关系数的关联特征。此外，由于成对相关系数在蓝噪声主波长处出现峰值，因而离开新产生少数像素距离为主波长处的所有数组单元的概率应该提高，以保证最终半色调图像的成对相关系数内存在峰值。

以绿噪声算法为彩色打印机准备各主色分量的半色调图像时，如何控制半色调操作结果具有绿噪声图像的空间特征至关重要，为此需要绿噪声成对相关系数成型函数。成型函数的产生利用了成对相关系数的概念，但物理意义上却与半色调图像的成对相关系数有区别。执行绿噪声半色调操作时，对于给定概率的提高或降低的程度需要按设计人员的期望函数确定。显然，这种函数并非客观存在的成对相关系数，即并非反映绿噪声半色调图像物理特征的成对相关系数，而是反映成对相关系数与径向距离曲线的形状，因而也称其为成对相关系数成型函数，简称成型函数，可认为是绿噪声算法应用于彩色半色调处理的出发点。由此可见，成型函数是用户定义的函数，提高或降低导致强相关或弱相关，当成型函数等于0时完全抑制少数像素。图8－8是成型函数的例子。

成型函数的意义在于能高效率地构造绿噪声半色调图像，减少绿噪声半色调处理的盲目性，强制半色调重构结果有期望的绿噪声空间统计特征。图中的成型函数与绿噪声半色调图像的成对相关系数曲线呈现基本一致的变化规律，但比起实际绿噪声图像的成对相关系数曲线来显得更有规律，因为这种函数毕竟是人工构造的。

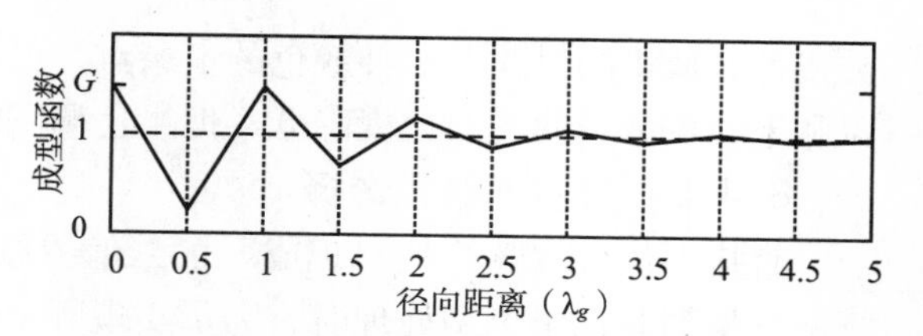

图 8－8　基于成对相关系数的成型函数

从图 8－8 可以看到，成型函数存在多个峰值，如果绿噪声图像的主波长标记为 λ_g，则这些峰值出现在与主波长 λ_g 成整数倍的位置上，而成型函数的谷底则刚好在两个相邻整数 λ_g 位置的中间点上，例如 0 和 1 是两个相邻整数 λ_g 位置，成型函数在这两个位置上产生峰值；两个峰值间必然存在谷底，其位置刚好在 0 和 1 的中间点 0.5 上。图中的 G 称为调整参数，实验研究结果表明，当 $G=1.10$ 时建立的半色调图像视觉效果很好。由于该图给出的成型函数采用了分段线性处理方法，因而形式上特别简单，在给定灰度等级和记录点集聚尺寸条件下，利用这种成型函数得到的半色调图像之成对相关系数与理想绿噪声图像的成对相关系数相当接近。但是，对这种成型函数自身而言，若不加调整地使用，则最终产生的绿噪声半色调图像将呈现真正的噪声外观，且稳定性也较差。

8.4　直接二值搜索彩色半色调处理

彩色图像通过只具备二值表现能力的数字硬拷贝设备输出时，需要将更多的连续调单色图像（即分色版图像）转换到半色调表示。误差扩散算法、蓝噪声蒙版和绿噪声蒙版等通过不同的手段使主色通道的记录点分布关联起来。现在的问题是，如这种操作任务以直接二值搜索算法实现，则面对如何合理地处理各主色半色调图像间的关系。

8.4.1　均衡原则

设计符合频率调制半色调图像生成及彩色复制工艺要求的直接二值搜索算法时，必须考虑如何安排彩色记录点的位置，应该体现与单色图像半色调处理的不同特点，以及彩色频率调制半色调图像应用于彩色复制系统时的适应性，使原连续调彩色图像的颜色和层次变化能通过半色调图像准确地再现。

简单地说，任何彩色半色调算法的共同目标在于能否均衡地再现可印刷颜色，因而所有的努力体现在“均衡”两字上，以实现灰平衡最为关键和重要。除彩色摄影、染料热升华彩色打印机和少数彩色喷墨打印机外，大多数彩色复制设备都使用四种着色剂。由此可见，设计彩色直接二值搜索算法时应考虑通过打印机发生的青、品红、黄、黑四色记录点复制原图像阶调的现实需要，彩色打印机与彩色复制工艺通行或流行作法的衔接关系，以及各种基于不同工作原理的彩色打印机表现颜色和层次变化的特殊性，在某些情况下可能会采取非常规的工艺措施，其中合理地表现灰色阶调是典型例子之一。

浅灰色阶调以黑色表现是经常采用的方法，但并非永恒不变。假定以青色、品红色和黄色油墨形成的记录点打印原图像 6.25% 的浅灰色区域，但没有黑色记录点参与打印，如果选择青、品红、黄记录点彼此覆盖的方法，并忽略记录点扩大效应，则纸张与原图像对应区域的 6.25% 面积应该为这三种颜色的油墨所覆盖。显然，被覆盖的区域存在三色合成的黑色记录点，而没有覆盖的区域则保持纸张白色，很容易形成颗粒状的图像。采用使青色、品红色和黄色记录点分散的处理方法时，纸张为油墨覆盖的最大面积将达到 18.75%，被覆盖区域将同时存在三种颜色的记录点，没有覆盖的区域仍然是白色。这种方法导致覆盖和未覆盖区域间的对比度降低，但半色调图像却显得更平滑。

8.4.2 着色剂路径选择

直接二值搜索算法从“现成”的二值图像开始，通过迭代搜索过程找到最优解，这种算法移植到彩色半色调处理时，为了实现频率调制彩色图像高质量复制的目标，重要的工作任务之一归结为选择能够横贯着色剂空间的路径，即着色剂路经的选择应该在彩色复制设备所用油墨主色定义的色彩空间内实现，总体路径应该从白色到黑色，并沿所选择的路径设计全部半色调图像。只有这样，才能充分利用着色剂定义的色彩空间，通过着色剂复制的彩色图像才能表现更多的颜色数量和层次变化，提高彩色图像的复制质量。上述基本思想可以用图 8 –9 来说明，路径在 CMY 着色剂空间中定义。

为了算法的有效实现，并顾及彩色复制的工艺特点，选择着色剂路径时不仅要考虑沿路径形成的半色调图像，也应当考虑到路径分解后的方向，即沿着 RGB 和 CMY 六种主色着色剂路径形成的半色调图像。六条着色剂路径分别从白色到青色、从白色到黄色、从白色到品红色、从白色到红色、从白色到绿色以及从白色到蓝色，做到不但能保证以明确的方式设计的半色调图像的正确性，也可以保证沿白色到黑色路径半色调图像的正确性，且沿白色到黑色的着色剂主路径产生的半色调图像既平滑又均匀。此外，由于考虑到了主路径的分解路径，因而沿六条彩色子路径产生的半色调图像也是平滑和均匀的。

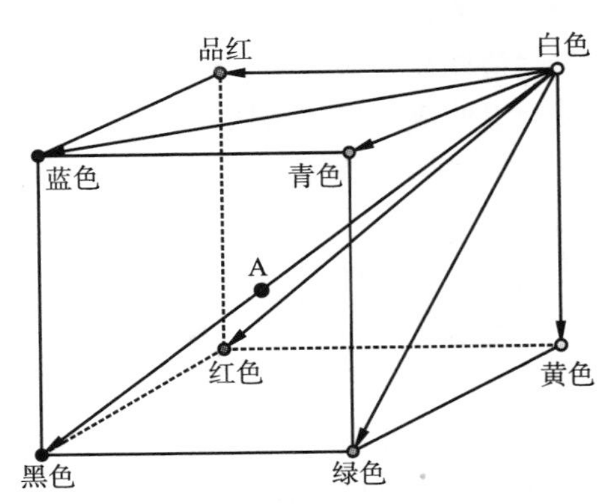

图 8 –9　着色剂空间中的路径设计

首先设计的是中间 CMYK 半色调图像，例如位置在图 8 –9 所示黑色到白色路径的中间点 A 上。在此基础上，再借助于逐步移动记录点的方法设计所有其他位置的二值半色调图像，比如从 A 点沿黑色到白色路径逐步向白色移动，以产生颜色更浅的半色调图像。在得到比点 A 更浅色的图像后，再沿白色到黑色路径逐步向黑色移动记录点，产生颜色比点 A 更暗的半色调图像。通过上述方法，抖动矩阵的堆栈属性得到满足，即颜色更浅的半色调图像内的所有记录点必然存在于颜色更深暗的半色调图像中。

8.4.3 彩色波动函数及其最小化

借助于使彩色波动函数指标最小化，就可以从初始随机半色调图像出发对该二值图像做改善处理。为了能计算彩色波动函数指标，首先将彩色图像从着色剂空间（即 CMYK 空间）转换到均匀色彩空间，比如 CIELab 色彩空间，原因在于均匀色彩空间能更好地表示视觉系统对于颜色的响应。如果 16 种有效颜色的 CIELab 值已经测量出来，那么从着色剂空间到均匀色彩空间的转换并不困难。需要测量的 16 种有效颜色建立在使用白色纸张和四色套印的基础上，包括青色、品红色、黄色、黑色、白色（纸张）、青 + 品红（蓝色）、青 + 黄（绿色）、品红 + 黄（红色）、青 + 黑、品红 + 黑、黄 + 黑、青 + 品红 + 黄、青 + 品红 + 黑、青 + 黄 + 黑、品红 + 黄 + 黑和青 + 品红 + 黄 + 黑。

完成色彩空间转换后，接下来是对 CIELab 像素值应用低通滤波器，目的在于模拟视觉系统的频率响应特点。由于视觉系统对于明度信息的响应更敏感，因而低通滤波器对应于明度的带宽必须比滤波器对应于色度的带宽更大。

为了使波动指标达到最小化，可采用扫描像素映射图的方法，一次处理一个像素，对每一个像素执行交换操作，并重新计算波动指标。这里提到的交换操作指的是处理当前像素时用另一种主色或白色与该像素的一种主色或白色交换，另一种主色或白色取自当前处理像素的邻域像素。交换操作结束后，当前像素和邻域像素的颜色必须保持为有效颜色之一。例如，若像素 1 已经存在品红记录点，则不能以像素 1 的青色记录点与像素 0 的品红记录点交换。因此，按上述原则确定的交换操作在一般情况下将导致波动指标的降低数量达到最大程度，且由此而产生的新图像也保持波动指标最小。如果全部交换操作引起波动指标的增加，则恢复到以前的图像。这种处理过程一直进行下去，直到像素映射图全部处理完成，不再需要进一步交换，得到的结果图像称为中间图像。

中间图像产生好后，应继续产生更亮和更暗的图像。假定要产生更亮的图像，则可以从中间图像开始以随机方式探测出给定数量的青色、品红色和黄色记录点。为了满足抖动矩阵堆栈（数据存储约束条件）属性的要求，应限制为只有最近探测出来的记录点的位置才允许移动。再次执行交换操作，以使得波动指标最小化。但必须注意，现在的交换操作不仅限制于在有效颜色集合间进行，也受到堆栈约束条件的限制。要求产生更暗的图像时可执行与产生更亮图像类似的处理过程，且开始时应该在以前图像上添加记录点。

8.4.4 彩色直接二值搜索

以符号表示往往给叙述问题带来方便。分别以 $[m]=[i,\ j]^T$ 和 $(x)=(x,\ y)^T$ 标记图像的离散和连续空间坐标，以三维矢量评价函数 $f[m]$ 表示连续调彩色图像从 $(\Omega)^2$ 到 $(\Omega)^3$ 的变换，其中 $(\Omega)^2$ 代表二维平面图像离散空间坐标的输入值，而 $(\Omega)^3$ 则是输入图像在给定位置的 RGB 输出值，归一化处理后的像素取值范围从 0 ~ 1。对于 RGB 彩色图像评价函数 $f[m]$，可以分解成三个标量评价函数 f_k，即从 $(\Omega)^2$ 分解到 (Ω)，其中的 $k=R,\ G,\ B$。类似地，可以用矢量评价 $K-D$ 函数 $g[m]$ 标记彩色半色调二值图像，描述从二维平面图像 $(\Omega)^2$ 到着色剂图像 $(\Omega)^D$ 的变换，其中 $(\Omega)^2$ 仍然表示二维平面图像离散空间坐标的输入值，K 是彩色半色调图像包含的着色剂数量。显然，函数 $g[m]$ 可以分解成 K 个标量评价函数。分析工作限制于二值三色着色剂 CMY 打印机和二值四色 CMYK 打印机，假定产生着色剂数据时应用整体底色去除分色原理，即如果且仅当所有的三种彩色着色剂存在（相等）时，则给定像素（打印机可寻址的点）以黑色记录点代替青色、品红色和黄色记录点。

为了便于分析研究，允许有条件地假定打印机栅格内邻域像素间的记录点交互作用符合叠加原理。这种假设其实未必正确，邻域打印机像素的着色剂与纸张类承印材料的彼此交互作用实际上相当复杂，因而建模时与记录点交互作用有关的问题值得考虑。

Agar 和 Allebach 建议的彩色直接二值搜索半色调技术是一种基于迭代搜索的算法，迭代搜索目标在于使感觉误差度量最小化，搜索过程开始于初始半色调图像，在搜索过程中局部修改半色调图像。初始半色调图像通过对连续调彩色图像的 RGB 分量各自独立地使用相同的网屏结构执行半色调操作而建立，网屏结构以单色直接二值搜索算法获得，再叠加成 CMY 三色半色调图像，假定油墨符合理想反射条件，则 $C=1-R$、$M=1-G$、$Y=1-B$。

算法提出者对初始半色调图像在独立于设备的对立色彩空间中计算感觉存在误差，这种处理方法实际上由 Flohr 等人提出。在此基础上以栅线扫描顺序处理半色调图像的像素，即检查每一个像素计算的开关式像素转换对误差指标的影响（这里的开关式像素转换指改变着色剂组合），并以当前处理像素与其 8 个最近邻域像素交换；如果大部分处理结果降低了误差指标，则认为可以接受试算过程导致的变化，当没有更多的试算变化可以接受时，迭代过程结束，这意味着误差指标达到局部最小化时完成迭代运算。

8.5 彩色半色调颗粒度

静电照相数字印刷利用固体墨粉复制黑白或彩色图像，墨粉颗粒尺寸和形状的非均匀性影响印刷质量。缺乏定量手段时，颗粒感描述图像噪声的主观感受。然而，由于已经能够量化到可以定量地测量和评价，因而颗粒两字不再仅仅具有主观上的质量感受意义，且拥有客观性的度量，可以改颗粒感为颗粒度了。对半色调处理来说，可以客观测量和评价的颗粒度指标应该转换到更适合于描述记录点集聚导致图像颗粒度的形式，并将颗粒度指标扩展应用到彩色图像。扩展后的颗粒度指标可以应用于不同的对象，例如分色版的相对颗粒度和自定义颜色使用的墨粉混合颗粒度。借助于彩色视觉传递函数可以抽取出色度和明度来降低颗粒度的影响。

8.5.1 半色调图像的颗粒度

为了定量地描述图像的颗粒度，已经提出了数量可观的不同的颗粒度指标。这些指标之所以彼此不同，是因为考虑到颗粒的主观感受，不同的颗粒度指标对应于不同的心理物理实验得到的结果，且测量工具的发展也应该体现在颗粒度的度量指标中。

一般来说，油墨覆盖率低的区域图像颗粒度较高，甚至达到颗粒度的最大值，原因在于这种区域的半色调网点或记录点彼此孤立地存在。颗粒度增加的部分原因与半色调图像的基本属性有关，例如记录点形状、尺寸和边缘粗糙度，以及通过静电照相实现的硬拷贝输出过程中各半色调图像网点间散落的墨粉颗粒。数字印刷建立在物理过程的基础上，许多物理过程引起上述因素的波动，例如静电照相的物理过程。图像复制过程中发生的各种波动决定于复制图像的硬拷贝设备的工作原理，与各网点彼此的关系无关。

根据 ISO 13660 标准，颗粒度定义为所有方向上空间频率大于每毫米 0.4 周期的非周期性密度或色度波动。如果不打算以频率界定颗粒度，则可以采用由 Dooley-Shaw 建议的颗粒度指标，如果图像颗粒度标记为 G，则 Dooley-Shaw 建议的颗粒度指标定义为：

$$G = e^{-1.8D}\int \sqrt{W(\omega)}\, VTF(\omega)\, d\omega \tag{8-2}$$

式中 D——颗粒度区域的光学密度；

W——图像横截面的维纳谱，即图像颗粒度引起的噪声功率谱，是反射系数分布的傅里叶变换结果；

VTF——眼睛的视觉传递函数。

心理物理实验得到的结果表明，视觉系统对连续调图像明亮区域的密度波动比深暗区域更敏感，因而有必要使用平均密度的概念。正因为眼睛对于不同的空间频率表现出感觉灵敏度的变化，所以才有对颗粒度区域执行傅里叶变换的必要。为了定量地反映眼睛对不同空间频率的灵敏度，可以用视觉传递函数描述。

网点与网点或记录点与记录点间相关性的缺乏导致频率与维纳谱彼此独立，因而维纳谱可以从式（8－2）的积分号中取出。这样，只要对视觉传递函数积分就可以了，导致计算颗粒度的积分运算变得更简单。

8.5.2 墨粉数量波动模型

对固体墨粉显影静电照相数字印刷而言，光导体表面的墨粉沉积过程和四色墨粉图像沉积到中间接受介质表面的过程对最终的印刷质量至关重要。虽然显影阶段的墨粉沉积过程与转移阶段的墨粉沉积过程存在因果关系，但显影阶段的墨粉沉积过程对印刷质量的影响更大，原因在于四色墨粉图像转移的随机性干扰因素更少。

通过墨粉沉积的简单模型有助于理解图像颗粒度的物理根源，也可了解墨粉沉积在色彩混合中所起的作用。分析图像颗粒度可用的墨粉沉积简单模型之一，称为随机顺序吸收模型。根据这种模型的特点，显然最适合于静电照相数字印刷机或打印机，与单层墨粉显影过程结束后的墨粉沉积结果接近。随机顺序吸收模型从空白的正方形区域开始，该正方形用于表示半色调网点，即半色调单元。假定墨粉颗粒具有圆形的横截面，通过随机地决定坐标位置的方式顺序地沉积到该正方形区域内，若后面沉积的墨粉与已经沉积的墨粉位置搭接，则该位置将不允许继续吸收墨粉，因而后续的墨粉只能寻求新的沉积位置。只要正方形区域内仍然存在空位置，且尚未达到期望的网点面积率，墨粉沉积过程就不会结束，一直到墨粉颗粒将应该填充的区域填满为止。由于墨粉位置几何条件的约束，即墨粉颗粒只能按期望的网点面积率沉积，导致各半色调网点区域沉积不同数量的墨粉颗粒，数量的多少与图像颗粒度间存在密切的关系。墨粉颗粒在半色调单元内的三种不同的排列方式如图 8－10 所示，该图给出了三种不同墨粉排列，包含不同数量的墨粉颗粒，从左到右的半色调单元内沉积的墨粉颗粒数量分别为 76、74 和 78。

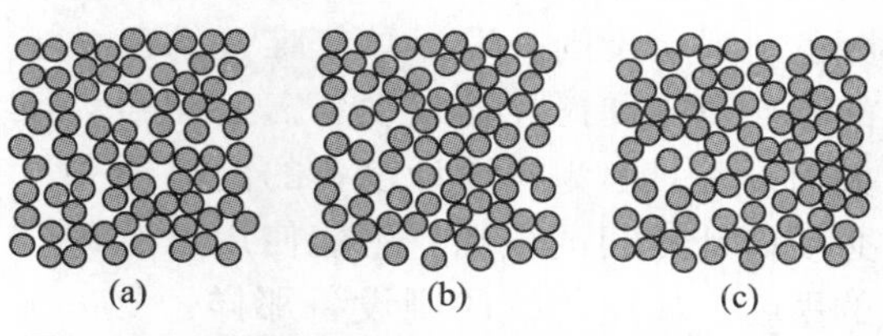

图 8－10 随机顺序沉积产生的不同墨粉排列

显然，静电照相数字印刷机或打印机显影过程形成的墨粉在半色调单元特定面积内的排列形式绝对不局限于图 8－10 提供的三种，如果能够模拟更多的墨粉排列，则有可能建立墨粉数量波动与墨粉沉积数量的关系。图 8－11 给出了模拟结果的例子之一，利用这样的模拟结果，就可以模拟自定义彩色墨粉的色彩混合特点了。

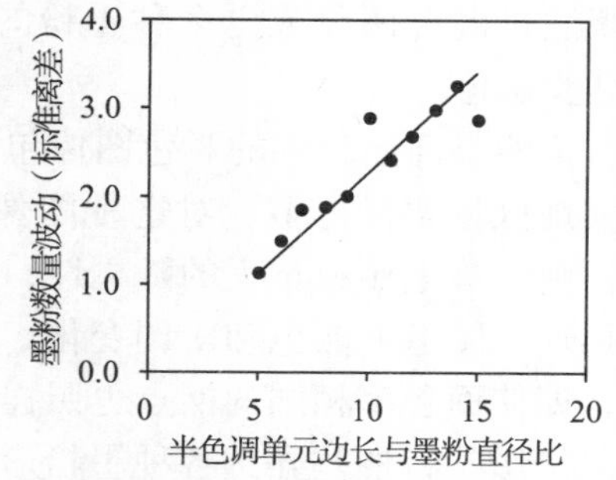

图 8－11 墨粉数量波动与半色调单元边长对墨粉直径比的关系

颗粒度计算公式要求建立墨粉颗粒数量波动与明度或光学密度波动的关系，掌握墨粉颗粒数量与明度的关系确实很有必要。实验测量可以解决这一问题，从密度或反射系数测量数据可得到明度数据，而通过测量纸张表面的墨粉质量可换算成墨粉颗粒的数量。

8.5.3 分色版颗粒度

固体墨粉显影静电照相数字印刷机或打印机显影过程的墨粉沉积充满随机性，这些硬拷贝输出设备所复制图像的颗粒度的物理根源是墨粉数量或质量的波动，而墨粉的颜色恰恰会影响颗粒度的视觉感受。对彩色静电照相数字印刷机、打印机乃至于数字多功能一体机而言，每一种颜色的显影子系统往往是相同的，从而以相同的方式作用于墨粉质量波动。由此可见，研究与静电照相过程有关的图像颗粒度时，人们的兴趣主要集中于在相同的墨粉质量波动与不同颜色的颗粒度之间建立联系，以便了解不同的墨粉颜色如何以不同的方式引起颗粒度的变化。

为了掌握颗粒度与墨粉颜色的关系，可采用下述公式表示颗粒度与色度和亮度变化的关系，按墨粉覆盖率质量波动分离成主色的形式：

$$G = C_G \sigma_{ac} \sqrt{\left(\frac{\partial L}{\partial a_c}\right)^2 + \left(s_a \frac{\partial a}{\partial a_c}\right)^2 + \left(s_b \frac{\partial b}{\partial a_c}\right)^2} \tag{8-3}$$

公式（8－3）中的 $C_G = 4.73 \times 10^{-5}(L+16)^{1.35}$；$\sigma_{ac}$表示青色 Lab 空间内的波动，即标准离差；三个偏导数可以按 L、a 和 b 对墨粉覆盖率（墨粉复制曲线）的测量数据关系计算。图 8－12 所示的曲线从 DocuColor 40 静电照相数字印刷机测量而得，颗粒度测量结果来自任意选择的某种墨粉颜色的质量波动，以标准离差表示。

从图 8－12 不难发现，黑色墨粉在覆盖率并不高的条件下达到最高的颗粒度，但对三种彩色墨粉而言更高的颗粒度出现在较高的墨粉覆盖率处。

8.5.4 半色调综合颗粒度

许多文档以黑色加另一色或更多高光颜色的方法建立颜色和阶调变化效果，而许多应用领域则要求唯一的颜色。毫无疑问，设计具有唯一颜色的静电照相硬拷贝输出设备需要相当大的投资，因为在设计设备的同时还必须设计专门的墨粉，不能使用已有的墨粉。如同传统印刷设备那样，要求复制大量的颜色时，彩色静电照相数字印刷机、打印机或数字多功能一体机通过混合两种或更多种墨粉的方法建立彩色。

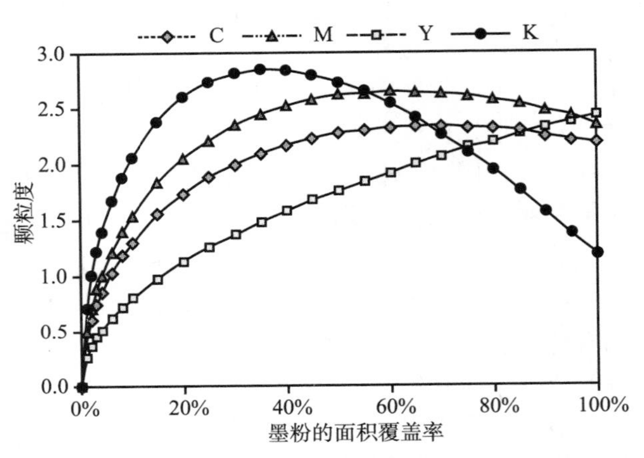

图 8－12 静电照相数字印刷机不同分色版的颗粒度

某些以高光为主的彩色图像包含浅色的渐变或墨粉低覆盖率区域，填充的墨粉数量比实地区域要低得多。对这种图像来说，每一种颜色的半色调网点包含少量的对应墨粉。由于静电照相过程的随机性，大多数静电照相数字印刷机或打印机通过幅度调制网点再现原图像的颜色和阶调变化，静电照相过程的统计特性导致组成网点的墨粉数量波动，即使面积率相同的网点也照样如此。除墨粉数量波动外，由于不同颜色墨粉颗粒的尺寸和形状特性差异，各种墨粉形成的半色调网点包含不同数量的墨粉，从而引起颜色的波动，这种颜色波动必然对借助于半色调技术实现的图像复制结果的颗粒度产生附加影响。

考虑仅仅由两种墨粉形成的混合，每一种网点的墨粉数量可以用双正态分布描述。为了计算四色墨粉沉积到相同表面后形成的综合颗粒度，需要知道颜色随网点内墨粉数量而变化的统计规律，针对基于统计规律的建模无疑是相当困难的任务。为此可以采用替代方法简化综合颗粒度评价，比如测量青色和黄色实地填充图像的颜色变化，表示为青色与黄色混合比例的函数。由于青色和黄色的明度差异，可以认为青色和黄色的混合是彩色墨粉混合的极端例子之一。利用这种测量数据和墨粉复制曲线，就可以通过插值计算估计任何混合比例和任何墨粉覆盖率（半色调区域）的颜色。借助于包含墨粉混合比波动因素，可再一次以类似于式（8－3）的方式得到半色调颗粒度的通用表达式：

$$G = C_G \sqrt{\sum_{i=1}^{3} \left(\frac{\partial X_i}{\partial f_b} \sigma f_b + \frac{\partial X_i}{\partial fa_c} \sigma_{ac} \right)^2} \quad (8-4)$$

式中的 X_i 代表 L、a 和 b 之一，因而下标 i 在 1 ~3 间变动；f_b 表示两种墨粉混合时成分之一在总数中所占的比例，比如青色与黄色混合时青色墨粉或黄色墨粉占两种墨粉颗粒总数的比例。此外，另一种求偏导数的自变量 fa_c 代表墨粉的面积覆盖率。

第九章

沃罗诺伊图与空间填充曲线半色调应用

有序和随机并非半色调处理的根本目的，究竟应该选择有序性还是随机性主要取决于待复制的图像内容。然而，有序和随机的组合确实能产生单独选择有序或随机半色调算法更好的结果，例如记录点集聚有序抖动与记录点分散随机抖动的组合产生复合加网技术，可以说适合于任何图像，只要印刷系统能与此配套即可。有些方法可以在有序的处理过程中引入随机性，导致半色调处理结果类似于复合加网取得的效果。这样的方法确实存在，例如沃罗诺伊图和空间填充曲线。

9.1 基于沃罗诺伊图的半色调算法

沃罗诺伊图（Voronoi Diagram）本来是数学概念的一种，用于对给定空间的分解。由于借助于沃罗诺伊图的空间分解具有随机特性，用到半色调处理时，如果硬拷贝输出设备的记录平面作为空间分解的对象，则分解结果便包含了随机性。例如，记录点集聚有序抖动需要按输出设备的空间分辨率划分成面积相等的有规律分布的半色调单元，按沃罗诺伊图划分半色调单元时，各单元的面积和形状就拥有了随机性。

9.1.1 伪随机空间马赛克结构

利用伪随机空间结构再现黑白和彩色图像的思想大约在20世纪80年代初出现，提出这种想法的研究者并非印刷专业人士，而是心理学家和生物学家。根据他们对某些自然界的观察结果，伪随机结构起着至关重要的作用，例如视神经系统视网膜感受器的伪随机空间分布在信息感受过程中扮演重要角色。数字半色调伪随机空间结构建模类似于视网膜的马赛克组织，根据某些良好定义的频谱特征，伪随机空间结构建模从获得“瓷砖”中心的准随机分布开始，再通过应用沃罗诺伊图多边形化的空间分解过程得到输出设备空间期望的不规则形状拼贴结构。Victor Ostromoukhov 曾经探索过伪随机空间马赛克结构的半色调应用，并提出两种与此相关的半色调算法。

对印刷业来说，以二值印刷设备复制图像的最常见的方法之一，是采用记录点集聚有序抖动技术。这种方法需要将整个输出图像空间划分成彼此相邻且在记录平面上重复排列的正方形或矩形区域，通常称为半色调单元。在每一半色调单元的内部，记录点根据原图像的灰度等级逐步黑化或变黑，即记录点设置成黑色，需确保能够表现各种灰度等级。黑色记录点往往从半色调单元的中心开始集聚，逐步扩展成面积更大的网点。

由于栅格的离散本质，数字半色调处理采用记录点集聚有序抖动算法时只能实现有理正切角度，这种现象会影响四色印刷效果，不再能确保青色与黑色以及黑色与品红色网屏以30°的角度差排列，甚至四种彩色平面的加网线数都互不相同。容易出现莫尔条纹效应。

如前所述，印刷业采用伪随机空间马赛克结构的思想大约在 20 世纪 80 年代初期时由心理学家和生物学家提出。他们观察到自然界的某些伪随机结构，例如视网膜感色细胞的空间分布，发现伪随机结构对人体感受信息的作用至关重要。若视网膜感色细胞等的空间结构分布变换到频域，则这类伪随机空间结构的频谱具有吸引人的特征，表现出良好分布图形的对称性特点，形状如同圆环和钟形那样。

伪随机结构的频谱特征已经成功地应用到半色调处理系统，两种或更多种的结构需要彼此叠加，才能复制出不同的颜色。众所周知，当两种结构叠加时，作为叠加结果的结构若变换到频域，则可以评价叠加结果了。从空域到频域的转换引起对象描述方法的变化，常借助于傅里叶变换的方式实现，两种结构叠加形成的傅里叶谱是两幅图像对应傅里叶谱的卷积。由于空间域中的叠加可视为相乘运算，因而对频域来说导致卷积。

有规律分布的不同结构叠加的结果容易出现莫尔条纹，两种伪随机结构的叠加与规则结构叠加完全不同。图 9－1 演示了两种结构叠加得到的结果差异和不同的形态，该图（a）和（b）分别代表规则结构和伪随机结构叠加，规则结构叠加出现莫尔条纹。

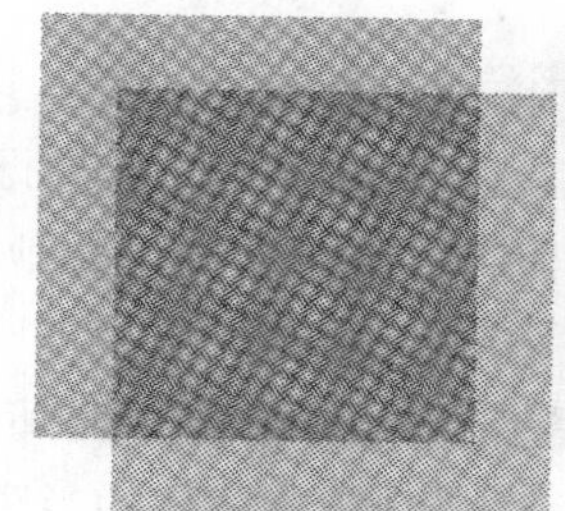
(a)规则结构叠加

(b)伪随机结构叠加

图 9－1　两种结构叠加结果比较

9.1.2　沃罗诺伊图

数学上的沃罗诺伊图是一种对于给定空间的特殊分解，由被研究空间内特定对象或子集的距离决定分解结果，其中的对象通常被称为地点或发生器，也可能使用其他名称，比如种子。每一个这种空间内的特定对象与对应的沃罗诺伊细胞相关联，即对象是给定空间中所有与给定对象距离不超过与其他对象距离的点的集合。沃罗诺伊图由俄罗斯数学家 Georgy Voronio 首先提出上述概念而得名，也称为沃罗诺伊拼贴（Voronoi Tessellation），或称为沃罗诺伊分解和狄利克雷拼贴（Dirichlet Tessellation）等。科学技术的许多领域都存在沃罗诺伊图的应用，即使艺术领域也如此，具有众多的理论和实践应用价值。沃罗诺伊图是一种将多维空间划分成子空间的重要技术。

以最简单和最熟悉的“场景”为例，在欧几里德平面内给定有限个点的集合 $\{p_1, \ldots, p_2\}$，这些点对应一个地点，与每一个地点 p_k 对应的沃罗诺伊细胞 R_k 由离 p_k 的距离不超过与任意其他地点距离的所有的点组成，有时也称为沃罗诺伊区域或狄利克雷细胞。每一个符合以上条件的细胞从半空间的交集获得，因而沃罗诺伊细胞为凸多边形，其中半空间指三维欧几里德空间由平面划分成的两部分之一。沃罗诺伊图分割是划分欧几里德空间之平面内与两个最近地点距离相等的所有点，沃罗诺伊顶点则指与三个地点距离相等的点。

作为一种简单演示，考虑平原城市的一组商店，比如在某区域分布着 10 家提供基本相似服务的商店，假定我们的任务是要估计给定商店的客户数量。

在所有其他因素相等的条件下，例如商品价格、产品种类和服务质量等都相同，则合理的结论应该是客户将完全按距离的远近做出他们的决定，选择位置离他们最近的商店前去购物。在这一例子中，给定商店 p_k 的沃罗诺伊细胞 R_k 可用于给出对该商店潜在客户数量大体上的估计，由平原城市中的点建立估计模型。

根据以上描述平原特点，可以用标准距离衡量地处平原的城市中各点之间的距离，即大家熟知的欧几里德距离：

$$d[(a_1, a_2), (b_1, b_2)] = \sqrt{(a_1 - b_1)^2 + (a_2 - b_2)^2} \tag{9-1}$$

对于当前命题的研究应该考虑到城市的街道布局特点，由于建筑和其他城市设施的阻隔，两点间不能直接穿行。现实条件是，客户将通过平行于 x 和 y 轴的车辆和交通路径前往这 10 家商店，如同纽约曼哈顿地区的交通路径那样。图 9－2 的（a）和（b）分别表示对于给定区域划分的两种结果，可比较两种沃罗诺伊分割原则引起的差异。

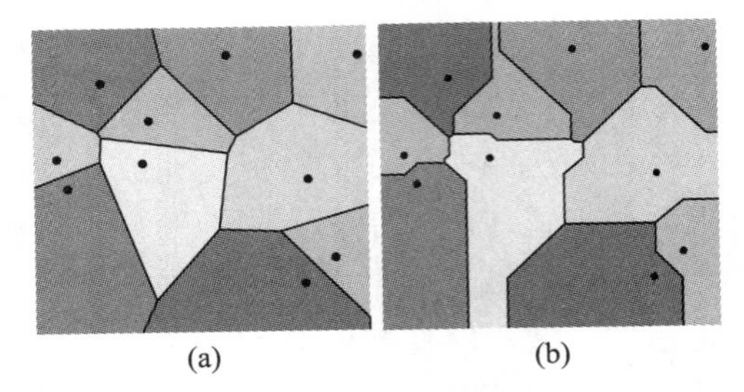

图 9－2　平原城市中的 10 家商店和两种沃罗诺伊分割

因此，更现实的距离函数应该按下式考虑：

$$d[(a_1, a_2), (b_1, b_2)] = |a_1 - b_1| + |a_2 - b_2| \tag{9-2}$$

图 9－2 所示的两种沃罗诺伊分割清楚地表明，考虑交通条件后的沃罗诺伊图与不考虑交通条件的沃罗诺伊图是不同的。

9.1.3　输出设备空间的伪随机“瓷砖”排列

标准记录点集聚有序抖动技术使用的半色调单元通常定义为水平和垂直方向包含相同设备像素数量的正方形“瓷砖”，重复地铺展并覆盖整个成像平面。每一个半色调单元都利用相同的阈值数组输出成规则排列的网点。沃罗诺伊分割使用形状不规则的伪随机“瓷砖”集合，与记录点集聚有序抖动的规则“瓷砖”不同，用于代替规则的半色调单元。

组建伪随机“瓷砖”的第一步，是发现“瓷砖”中心的随机分布，可以通过不同的途径获得这种分布。解决方案之一，是应用具有理想分布中心的随机噪声，例如白噪声或蓝噪声。但也有其他方法，比如每一个分布中心通过排斥弦（Repulsive String）的作用与其邻域彼此关联起来，如同图 9－3 所示的关系那样。

图 9－3 内各分布中心的“邻居”在沃罗诺伊“场景”中定义。在模拟自然界伪随机结构的开始阶段，伪随机结构的分布中心以不违反弦的强度产生的排斥力的大小与距离的反比关系为原则随机地放置。此后随机地选择结构中心并移动它，计算给定分布中心所有邻域引起的作用力，再计算与作用力成正比并沿作用力方向的分布中心位移；在以前处理结果的基础上重新计算某一邻域分布中心位置，对其他邻域中心重复该计算步骤。完成一定数量的迭代处理过程后，由多个结构分布中心组成的系统便稳定下来，迭代处理步骤的多少取决于分布中心的数量和初始位置的随机程度。只要系统满足预先设置的稳定条件，就冻结迭代处理过程获得的配置，不再改变任何结构中心的位置。图 9－4 演示按以上原则确定伪随机结构中心分布并形成最终沃罗诺伊分割的典型例子，图中的每一个沃罗诺伊细胞相当于规则分割的半色调单元，各细胞的黑色圆点表示结构中心位置。

确定沃罗诺伊分割的伪随机结构分布中心后，即可着手建立由分布中心覆盖的多边形了，这种过程称为沃罗诺伊多边形化，处理结果已在图 9－4 中给出。按沃罗诺伊分布中心的覆盖范围建立沃罗诺伊多边形的过程需要耗费较多时间，但好在计算是离线的，仅仅处理过程得到的结果（即沃罗诺伊图）才需要存储起来，用到半色调图像的生成阶段。

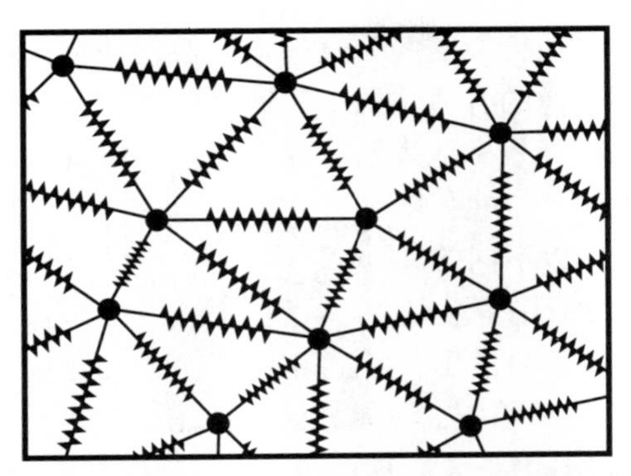

图 9－3 沃罗诺伊多边形中心的随机分布模型

图 9－4 伪随机结构中心与沃罗诺伊分割结果

9.1.4 生成半色调图像的典型方法

图 9－4 表示对设备输出空间（记录平面）的特殊分割，每一个沃罗诺伊多边形都应该视为半色调单元，由于这些单元的位置、面积和形状彼此均不相同，因而基于沃罗诺伊多边形分割的记录点集聚半色调算法具备了随机性。

沃罗诺伊多边形分割仅完成半色调处理过程的第一步，更重要的任务还等在后面，那就是根据对于设备输出空间的沃罗诺伊多边形分割得到的不规则“瓷砖”拼贴和各多边形的中心形成记录点的集聚，利用不同的技术输出半色调图像。

典型的基于沃罗诺伊多边形分割的记录点集聚半色调算法按输入图像的像素值和结构中心输出不同形状的半色调网点，围绕结构中心（即沃罗诺伊多边形的中心）用黑色记录点局部或整体地填充沃罗诺伊多边形，填充面积取决于输入像素值。以常规手段分割设备的记录平面时，每一个半色调单元有相同的尺寸和形状，包含相同数量的设备像素，从而可以共享相同的抖动矩阵，按相同的方式将记录点有序地集聚成网点。此外，常规的空间分割形成与原连续调图像像素位置的一一对应关系，可以直接利用输入像素的灰度等级输出相应的网点。然而，由于沃罗诺伊多边形中心随机地形成，因而不可能刚好与输入连续调图像的像素位置重合，即绝大多数甚至所有的沃罗诺伊多边形中心不在输入图像的整数像素位置上，为此需按输入像素的灰度等级重新采样。关于图像平面任意实数位置子像素值的插值计算方法，可以参考有关资料。以 Photoshop 为例，计算任意实数位置子像素灰度等级的方法有最近邻域、双线性和双立方三种。对于沃罗诺伊多边性中心位置的子像素灰度等级的计算，考虑到半色调处理的精度要求，以双线性或双立方插值更为合理。

完成子像素灰度等级的插值计算后，下一步是按结构中心生成给定沃罗诺伊多边形的黑色记录点集聚，对每一个沃罗诺伊多边形生成各自的半色调网点，黑色记录点的多少与插值计算得到的灰度等级对应。这种处理过程实际上完成输入图像从多值到二值的栅格化转换，由以下两个主要步骤组成：首先找到分析用封闭曲线（例如图 9－5 所示曲线），其面积应等于沃罗诺伊多边形面积的 g 倍，其中 g 表示由插值计算产生的子像素位置的灰度等级；执行垂直方向的扫描变换，以获得最终的分析曲线，由直线段集合构成。

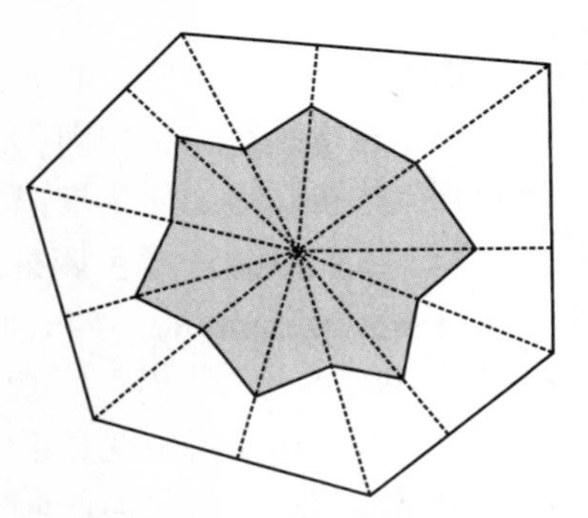

图 9－5 由沃罗诺伊多边形决定的分析曲线例子

找到界定黑色区域的分析用封闭曲线后，即可执行标准的垂直扫描转换，并将扫描转换过程中获得的黑色记录点直接置入目标半色调图像的合适位置上。针对扫描转换的分析曲线计算方法多种多样，最基本的目标归结为如何高效率地表示曲线。例如，以直线段逼近曲线是经常采用的近似处理算法，但计算时并不方便，导致许多人更习惯于以 Bezier 曲线代替分段曲线。以不同的方法分析封闭曲线时，重要的问题在于保持曲线所围面积与其代表的灰度等级的比例，否则导致黑色记录点数量出错，不能正确反映原图像相应位置的灰度等级实际情况，因而值得重视。图 9－6 是沃罗诺伊图半色调应用的例子，从该图可形象地理解基于沃罗诺伊多边形分割的记录点集聚半色调算法输出的不规则网点的效果。

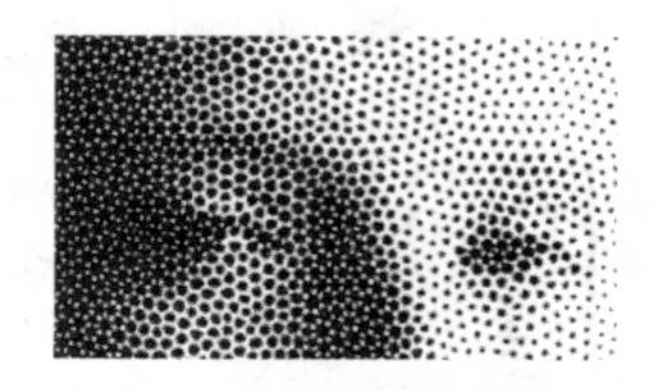

图 9－6　基于沃罗诺伊多边形分割半色调算法生成的二值图像

9.1.5　沃罗诺伊幅度调制半色调

生成幅度调制网点图像需要网点函数，即抖动矩阵或阈值矩阵，这种特殊的函数表示每一个与当前处理像素对应的记录点或设备像素集聚的优先权。如前所述，规则分割得到的半色调单元尺寸、形状和包含的设备像素数均相同，设计网点函数时只需按输出设备记录平面的栅格分布考虑即可，无须顾及其他因素。

按沃罗诺伊多边形原理分割输出设备的记录平面时，每一个半色调单元的尺寸、形状和包含的设备像素数不再相同，但网点函数体现更高的灵活性。若给定点的集合，则与每一个点关联的沃罗诺多边形伊拼贴由不同面积的分块组成，且各分块的初始点位置应该与其他点尽可能彼此靠近。沃罗诺伊多边形拼贴用于幅度调制半色调网点生成时，可以变换到比沃罗诺伊多边形更规则的形状，如图 9－7 的（a）和（b）所示。

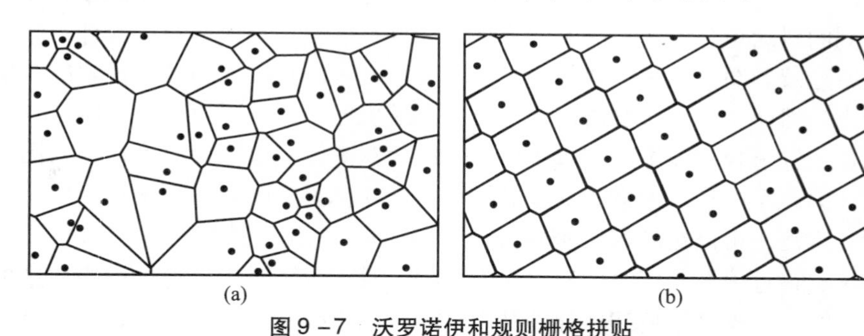

图 9－7　沃罗诺伊和规则栅格拼贴

从图 9－7（b）所示的规则拼贴特点容易看出，栅格分布沿两个方向并不正交，但尺寸和形状已变换得完全相同，因而只需要设计一个网点函数就足够了。关于变换到尺寸和形状相同的拼贴后如何集聚记录点的方法，上一小节讨论的内容原则上可用。

9.1.6　点画法半色调处理应用

点画派（Pointillism）指油画的一种风格，艺术界普遍认同由后印象派画家乔治·修拉（Georges Seurat）创立。通过谨慎地使用有限数量颜色组成的集合，将每一个点转移到画布上，最终作品将由视觉系统感受出奇妙的效果。点画艺术如同半色调画面那样欺骗眼睛，可以看到颜色的整体性渐变，但事实上画家仅仅使用数量极其有限的油画颜料。

以数字手段复制点画作品时，可以将点画作品视为半色调类型之一，因为半色调技术也使用有限数量的颜色表现连续调原稿。点画法与半色调的重要区别之一表现在对于

“点”的排列。误差扩散半色调算法产生的记录点总是排列到有规律的栅格上，而点画家作画时的彩色点位置随机地确定。目前的半色调算法都采用有规律分布的栅格记录成像结果，但点画家创作时却不受规则分布单元的限制，他们用手定位颜料点。艺术家手工放置的记录点图像可模拟成半色调图像，可用技术之一是按沃罗诺伊规则生成多边形，由此产生的记录点图像类似于图 9－8 所示的泊松圆盘分布（Poisson-disc Distribution）结构。

在图 9－8 所示的泊松圆盘分布内，圆盘的大小固定不变，仅位置改变。然而，按沃罗诺伊多边形生成规则输出的半色调图像与这种圆盘分布不同，事实上沃罗诺伊多边形不仅位置随机，且多边形的尺寸和形状也是随机的。因此说，基于沃罗诺伊多边形生成规则输出的半色调图像与泊松圆盘分布类似，主要指沃罗诺伊多边形出现位置的随机性类似于泊松圆盘分布。由于按沃罗诺伊多边形生成规则输出的结果图像中的记录点形状、尺寸和位置均具有随机特性，因而结果图像等价于艺术家随手放置记录点形成的作品风格。

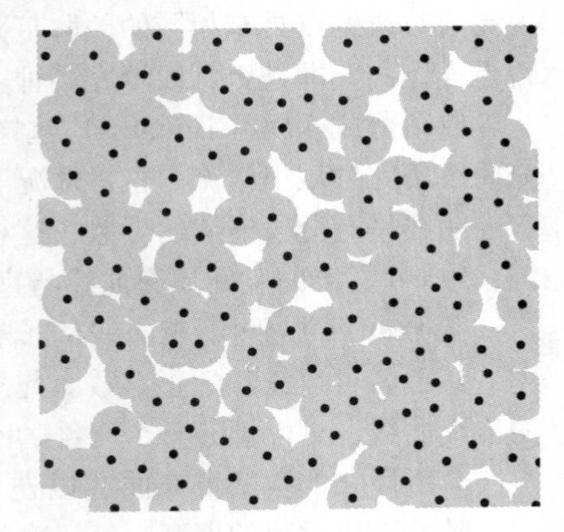

图 9－8　泊松圆盘分布

绘制点画风格的图像时，艺术家的绘画操作归结为选择记录点的位置和颜色。为了简化半色调处理过程，可以采用记录点位置和颜色彼此无关的决定的方式，例如首先在输出设备的成像平面上放置记录点，再赋予该记录点以恰当的颜色。

模拟点画图像时，记录点位置以沃罗诺伊多边形分割规则随机地确定，为此需首先形成沃罗诺伊结构中心分布。因此，试图借助于沃罗诺伊多边形分割规则以数字半色调处理模拟点画图像时，整个流程开始于记录点的随机排列，通过重复地组建沃罗诺伊图，沃罗诺伊多边形的中心逐步接近该多边形的质心，记录点也向沃罗诺伊多边形的质心集聚。

9.2　空间填充曲线

空间填充曲线（Space-filling Curve）是另一种数学概念，如同沃罗诺伊多边形分割规则应用于数字半色调算法那样，空间填充曲线也可用于数字半色调处理，但空间填充曲线的半色调应用与沃罗诺伊图应用的实现方法有较大差异。

9.2.1　概述

在数学分析中，空间填充曲线是范围包含二维平面上整个单位正方形的曲线，或者更一般地包含在 N 维超立方体内的曲线。由于意大利数学家 Giuseppe Peano 首先发现二维平面内的空间填充曲线，因而二维平面的空间填充曲线也称为 Peano 曲线。

直觉上，二维、三维或多维空间内的连续曲线可认为是点的连续移动形成的路径。为了消除这种约定本质上的模糊性，Jordan 于 1887 年引入严格的定义，从此以后他的定义被普遍接受，用于准确地描述连续曲线的约定。根据 Jordan 的建议，空间填充曲线定义为具有终点的曲线，是作用域为单位间隔的连续函数。

以最一般的形式表示时，连续函数的范围可能落在任意的拓扑空间内。然而，对于最常见的研究领域，连续函数的范围将落在欧几里德空间内，例如二维平面或三维空间，分别对应于平面曲线和空间曲线。

在某些领域，空间填充曲线通过函数的范围或函数的图像识别，即该函数所有可能取值的集合，用于代替函数自身。此外也可以按没有终点的原则定义曲线，表示为实际线条或开口单位间隔的连续函数。

早在1890年时Peano就发现了一种稠密地自交叉且通过单位正方形每一个点的曲线，由此他建议在单位正方形的覆盖区域内以单位间隔构造对于曲线的连续映射。Peano显然受Georg Cantor早期反直觉研究结果的激励，单位间隔内无限数量的点与任何有限维分支内无限数量的点具有相同的关联基数，例如单位正方形。他要解决的问题是，这种映射能否是连续的，即是否可以填充某种空间的曲线。

以稀薄或瘦弱（Thinness）这样的模糊概念以及一维与曲线关联起来的做法在空间填充曲线研究领域很常见。正常情况下，人们遇到的所有曲线都是分段可微分的，或者说所有的曲线具有分段连续的导数，这种曲线显然不能填满整个单位正方形区域。由于这一原因，Peano提出的空间填充曲线与直观感觉高度不一致。

从Peano的空间填充曲线例子容易得出推论，连续曲线包含在n维的超立方体范围内，其中n可取任意的正整数。此外，也容易将Peano空间填充曲线的例子扩展到无终点的连续曲线，可以填充整个n维的欧几里德空间，此时的n取2或3，或其他正整数。

众所周知的空间填充曲线以迭代的方式构造而成，逐步逼近分段线性连续曲线的极限。随着迭代过程的展开，每一次新的迭代都比上一次迭代更接近空间填充极限。每一次迭代都向最终结果跨近一步，迭代过程可达到的极限即空间填充曲线。

Peano的开创性论文没有提供如何构造空间填充曲线的实例，他以三元膨胀和镜像运算符定义空间填充曲线的构造过程。即便如此，空间填充曲线的几何构造法对Peano来说十分明确，他以装饰用瓷砖为例演示空间填充曲线形成的画面。Peano认为，空间填充曲线可扩展到其他除3之外的奇数基（Odd Bases），他选择避免以图形描述的处理方法显然受到空间填充曲线数学上严格定义的影响，因为在他那个时代拓扑几何才刚开始奠基，图形参数仍然很不明朗，人们往往很难理解反直觉的结果。

一年后，David Hilbert在相同的杂志上发表Peano空间填充曲线构造法的变体，他的论文提供一张插图，帮助人们通过视觉感受理解曲线构造技术。希尔伯特曲线的构造过程与Peano曲线基本相同，但解析表达式比Peano曲线更复杂。

9.2.2 销售人员旅行问题的启发

空间填充曲线从一维空间映射到更高维数的空间，例如从单位间隔的连接映射到单位正方形。销售人员在欧几里德空间中的旅行线路问题归结为通过一系列点的集合找到与目的地最短的路径，这种问题可以用空间填充曲线解决。

图9－9给出某种点的集合，实际上给定了特定区域商品推销点的分布，销售人员必须访问到每一个这样的推销点，因而存在最短旅行路径问题，可以利用空间填充曲线构造最短旅行路线。该图以两种不同的空间填充曲线以试探的方法求解，为销售人员找到通过所有点的最短旅行路线，这就是图9－9中（d）所示的最佳路径。

下面演示如何通过二维希尔伯特曲线为销售人员试探旅行线路，借以说明空间填充曲线的用途。通过三次试探，最短路径问题接近解决，如图9－10所示。

考虑下述从单位间隔映射到单位正方形的路径构造问题：首先将单位间隔划分成4个更小的间隔，正方形也划分成4个更小的正方形，结果如图9－10中（a）所示；这种过程可继续试探性地执行，相邻的更小间隔分配给相邻的更小正方形，前三步构造结果如图9－10的（a）~（c）所示。若进一步从单位间隔映射到单位正方形，则达到满射极限。

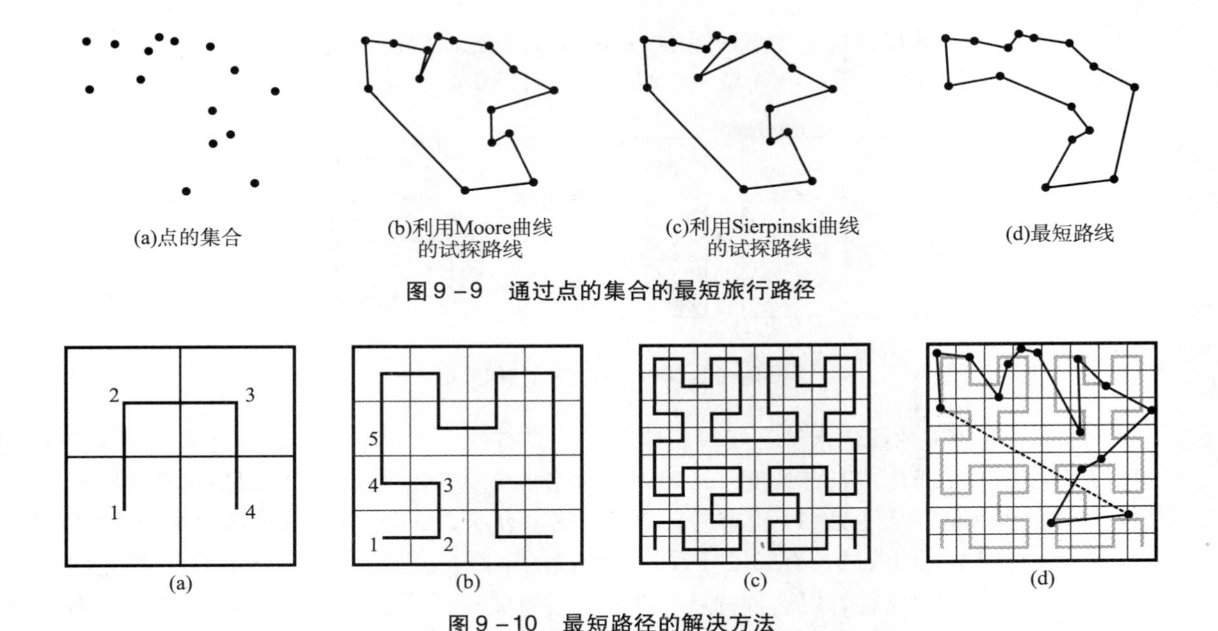

图 9-9 通过点的集合的最短旅行路径

图 9-10 最短路径的解决方法

对于为销售人员寻找最短旅行线路的问题，需要展开重复的空间划分过程，一直到获得沿曲线的点的最佳次序为止，例如图 9-10 中（d）所示的划分结果，这种从单位间隔到单位正方形的映射结果称为空间填充曲线次序，采用希尔伯特规则时称为点的集合的希尔伯特曲线次序。

由于希尔伯特曲线从左下角开始，结束于右下角，往返路程的最后“边缘”往往会显得相当长，如图 9-10（d）中的虚线指示的那样。因此，希尔伯特曲线仅仅适合于通过所有点的短路径应用。若要求解决封闭路径问题，例如销售人员的旅行线路问题，则选择封闭的空间填充曲线更合适，即曲线开始和结束于相同的点，图 9-9 中的（b）和（c）所使用的 Moore 和 Sierpinski 曲线是封闭曲线的例子，结果比希尔伯特曲线探索更好。对于销售人员的旅行线路问题，空间填充曲线产生的路径几乎与最短路径成对数关系。但如果点的分布是均匀的，则常数比例的可能性很高。

9.2.3 Peano 空间填充曲线

空间填充曲线是参数化的函数，在单位正方形、立方体和超立方体等的内部从单位直线段映射到连续的曲线，随着参数的增加，曲线以任意形式接近于单位正方形的给定点。

空间填充曲线用作不太严格的维度约定的反例。除数学上的重要性外，空间填充曲线有许多应用，比如维数缩减、数学编程、多维数据库索引和射频电子学等领域。

Butz 尝试以 3 为基数的 Peano 空间填充曲线算法，限制在 1 和 0 的坐标表示范围内，意味着单位正方形必须按照基数 3 来划分。注意，按照基数 3 划分并不等同于单位正方形划分成 3 的倍数，例如划分成 3 个或 6 个更小的单位正方形。以 3 为基数的单位正方形划分应该得到 3 表示的幂，按 2 递进。比如，一次划分得 3^0 个单位正方形，如图 9-11 中（a）所示；二次划分产生 3^2 个更小的单位正方形，如图 9-11 中（b）所示；三次划分则得到 3^4 个比上一次划分更小的单位正方形，参见图 9-11 中（c），……。单位正方形的划分与 Peano 空间填充曲线构造应过程同步进行，按照对分和对角线反向原则，先在 3×3 的 9 个单位正方形内构造 Peano 空间填充曲线的基础形状；继续划分尺寸到小一级的单位正方形，并按相同的规则构造更下一级的 Peano 空间填充曲线。经过有限次的划分，可以构造出符合实际需求的 Peano 空间填充曲线，可以用图 9－11 说明。

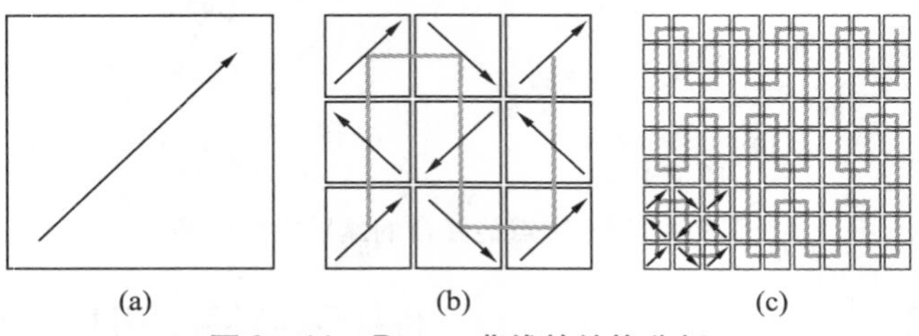

(a) (b) (c)

图 9－11　Peano 曲线的结构分析

Peano 空间填充曲线的水平直线段长度相等，只有位置的区别，不妨称之为 Peano 空间填充曲线的基本长度或基础长度；这种空间填充曲线垂直直线段的长度则是水平直线段长度的 2 倍和 5 倍，从图 9－11 很容易看清，该图也表示 Peano 空间填充曲线的结构特点。

Peano 空间填充曲线的长直线段导致封闭程度的下降，或者说导致 Peano 空间填充曲线不能保持良好的封闭性，但这种特点对许多应用领域却至关重要。5 个单位的线性距离可以映射到 Peano 空间填充曲线的 5 个 n 维空间距离。与 Peano 空间填充曲线不同，常规的弯曲程度快速变化的曲线总是映射到更短的距离。

9.2.4　希尔伯特曲线

希尔伯特曲线（也称为希尔伯特空间填充曲线）是连续的分形空间填充曲线，由德国数学家 David Hilbert 于 1891 年给出详细描述，作为 Giuseppe Peano 于 1890 年发现的空间填充曲线的一种变体，可以用图 9－12 说明这种曲线的基本特点。

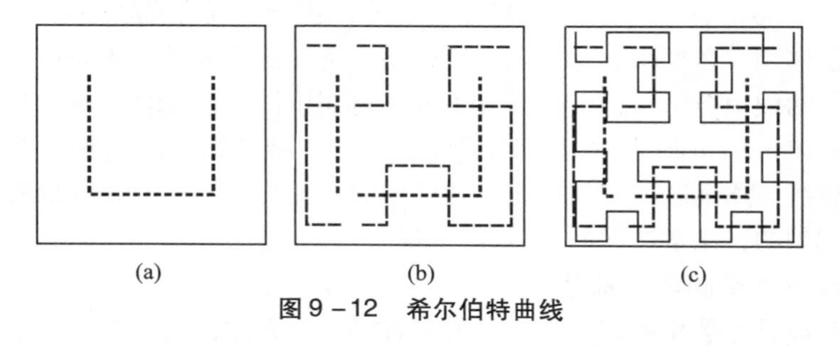

(a) (b) (c)

图 9－12　希尔伯特曲线

图 9－12 中（a）、（b）、（c）分别代表一阶希尔伯特曲线、一阶和二阶希尔伯特曲线和一阶到三阶希尔伯特曲线。由于希尔伯特曲线适用于空间填充，因而其 Hausdorff（豪斯多夫）维数为 2。更准确地说，希尔伯特曲线以单位正方形为“生存”空间，在任何维数定义中希尔伯特曲线的维数总是 2，这种曲线形成的图形是同“胚”直线段组合的集合。

希尔伯特曲线及其离散近似可以实现一维和二维空间之间的映射，并在映射后仍然保持相当好的局部特征，两种映射都很有应用价值。如果（x，y）表示单位正方形内点的坐标，而 d 表示沿曲线到达该点的距离，则数值接近 d 的点也将具有接近（x，y）的坐标值。上述结论反过来不一定成立，比如有时点的（x，y）坐标相当接近，但这些点的 d 值却相去甚远，从二维空间映射到一维空间时这种情况不可避免。尽管如此，希尔伯特曲线在大多数情况下可以保持彼此接近时的 d 值，因而一维和二维间的来回映射均能保持良好的局部性。

由于希尔伯特曲线可以在映射完成后保持良好的局部特征，因而在计算机领域得到了广泛的应用。例如，计算机使用的 IP 地址的范围可借助于希尔伯特曲线映射成图像，生成图像的编码再从二维映射到一维，以发现每一个像素的颜色。对上述应用之所以采用希尔伯特曲线，是因为这种曲线可以保持接近的 IP 地址映射到图像后仍然彼此接近。

印刷业需要从灰度图像转换到黑白像素图像，为此需要称为阈值比较的操作。以误差扩散半色调算法为例，当前像素阈值比较后产生的量化误差需要扩散到未来要处理的邻域像素。误差扩散算法的发展过程中出现过不同的误差扩散方案，沿希尔伯特曲线扩散误差是其中之一，这种沿希尔伯特曲线的误差扩散编码过程实际上完成从一维到二维的映射。之所以要利用希尔伯特曲线还有其他的理由，Floyd 和 Steinberg 提出误差扩散算法时按从左到右、自上而下的扫描轨迹处理原连续调图像的每一个像素，但容易出现视觉赝像，如果改成按希尔伯特空间填充曲线扫描，则出现视觉赝像的可能性大大降低。

9.3 空间填充曲线误差扩散应用

经典误差扩散算法的提出对数字半色调技术的发展产生了深刻的影响。然而，由于经典误差扩散算法存在的某些不足，容易出现蠕虫赝像等质量缺陷。为了通过误差扩散的基本原理建立高质量的蓝噪声图像，可以从阈值扰动、误差过滤器设计、改变扫描路径和开发随机误差过滤器等方面着手。根据前面对于空间填充曲线基本概念和构造方法等方面的简单讨论，空间填充曲线在改变误差扩散扫描路径上有用武之地。

9.3.1 栅线扫描的主要缺点

经典误差扩散采用图 9－13 所示的扫描轨迹，遵循从左到右、自上而下的规则，如同模拟电视设备最常用的逐行扫描采集和恢复视频信号那样。在经典误差扩散算法的三大要素中，固定阈值和扫描轨迹体现规则和有序，只有误差过滤器才体现随机。因此，改善经典误差扩散算法输出效果的方法首先在阈值扰动和扫描轨迹方面着手，都取得了半色调图像质量提高的效果，证明扫描轨迹确实影响经典误差扩散算法最终的输出质量。

栅线扫描的明显缺点是规则和有序，经典误差扩散算法按图 9－13 所示的扫描路径从连续调图像中依次取得像素，与固定的阈值比较，根据阈值比较的结果决定在 0 和 1 中取值。分析这种操作方式不能发现有何不足之处，但仔细考虑确实存在问题，关键在于扫描轨迹与误差扩散波及的范围强烈相关。经典误差扩散算法按图 9－14 所示的方式将阈值比较产生的误差分配给邻域像素，按有规则的栅线次序扫描时，很容易导致误差沿图像平面垂直方向的累积，无法通过未来像素补偿误差分配的不平衡结果。

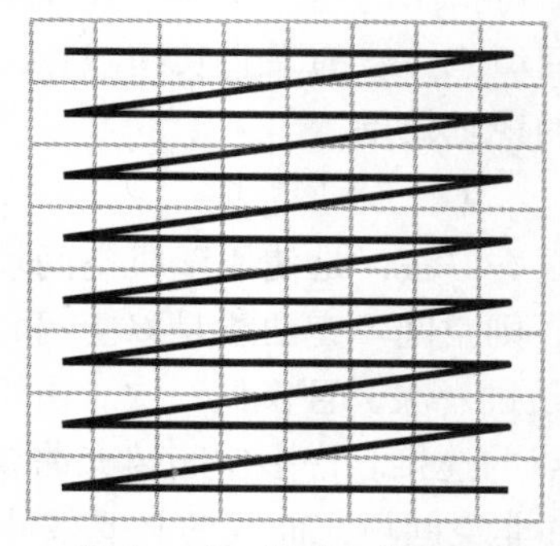

图 9－13 栅线扫描路径

0/16	0/16	0/16
0/16	×	7/16
3/16	5/16	1/16

图 9－14 经典误差扩散算法的误差分配特点

根据以上分析，如果改变经典误差扩散算法的扫描轨迹，在处理连续调图像所有像素的过程中引入随机性，则算法的半色调输出质量有望得到改善。

9.3.2 空间填充曲线与扫描路径

空间填充曲线对误差扩散算法的最大利用价值，在于从扫描路径方面着手提高半色调图像质量。表面上，空间填充曲线的构造过程是有规则的，但曲线的构造规则是如此特殊，以至于构造结果相对于栅线扫描路径来说是随机的，由空间填充曲线与误差分配路径形成的组合相当于引入了随机性。从这一角度看，与有规律的栅线扫描路径相比，空间填充曲线提供随机的扫描路径。研究结果表明，如果沿某种空间填充曲线分布阈值比较引起的量化误差，则基于空间填充曲线的误差扩散算法输出的半色调图像质量要高于经典误差扩散算法产生的半色调图像质量。图 9－15 演示有代表性的空间填充曲线和扫描路径。

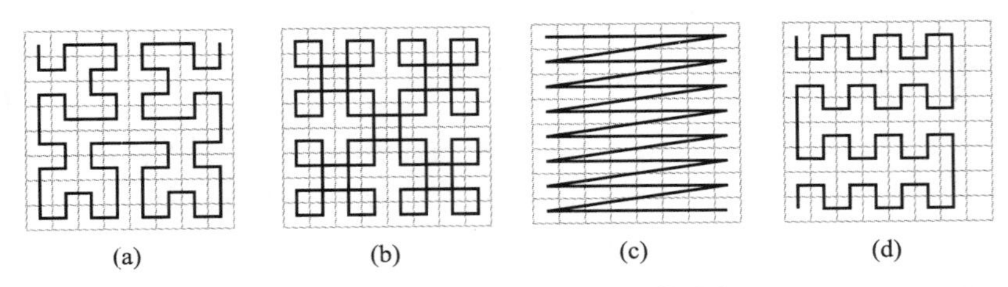

图 9－15 空间填充曲线与扫描路径

图 9－15 中（a）、（b）、（c）和（d）分别为希尔伯特曲线、Sierpinsky 曲线、栅线扫描轨迹和蛇形扫描轨迹，两种扫描轨迹或扫描路径可视为特殊形式的空间填充曲线。从图 9－15 演示的两种空间填充曲线和两种扫描轨迹容易看出，这些曲线或扫描轨迹都包含平直的长间隙，但程度差异相当大，以来回摆动的栅线扫描轨迹为最长。由于随机空间填充曲线频繁地改变其方向，因而难得有机会包含平直的长间隙，这是空间填充曲线的优点之一。

空间填充曲线误差扩散算法的主要缺点表现在曲线的定义方式，通常在正方形栅格平面内递归地定义，导致应用于矩形图像时存在某种程度的困难。这种算法的另一主要缺点也与曲线定义方式有关，递归式的曲线结构可能影响输出图像的质量。由于空间填充曲线在单位正方形区域内递归地定义，容易在输出半色调图像内出现正方形边界的痕迹。

利用递归式空间填充曲线的另一缺点源于曲线的形状。假定通过连接顶点的方法绘制空间填充曲线，且连接这些顶点的次序由空间填充曲线所规定，只要曲线不自交，则顶点连接形成的平直间隙由水平或垂直的直线段定义。值得指出的是，这些平直间隙将成为误差传递的障碍，导致出现在结果半色调图像内的空间填充曲线的平直长间隙在某种情况下容易为视觉系统所识别，影响误差扩散半色调图像的视觉效果。

9.3.3 随机空间填充曲线

在经典误差扩散算法处理过程中加入随机性的更好方法，是使用随机空间填充曲线提供的扫描轨迹。若给定一点阵（二值记录）平面 G，则空间填充曲线是 G 上可构造的曲线之一，该曲线访问记录平面 G 的每一个点的次数不超过一次，且仅仅一次。由于空间填充曲线形状本身并不重要，因而有时表示为平面 G 的点的连接。许多空间填充曲线自身不相交，例如希尔伯特曲线和 Peano 曲线等，但不自交并非空间填充曲线的必要条件。

若记录平面按均等原则划分成大小相等的正方形区域，并组织成棋盘格子图案，则可以在这样的栅格点阵上定义随机空间填充曲线。现在的问题是，棋盘格子图案由奇数个正方形单元组成时，转换到黑色和白色的小正方形数量永远不可能相同，从而也不存在开始和结束于不同颜色小正方形格子的空间填充曲线，理由如下：假定任意空间填充曲线将要在黑白两种颜色交替变化的小正方形构成的棋盘格子图案内生成，且要求生成的空间填充曲线开始和结束于相同颜色的小正方形，这种限制条件必然要求空间填充曲线的长度必须是偶数小正方形边长，这与原来假设的棋盘格子图案包含的小正方形数量为奇数相矛盾。

利用增量算法可构造随机空间填充曲线，建立在每一步骤随机选择的基础上。令 $A=(a_{ij})$ 为具有偶数长度边长的二维数组（数字图像），其中 $i=0, 1, \ldots, 2n-1$；$j=1, 2, \ldots, 2m-1$。首先将该数组分割成 2×2 个更小的数组，例如包含 8×8 个小正方形，分割成 2×2 个更小的数组意味着产生 4×4 个包含 4 个单元的数组；继而定义 b_{ij}单元，其中 i 和 j 分别在 $[0, n-1]$ 和 $[0, m-1]$ 的取值范围内，该单元由 $a_{2i,2j}$、$a_{2i+1,2j}$、$a_{2i,2j+1}$和 $a_{2i+1,2j+1}$四个单元（小正方形）组成。

现在可以想象点阵图，其顶点为在前面定义的 b_{ij}单元的中心，如果这些顶点水平或垂直相邻，则顶点的彼此连接组成 2×2 个单元的边长。所谓跨度树（Spanning Tree）可在以上单元划分的基础上构造随机空间填充曲线，先通过生成跨度树的方法得到空间填充曲线的基本形状，在此基础上得到图 9－16 所示的随机空间填充曲线。

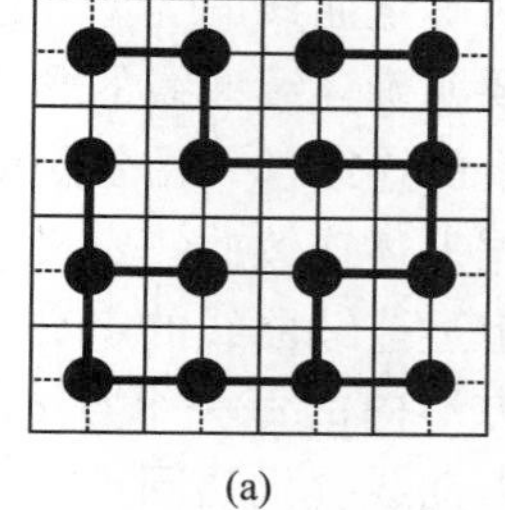
(a)

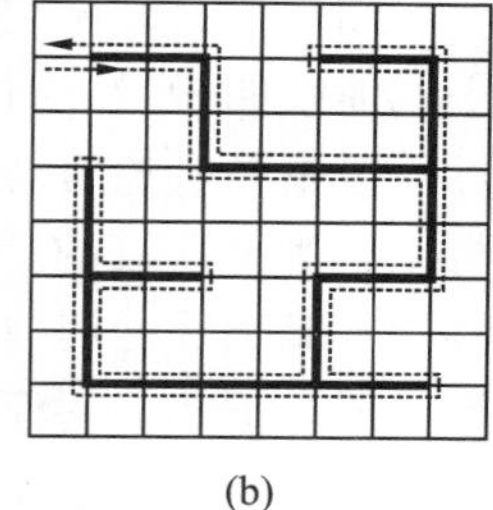
(b)

图 9－16 跨度树与随机空间填充曲线

9.3.4 基于随机空间填充曲线扫描路径的误差扩散

一旦随机空间填充曲线准备就绪，就可实现沿随机空间填充曲线扫描路径的误差扩散处理了，更准确地说是沿着随机空间填充曲线定义的扫描路径（次序）从输入连续调图像内取出像素。对于取自连续调图像的每一个像素，以预先确定的阈值与该像素的灰度等级比较，据此确定二值图像的取值，阈值可以如同经典误差扩散算法那样确定，即取像素取值范围的平均值，例如 8 位量化的数字图像的阈值为灰度分级之半。

由于阈值与连续调图像各像素值的差异，绝大多数按阈值比较结果决定半色调图像像素值的方法均会产生误差。根据 Floyd 和 Steinberg 提出的经典误差扩散算法，这种误差按一定的比例分布到尚未处理的邻域像素。误差分配的比例多种多样，一定程度上决定了结果半色调图像的质量。量化误差传递给邻域像素，但这些像素的输出值却尚未确定，这正是给这些像素分配误差的原因，因为量化误差分配给已经处理的邻域像素显然毫无意义。

以随机空间填充曲线定义的轨迹执行误差扩散处理时，可以采用图 9－14 所示的误差分配方案，由于扫描路径的变化，半色调图像质量得以改善。然而，按随机空间填充曲线确定的扫描轨迹传递误差（即按随机空间填充曲线定义的轨迹扫描和处理像素）时，误差分配方案通常不同于 Floyd 和 Steinberg 建议的经典误差扩散算法，除当前处理像素外，所有邻域像素原则上都应该取非 0 值。根据 Tctsuo Asano 的研究，认为宜使用图 9－17 所示的误差过滤器，误差分配到左邻右舍的每一个像素，

1/32	5/32	3/32
7/32	×	7/32
3/32	5/32	1/32

图 9－17 随机空间填充曲线误差分配方案

导致误差扩散的递归效应，已经处理过的像素需参与邻域像素的误差分配，原因在于随机空间填充曲线具有递归性质。

值得注意的是，如果扫描轨迹改成栅线扫描方式，则图 9－17 所示的基于随机空间填充曲线误差扩散算法就退化成经典误差扩散，只需将归一化因子从 32 改成 16 即可。

9.4 空间填充曲线记录点集聚半色调

利用空间填充曲线定义的扫描轨迹可以对经典误差扩散算法添加随机性。事实上，扫描轨迹可以有其他用途，凡需要轨迹的半色调算法均可使用。例如，记录点集聚有序抖动算法以固定的阈值矩阵输出尺寸变化的网点，阈值矩阵规定网点生成的次序，即网点发生的轨迹，因而空间填充曲线可应用于改造记录点集聚有序抖动算法。

9.4.1 空间填充曲线的连续性和非定向性

曲线的连续性问题对确定曲线的类型和适用范围至关重要，鉴于空间填充曲线与一般平面曲线的差异，有必要明确连续曲线的含义。平面连续的曲线不仅在二维的欧几里德坐标系统中具有通常意义上的连续性，由长短满足比例关系的线条以单位间隔连接的曲线也可以认为是连续的。根据上述连续曲线定义，图像 $c(i)$ 可称为曲线 c 的轨迹，其中 i 为间隔；空间填充曲线符合上述连续曲线的定义，曲线定义的轨迹覆盖图像平面内的单位正方形区域。据此，对于正方形内的每一个点 p，总是在间隔 i 内存在实数 t，使得 $c(t)=p$。直觉上，上述概念意味着曲线提供访问正方形内所有点的途径，与此同时参数 t 从 0 变化到 1。

空间填充曲线 c 的数学结构如同求极限的过程那样。现在考虑单位正方形内的曲线序列 c_n，它们的结构近似于图像单元 $c(i)$ 按某种规则的连接构成的曲线 c；随着曲线数量 n 的不断增加，产生的特定曲线将访问到单位正方形内大量的点。因此，在图像平面内构造空间填充曲线是完全可能的，每一条曲线 c_n 均为简单曲线，即空间填充曲线构造过程是一对一的映射，意味着曲线访问单位正方形内的点不超过一次。

对于误差扩散算法应用，空间填充曲线提供的轨迹或路径用于扫描图像，对误差扩散处理过程添加随机性，提高半色调图像质量。对一般的图像处理任务，空间填充曲线以近似的路径扫描数字图像的像素，生成满足两种基本属性要求的图像单元参数。

为了有效地处理每一个像素，符合数字图像点阵描述的规则，沿空间填充曲线所提供路径的两个连贯的相邻像素必须服从四连通邻域连接规则。这种特点称为空间填充曲线的连续性，不能满足时图像处理算法将不能波及数字图像的每一个像素。对按照硬拷贝输出设备分辨率划分成的栅格分布来说，为了用黑色像素和白色像素填满记录平面，空间填充曲线也必须提供连续的扫描路径，可以访问到每一个设备像素。

通常，沿空间填充曲线路径的三个连贯像素不必在一条直线上，这意味着空间填充曲线的路径是没有方向性的。这一特点对于要求在有序和规则的半色调算法中添加随机性至关重要，如果空间填充具有方向性，则添加随机性就无从谈起。习惯使用的从左到右、自上而下的传统扫描规则（路径）与空间填充曲线完全不同，这种扫描规则具有强烈的水平方向性，但没有连续性，正是经典误差扩散扫描路径容易引起结构性缺陷的原因。

9.4.2 基于空间填充曲线抖动处理的主要步骤

如同空间填充曲线为经典误差扩散算法提供更好的扫描路径那样，空间填充曲线也可以为记录点提供更合理的集聚路径，以至于记录点的集聚不再是有序的过程，而是以随机的方式集聚记录点。由空间填充曲线提供记录点集聚路径的方法称为基于空间填充曲线的记录点集聚抖动算法，由下述四大步骤组成：图像域进一步划分成细胞；计算每一个细胞内的图像平均灰度等级；以细胞的平均灰度等级生成由黑色和白色记录点构成的二值图像；在细胞内定位记录点，以产生记录点集聚。

1. 图像细分

二值图像域（根据输出设备分辨率划分成的栅格点阵分布）根据空间填充曲线提供的路径执行细分操作，得到更小的称为细胞的子域。按照记录点集聚有序抖动算法输出网点尺寸变化而距离固定不变的基本任务，每一个子域包含的设备像素数量应该相等，类似于常规记录点集聚有序抖动划分成的半色调单元，将决定空间填充曲线记录点集聚算法输出网点可表现的层次等级。此外，为了空间填充曲线可以访问到所有的点，要求填充曲线访问到的单元（例如记录点或设备像素）数量与细胞尺寸相等。

2. 记录点图像生成

记录点的生成策略采用按空间填充曲线对二值图像平面直接序列扫描的方法，空间填充曲线的轨迹决定细胞区域面积与曲线长度的关系。空间填充曲线间隔细分成两段，使得其中之一正比于细胞所覆盖二值图像区域需要再现的平均灰度等级；细胞中对应于该曲线分段子间隔的像素值设置为1，而其他像素则设置为0。这样，量化处理（黑色像素填充）后细胞的平均灰度等级与原图像相同。

通过空间填充曲线法产生的记录点配置不仅导致由曲线顺序连接的二值像素集聚，且二值像素集聚也可能发生在其他方向，原因在于空间填充曲线在目标区域内以彼此“纠缠”的方式形成复杂的扫描轨迹。正因为如此，获得的记录点集聚被限制在类似“球形”的范围内，面积与再现连续调图像的像素灰度等级目标区域的面积接近。这种记录点集聚类型产生的图像整体分布均匀，没有周期性结构。

3. 记录点定位

借助于空间填充曲线的半色调算法的最后步骤是决定黑色和白色记录点的位置，在细胞内生成记录点集聚二值图像。实现记录点定位的方法多种多样，其中之一采用在细胞内定位黑色记录点图像中心像素的方法，要求该细胞为黑色像素填满后具有最高的黑色等级或最高的网点面积率。这种定位方法导致记录点按空间填充曲线路径的集聚，在不牺牲低频内容的前提下更好地再现连续调图像的细节。

除空间填充曲线隐含的无方向性优点外，这种半色调算法构造的记录点集聚也引入集聚像素分布的随机性，遍及算法输出的半色调图像域。此外，算法在当前细胞内产生的量化误差将传递到邻域细胞，沿空间填充曲线的路径传递。这种特点说明，基于空间填充曲线的半色调算法形成的二值图像虽然是记录点集聚抖动的产物，但属于随机加网性质。

简言之，利用空间填充曲线的抖动算法对于记录点的集聚与传统记录点集聚有序抖动色调算法类似，区别在于这种算法需执行误差扩散处理，沿空间填充曲线路径分散记录点，因而兼具记录点集聚和记录点分散特点，可归入复合加网算法类型。

9.4.3 自适应随机空间填充曲线加网

半色调处理过程容易引起图像细节损失，而使细节损失最小的常用且又方便的方法是执行对图像的增强处理，可以作为半色调操作的前处理步骤，也可以结合到半色调算法内，在量化连续调图像的像素前执行。虽然图像增强处理可以减少细节损失，但毕竟属于不得已的特殊解决方案，结果离优化处理目标相距甚远。

如果仔细地应用记录点集聚有序抖动算法，即需要时才执行图像增强处理，则可以获得更好的半色调处理结果。在原连续调图像灰度等级缓慢变化的区域，像素信息只有细微的差异；而在原图像灰度等级突然变化的区域则存在数量可观的形状信息，往往表现在对象的边缘。根据原图像的以上特点，抖动算法应用于原图像的低对比度区域时产生的记录点图像传递灰色阶调印象，不可能引起细节信息的丢失；但抖动算法应用于高对比度区域时将引起边缘损失，损坏图像的空间信息。

为了保留图像细节，有必要限制由黑色和白色区域渐变建立的“等高线”，使所谓的等高线尽可能与原图像的实际边缘对齐，但必须在不改变图像对比度的前提下执行。

对记录点分散抖动处理而言，上述限制“等高线”的目标可通过各种方法予以实现，例如使用某种类型的具有相关性的噪声。对记录点集聚抖动算法来说，获得图像细节忠实复制效果的最佳方法，是借助于自适应算法按原图像的灰度等级数值波动改变记录点集聚的尺寸。事实上，如果以固定的集聚尺寸复制图像细节，则难以“捕获”比半色调网点尺寸更小的细节特征。因此，最好的对策是根据灰度等级的变化率改变集聚尺寸。

1. 自适应准则

如前所述，空间填充曲线半色调算法将图像域细分成细胞，每一个细胞以某种二值图像函数 $b(x, y)$ 近似地表示原图像函数 $f(x, y)$。这里之所以没有采用 $b(i, j)$ 和 $g(i, j)$ 的写法，是因为假定二值图像和连续调图像均为取决于位置 (x, y) 的连续函数，并假定原图像尚未执行数字化操作。显然，这种近似准则属于感觉上的，基于原图像的像素灰度等级。自适应记录点集聚抖动算法包含改变细胞尺寸的功能，因而记录点集聚的方式应该按某种自适应准则随之改变，以得到原图像函数更好的近似表示。

计算记录点集聚尺寸的自适应准则取决于通过半色调算法要求获得的效果，大多归结为获得图像细节的最佳再现，而又要确保印刷系统作用后的阶调复制效果。针对这种复制目标，合理的自适应准则应该根据图像灰度等级的变化率改变记录点集聚尺寸，为此需要在扫描原图像时测量该图像灰度等级的变化。

由于彩色印刷采用 CMYK 色彩空间，因而沿空间填充曲线的图像颜色值变化率可利用图像函数的导数“测量”而得。再考虑到扫描图像时沿空间填充曲线路径进行，所以沿空间填充曲线的方向导数之模提供沿扫描方向图像灰度等级变化率的良好度量指标。以离散形式计算方向导数时，可采用沿空间填充曲线路径对每一个像素求中间差分的方法。

2. 改变集聚尺寸

决定以方向导数为自适应准则的基础后，还应该确定记录点集聚尺寸与方向导数矢量的正确关系。随着方向导数矢量的模变得越来越大，图像的灰度等级变化也更快，因而记录点集聚的尺寸应该变得更小。

根据对于连续调图像灰度等级分布规律的观察结果，改变记录点集聚尺寸时必须遵循感觉准则。此外，眼睛对于亮度变化的响应服从对数规律。基于以上两点，记录点集聚尺寸变化需符合指数规律，以梯度衡量。显然，上述准则符合每一个集聚内的感觉亮度与图像灰度等级方向性变化之间的线性关系。

9.4.4 记录点集聚尺寸固定彩色半色调

在记录点集聚尺寸固定的前提下，对于记录点的集聚位置存在两种可能性，即彼此无关的记录点集聚位置和彼此相关的记录点集聚位置。以上第一种方法的彼此无关指四种套印色通道的关系，即 CMYK 四色通道的记录点集聚位置彼此无关；第二种方法指青、品红、黄通道的记录点集聚位置彼此影响，黑色通道不在相关性考虑的范围内。

1. 彼此独立的集聚位置

这种方法可细分为两种选择。第一种选择在每一个细胞内随机地定位记录点集聚，四色通道彼此独立地进行。对这种方法可不考虑实验数据，因为在印刷过程中不存在控制彩色记录点集聚和搭接的需求，最终结果肯定很糟糕。

既然 CMYK 四色通道的记录点集聚位置彼此无关，从而应该选择在每一个细胞中心位置集聚记录点的方法，仅仅考虑给定通道内图像的亮度信息。

2. 彼此相关的集聚位置

为了在印刷过程中实现彩色记录点搭接的最小化，这种方法采用设计记录点集聚位置相关的策略。从前面讨论（对应于单色印刷的空间填充曲线半色调算法）的内容可知，黑色通道的集聚位置可与青、品红、黄通道分开考虑，应该以细胞内的最高黑色等级像素位置为中心，才能更好地再现图像细节。

因此，良好的实现对策必须首先考虑黑色记录点集聚位置，以获得更清晰的图像细节，然后再定位青色、品红色和黄色集聚位置，使这些通道的彩色记录点搭接的可能性最小。更准确地说，记录点集聚位置应该以下述方法完成：在细分的细胞内以最高黑色等级像素为中心定位黑色记录点集聚；当前处理细胞进一步划分为三个子细胞，如同图 9 – 18 所示的关系那样，青色、品红色和黄色通道的记录点集聚定位到每一个子细胞的中心。

值得注意的是，子细胞可以搭接，取决于原图像每一个主色通道的平均色调值。无论子细胞是否搭接，青色、品红色和黄色通道彼此的相关性将确保子细胞的间隔尽可能宽地均匀分布，且间隔本身也是尽可能均匀的。

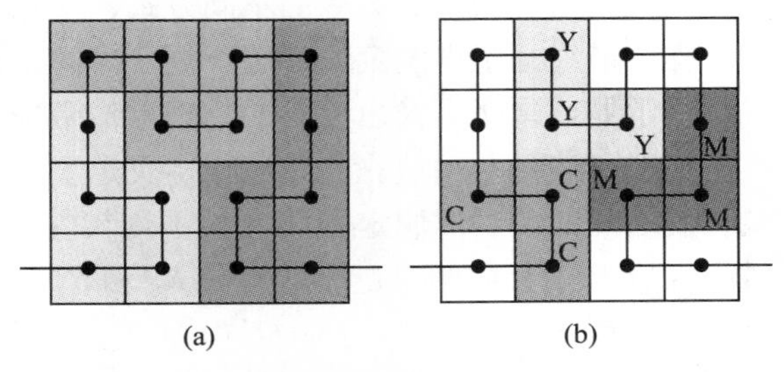

图 9 – 18　二维平面上的记录点集聚相关定位

连续调图像在二维平面上展开，从连续调图像到半色调图像的转换过程也将在二维平面上实现，与硬拷贝输出设备在二维平面上产生记录点的方式一致。因此，虽然名为空间填充曲线半色调算法，实际上只需考虑二维平面上的记录点集聚或记录点分散即可，下面将讨论二维平面上的记录点集聚位置确定方法。

如图 9 – 18 所示，其中（a）图的图形用于说明空间填充曲线半色调算法的基本细胞进一步划分成三个子细胞的方法，该图（b）则表示在每一个子细胞内青色、品红色和黄色记录点集聚的中心位置。注意，青色、品红色和黄色记录点集聚沿空间填充曲线路径的次序为青色、黄色和品红色，这种次序可产生更好的结果；若改变这种次序，则导致印刷图像偏色。

9.4.5　自适应集聚尺寸彩色半色调

利用图像函数的方向导数可获得集聚尺寸的自适应变化，通过这种方法可以设计三种不同的程序，分别以彼此独立的记录点集聚、约束条件下的记录集聚和彼此相关的记录点集聚三种方式实现自适应空间填充曲线彩色半色调算法。

1. 彼此独立的记录点集聚

这种方法的自适应集聚尺寸对青色、品红色、黄色和黑色通道彼此独立地执行，记录点集聚位置定位到细胞内最高色调等级的对应像素。

2. 受约束的记录点集聚

这种方法对黑色通道计算自适应记录点集聚尺寸，并将黑色通道的记录点集聚尺寸复制到其他三色通道，再定位到细胞内具有最大色调等级的像素。

3. 记录点相关集聚

以前面刚介绍的方法约束记录点集聚尺寸，根据相关性方法定位 CMYK 记录点集聚。

对以上三种方法的测试结果表明，记录点相关集聚法比其他两种记录点集聚方法的执行效果更好，原因在于半色调网点内的相关集聚记录点分布更均匀，搭接程度最小。

如果能够将记录点集聚尺寸固定彩色半色调和自适应集聚尺寸彩色半色调两种算法组合起来，就可设计出基于空间填充曲线的彩色印刷使用的不同半色调算法。这些算法已经考虑到了记录点集聚尺寸固定不变和记录点集聚尺寸自适应改变的两种可能性，且顾及了对于青、品红、黄、黑通道改变记录点图像位置的需要。

9.4.6 周期性记录点集聚抖动

半色调图像处理必须完成从连续调图像到二值图像的转换过程，即根据原图像的像素值生成记录点图像。以空间填充曲线作为数字半色调处理的基本工具时，生成记录点图案的策略或方法体现为对于原图像扫描的直接结果，与传统扫描线方法的区别主要表现在扫描轨迹遵守空间填充曲线提供的路径。显然，对于给定区域（由原图像划分成的子区域）的扫描以得到某种特定的记录点配置为基本目标，对改造记录点集聚有序抖动半色调算法而言则应该获得记录点集聚的不同方式，视觉感受应该与原图像的灰度值等价。能够产生什么样的最终记录点图案取决于所划分成的子区域面积，各子区域的平均灰度等级，以及二值显示器或硬拷贝输出设备的物理重构函数。

如上所述，空间填充曲线的轨迹决定子区域（为方便计，以后简称为区域）面积与曲线长度之间的关系。假定区域 R 的平均灰度等级为 I，则理想条件下的期望感受结果应通过将区域 R 划分成两个更小的区域 R_1 和 R_2 实现，其中 R_1 由白色像素构成，而区域 R_2 则全部为黑色像素；且 R_1 对应于与 I 成正比的子间隔长度，而 R_2 则对应于与 $1-I$ 成正比的子间隔长度。实际应用时区域和间隔的划分不可能做到如此准确，原因在于图像和间隔划分的离散化过程受到输出设备物理特征的影响。

二值显示器或硬拷贝输出设备只能按分辨率输出离散数量的固定尺寸记录点，且某些硬拷贝设备记录点的形状不可能是完全规则的，相邻记录点往往存在一定程度的搭接，这种事实意味着数字图像通过输出设备的物理重构函数存在某种程度的非线性。

由空间填充曲线半色调算法产生的记录点配置将形成设备像素的集聚，彼此间不仅按曲线提供的次序连接，且可能沿其他方向产生连接关系，原因在于空间填充曲线在区域内形成的轨迹不可避免地彼此交缠。因此，通过空间填充曲线产生的记录点集聚被限制在特定的区域内，记录点集聚的面积与区域面积接近。总体上，基于空间填充曲线的半色调算法产生的图像内记录点分布均匀，但记录点集聚成的图像没有周期性。

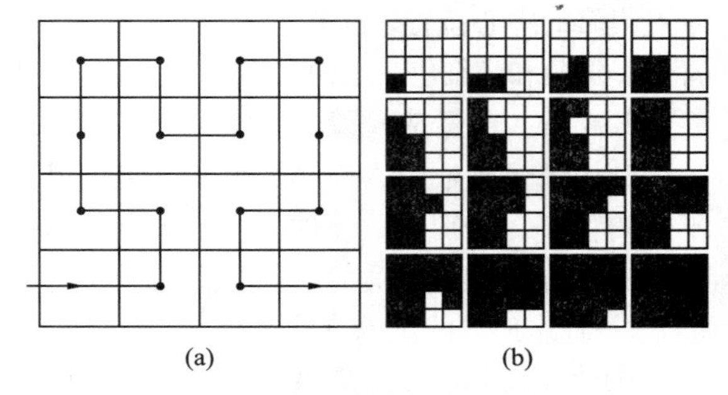

图 9-19　空间填充曲线提供记录点集聚路径

图 9-19 演示空间填充曲线幅度调制半色调算法输出的记录点集聚结果，考虑

到网点面积率对应于从 15/16 到 0 的灰度等级，因而按 4 像素 ×4 像素组成的子区域或细胞考虑，由希尔伯特空间填充曲线提供记录点集聚的路径。

从图 9 – 19 可看到空间填充曲线记录点集聚结果与常规记录点集聚有序抖动半色调算法输出半色调图像存在明显的差异。

第十章 数字印刷半色调技术

同样是硬拷贝输出设备，数字印刷机或打印机的空间分辨率往往比激光照排机或直接制版机等记录到胶片或CTP印版的设备分辨率低得多。如果数字印刷采用与传统印刷完全相同的半色调算法，在缺乏高分辨率记录能力支持的条件下，即使前端的数字半色调处理可以生成高分辨率的二值图像，但后端的印刷系统不能与半色调图像的精度匹配，最终的印刷图像质量不可能高。空间分辨率仅仅是数字印刷不能直接使用针对传统印刷开发的数字半色调算法的原因之一，还有其他因素也制约着数字印刷的半色调技术应用。

10.1 半色调技术的数字印刷适用性

数字印刷有不少类型和实现技术，其中绝大多数类型的工作原理与传统印刷相比存在明显的差异。尽管如此，数字印刷毕竟也是印刷，与传统印刷共用某些技术，其中以数字半色调技术最为典型和常用。不同的数字印刷原理适合于使用不同的半色调算法，视数字印刷设备所生成记录点尺寸和形状的均匀性而定。

10.1.1 半色调技术对数字印刷的贡献

真正意义上的半色调技术在摄影技术的支持下形成，发展到全面支持各种传统印刷技术。半色调技术的出现是活字印刷到图像复制的重要标志性事件，对印刷技术的发展和应用影响深远。此外，半色调技术的出现意味着古老的印刷走入新的时代，至今仍然发挥着重要作用。数字半色调技术的出现是计算机发展的结果，为数字印刷提供了复制连续调图像的基础技术，因而是数字印刷迅速发展的重要推动力之一。

图10－1以时间尺度的形式表示半色调和台式打印机及相关技术的发展轨迹。由于误差扩散和其他频率调制半色调技术的出现，照相制版逐步被淘汰出局。桌面出版技术的出现与1984年推出的Macintosh计算机密切相关，但那时以误差扩散算法为代表的频率调制半色调技术尚未进入实际应用，一直到6年后的1990年，才使得误差扩散算法有可能作为幅度调制半色调的替代技术，在低成本的喷墨打印机上获得了真正的应用。

半色调技术对数字印刷业的贡献从图10－1可见一斑，例如1972年时与打印机相关的产业只能从半色调技术获得18亿美元的收益，到1982年时发展到120亿美元；由于家用喷墨打印机的出现，数字印刷业从半色调技术获得的收益从120亿美元猛增到260亿美元。由于得到频率调制半色调技术的支持，四色喷墨打印机的价格才能为普通家庭接受，并导致印刷业经济总量爆炸式的增长。统计数据表明，到2002年底时仅彩色喷墨打印机一种数字印刷设备的年出货量就达到210万台的创纪录销售量。

随着打印机的分辨率越来越高，某些打印机的空间分辨率甚至超过1200dpi；如同市场上出现低成本彩色打印机前1990年时的幅度调制半色调技术那样，频率调制半色

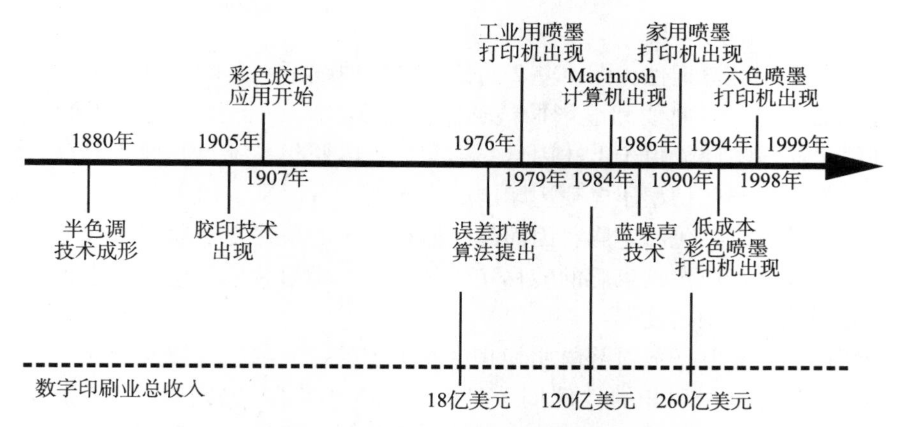

图 10－1 半色调和数字印刷发展历史

调技术逐步达到其极限。研究工作者们的注意力逐步转移到调幅和调频复合加网，记录点集聚和分散结合的半色调技术，即记录点的尺寸和空间位置变化根据连续调数字图像之像素的阶调值决定。要求复制单色图像的阶调变化时，幅度调制和频率调制结合的复合加网技术通常能够比幅度调制半色调技术产生可视性更低的半色调图像。通过特定数量记录点的随机集聚，复合半色调技术更容易实现可靠的印刷，结果图像的阶调几乎没有波动。

10.1.2 静电照相与喷墨印刷对半色调图像的基本要求

静电照相的主要步骤如图 10－2 所示，由此可得到实际静电照相数字印刷系统的阶调转移曲线，用作加网输出的设计模型。值得注意的是，图 10－2 仅仅考虑到静电照相系统成像过程的三个主要步骤，没有考虑到转移和熔化，甚至连充电也不考虑，因而最多也只能理解为对静电照相主要成像过程阶调复制特性的总结和归纳。

静电照相设备的曝光子系统由成像光源和相关的部件组成，成像光源可以从激光器、激光二极管和发光二极管中选择。为了确保曝光过程和曝光质量的连续性，要求曝光子系统能稳定地工作，应该具有平坦的调制传递函数曲线，主要性能要求集中在曝光后形成的静电潜像质量方面，例如所有线条的宽度相等，没有色度失真等。

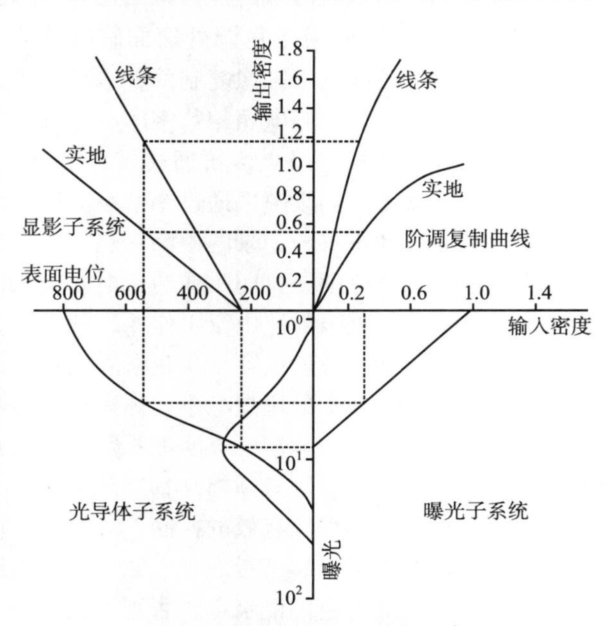

图 10－2 四象限静电照相系统

光导体子系统的主角当然是光导材料制成的光导层了，用于在输入曝光信号的控制下形成静电潜像，结果记录在光导体的表面。显影子系统是静电照相成像过程的第三大要素，由于显影过程的特殊性，即通过墨粉将静电潜像转换成视觉可见的墨粉图像，墨粉颗粒在潜像的实地区域和线条上产生不同的堆积，因而显影特性对线条和实地区域是不同的。

重要的问题在于应该记住，图 10－2 给出的经验曲线不具备唯一性，不同静电照相系统的阶调复制曲线、曝光曲线和显影曲线通常是互不相同的，且被复制图像的类型不同时，这些曲线也应该不同。由于上述因素的影响，静电照相系统复制像素时存在像素间的交叉对话，但本质上与剪切型压电喷墨印刷的交叉对话有区别。由于真正的复制始于四色墨粉图像转移，结束于熔化和定影，因而静电照相系统的最终复制质量不仅与充电、曝光和显影有关，也取决于成像结束后的转移和熔化过程，墨粉转移和熔化效率很大程度上决定了静电照相系统的复制密度。

连续调图像这一复制任务对静电照相来说并不容易，复制过程涉及的所有物理参数对系统的共同作用导致静电照相的“脆弱”性。显然，不稳定的转移函数（曲线）必然会改变多灰度等级半色调网点的输出结果，而模拟多种灰度等级恰恰是静电照相复制图像的目标任务。不仅如此，由于显影等级发生偏移时半色调处理阈值水平极可能随之偏离，因而对输入连续调图像的像素值执行二值化变换的半色调处理必将受到影响。

喷墨印刷设备产生的墨滴直接喷射到纸张，无论连续喷墨还是按需喷墨，或按需喷墨技术中的热喷墨和压电喷墨等，墨滴生成过程都相当简单，不存在静电照相数字印刷系统那样复杂的多种物理过程的组合。喷墨印刷设备产生的墨滴尺寸和形状均匀性良好，更适合于采用频率调制半色调技术，例如误差扩散或其他记录点分散随机抖动技术。喷墨印刷最大的问题是墨滴喷射到纸张后的墨水扩散和渗透现象，如果扩散和渗透不能控制在合理的程度，则记录点过分的扩张导致半色调畸变，不能实现预期的半色调效果。

以误差扩散算法为例，根据喷墨印刷设备输出记录点尺寸和形状均匀性的优点，单色喷墨印刷适合于采用经典误差扩散或修正后的误差扩散算法；对彩色图像复制，喷墨印刷应采用矢量误差扩散，即应当考虑到彩色平面记录点间的相关性；以超过四种颜色的墨水复制彩色图像时，必须采取特殊的措施，例如六色喷墨印刷的浅青色和浅品红墨水应该承担彩色连续调图像高光区域的任务，为此需要分色和半色调技术的配合。

10.1.3　数字印刷半色调处理面临的挑战

借助于物理效应输出图像复制的基本表示单元（记录点）是数字印刷区别于传统印刷最主要的特点。例如，静电照相数字印刷通过充电、曝光和显影过程形成静电潜像并在光导体表面堆积成墨粉记录点，再通过转移和熔化/定影过程在纸张表面形成最终记录点。喷墨印刷类型众多，连续喷墨通过墨水泵的压力作用连续地喷射墨滴，利用静电偏转或其他偏转区分参与和不参与记录的墨滴；热喷墨通过热量的作用形成气泡，气泡的体积膨胀导致墨滴喷射；压电喷墨打印头在逆压电效应的作用下引起墨水腔的体积变化，通过体积变换原理使墨滴向外喷射。由于工作原理的差异，不同的数字印刷系统不能共享完全相同的数字半色调算法，或者说数字半色调算法用于数字印刷时应该有针对性。

数字印刷面临众多的挑战，不仅体现在各种数字印刷技术必须不断地改进设备的系统结构，与连续调图像的复制要求匹配；数字印刷必须提高图像复制质量，才能成为商业印刷稳定的成员；数字印刷必须提高物理分辨率，为提高印刷质量提供基础保障；数字印刷设备的制造成本必须得到有效的控制，以扩大和占领市场；等等。

与半色调技术结合起来考虑时，数字印刷同样面临众多的挑战。例如必须在纸张或其他记录介质上准确地定位记录点，否则无法实现半色调算法的预期目标，因为任何半色调算法都以记录点的位置精度为根本依据；某些数字印刷设备本身必须能调制网点的尺寸，为此需要对数字印刷机配置高性能的栅格图像处理器，原因在于数字印刷机是印前、印刷和印后加工一体化的系统，数字半色调处理不能采用离线的方式；数字印刷设备必须确保页面与页面之间记录点的稳定性，否则容易引起页面间的色差。图 10 – 3 演示喷墨印刷和静电照相数字印刷这两种主要数字印刷技术的常见问题，喷墨印刷产生的记录点形状和尺寸相对稳定，但记录点的位置误差可能无法接受；静电照相过程本质上是不稳定的，导致静电照相印刷质量的不稳定，相同的局部点阵图案重复地印刷时记录点构成容易变化。

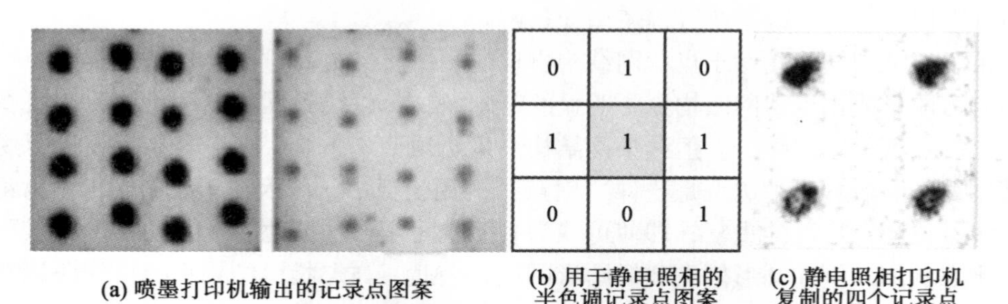

(a) 喷墨打印机输出的记录点图案　(b) 用于静电照相的半色调记录点图案　(c) 静电照相打印机复制的四个记录点

图 10 – 3　喷墨和静电照相记录点比较

数字印刷面临的挑战需要各方面的协调和配合才能得到圆满的解决，不仅仅局限于数字印刷设备的开发、设计和制造，也需要数字半色调技术人员的参与。

10. 1. 4　有理正切与无理正切加网

有理正切加网定义为网点排列角度的正切值可以用两个整数之比表示，因两个整数之比恒为有理数而得名，以每一个完整的网点由某种形式的矩阵控制输出为典型特征。无理正切加网的网点排列角度的正切值为无理数，例如以 30°加网时网点排列角度的正切值肯定为无理数。为了逼近 0°、15°、45°和 75°的最佳网点角度组合，可以利用超细胞结构尽可能模拟上述角度。对于某些具有在同一位置上可以表现多种层次的数字印刷技术，例如染料热升华印刷，为了实现多层次半色调处理，常规数字半色调算法使用的二维阈值数组矩阵结构应该扩展到包含附加的内容，即增加要求输出的层次数。

有理正切网点的主要优点表现在数组结构小，很容易存储，即使对每一种灰度等级生成对应的阈值矩阵，数据量也不能算大。对数字半色调处理而言，要求模拟通过投影网屏或接触网屏并经制版照相机作用形成的幅度调制网点时，有理正切网点无疑是最佳选择，因为记录点在半色调单元中的定位容易，在阈值数组的控制下输出满足实际需要的半色调网点图像。然而，有理正切加网的记录点定位容易的优点也可能转换成缺点，例如网点形状为设备的记录栅格所固定，如果半色调单元由较少的设备像素构成，则容易产生眼睛容易察觉的低频结构。尽管超细胞结构可以解决结构可视性问题，但对于存储容量的要求必然会明显增加。特别值得注意的是，二值图像的纹理结构往往显得更突出。

对静电照相数字印刷来说，有理正切加网具有附加的优点，以规模更小的阈值矩阵控制网点生成时，补偿像素交叉对话效应变得更容易。但问题在于，静电照相数字印刷机的物理分辨率与激光照排或直接制版机相去甚远，采用记录点集聚有序抖动半色调算法实在是出于无奈，如果不采取特殊的措施，图像复制质量不可能令人满意。

无论有理正切加网还是无理正切加网对喷墨印刷都不合理，由于喷墨印刷设备喷射的墨滴尺寸和形状均匀性良好，因而更适宜于使用记录点分散随机抖动技术。

10.1.5 线条网与点状网

点状网结构和线条网结构包含相同的阶调信息时，点状网结构的加网线数比线条网结构更低，但由于沿线条方向很难形成网点尺寸变化，故这种优点以线条网在平行于网点排列方向上的加网线数等于0为代价。正因为如此，在数字半色调技术发展的早期，线条网常用于低分辨率硬拷贝设备。发展到彩色数字半色调时代，人们看到线条网再次流行起来，因为沿某种角度（方向）的方向性结构受到其他方向不同分色内容的干扰而形成局部的解决或缓解，彩色图像内容最少可通过印刷一种颜色得以较为真实的再现。以上原因导致彩色静电照相数字印刷系统普遍使用线条网。

如果说线条网结构相对于点状网结构再现的图像质量更高，则莫尔条纹类似，即线条网结构有可能形成比点状网结构更不明显的莫尔条纹。以线条网复制图像时，出现莫尔条纹的机会比点状网结构更少。但线条网结构一旦出现莫尔条纹，则更容易为眼睛所察觉。

使用线条网的另一种优点是这种“网点”的周长更小，原因在于线条网可视为记录点搭接沿线条方向和长度的重复，即使可视为有限个短矩形的彼此连接，线条“网点”的周长也小于点状网，例如圆形网点和椭圆形网点。因此，与点状网结构相比，线条网结构的网点增大显得更小些。静电照相数字印刷系统采用线条网半色调结构时，由于像素交叉对话效应，将产生静电照相数字印刷特有的网点增大，但数值比点状网结构低。

线条网沿0°加网方向（即线条方向）的套印误差不敏感，但与加网线数等价的点状网结构相比，在沿垂直于线条的方向上对套印误差更敏感，原因在于名义上加网线数等价的线条网的实际加网线数更高。因此，如果以相同的理由分析彩色网点结构集合，则线条网与套印精度的相关性比点状网结构更高。理论上，线条网也存在点状网那样的玫瑰斑结构，但线条网的玫瑰斑视觉副作用明显低于点状网结构。

10.2 数字印刷半色调处理结果评价

为了确保图像复制质量，不但要选择合理的数字半色调算法，也需要检验所选择半色调算法输出的结果，评价半色调算法的合理性。严格的二值图像质量检验大多通过傅里叶变换得到记录点结构的功率谱分布，从频域角度评价半色调图像的视觉效果。然而，根据图像内容检验半色调处理结果也是很好的方法，因为只要连续调图像的各种成分通过二值图像得到了良好的再现，则连续调图像整体的再现效果也是良好的。

10.2.1 考虑记录点畸变的必要性

数字半色调处理的基本思想是利用记录点组成的二值图像表示连续调图像所有像素的灰度等级g，范围从表示0的白色到表示1的黑色，半色调图像数值取1的像素在全部像素中所占的比例大体上等于g。如果标记为1的数字打印成黑色点，而0表示维持纸张的白色间隔不变，且如果相邻位（半色调处理后每一个像素转换成1位表示，因而相邻的位意味着相邻记录点的距离）之间的距离足够小，则眼睛对黑色记录点和白色纸张形成的间隔作平均处理，最终的感觉效果与原图像像素的灰度等级g近似。可见，半色调技术依赖于眼睛的平均处理功能，其作用相当于空间低通滤波器。

半色调技术假定通过硬拷贝输出设备复制的印刷图像内的黑色面积正比于半色调算法输出二值图像黑色像素在全部像素中所占的比例，这意味着由每一个黑色记录点占据的面积与每一个白色点（纸张）占据的面积相等。任何半色调算法也隐含地假定硬拷贝输出设备复制的黑色记录点形状为正方形，刚好能覆盖按输出设备空间分辨率划分成的记录栅格分布中的一个基本记录单元。但不幸的是，迄今为止的几乎所有硬拷贝输出设备不能形成半色调算法预期的正方形记录点，往往形成圆形记录点。例如，静电照相设备的记录点建立在成像光源外形的基础上，由于光束的外形为圆形，因而最终的记录点外形也接近于圆；喷墨印刷设备通过墨滴形成记录点，根据最小表面能原理，从喷嘴孔挤出的墨水柱形状必然取圆形，这成为墨滴喷射到纸张后记录点的基本形状。按照圆形记录点考虑，硬拷贝输出设备产生的黑色记录点必须覆盖设备记录平面上的正方形，导致黑色记录点“侵入”到相邻的白色区域，眼睛感觉到的灰度等级必然比应有的黑色程度高，这种现象称为记录点搭接。继续分析下去发现问题可能更复杂，大多数硬拷贝输出设备产生的黑色记录点实际上要大于理想尺寸，这种现象同样导致记录点搭接，源于油墨在压力作用下的扩展，导致视觉系统感受到的灰度等级发生更严重的畸变。

因此，在设计半色调算法时必须考虑到记录点的搭接效应，其中圆形记录点与正方形覆盖面积差异引起的记录点搭接可以设计结合打印机模型的半色调算法予以解决，而油墨扩展导致的记录点搭接往往在分色时考虑。作为同时解决两种记录点搭接效应的措施，最常用的半色调技术通过黑色记录点的集聚避免记录点搭接引起的灰度等级畸变，以此降低灰度等级百分比扩大的视觉效果。然而，记录点的集聚会限制输出图像的空间分辨率，因为记录点集聚有序抖动是牺牲设备分辨率的技术。对分辨率不高的数字印刷机和打印机等数字硬拷贝设备而言，记录点集聚有序抖动算法输出的半色调图像的网点分辨率太低，导致较多的低频人工纹理结构，网点结构容易为眼睛所察觉。

设计半色调算法时需要考虑到记录点搭接，对于按记录栅格正方形考虑记录点直径的半色调算法来说，检验和评价半色调算法输出二值图像质量时同样需要考虑记录点搭接。

10.2.2 常数灰度等级区域

对常数灰度等级区域来说，需要考虑的两个最重要的问题是灰度等级的具体数字和低频效应（即半色调图像记录点或网点结构的可察觉程度）的严重性；另一个重要考虑是灰度等级的再现精度。事实上，灰度等级分辨率与低频效应间通常存在较好的折衷，假定忽略打印机畸变和眼睛的特殊属性，并假定半色调算法产生周期性图像，且眼睛感受到的灰度等级与半色调图像内标记为1的像素占总像素的比例相同，则为了得到更高的灰度等级分辨率或色调分辨率，半色调图像记录点或网点结构的周期越大越好，但在设备空间分辨率不变的条件下必然使低频效应变得更明显。由此看来，半色调图像的结构周期大小不能自由选择，与灰度等级分辨率相互制约，或者说对于灰度等级分辨率的限制与眼睛的空间分辨能力有关。上述考虑适用于任何半色调技术产生的二值图像，因为眼睛感觉到的灰度等级受到眼睛执行平均处理时区域尺寸的限制。以记录点分散有序抖动与记录点集聚有序抖动技术相比，前者的低频图像负面效应更小。

常数灰度等级以记录点集聚有序抖动完成半色调处理时将产生周期性图像，二值图像包含的周期性图像是复制基本图像的结果。更明确地说，对0～1间取值的灰度等级为g的像素，基本网点图像与阈值矩阵的尺寸相同，当阈值矩阵内的数字小于g时像素值置1，否则置0。这样，基本网点图像的数量及其可以表示的层次等级为该阈值矩阵包含的单元数加1。例如图10－4所示的阈值矩阵可以再现33个层次等级。

对大多数观察者，以及在2英尺距离观看300dpi印刷品，阈值矩阵由图10－4所示的数字构成时说明再现更多的灰度等级与低频效应间条件冲突的较好折中。注意，该图给定矩阵的第一“象限”和第四“象限”相同，第二“象限”和第三“象限”相同。由此可见，图 10-4 所示矩阵产生的半色调网点具有对角线结构的特点，形成由 8×8 个设备像素组成的网点，但由于一半的设备像素重复，再现层次等级的能力为 4×8+1=33 种。根据阈值矩阵元素的对角特点，网点结构的有效周期为 $(4^2+4^2)^{1/2}=4(2)^{1/2}$，约等于 6 个设备像素，该数字等于两个相同“象限”之间的距离（例如一、四象限和二、三象限的距离），可再现的灰度等级数来源于 $(4\sqrt{2})^2+1=33$。对角结构半色调图像对眼睛产生的负面影响更小，因为眼睛对于沿 45°方向正弦规律分布的对象最不敏感。

.576	.635	.608	.514	.424	.365	.392	.486
.847	.878	.910	.698	.153	.122	.090	.302
.820	.969	.941	.667	.180	.031	.059	.333
.725	.788	.757	.545	.275	.212	.243	.455
.424	.365	.392	.486	.576	.635	.608	.514
.153	.122	.090	.302	.847	.878	.910	.698
.180	.031	.059	.333	.820	.969	.941	.667
.275	.212	.243	.455	.725	.788	.757	.545

图 10-4　记录点集聚有序抖动阈值矩阵的例子

眼睛能够辨别的层次等级数量取决于多种因素，例如信噪比、采样密度和被观察对象的主体特征等。根据 Schreiber 的研究成果，眼睛可识别的层次等级数在 64～128。假定眼睛能分别出 64 种层次等级，若观看距离等于 2 英尺（约等于 61cm），以图 10-4 所示的阈值矩阵加网，硬拷贝输出设备的空间分辨率为 300dpi，则可以满足视觉系统对灰度等级分辨率要求的 50%，因为该阈值矩阵有 33 种层次等级的再现能力，而 2 英尺是标准观看距离。假定仍然在 2 英尺的距离上观看，输出设备分辨率提高到 400dpi，阈值矩阵与图 10-4 所示类似，但尺寸扩大为四个 5×5 象限的规模，此时半色调网点结构的有效周期增加到 $5\sqrt{2}$，约等于 7 个设备像素，可再现 $(5\sqrt{2})^2=50$ 个灰度等级。再考虑到输出设备分辨率是 300dpi 的 1.33 倍，因而理论上的灰度等级再现能力达到 50×1.33=66.5，基本满足眼睛对层次等级分辨率能力的要求，网点间距与 300dpi 打印机等价。如果条件限制为不出现低频干扰，即眼睛无法看清半色调图像，且使用传统加网技术，则要求设备分辨率达到 1400dpi 的量级。以 400dpi 分辨率和 2 英尺标准观看距离推算，此时可达到的加网线数等于 400/7≈57lpi，打印机分辨率提高到 1400dpi 时加网线数相应提高到 1400/7=200lpi。

10.2.3　灰度等级缓慢变化的区域

灰度等级在某一区域上缓慢变化（例如人物图像的皮肤部分和风景图像的天空等）时，按理半色调系统的输出也应该体现灰度等级的缓慢变化。出现突然地从一种灰度等级描述改变到另一种描述属于正常现象，因为即使灰度等级缓慢变化，连续调图像的这种区域内总存在从一种灰度等级变化到另一灰度等级的可能性。尽管如此，以半色调技术再现连续调图像的灰度等级时，某些半色调算法有可能输出眼睛可察觉的赝像。例如，特定的半色调算法在描述灰度等级变化时，往往会产生等高线，如同两个常数灰度等级区域的边界。因此，如果半色调算法输出的二值图像具有这种特点，则等高线呈现为对象边缘，这样的伪等高线自然是许多半色调算法不希望出现的，例如以模式抖动和记录点集聚有序抖动执行半色调操作时，伪等高线是值得注意的问题。

为了减少伪等高线，可以在半色调操作前对输入图像的每一像素添加少量称之为“微观抖动”（Microdither）的噪声，必须是白噪声，分布均匀，噪声幅值一定要等于量化等级距离的一半。这种方法基本上属于由 Roberts 提出的随机抖动技术，主要用于消除量化图像内的伪等高线，要求在量化前就添加噪声，量化结束后再从量化结果上减去相等的噪声信号，由特定的半色调算法执行量化处理。然而，对半色调技术的二值显示引用来说，完成量化后再扣除噪声不可能实现，因为图像的显示在实时状态下完成，没有减去相等噪声信号的机会。在有序抖动的情况下，设阈值矩阵有 M 个截然不同而间隔均匀的阈值，则此时足以添加均匀分布的独立噪声样本，间隔为 $[-1/2M, 1/.2M]$。

10.2.4 灰度等级迅速改变的区域

半色调算法也应该从空间分辨率角度判断，即各种不同类型半色调技术再现迅速变化灰度等级的能力，例如对象边缘位置上灰度分布的突然改变。这样的例子可以举出许多，包括人物的脸部到深色头发的灰度等级迅速变化，风景照片分色版图像草地背景到白色羊群的阶调突然改变等。灰度等级的迅速变化对应于图像细节，空间频率相当高，设计半色调算法时必须考虑到如何正确地再现连续调图像灰度等级的突然变化，如果不能正确地再现灰度等级突然变化的区域，则无法再现原连续调图像的细节。

对于存在灰度等级迅速变化的连续调图像再现问题，模式抖动算法可能会产生明显的边缘模糊现象，源于固定模式强加于半色调图像后刺激眼睛引起的感觉迟钝。模拟传统网点的记录点集聚有序抖动算法由于采用逐个点阈值比较的处理手法，只要硬拷贝输出设备有足够高的空间分辨率，应该有能力更准确地再现原图像灰度等级迅速改变的区域。与记录点集聚有序抖动算法相比，记录点分散随机抖动（例如误差扩散算法）建立的半色调图像更清晰，因为阈值比较操作的结果导致记录点的扩散，原连续调图像内任何灰度等级的突然变化更容易表现出来。数字半色调实践证明，误差扩散算法在定位记录点方面体现出更大的灵活性，由于尽可能均匀地分布记录点，因而产生的半色调图像的清晰程度比记录点集聚和记录点分散有序抖动都要高，可再现原图像更多的细节，同样的结果在大多数迭代优化算法输出的半色调图像中也能看到。

10.3 数字印刷频率调制半色调处理

频率调制半色调技术可以在设备分辨率有限的条件下更准确地再现连续调图像，按理应该为各种数字印刷技术所采用。然而，频率调制半色调算法输出的半色调图像由尺寸很小的记录点组成，大小由输出设备的空间分辨率确定。记录点尺寸和形状的稳定性对频率调制算法来说至关重要，能否正确地再现连续调图像完全以输出设备记录点的稳定尺寸和形状为基础。因此，频率调制半色调算法并非适用于所有的数字印刷技术。

10.3.1 误差扩散的数字印刷应用

几乎没有一种数字半色调算法适合于各种类型的连续调图像，由于缺乏判断半色调算法优劣的特殊准则，只能从实际效果判断，例如有的方法对某些类型的图像处理效果良好，但对于有些图像的处理结果却不够令人满意。半色调算法众多的另一重要原因是算法本身的适应能力，某些领域使用特定半色调算法时计算复杂性比其他领域高。类似地，也没有一种半色调算法适合于所有的数字印刷技术，只能有针对性地选择。

彩色图像的半色调处理引发某些新的问题，例如若代表彩色图像主色的分色版图像以某种传统半色调算法处理，则复制过程最终输出的彩色图像很可能出现莫尔条纹。虽然对不同的分色版应用不同的网点排列角度有助于避免产生莫尔条纹，但分色版的数量明显超过常规四色时，有必要使用随机加网技术。

照相制版和电分制版对彩色原稿的半色调转换以彼此无关的方式独立地处理，分色完成后即执行半色调转换。数字半色调技术发展的早期也采用独立处理的方法，即各分色版图像各自独立地转换到半色调图像，不考虑分色版间的相关性。随着认识的深入，人们开始意识到半色调处理的复杂性，归结为如果以彼此无关的方式独立地对彩色图像的分色版进行半色调处理时是否影响分色版半色调图像合成结果的质量？对彩色图像各分色版以彼此相关的方式处理时能否产生高质量的半色调图像输出？研究结果表明，采用彼此相关的处理方法时，确实有可能提高彩色半色调图像质量，但问题在于分色版图像的半色调处理质量因算法的不同而异。然而，只要仔细地控制记录点的位置，则扩展数字印刷机的色域是确定无疑的，且有利于降低图像的彩色噪声。

半色调算法的应用实践表明，如果误差扩散算法彼此无关而独立地应用于彩色图像的各分色版图像，则结构性的质量缺陷将以相关噪声或蠕虫的形式出现。原则上，静电照相数字印刷很难使用误差扩散算法，由于墨粉颗粒尺寸和形状的非均匀性，有限数量墨粉颗粒的堆积得到的记录点尺寸是不稳定的，而误差扩散算法建立在记录点稳定性的基础上。喷墨印刷设备喷射的墨滴尺寸和形状均匀性良好，撞击到纸面后墨水会扩展和渗透，也导致记录点尺寸和形状的非均匀性。根据最小表面能原理，墨水与纸张接触后将尽可能均匀地扩展，仅考虑墨水扩展时可以保持良好的均匀性；墨水的渗透不同于扩展，渗透结果与纸张的纤维结构有关，但由于各向同性的渗透占主导地位，因而墨水渗透引起的记录点畸变不至于太严重。归纳起来，喷墨印刷基本上可以确保记录点的稳定性，从而可以通过误差扩散算法从连续调图像转换到半色调图像。对灰度图像而言，显然不存在主色记录平面的相关性问题，对彩色图像复制则需要慎重考虑，必须顾及不同的喷嘴阵列在各记录平面内墨滴喷射引起的不同误差。因此，应用于喷墨印刷的彩色误差扩散算法应该对各分色版图像彼此相关地执行，以提高彩色喷墨的印刷质量。

10.3.2 近优化彩色半色调

所谓的近优化半色调处理（Near Optimized Halftoning）属于迭代型的频率调制半色调技术，基于对将要通过印刷系统再现的半色调记录点位置近优化序列的成功评价；记录点位置评价完成后，每一个需要再现的记录点位置通过分布函数反馈给处理过程，影响下一轮的评价结果。对近优化半色调处理过程而言，分布函数在确定记录点最终位置的过程中扮演着重要的角色。倘若半色调图像符合与原连续调图像外观接近的条件，则半色调图像的记录点应定位得尽可能彼此远离。

彩色半色调处理归结为在空白页面上放置特定数量的彩色记录点，使结果图像与原来的彩色连续调图像尽可能相似。近优化频率调制半色调算法开始于在原分色版图像最暗的位置安排记录点，假定1和0分别代表黑色和白色，则找到最暗像素的位置意味着发现保持最高密度值的像素位置。准确地说，这种半色调算法的首要步骤在于找到原连续调图像内密度值最高的位置，或者说从原连续调图像内找到密度的最大值，此后就可以在二值图像的相同位置上放置记录点了。在半色调处理开始时，半色调图像总是整体上白色的。处理当前放置的记录点以某种分布函数表示，将影响原图像最高密度的某些邻域。完成以分布函数表示记录点位置后，算法找到下一个最大密度值，并执行相同的通过分布函数将记录点位置反馈给处理系统的过程。以上处理过程将按给定的条件重复地执行，到所有记录点就位为止。根据已有的研究成果和实验数据，近优化频率调制半色调算法的结束条件规定为原连续调图像与半色调图像平均值的差异达到最小。

如同其他半色调技术那样，如果近优化半色调算法以彼此无关的方式独立地应用，则可以用于彩色图像的数字半色调处理，最终形成的各分色版半色调图像的记录点位置结构与单色图像的转换结果类似，每一个分色版产生相应的半色调图像。

由于印刷图像的色彩感觉在很大程度上取决于分色版彼此的关系，为了保证彩色半色调图像良好的色彩感觉，要求各分色版各自独立地具有记录点位置的良好结构并无必要。真正要重视的事情在于控制各分色版的记录点位置，也应该控制当前分色版半色调图像记录点与其他分色版记录点的相对位置。为了实现这种控制目标，近优化半色调算法应该扩展到以相关的方式对彩色图像的各分色版执行半色调处理，称为扩展近优化彩色半色调。

假定彩色图像已经分解成多个分色版，且各分色版都以连续调数字图像表示。为着简单性的理由，也需要假定彩色图像由青、品红、黄分色版表示，或者表示为青色、品红色、黄色和黑色分色版。彩色图像的半色调处理还应当进一步考虑信号结构，应该视为多维信号，即每一个像素保持为矢量数据，比如青色、品红色和黄色数据。对单色图像而言，扩展近优化彩色半色调算法开始于寻找彩色图像内密度最大位置，并将记录点放置到半色调处理彩色图像的该位置，假定需要做半色调处理的彩色图像在开始时只包含0。注意，每一个分色版中都应该能找到最高密度。在找到最高密度值的同时执行信息反馈操作，既然这种操作仅发生在相同的平面上，则只需使用二维分布函数即可。只要确实按以上描述操作，最终结果将与彼此不相关的处理结果准确一致。如果使用了三维分布函数，则可以将单色半色调算法扩展到彩色半色调处理，如图10－5所示的那样。在这种三维分布函数的帮助下，就能够在三个图像平面内以彼此相关的方式控制记录点的位置了。

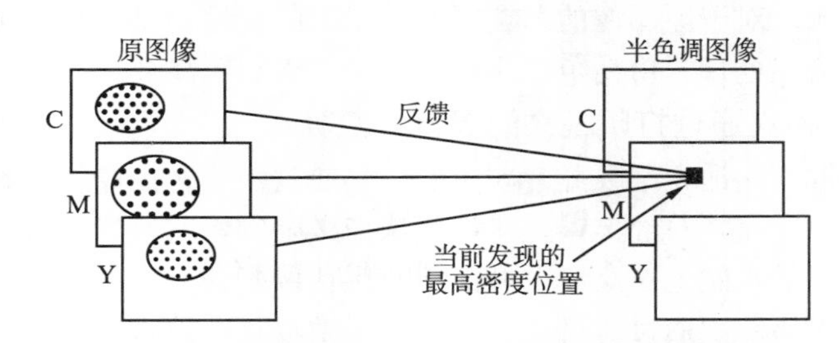

图10－5　分色版记录点位置对再现原图像的影响

10.3.3　两次通过喷墨模式

误差扩散是重要的数字半色调技术，形成记录点分散的半色调图像，属于频率调制半色调处理之列，可获得无低频结构的半色调图像。由于喷墨设备喷射的墨滴尺寸和形状均匀性良好，因而误差扩散适合于喷墨印刷。许多喷墨打印机采用两次通过打印模式，以得到更好的墨水干燥效果。为了与两次通过打印模式匹配，半色调图像的像素划分成两部分，分别对应于正向和逆向打印头扫描行程。假定半色调图像按格子板图案划分，实践中使用的格子划分结果如图10－6所示，每一个黑色和白色正方形对应于一个像素。

图10－6　格子板图案划分例子

图10－6中的白色像素（正方形）对应于两次通过之一的半色调图像分区，此后称其为分区1；黑色正方形对应于另一分区，后面称之为分区2。

在页面上打印图像的过程中，两次通过模式喷墨打印机在第一次通过时打印分区1的像素，进入第二次通过时再打印分区 2 的像素。如果两次通过产生理想的套印精度，则结果图像的颗粒度大体不变，如同一次通过设备打印的整幅图像那样。然而，只要两次通过打印存在套印误差，就完全有可能形成非期望的纹理，导致印刷品颗粒度的明显增加。

上述喷墨打印机以两次通过模式输出图像引起的套印误差可以用电子方法模拟。对实际的喷墨打印机而言，套印误差大多来自两次通过期间的机械定位误差。提高喷墨打印机的机械定位精度固然是解决方案之一，但由此也容易引发问题，容差的减小必然导致打印机制造成本的显著增加，对高分辨率打印机的机械定位精度改进尤其如此。如果从页面到页面以及在打印机的使用过程中套印误差相同，则偶然性的套印误差可忽略不计，系统性的套印误差则通过电子方式补偿。尽管这种处理原则理论上站得住脚，但对于每一台喷墨打印机分别确定系统误差并予以补偿显然会增加制造成本，低端应用的喷墨打印机销售价格本来就不高，制造商很难消化成本上升导致的差异。一般来说，低端应用喷墨打印机不可能配置专用的软件，因而实时校正半个像素的套印误差几乎不可能。

为了保证两次通过打印期间引起的套印误差对最终印刷质量的影响最小，提高误差扩散算法对两次通过套印误差的稳定性，有必要修改误差扩散算法。通常，两次通过套印误差控制不良时容易引起图像高光区域颗粒度上升，若打印时能充分利用来自每个分区的像素并修改误差扩散算法，则可以提高对两次通过之间套印误差的稳定性。借助于使每次通过时少量黑色像素的高度浓缩，修正误差扩散算法可以确保这些少数像素的间隙不受两次通过套印误差的影响。对于原图像的暗调区域，以上的处理原则同样适用，通过对暗调区域少数白色像素的恰当处理，由白色像素引起的颗粒度也可降低。

10.3.4 考虑两次通过打印模式的误差扩散算法

为了使误差扩散算法适合于喷墨打印机的两次通过模式，提高误差扩散算法对两次通过套印误差的稳定性，需要对经典误差扩散算法做必要的修改。稳定性最大化的基本原理建立在少数像素浓缩的基础上，高光区域的所有黑色像素在一次通过时全部打印，而暗调区域的白色像素则在另一次通过时打印，这样就要求在打印前将黑色像素和白色像素集中到各自的分区内，例如黑色像素和白色像素分别集中到分区 1 和分区 2。由于高光区域的黑色像素和暗调区域的白色像素均处于少数地位，因而称之为少数像素浓缩。

上述误差扩散算法的修正思路体现如下特征和优点。

（1）对于原图像灰度等级小于等于 0.5 的均匀或缓慢变化区域，所有的黑色像素都定位或安排到分区 1 内，所有的白色像素则全部置于分区 2 中，其结果是不会出现两次通过引发的套印误差，也不会出现由套印误差“激发”的赝像，可用图 10 -7 说明。

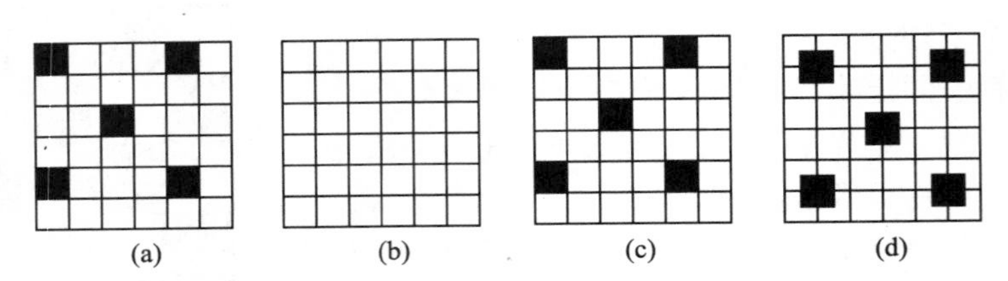

图 10 -7　修正误差扩散算法灰度等级小于 0.5 时的输出

图 10 -7 中的（a）和（b）分别表示分区 1 和分区 2，其中的（c）代表没有套印误差时的组合输出结果，而（d）则表示水平和垂直套印误差均为 0.5 个像素的组合输出。

（2）输入像素值达到 0.5 时，整个分区 1 和分区 2 分别变成黑色和白色，只要对两个分区的像素加以合理的控制，则组合输出结果得到黑白格子图案。

（3）输入像素值超过0.5时，分区1维持黑色像素，分区2开始拥有白色像素，组合输出结果在黑白格子图案的基础上带有某些白色像素填充的空洞，如图10－8所示那样。

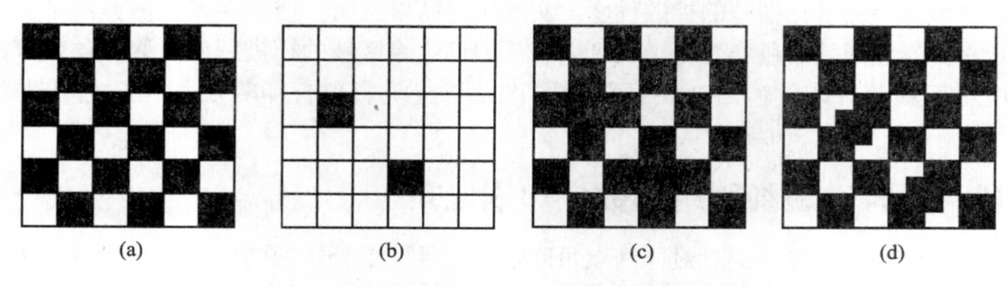

图10－8　灰度等级大于0.5时的输出结果

图10－8中的（a）和（b）分别代表分区1和分区2，（c）表示没有套印误差的组合输出结果，（d）则代表水平和垂直套印误差均等于0.5个像素的组合输出。有必要指出，喷墨打印机两次通过引起的套印误差应该是第一次通过和第二次通过打印引起的套印误差之和，但只有相对意义，因而可以按两次通过套印误差的相对值计算。例如，如果以第一次通过为基准，则只要计算第二次通过产生的像素位置与第一次通过时该像素位置之差，即可得到套印误差了。一般来说，两次通过套印误差不会导致明显的“纹理”变化，但可能引起密度值降低，原因在于套印误差可能造成分区1和分区2内的黑色像素彼此搭接。然而，无论是否考虑到网点增大，密度值的降低将不会很严重。

10.3.5　扩展非线性有序抖动与修正误差扩散

数字半色调处理是生成记录点图像的过程，目的在于按输出设备给定的有限层次等级数量复制连续调图像，绝大多数硬拷贝设备只具备二值输出能力。当直接再现连续调像素的阶调等级无法实现时，有必要利用数字半色调处理通过特定的记录介质显示或打印连续调图像，为此应该在控制和驱动打印机的软件中包含半色调算法。模拟传统网点的记录点有序抖动算法按输出设备分辨率通过对输入灰色层次的等距离划分实现线性量化，每一个像素按抖动矩阵内相应位置的数值做阈值比较。这种算法只需要简单的运算，耗用的计算时间相对较少，由于不考虑输出设备的硬件特征，因而借助于显示器或硬拷贝输出设备再现的图像往往不同。对误差扩散而言，当前像素量化过程产生的误差扩散到邻域像素，以补偿局部范围像素的灰度等级。值得注意的是，扩散到邻域的误差可能导致图像边缘区域对比度的降低和相邻区域的颜色变化。

针对上面提到的问题，Chae-Soo Lee等人提出扩展非线性有序抖动和修正误差扩散算法。其中，扩展非线性有序抖动“继承”了记录点集聚有序抖动简单处理的优点，要求比有序抖动用更少的计算时间，产生的非周期性和彼此不相关的结构可以避免蓝噪声蒙版容易出现的低频颗粒度。完整的扩展非线性有序抖动算法采用与记录点集聚有序抖动网屏类似的记录点图像数据库。其中，记录点图像定义为从记录点分布划分出来的部分，而记录点分布则是二值图像，来自对常数灰度等级的半色调处理，可利用蓝噪声蒙版生成。

下述两大步骤用于形成扩展非线性有序抖动算法：首先，生成记录点图像数据库，为此需要参考记录点集聚有序抖动的网点结构；其次，从记录点图像数据库中选择某种符合要求的记录点图像，该记录点图像代表某种灰度等级。为了解决灰度等级不同的问题，可以利用圆形记录点搭接模型和仪器测量数据计算记录点图像集合的灰度等级。

修正误差扩散算法根据输入图像特征调整量化误差的扩散方式，采用首先核对误差所扩散区域的方法，使误差扩散只能发生在颜色相同的区域。当相邻像素的色差大于设定的阈值时，可以降低量化误差的扩散程度。实验研究结果表明，修正误差扩散算法不仅有助于防止相邻颜色区域的色彩变化，也可以降低颜色边缘区域的模糊程度。修正误差扩散算法可应用于彩色打印，输出高质量彩色图像，与传统彩色打印算法相比颜色几乎没有退化。

10.4 特殊超细胞结构数字印刷应用

利用超细胞结构可以逼近最佳网点角度组合，且四个分色版的网点频率十分接近，已成为数字半色调处理实现传统网点参数的有效方法。超细胞结构移植到物理分辨率有限的静电照相数字印刷机时，需要采取特殊的措施，充分利用数字印刷机的单色复制稳定性。

10.4.1 电子套印无理正切加网

静电照相数字印刷与胶印间存在多种差异，但由于数字印刷的杠杆效应而有可能在商业印刷市场占得一席之地。由于低端市场是静电照相不能放弃的领域，因而2000年前后的静电照相硬拷贝设备以低分辨率为典型特征。设备的分辨率越低，则越容易形成高质量印刷的障碍，但对于提高印刷速度有益。如果在不提高分辨率的前提下能改善印刷质量，则静电照相数字印刷的速度将得到明显的改进，从而更充分地发挥杠杆效应。

静电照相数字印刷与胶印的另一主要差异是即时印刷特点，因为静电照相数字印刷无须准备印版。由于快速的实时处理能力，使即时印刷的优点得以充分的体现，产生了可变数据印刷等应用，打开了通向潜在市场的大门，是胶印无法涉足的。

因此，快速的实时处理是静电照相数字印刷的优势所在，低分辨率输出固然对印刷质量没有好处，但两者的结合显然为静电照相数字印刷进入胶印占领的市场提供基础支持。随着CPU的运算速度迈过1GHz频率的门槛，以前的速度障碍不再存在，再加上存储器价格的直线下降，软件RIP进入多线程数据处理时代，实时处理的速度瓶颈已没有实际意义了。

既然速度已经不成问题，则静电照相数字印刷最困难的问题归结为如何解决低分辨率导致的低印刷质量。胶印的质量优势建立在巨大的设备和昂贵的硬件成本基础上，尽管在高速运转条件下输出印刷品，但套印精度仍然在十分接近容差的范围内，这与胶印使用重复性好和性能表现稳定的印版有关。

其实，如果仅仅需要一种分色版，即单色印刷，则静电照相硬拷贝设备的印刷质量并非想象的那样糟糕。无论从墨粉、显影系统、快速的扫描曝光和图像处理能力等方面考虑，静电照相数字印刷系统足以提供良好的单色印刷性能。然而，需要两色、三色或更多色叠印时，套印误差问题便接踵而来，包括记录点彼此搭接导致的印刷质量下降。

传统上，记录点集聚有序抖动算法的网点发生器包含小规模的矩形存储阈值数组，如同“瓷砖”那样覆盖在图像平面上，用于产生尺寸可变的网点。执行半色调处理时，阈值数组的内容与输入图像数据连续地比较，对全部大于或等于阈值的输入图像数据产生半色调网点子像素或记录点。阈值数组的排列遵守记录点集聚原则，目的在于按预先确定的方式使网点增大。

阈值数组具有多个有益的特征，它们本质上很简单，无论通过硬件或软件执行需要的运算工作量都很小。阈值数组对于存储器的利用效率高，对每一个记忆单元只需要简单的8位阈值；数组面积至少覆盖一个半色调网点，记忆单元通常按栅线扫描轨迹访问。

采用有理正切加网技术时，阈值数组可以有效地产生效果良好的网点。由于阈值数组以“瓷砖”形式覆盖到图像平面上，因而网点栅格（网点排列）的角度可通过正切值控制。有理正切加网使用上受到限制，主要表现在只能使用有限数量的正切值，从而限制了网点排列的可用角度。例如，若希望网点按30°角排列，则4/7正切值提供的角度大约29.75°，虽然与多色印刷分色版要求的角度很接近，但四色分色版的网点频率不再相同，因为网点频率由直角三角形的斜边长度决定，当两条直角边分别为4和7时，斜边长度为8.06。

为了产生网点频率和网点排列角度精度很高的半色调处理结果，使用超细胞结构可能是唯一的选择，通过在尺寸更大的阈值数组内肩并肩地按“瓷砖”形式排列多个尺寸小得多的半色调单元，就可以获得比有理正切加网更准确的网点频率和网点角度，但需注意小尺寸的半色调单元包含的设备像素数量往往互不相同。因此，超细胞结构生成的每一个网点将略微不同，才能实现有理正切加网无法获得的网点频率和排列角度。虽然利用超细胞结构可获得精度更高的网点频率和角度，但因此而需要付出存储器容量加倍的代价。

10.4.2 静电照相数字印刷复合加网技术

彩色数字半色调常常应用于彩色图像复制领域，目的在于建立连续调的假象，或降低人为因素引起的噪声缺陷的可察觉程度以及令人不满意的视觉印象。半色调处理从模拟进入数字时代后，通过网屏对光线的分割作用获得半色调网点图像的方法必须放弃，由此而产生了如何模拟传统彩色印刷最佳网点排列角度组合的问题。

数字半色调处理的本质是像素从多值表示转换到二值描述，为了在这种过程中生成与传统方法相同的网点结构，必须使用有理正切加网技术。数字印刷的发展在对数字半色调技术不断地提出新要求的同时，也需要利用好已有的技术。常规记录点集聚有序抖动往往以有理正切加网的形式实现，但考虑到无理正切网点可以更准确地逼近传统网点角度组合的优点，需要修改记录点集聚有序抖动算法，扩展到超细胞结构。然而，考虑到静电照相数字印刷设备通过墨粉堆积成记录点，尺寸和形状缺乏均匀性，还应当修改超细胞结构的组成方法，各独立细胞可以取任意的多边形。目前，这种特殊的超细胞结构已经在柯达的彩色静电照相数字印刷机上实现，具有幅度调制和频率调制结合的优点，可以在600dpi分辨率条件下复制连续调图像，柯达将其命名为Staccato DX。

半色调图像与原连续调图像的主要区别在于阶调的不连续性，与产生半色调图像的方法存在密切的关系。传统制版技术通过投影网屏或接触网屏对入射光线的分割作用形成模拟胶片或照片原稿连续调效果的网点结构，半色调图像质量的高低取决于网屏和制版照相机的质量等级，由于半色调过程模拟的本质而无法定量地评价网点图像质量。

半色调处理进入基于计算机运算的数字时代后，半色调图像的形成方法相当丰富，除模拟投影网屏产生的网点图像结构外，出现了其他类型的数字半色调算法，例如误差扩散和Bayer抖动等。数字半色调算法产生的结果不同于传统加网，与连续调图像转换到二值图像的数字半色调算法关系密切。某些数字半色调算法可以在硬拷贝输出设备分辨率有限的条件下形成质量堪比高分辨率输出设备的二值图像，误差扩散算法是其中的典型例子。由于静电照相数字印刷机生成的记录点尺寸和形状的非均匀性，误差扩散算法移植到静电照相数字印刷几乎不可能。然而，静电照相数字印刷机输出记录点的尺寸和形状非均匀性并非绝对缺点，如果巧妙地利用记录点尺寸和形状的随机性，则可以产生意料不到的效果。例如，以大小不同不规则的多边形组成超细胞结构，不仅可以掩盖静电照相数字印刷记录点尺寸和形状非均匀的缺点，还可以通过特殊的超细胞结构实现复合加网。

理论上，从连续调图像到半色调图像的转换过程不应该影响图像质量，通过超细胞结构实现的半色调转换同样如此。但理论不能代替事实，由于转换过程必须完成从多值像素到二值像素的变换，在这种量化过程中引入噪声往往难以避免。举例来说，以不同的算法从连续调图像转换到半色调图像时，量化过程可能引入白噪声、蓝噪声或绿噪声等，取决于半色调图像的功率谱成分。通过超细胞结构转换得到的半色调图像本来就复杂，再考虑到不规则多边形构成的特殊超细胞结构时，半色调图像就更复杂了。对于复杂结构的半色调图像，傅里叶变换或许是检验半色调图像质量的唯一手段，作为变换结果的功率谱可用作半色调图像的视觉检查工具，以定量的方式与原图像比较。

10.4.3　沃罗诺伊图特殊超细胞结构划分

如果重复分布的超细胞内任意点均清晰而可辨，则可以将超细胞划分成仅包含基本记录点的结构单元，每一个细胞中只有一个来自于原记录点集合的点，如同误差扩散算法输出的每一个记录点都彼此不相关那样。常规超细胞结构在输出设备记录栅格分布的基础上划分，但超细胞结构也可以采用其他类型的空间分解手段。由于通过沃罗诺伊图的空间分解具有随机性，因而若超细胞结构按沃罗诺伊多边形规则分解，则形成特殊的超细胞结构，有望实现超细胞与沃罗诺伊空间分解又结合的复合加网技术。上述对于超细胞结构的划分方法为柯达NexPress系列彩色静电照相数字印刷机的Staccato DX复合网点所使用，对记录平面的划分结果如图10－9所示，该图中由9个可以按非0度角排列的正方形半色调子单元组织成的超细胞在后续展开的处理过程中可以有目标地不断重复。

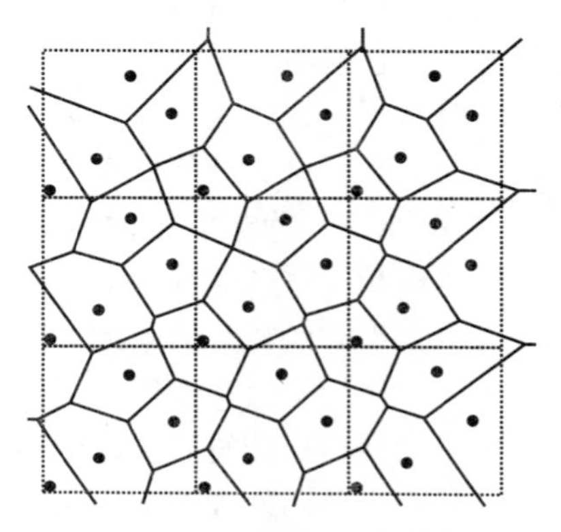

图10－9　利用沃罗诺伊图将超细胞划分成基本单元

显然，图10－9所示的特殊的超细胞结构具有无序和随机的特点。回忆到常规超细胞结构的半色调子单元仍然保持与栅格分布的一致性，这种规则的超细胞结构要求输出设备具有很高的空间分辨率，否则无法通过规则的半色调子单元组建成常规超细胞结构，因而通常仅仅适合于激光照排机或直接制版机等高分辨率设备。

利用沃罗诺伊图划分成多边形组成的记录平面，是特殊超细胞结构算法的开始，记录平面上的每一个半色调子单元包含多个完整和不完整的形状不规则的多边形，可以缩小到仅仅由一个记录点组成，也可以包含更多的记录点。多边形内的黑色圆点表示记录点集聚的出发点，称为沃罗诺伊图的结构中心，必须通过后续的迭代过程，才能形成结构中心分布更均匀的结果，如同误差扩散算法分布记录点那样。由于静电照相数字印刷机输出记录点的不规则性，不会引起半色调子单元的冲突。

10.4.4　沃罗诺伊迭代

一般情况下，图10－9中的沃罗诺伊多边形界定记录点集聚的范围，构造最终超细胞结构参数的当前结构中心和后续结构中心以及形状不规则和大小不同的多边形体现随机特点，至少体现伪随机特点。在利用沃罗诺伊划分记录平面后，从多边形所代表的随机或伪随机记录点集合开始，通过迭代替换所有的记录点可以改善这些点分布的均匀性，以沃罗诺伊图顶点周围的质量中心为替换依据，如图 10－10 所示那样。

记录点迭代替换结束后，需要重新计算沃罗诺伊图，以得到新的记录点集合。

针对数字半色调算法建立阈值矩阵时，需要在各分割出来的半色调子单元内围绕不规则网点的中心位置增长记录点，与半色调子单元对应的深暗区域的像素将比明亮区域内的像素更早地达到最大着色强度，如图 10－11 所示那样。对于任意给定的查找表平面，记录点（网点）边界上的像素应该分配给中等的着色强度，近似地正比于等效超细胞半色调子单元正方形填充部分的面积，对于记录点的增长应控制到能够获得期望的阶调尺度。

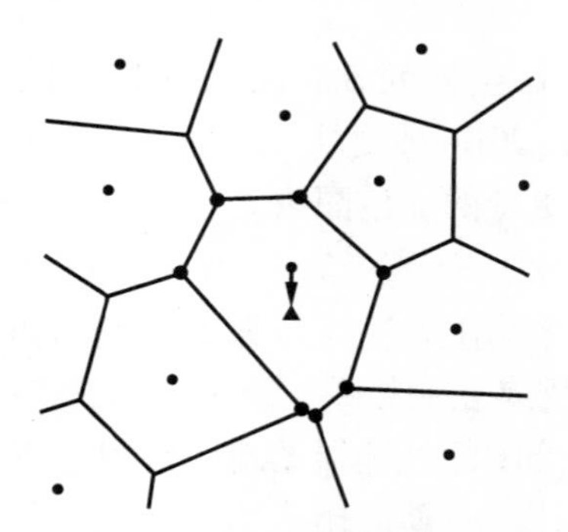

图 10－10　沃罗诺伊迭代

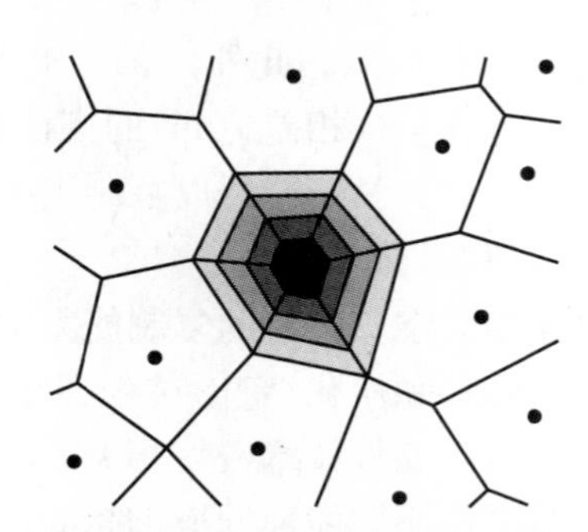

图 10－11　单元内的记录点增长

10.4.5　特殊超细胞结构复合加网的实现

除沃罗诺伊空间分解和沃罗诺伊迭代外，还需要其他数据处理技术的配合。例如，沃罗诺伊结构中心的最终位置往往与连续调图像的像素位置不匹配，大多落在原图像的子像素位置上，因而需要灰度等级插值计算的帮助，确定子像素位置的灰度等级，才能完成沃罗诺伊迭代过程。不仅如此，对于分割成沃罗诺伊多边形的记录平面结构中心取得子像素值后，必要时需执行对比度和平滑滤波处理，以控制随机形状和尺寸的半色调网点结构的对比度和平滑度。一般来说，经过对比度处理和平滑度滤波的半色调图像具有微小“碎片”的特征，适合于在低分辨率条件下显示或硬拷贝输出。

柯达称基于沃罗诺伊空间分解原理的特殊超细胞结构复合加网技术为 Staccato DX，与这种复合加网技术输出图像对应的噪声成分的功率谱特征如图 10－12 所示。根据该图演示的功率谱分布，说明柯达 Staccato DX 超细胞结构网点图像具有绿噪声特点，以径向圆环执行傅里叶变换后再处理成伪灰度等级图像，便于视觉判断。从图 10－12 所示的功率谱分布伪灰度等级图像看，基于沃罗诺伊多边形分解的超细胞结构复合网点算法输出的半色调图像具有典型的绿噪声功率谱，且表现出良好的各向同性特点。

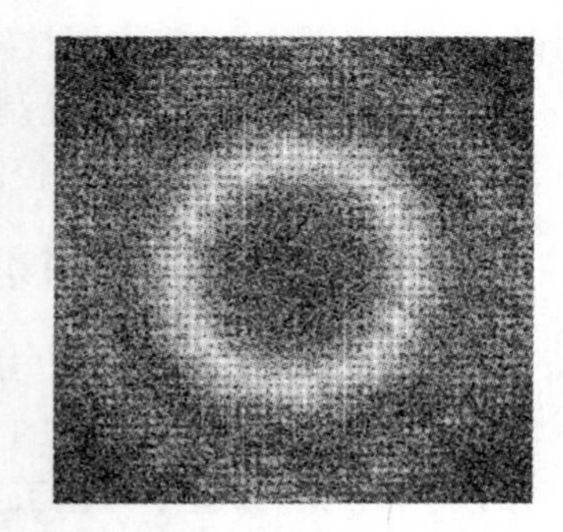

图 10－12　柯达 Staccato DX 网点图像绿噪声功率谱

若半色调算法输出的二值图像具有图 10－12 所示的径向功率谱分布，则这种半色调图像在印刷系统的作用下绿噪声特征会得到继承，半色调处理结果对最终印刷图像的视觉效果产生明显的影响，原因在于绿噪声的相位差异导致感觉变化。当然，仅仅用图 10－12 所示的功率谱伪灰度等级来表示还看不清楚。此外，由于针对静电照相数字印刷的沃罗诺伊分解得到的多边形面积很小，在没有其他技术手段配合的情况下会形成蠕虫效应，但根据柯达的报道，该公司的 Staccato DX 半色调技术解决了蠕虫赝像问题。

通过使用合理的沃罗诺伊顶点可以组成互补性的半色调网屏结构，此后再以互补性的查找表与原来的查找表做加权混合，产生复合半色调算法设计。当沃罗诺伊顶点和对应的空洞数量比记录点数量更多时，频率比的范围达到 1.1 ~ 1.3，从而能够建立起频率调制和幅度调制复合半色调加网算法。以这种方法对连续调图像做半色调处理时，不会出现叠印莫尔条纹效应；只要超细胞区域（半色调子单元集合）足够大，例如在 600dpi 的分辨率下打印时超细胞尺寸达到 1024 个像素，就可以选择有理正切加网角度，每一对半色调网点图像的角度差至少为 9°。此外，若各主色分色版图像的 Staccato DX 网点的基本频率相隔一定的数量，允许至少相差 10lpi 的搭接（最好 20lip 或更大），则彩色叠印引起的颗粒和斑点可明显地减少，意味着可以复制出噪声感更低的彩色图像。

10.4.6　复制效果

彩色静电照相数字印刷机的复制能力主要由系统配置决定，充电、曝光和显影静电照相过程及后面的转移和熔化/定影过程都将影响最终复制效果。除硬件要素外，数字印刷设备的复制能力也与软件技术密切相关，其中栅格图像处理器的地位显得特别重要。由于数字半色调在数字印刷和印前领域的核心地位作用，目前的栅格图像处理器几乎毫无例外地都内置半色调算法。数字印刷机是印前、印刷和印后加工一体化的设备，由印刷管理器统一指挥和控制数字印刷机执行各种工作任务。毫无疑问，栅格图像处理器是印刷管理器最重要的部件，其根本任务就在于从连续调图像转换到半色调图像。因此，数字印刷机的复制能力与栅格图像处理器关系密切。

柯达 NexPress 系列彩色静电照相数字印刷机前端系统（印刷管理器的主体）提供 5 种网点供用户选择，分别为经典网点、线条网、超级网点、优化网点和 Staccato DX 网点。图 10－13 以 NexPress 默认使用的经典网点与 Staccato DX 网点比较，该图的（a）和（b）分别代表以经典网点和 Staccato DX 网点控制彩色静电照相数字印刷机的复制效果。

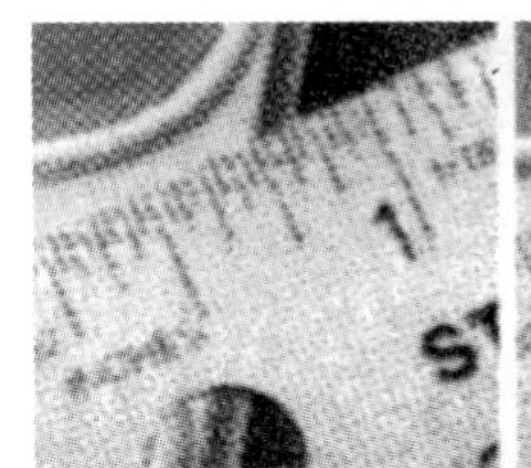

(a)经典加网

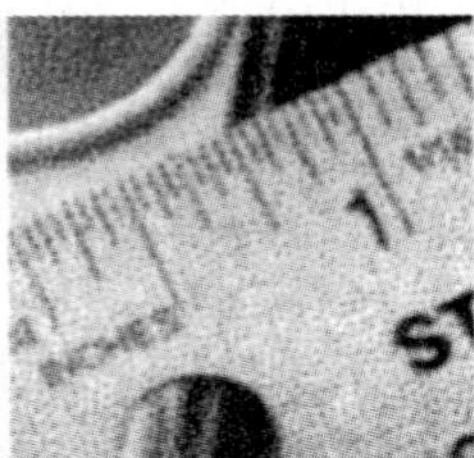

(b)Staccato DX加网

图 10－13　经典加网与 Staccato DX 加网印刷效果比较

从图 10－13 所示的印刷效果对比看，虽然 NexPress 配置的经典加网技术采用了自适应网点生成和抗混叠算法，但视觉效果仍然比不上 Staccato DX 网点结构复制的图像。更何况 Staccato DX 黑色和青色网屏的基础频率相差较大，可使这种加网技术控制下的彩色静电照相数字印刷机的细节复制能力得以改善。

10.5　静电照相数字印刷半色调处理的特殊问题

半色调算法通常需要与后端的复制过程结合起来考虑，由此产生了不少考虑到硬拷贝输出设备成像和印刷过程的半色调算法，例如基于打印机模型的半色调优化处理。静电照相数字印刷堪称迄今为止工艺过程最复杂的印刷技术，设计半色调算法时自然应该与静电照相过程结合起来。分析静电照相数字印刷全过程后不难发现，充电、曝光和显影过程的组合形成静电潜像并转换成墨粉像，体现静电照相数字印刷与其他印刷的最大差异，后端的转移和熔化属于复制过程，与其他印刷技术并无原则性差异。虽然熔化过程是静电照相数字印刷特有的，但这种过程在墨粉图像转移的基础上工作，与半色调处理的关系不大。因此，静电照相与半色调处理最密切的过程包括充电、曝光和显影，其中曝光过程的控制精度相当高，随机性少，所以应该对充电和显影过程给予特别的关注。

10.5.1 充电过程数字半色调考虑的物理基础

根据静电照相过程分析，记录点的形成是墨粉颗粒堆积的结果，而墨粉堆积的“控制”信号来自作为充电和曝光过程结果的静电潜像在不同位置形成的电位差，带电的墨粉颗粒为静电潜像的特定位置所吸引，堆积成记录点的基本尺寸和形状。以连续调灰度图像复制为例，黑色记录点由带电的墨粉颗粒堆积而成，由于这些带电墨粉颗粒的极性相同，因而墨粉颗粒彼此排斥，这种物理现象需要在设计半色调算法时考虑。

基于电位排斥的数字半色调方法由日本学者 Kazuhisa Yanaka 等提出，来自物理学的库仑定律对研究静电现象而言是重要的理论基础。根据库仑定律，极性相同的两个电荷彼此排斥，而极性不同的电荷则彼此吸引。库仑力正比于电荷距离的平方，并与两个电荷带电量 q_1 和 q_2 的乘积成正比，可写成下式：

$$F = k\frac{q_1 q_2}{r^2} \tag{10-1}$$

式中 k 的数值与介电常数 ε 有关。

按电位排斥模型考虑数字半色调算法时，点电荷对应于静电照相设备输出的黑色记录点，例如静电潜像曝光后吸附墨粉的小区域。由于静电照相系统设计时假定黑色记录点的尺寸相同，且正常情况下符合 $q_1 = q_2 = q$ 的条件，因而公式（10－1）可重写成下述公式：

$$F = k\frac{q^2}{r^2} \tag{10-2}$$

对于任何的静电照相系统，带电墨粉颗粒间总是彼此排斥的，据此可采用排斥电位模型这样的称呼。按电荷排斥效应考虑的数字半色调算法可以扩展到尺寸可变的记录点，为此有必要将公式（10－2）改写成更一般的形式，允许使用代表不同含义的 n 值：

$$F = k\frac{q^2}{r^n} \tag{10-3}$$

当 $n=2$ 时，公式（10－3）表示库仑定律。然而，根据算法提出者的实验数据，按 $n=2$ 考虑时半色调图像的质量并不理想，或许是排斥力尚未变得足够微弱的原因。事实上，即使电荷相隔的距离相当大时，结果仍然如此，这说明半色调图像的记录点部分受到同一图像内距离较远的其他部分的明显影响。

为了开发出有效的数字半色调算法，应该知道灰度等级与电荷距离的关系，假定连续调图像的像素值 g 已归一化处理成 0～1 之间，距离 r 的取值从 r_0 到无穷大，其中 r_0 表示记录点间的最小距离，对应于最暗的黑色记录点。几种特殊情况的灰度等级和记录点距离关系可以用图 10－14 说明，包括 $g=1$ 的完全黑色、$g=0$ 的完全白色和 $g=0.5$ 的中等黑色。

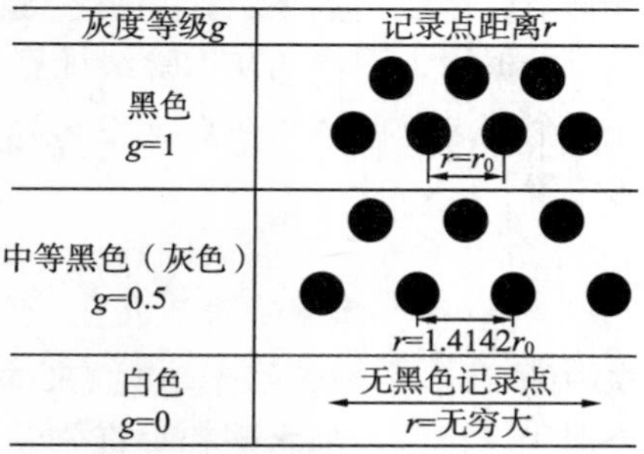

灰度等级g	记录点距离r
黑色 g=1	r=r0
中等黑色（灰色） g=0.5	r=1.4142r0
白色 g=0	无黑色记录点 r=无穷大

图 10－14 灰度等级与记录点距离关系

10.5.2 基于排斥电位的数字半色调算法

设计与静电照相充电过程关联的数字半色调算法时，主要考虑带电极性相同的墨粉颗粒彼此排斥对记录点形成的影响。为了理解基于排斥电位的数字半色调算法，应该充分利用图 10－14 给出的记录点距离关系。显然，静电照相数字印刷机的充电子系统设计必须考虑与半色调图像记录点的关系，准确地控制墨粉颗粒的带电量。按理，实地填充区域的记录点应该彼此覆盖，才能产生实地光学密度，图 10－14 中对应于灰度等级最高（黑色）的记录点距离大于记录点的直径，似乎与实地填充要求矛盾。作者认为，对图 10－14 应该正确理解：一方面，该图标注的记录点距离只有象征意义，关键在于 r_0 的含义是记录点之间的最小距离，它可以小于记录点的直径；另一方面，以墨粉颗粒堆积成记录点时，记录点的最终尺寸要大于理论直径，反映静电照相数字印刷特殊的“网点增大”机制。

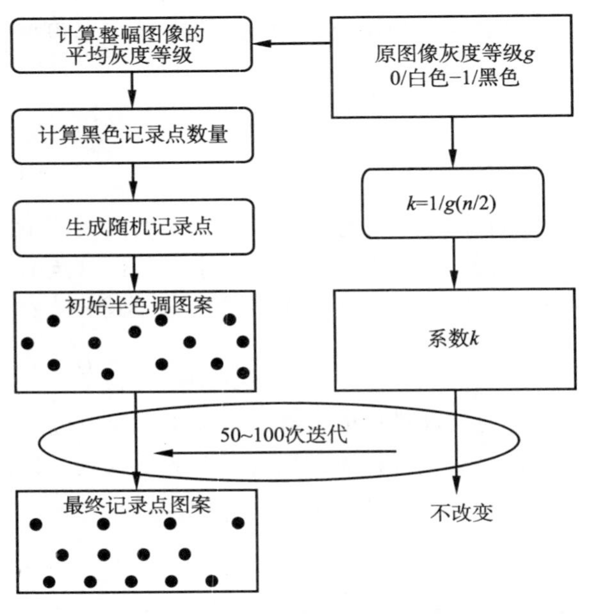

图 10－15　半色调处理流程

考虑带电墨粉颗粒排斥电位的半色调算法如图 10－15 所示，从输入图像的整体平均灰度等级开始半色调处理过程，此后根据输入图像的平均灰度等级计算记录点的数量，生成随机记录点分布，在此基础上得到初始记录点图案，再通过迭代过程输出最终网目调图像。

排斥电位数字半色调算法首先计算总的黑色记录点数量，只需计算输入连续调图像所有像素灰度等级的平均值，黑色记录点的总量就很容易确定了。例如，假定输入图像全部像素平均灰度等级的计算结果为 0.5，并假定输入图像水平和垂直方向均包含 128 个像素，则黑色记录点总数为 $128 \times 128 \times 0.5 = 8192$。这样，需要以幅度调制网点复制原图像时，意味着总共需要 8192 个黑色网点。

黑色记录点随机地在图像平面上分布，可用作排斥电位模型数字半色调处理的初始二值记录点图案。注意，记录点的水平和垂直坐标需以实数表示，并非整数。

根据输入图像的灰度等级计算 k 值，为此需选择合理的 n 值；此后，对半色调图像的每一个记录点计算邻域点（电荷）导致的排斥力，并按计算所得排斥力和下式更新记录点的位置：

$$x^* = x + \alpha f_x \qquad y^* = y + \alpha f_y \tag{10-4}$$

式中的 $(x,\ y)$ 表示记录点原来的位置坐标，新的位置坐标以 $(x^*,\ y^*)$ 表示，f_x 和 f_y 分别代表排斥力的水平和垂直分量。以最简单的方式处理时，可以取 α 为常数。然而，如果随着迭代次数的增加而降低 α 的数值，则可以得到更好的收敛结果。对于所有的记录点，迭代过程必须多次执行，通常在经过 50～100 次迭代后，记录点的排列收敛到稳定状态。

10.5.3 静电照相显影过程与半色调处理的关系

静电照相显影过程主要由潜像电场和传输到潜像的带电墨粉颗粒控制，在墨粉颗粒被输送到的潜像附近进行显影。随着墨粉颗粒在光导体表面要求显影的部位逐步堆积起来，潜像电场在墨粉颗粒电荷的作用下降低，到全部为墨粉中和时显影过程结束。因此，潜像电场被墨粉电荷中和是静电照相显影理论的核心思想。

作为静电照相数字印刷的基本记录单元，每一个记录点是墨粉颗粒定向和重复堆积的结果，墨粉颗粒堆积的密集程度决定显影位置转换成印刷品后的光学密度。墨粉不可能在光导体表面无限制地堆积，允许堆积的数量取决于潜像电位。静电照相数字印刷大多通过模拟传统网点的记录点集聚有序抖动算法再现连续调图像的层次变化，由墨粉颗粒堆积成的记录点成为组成网点的基本单元；对通过其他半色调技术再现连续调图像的静电照相数字印刷系统来说，无论利用什么样的方法建立半色调画面，记录点仍然是基本单元。因此，设计半色调算法时需要考虑静电照相数字印刷如何形成记录点，以及通过墨粉颗粒堆积成的记录点基本特征。墨粉颗粒的堆积有相当的随机性，源于显影过程中静电潜像对大小和形状不同的墨粉颗粒的随机选择，吸附到光导体表面后产生随机的堆积结果。

由于密度测量数据是印刷质量评价最基本的依据，因而实地填充区域的显影效果为静电照相数字印刷机的设计、制造和应用人员所共同关注。静电照相领域对于实地区域显影的理论研究建立在中和原理或中和原则的基础上，显影电场为堆积到光导体表面的墨粉电荷所中和，一直到总的电场强度为0时显影过程才结束。总的电场强度指被显影位置潜像电场与堆积到光导体表面全部墨粉带电量作用之和。

Tachibana 等人通过测量获得单组分非磁性显影间隙的实地区域显影曲线表达式。根据测量数据，中和原理成立，即实验数据支持中和原理，理由是显影滚筒上由墨粉电荷引起的电场和预测显影曲线与实验结果定量一致。但必须认识到，墨粉电荷对于潜像电位的中和效应带有随机的性质，例如两个电位和面积相同的小区域达到中和状态时，理论上应该由相同尺寸和数量的墨粉颗粒参与中和，但实际参与中和的墨粉颗粒数量可能很不相同，从而形成不同的墨粉堆积结果，记录点的大小和形状也不同，并影响半色调处理结果。如同 Schein 等人建议的那样，如果对显影系统应用了交流电场，则墨粉对于显影滚筒的黏结力将降低到0，静电照相研究人员都认为这就是中和原理可以使用的条件。

由于数字技术引入到了静电照相的控制过程，例如激光打印机等静电照相设备在计算机的控制下实现静电照相过程，因而半色调图像的显影特性就变得十分重要了，因为数字控制的静电照相设备不能象模拟复印机那样靠来自原稿网点图像的光线传递半色调信息。然而，迄今为止尚未出现可以成功地应用到非均匀潜像电场的显影理论，例如线条对象和半色调图像，因而有必要研究这些区域的显影理论。

10.5.4 典型记录点集聚有序抖动矩阵

连续调图像绝大多数区域都有层次变化，仅少数区域具有实地填充属性，这意味着如果以模拟传统网点的记录点集聚有序抖动再现连续调图像时，绝大多数区域应该以面积率不同的网点表示。半色调区域与实地填充区域的主要区别之一在于，转换所得半色调图像区域内各位置的取值可以取0或1，并非实地填充那样都等于1。因此，静电照相曝光过程必须与这种特点匹配，根据光源与曝光效果的关系，半色调区域曝光所得静电潜像的电场强度随离开光导体表面距离的远近而变化。实现半色调图像显影需要扩展中和原理，这种原理应用到半色调图像显影时，第一种思想可以归纳为：墨粉沉积过程由墨粉颗粒与光导体表面的距离控制，当显影电场的垂直分量在该位置变成0时，显影过程结束。

以上归纳的中和原理扩展应用到半色调区域（图像）显影的基本思想称为简单中和模型，以墨粉与光导体距离为控制参数，显影过程以潜像电场垂直分量等于0为标志。

对中和原理扩展到半色调图像的另一种尝试不包含可调整的参数，可归纳为：墨粉沉积过程连续地进行，到光导体表面堆积的墨粉顶层中心电场的垂直分量等于0为止。这种思想被认为考虑到了实际的墨粉尺寸和多层墨粉堆积的事实。

静电照相数字印刷机的物理分辨率不高，大多在600～800dpi，某些静电照相数字印刷机虽然标注的分辨率可能超过1000dpi，但实际上是寻址能力。由于物理分辨率的限制，某些静电照相数字印刷机采用线条网提高复制质量，墨粉颗粒尺寸和形状非均匀性导致线条宽度甚至形状的随机性。采用记录点集聚有序抖动技术形成网点时，墨粉颗粒尺寸和形状的非均匀性使记录点带有随机性，并进一步体现在网点上。综合考虑物理分辨率限制和墨粉堆积的随机性因素，静电照相数字印刷的半色调单元包含的设备像素（记录点）数量不必太多，事实上也无法包含太多的设备像素。此外，为了激光束栅格扫描曝光装置有序而方便地操作，记录点的集聚次序应尽可能有规律，如图10－16所示。

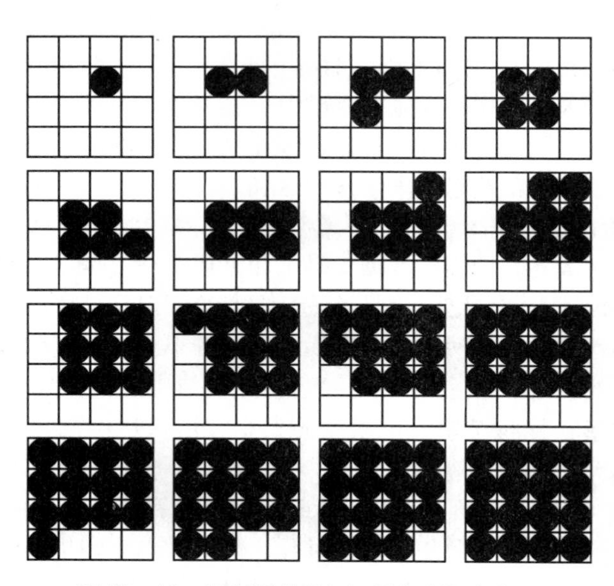

图10－16　半色调单元与记录点集聚次序

半色调单元由4×4个记录点（设备像素）组成，可以表现17种层次等级。记录点集聚的次序很有规律，按逆时针顺序逐步增加记录点集聚数量。

第十一章 逆半色调

逆半色调（Inverse Halftoning）是半色调图像处理的研究方向之一，主要任务归结为从半色调图像恢复到连续调图像。数学上的逆运算往往比正向运算更复杂，例如函数的积分运算比微分运算更为复杂和困难，再加上可微分的函数不一定可积，导致积分运算更大的复杂性。半色调处理与逆半色调处理的关系类似，连续调图像转换到半色调图像可按内容特点选择不同的方法，但根据半色调图像重构连续调图像要困难得多，原因在于不知道半色调图像的过去，从现在推及未来总是困难的任务。逆半色调技术在半色调图像处理和识别领域有广泛的应用，包括增强处理、滤波、信息抽取、插值和半色调图像的缩放等，由于二值描述的限制，仅仅以数字 0 和 1 描述的半色调图像无法实现上述处理。逆半色调的其他应用还有二次原稿的数字转换，以及对于半色调图像高水平的特征识别等。

11.1 复合滤波法去网

去网（Descreening）是逆半色调处理的重要应用，因半色调图像重构到连续调图像的工作任务需要去除半色调图像的网点而得名，应用例子有二次原稿（印刷原稿）从模拟转换到数字图像时扫描驱动软件内置的去除网点功能。复合滤波法去网通过二维的滤波技术从半色调图像重构连续调图像滤波器由两个一维的滤波函数构成，分别对应于一维低通滤波和特定方向上的一维模式匹配滤波。

11.1.1 查找表法和滤波法

逆半色调以一致性准则作为判断条件，用于约束逆半色调处理过程，典型约束条件可描述为：若给定的半色调图像以 $b^*(i, j)$ 标记，则要求找到满足下述条件的连续调图像：

$$H[b^*(i, j)] = g(i, j) \tag{11-1}$$

式中的 $H()$ 表示半色调算法。式（11－1）代表的方法隐含表明对于重构连续调图像的半色调处理方法和原半色调算法是已知的，为了方便而称原来的半色调算法为半色调核，例如对记录点集聚有序抖动为抖动矩阵，对误差扩散算法则是误差过滤器系数集合。由于原半色调操作参数可以从半色调图像估计出来，因而不能构成限制条件。

逆半色调处理的查找表方法可以用图 11－1 说明。令 R 标记半色调图像 $b(i, j)$ 的模板，并以 $|R|$ 表示 $b(i, j)$ 中的记录点数，则对二值半色调图像来说，半色调像素的模板对应于 $2^{|R|}$ 种可能的图像。如果有包含所有可能图像的查找表，且每一种图像映射到相应的灰度等级，则逆半色调处理可描述为 $b^*(i, j) = \mathrm{LUT}[g(i, j) \in R]$，其中 $b^*(i, j)$ 代表重构前的半色调图像。显然，这种方法的处理速度很快，因为每一个像素的重构仅涉及查找表。

为了设计出符合半色调图像的连续调重构性能良好的查找表，需要建立查找表与半色调图像的某种关系，最典型的方法是使用训练图像集合 I_1，I_2，…，I_k，并通过固定的半色调算法产生与训练图像对应的半色调图像集合 B_1，B_2，…，B_k；收集模板内容数值与对应的灰度等级值之间映射关系的统计特征，与模板内容数据相对应的灰度等级数值应来自训练图像集合，显然这些图像都是灰度图像。例如可以设计这样的查找表，使得它能够返回与每一种图像对应的灰度等级值集合的质心。如果对某一模板图像的计数结果为0，则认为该模板图像代表问题的接近解，可用于灰度等级值的插值计算，其中接近的程度以某种二值图像指标定义。研究结果表明，采用 3×3 的模板能产生足够好的重构效果，但也有人使用由 20 个像素组成的模板。

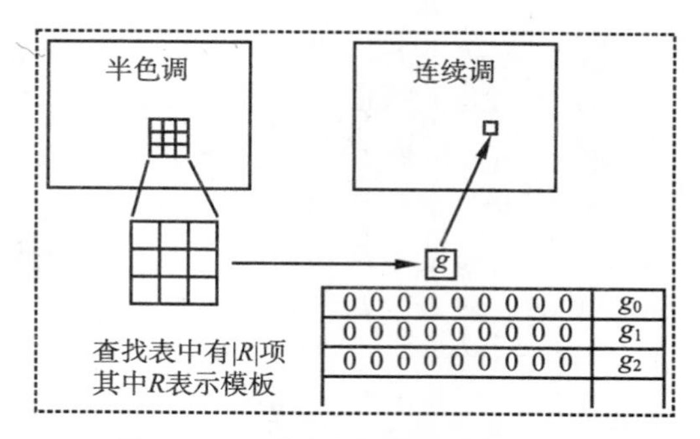

图 11-1　逆半色调的查找表方法

滤波是重构连续调效果更重要的途径，建立在对于连续调图像和半色调图像频率构成特点正确分析的基础上。自然场景典型连续调图像的大多数能量集中在低频区域，半色调承载的主要能量却集中在高频区域，可见逆半色调操作本质上应该尝试低通滤波技术。相比固定低通滤波器的连续调图像重构效果，空间变化的滤波器能明显改善重构质量。粗略地说，重构效果理想的滤波器应该具有低通特点，边缘位置的截止频率高，因而能保留边缘特征；平滑区域的截止频率要低，能最大限度地衰减掉半色调噪声。

11.1.2　低通滤波法

数字半色调处理是一种通过阈值比较从连续调图像到二值图像的转换过程。以记录点集聚有序抖动技术为例，网点生成的基础是阈值矩阵或阈值数组，当阈值矩阵的每一个元素与输入图像的像素值比较时，阈值矩阵在二值平面上周期性地重复。很明显，半色调处理必然导致信息损失，因而是不可逆过程，这意味着试图按半色调图像提供的信息恢复原连续调图像的全部细节是不现实的。尽管如此，只要算法设计合理，则获得近似于原图像的去网处理最佳结果有可能实现，这里提到的最佳处理结果指不引入明显的图像畸变，不致造成对象边缘模糊和产生赝像等。

从二值图像恢复连续调图像的处理方法相当多，算法设计在很大程度上取决于半色调图像的生成方法。如果以逆半色调算法的通用性衡量，则低通滤波最“称职”，也是最简单的逆半色调算法。低通滤波算法在数学上等价于加权计算，以低通滤波算法实现连续调图像重构时需要从原半色调图像中取出一个以当前处理点为中心的像素邻域，确定加权计算矩阵（即滤波器）后，再以加权系数与像素邻域对应位置的灰度值相乘，产生的乘积相加后即得到当前处理点的连续调像素数据。图 11-2 给出低通滤波器的三个例子，其中的数字就是加权系数，与连续调图像平滑处理用低通滤波器没有区别。

许多数字信号处理系统都利用滤波器来消除噪声、修正频谱组成或监测信号，具备这些功能的滤波器有两种，分别是有限脉冲响应滤波器和无限脉冲响应滤波器。其中，无限脉冲响应滤波器用于能够容忍相位失真的系统，而有限脉冲响应滤波器则在需要线性相位、具备内在稳定结构的系统中使用。正因为如此，许多数字信号处理系统设计时都采用有限脉冲响应滤波器，但对于给定的频率响应，由于有限脉冲响应滤波器的阶数比无限脉冲响应滤波器高，所以计算代价也高一些。

低通滤波器是有限脉冲响应滤波器的一种，此外还有 6 种标准形式的有限脉冲响应滤

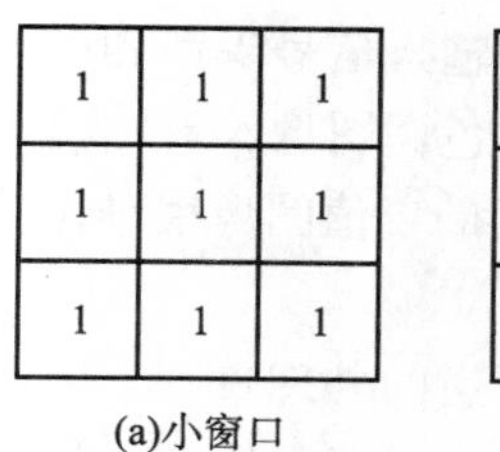

(a)小窗口

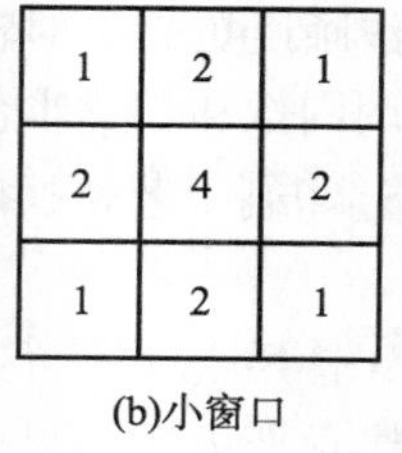

(b)小窗口

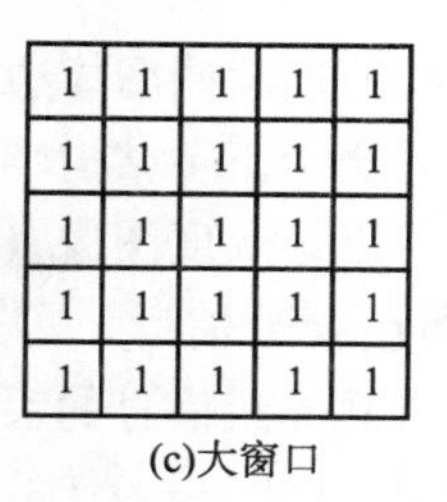

(c)大窗口

图 11－2　低通滤波器的例子

波器，例如半带低通滤波器、带阻滤波器、高通滤波器和带通滤波器等。低通滤波器的滤波带宽和截止频率由滤波器尺寸决定，且组成滤波器的数字固定不变。一般来说，若低通滤波器的尺寸设计得越大，则截止频率越低。如果选择了大尺寸窗口的低通滤波器，虽然连续调图像的恢复效果良好，但字符和线条部分的分辨率下降；选择小尺寸窗口的数字滤波器时因截止频率更高而能较好地重构边缘细节，这意味着连续调图像的边缘部分恢复得较好，但原半色调图像的颗粒感仍然保留在恢复后的连续调图像中。由此看来，要求从半色调图像恢复到连续调图像时应该针对不同特征的图像区域选择不同的滤波器尺寸，然而如何从二值图像中抽取某种特征区域的处理方法尚未真正建立起来。

一般来说，以固定的低通滤波器作用于半色调图像不会产生很好的结果，原因在于固定滤波器的通频带是如此之窄，以至于重构的连续调图像显得太模糊；或者是固定滤波器的通频带太宽，导致重构连续调图像保留明显的高频噪声。

11.1.3　基于低通滤波的改善方法

以传统的低通滤波法从网点图像或其他类型的半色调图像重构连续调效果倾向于模糊对象边缘，导致边缘细节损失。由于低通滤波法恢复连续调图像的上述缺点，因而出现了许多改善低通滤波性能的逆半色调方法。

第一类改善方法将去网操作处理为约束优化问题，认为记录点集聚有序抖动产生的半色调图像内包含的黑色记录点或白色记录点像素值给出了原连续调图像取值的可能范围，对误差扩散方法产生的半色调图像而言则是按误差分配规则修改后的像素值。在上述约束条件下，优化处理可利用逻辑滤波、迭代滤波和二次编程等方法实现，要求连续调图像重构方法能有效地利用网点（记录点）信息。然而，约束优化处理以假定半色调图像实现了理想套印条件为前提，即印刷结果与计算机产生的半色调图像一致，从而无法应用于半色调图像扫描时的去网处理。

第二类方法的基本特征归结为边缘保留滤波，对于印刷工艺的套印误差表现出相当的稳定性，适用于正字构造半色调（Orthographical Halftone）图像和扫描半色调图像，对高频网点结构和误差扩散半色调图像性能良好，却并不适合于低频网点。关于正字构造半色调算法的详细信息可参阅本书第三章的“正字阶调等级法”，虽然名称略有差异，但方法本质不变，类似于网点生长模型法。

考虑到约束优化方法和边缘保留滤波方法各有优缺点，如果将两者结合起来，则可形成新的更合理的逆半色调方法。这种逆半色调组合方法在恢复连续调图像时施加范围约束条件，但限制并不严格。粗略地说，新方法的基础是二维滤波的组合，在一种处理方向上应用一维低通滤波，而在垂直于低通滤波的方向上则执行一维的模式匹配，因而完整的处理过程是一维低通滤波和一维模式匹配组成的复合滤波。与传统低通平滑滤波相比，通过复合滤波方法重构的连续调图像边缘清晰度更高，对输入信号噪声和图像畸变表现出良好的稳定性，同时适合于正字结构半色调图像和扫描半色调图像，且扫描半色调图像既可以是二值图像，也可以是灰度图像（经过印刷工艺转换的二值图像很难保持二值特点）。

11.1.4 网点参数估计

半色调处理必然导致信息的丢失，性质上属不可逆的处理过程，因而无法重构原连续调图像的全部细节。即使是最佳的逆半色调处理结果也只能是原连续调图像的近似，但如果半色调算法经过仔细的设计，则可以避免明显的畸变，特别是能够避免边缘模糊化和产生赝像。作为常规的逆半色调处理技术，低通滤波使用得比较多，但这种方法无法实现边缘信息的保真，导致边缘模糊，有时甚至出现锯齿形边缘。

网点排列角度的选择有限，以45°方向排列最为典型。出于讨论方便的理由，假定网点图像按45°方向组织成的规则图像并无不当，当阈值矩阵总共包含 $2M \times M$ 个元素时，可以表现 $L = 2M^2 + 1$ 个层次等级，其中 M 为加网周期参数。借助于检查半色调图像自相关函数的峰值，就可以确定 M 的取值了。与其他逆半色调处理相比较而言，阈值矩阵估算显得更复杂一些。估计网点参数涉及完整记录点和部分记录点的概念：倘若某一记录点有可能通过连续调图像的均匀面积（常数灰度等级区域）产生，则命名为完整记录点；记录点不能通过均匀面积形成时，称之为部分记录点，对应于原图像的非均匀面积。完整记录点与部分记录点的重要区别，在于完整记录点并没有限制为非得通过均匀面积产生，仅仅是可能，因而均匀面积并非产生完整记录点的必要条件，例如阶调缓慢变化的区域照样可形成完整记录点。事实上，连续调图像内存在均匀面积的可能性很小。

对于由记录点集聚有序抖动算法输出的半色调图像，网点可视为有限个记录点集聚成的图像，因而称网点为记录点图像并无不当；对记录点分散抖动算法输出的半色调图像来说不存在网点的概念，整个半色调图像就是记录点图像。记录点集聚有序抖动算法输出的半色调图像由大小不等的有限个网点组成，这种网点集合称为网点图像。在正常的半色调操作过程中，每一灰度等级的转换结果内确实存在完整的网点图像，但仅仅是一个，且忽略可能产生的相位偏移。进一步来说，完整记录点集合（网点）与阈值矩阵间存在着一一对应的映射关系，获得完整记录点图像集合等价于确定了阈值矩阵。因此，估计阈值矩阵的方法归结为搜索完整记录点（网点）图像，基于下述观察结果：

（1）绝大部分记录点是完整记录点。

（2）仅存在 g 个完整记录点图像，其中 g 代表灰度等级数。

（3）存在大量不同的部分记录点图像。

由此可得出结论：通常情况下，在通过记录点集聚有序抖动算法重构的半色调图像内完整记录点图像集合（网点）起支配地位，特别重要的是完整记录点出现得比部分记录点图像更频繁。完整记录点图案集合的另一重要特点体现在其一致性，即第 k 个灰度等级的完整记录点图案集合不同于第 $k+d$ 个灰度等级形成的完整记录点图像集合，但区别仅仅体现在 $|d|$ 个像素上，这里的 $d=0$，±1，±2，…。

为了得到完整记录点组成的网点图像，半色调图像应分解成形状相同的不连续块，每一个块覆盖一个半色调周期，例如由 $2M \times M$ 个元素组成的矩形。如果对包含在块中的记录点图像做有序的排列，则每一种记录点图像的外观形态数量是可计数的。

完整记录点图像按下述规则选择：计数值最高的记录点图像指定为完整记录点图像，在此基础上删除与该完整记录点图像不一致的所有其他图像；此后再从剩下的记录点图像中选择计数值最高的图像，所选择的记录点图像添加到完整记录点图像集合中；上述处理过程继续进行下去，一直到所有图像被删除为止。

11.1.5 复合滤波方法

根据第三章介绍的正字阶调等级法构造半色调图像的原理，这种半色调方法并非真的要建立以灰度等级差异构成的字体，事实上根本没有这样的必要。基于纸介质的信息传播媒体包含大量的文字，而文字是传播信息的主体，因而组成文字的字符笔画边缘的清晰度是准确地传播信息的基本条件。为了保证字符笔画的清晰度，字体以矢量方式描述，以避免出现阶调的渐变。因此，正字阶调等级法不可能也不应该以构造灰度等级字体，而是借用了在规定记录栅格上造字的方法模拟连续调图像的灰度等级，所以这种半色调方法的输出结果与其他记录点集聚有序抖动方法输出的网点图像并没有根本性的差异。因此，正字阶调等级（正字构造）法形成的网点图像完全可作为复合滤波方法去网的例子，图 11－3 足以说明一维低通滤波的作用结果，图中给出的半色调图像包含典型的正字结构，半色调网点由沿着 45°方向排列的 4×2 记录像素组成。

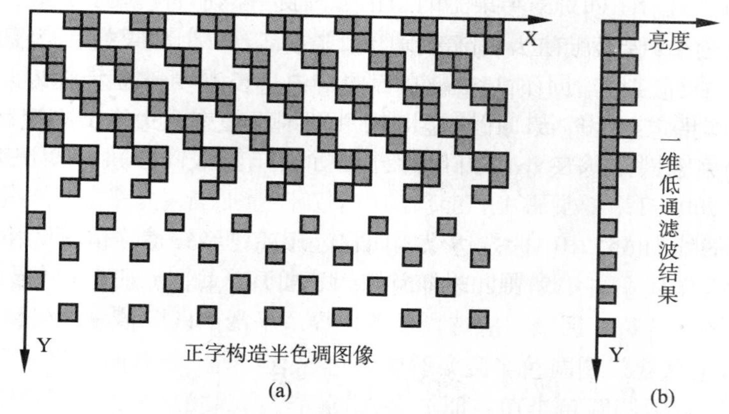

图 11－3　正字构造半色调图像与一维低通滤波结果

图 11－4 中（a）演示网点面积率随记录点集聚增加引起的网点图像曝光次序，由 4×2 个设备像素组成的半色调单元总共可表现 9 个灰度等级，曝光次序在两个局部区域内形成。

分析产生图 11－3 所示正字构造半色调图像后便有了合理的猜想，原图像应该由两个均匀区域组成，这两个区域以水平边缘区分。从图 11－3（a）给出的半色调图像恢复到连续调图像通过下述两个处理步骤完成：首先对半色调图像沿水平方向做低通滤波处理，可使用规模为 $1 \times M_X$ 的平均滤波器，其中 M_X 为水平记录点周期，对图 11－3（a）所示例子应该取 $M_X = 4$，处理结果见图 11－3（b），在水平方向是均匀的，仅包含一列。

其次是平均滤波产生的图像按列处理，对每一列应用滑动窗口，使滤波结果与整体水平网点模板集合匹配，这里提到的模板是沿着水平方向对整体网点图像平均处理得到的图像序列。整体网点模板尺寸和窗口尺寸覆盖记录点周期，对图 11－4 所示例子而言记录点周期等于 2。图 11－4 中（b）和（c）分别演示由（a）给定记录点矩阵（曝光次序）决定的整体网点图像和整体水平网点模板。当找到匹配结果时，与模板关联的灰度值指定给窗口的中心像素，成为原连续调图像的估计值，模板匹配结果通常发生在平滑区域。对于

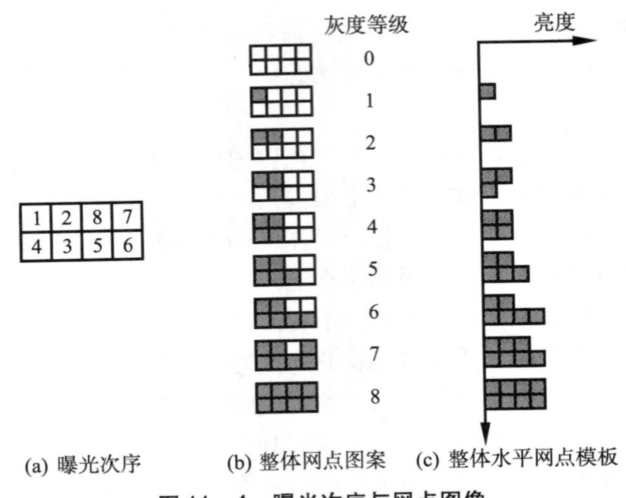

图 11 -4　曝光次序与网点图像

图 11 -4 给出的例子，半色调图像的上半部和下半部匹配到灰度等级 3 和 1 的整体网点模板，因而对应区域的像素被赋值为灰度等级 3 和灰度等级 1。如果模板匹配失败，则表明存在陡峭的边缘，需要向后或向前滑动窗口，以确定是否能找到匹配结果，这种尝试的目的在于为边缘一侧指定灰度等级。由上述处理原则不难理解，边缘清晰度可望得到保留。此外，匹配再次失败时应当缩小窗口尺寸，一直到匹配成功，这种情况常发生在细节区域。

在以上描述的处理方法中，假定边缘方向在处理前已经知道，但实际情况却没有如此简单。前述两步操作程序在几个量化方向执行，即水平、垂直和两个对角线方向。得到处理结果后需比较图像的每一区域，应选择导致边界最平滑的匹配值，产生最终结果。

11.2　误差扩散图像连续调重构方法

半色调图像的连续调重构是十分困难的任务，往往会导致严重的质量下降。误差扩散方法输出的半色调图像具有典型的蓝噪声功率谱分布，可惜这种特点无法在重构连续调图像时有效地利用。如果有必要对目标半色调图像执行缩放、锐化、旋转或其他操作，则应该在这些常规的操作前先执行逆半色调处理，质量下降可大大减轻。

11.2.1　误差扩散图像逆半色调方法概述

除多层次半色调处理外，绝大多数半色调图像以 1 位描述，但连续调灰度图像却以 8 位量化最为典型，因而逆半色调处理的本质在于从 1 位描述转换到 8 位描述，理论上要求信息量增加 200 多倍，困难可想而知。由此可知，逆半色调处理是一种不确定性求解问题，意味着逆半色调处理有可能产生无穷多个答案，即使在半色调方法已知的情况下，对给定的半色调图像也将导致无穷多幅灰度图像的输出结果。

模拟传统网点的记录点集聚有序抖动方法和误差扩散方法产生的半色调图像在结构性质量缺陷方面表现出来的差异极大，如何设计逆半色调方法显得十分重要。因此，针对网点图像和误差扩散图像设计不同的方法或许是明智的选择，因为这两种半色调图像分别对应于规则和随机。然而值得指出的是，某些逆半色调方法同时适用于模拟传统网点结构的记录点集聚有序抖动结果和误差扩散方法输出的半色调图像，但这不是本节讨论的重点。

针对误差扩散半色调图像提出的逆半色调方法见诸于专业文献的报道不少，已经完成的主要研究成果包括矢量量化、凸面集合投射、公共符号信息投射、非线性置换滤波、贝叶斯方法和小波分析等。许多方法确实能产生良好的连续调重构效果，但某些方法基于迭代操作，因而要求大量的运算和存储容量，且大多数方法频繁地使用浮点运算，使时间消耗成几何级数地增加。研究结果表明，在上面列举的方法中，众所公认的最好方法是小波逆半色调方法，对误差扩散图像能产生最佳的主观感受效果。

Kite 建议的方法有一次通过的优点，不仅计算工作量和存储容量要求低，且逆半色调处理结果可以与文献报道中看到的结果媲美。这种方法先做多层次（等级）的方向性梯度估计，再执行自适应低通滤波，处理过程中的大多数运算仅涉及整数相加，每一个像素的算术运算次数不超过 300 次，同一时间内只需在存储器内保存几行图像数据。

以快速逆半色调方法和多层次梯度估计方法的结合恢复连续调图像虽然实现起来相对复杂，但由于这种方法建立在各向异性扩散基础上，使用了多层次梯度估计方法，可调整每一个像素改变空间分辨率与灰度等级分辨率间的关系，因而连续调重构的效果良好。复杂的方法可以获得清晰的重构图像，同时能降低噪声感受水平，当然是值得的。这种逆半色调方法对每一个像素只需要低于 3000 次的算术运算，处理半色调图像的 7 ×7 像素窗口，因而适用于超大规模集成电路和嵌入软件实现。

11.2.2 低通滤波尝试

误差扩散方法输出的半色调图像不存在记录点集聚，而是以记录点为基本单位模拟连续调图像，每一个基本着墨单元（记录点）的取值非 0 即 1，且记录点尽可能在二值图像平面内均匀地分布，没有明显的低频纹理结构。相应地，记录点集聚有序抖动方法输出的半色调图像以网点为基本着墨单元，尺寸比误差扩散图像的基本着墨单元大得多，网点结构容易看清，除非输出设备的空间分辨率很高，眼睛才无法辨别。

根据误差扩散方法和记录点集聚有序抖动方法输出的半色调图像特点分析，在相同的输出设备分辨率条件下，由于误差扩散图像记录点分布均匀的特点，以低通滤波法从误差扩散图像重构连续调图像更容易。图 11 –5 给出了比较结果。

(a)

(b)

(c)

(d)

图 11 –5 两种半色调图像的连续调重构效果

图 11 –5（a）和（b）为重构前的半色调图像，分别以误差扩散方法和记录点集聚有序抖动方法生成，原图像分辨率均为 72dpi，其中记录点集聚有序抖动输出图像的网点频率等于 25lpi，椭圆形网点，沿 45°方向排列。图 11 –5（c）和（d）分别表示误差扩散图像和网点图像的连续调重构效果，利用参数相同的 σ 滤波而得。显然，误差扩散半色调图像的连续调重构效果优于记录点集聚有序抖动半色调图像的重构效果。图 11 –5 所示的例

子说明，误差扩散半色调图像的连续调重构更容易，至少对低通滤波如此。

11.2.3 一次通过逆半色调方法

半色调操作基本上是空间相关的字长（位）缩小处理，而逆半色调操作则可视为空间相关的字长扩展处理，对于 N 个二值样本的平均处理将产生 $\log_2(N)$ 位字长，比如 16 个样本平均处理后产生 4 位字长的结果。由于在平滑滤波器支撑基范围内的平均处理带有模糊特征，因而必须在灰度等级分辨率（即字长或色调分辨率）和空间分辨率间做出权衡。如果没有特殊的理由或附加条件，则半色调图像与逆半色调方法重构的连续调图像的像素数量应该相等。对于包含 $M \times N$ 个像素的给定图像，存在着 2^{MN} 种半色调图像和 256^{MN} 种 8 位图像的可能性。如果逆半色调方法已经给定，且方法本身具有确定性，则理论上应该存在着对应于半色调图像唯一的灰度图像。但实际情况却没有这样简单，逆半色调处理可能产生大量的连续调灰度图像，这些图像中的每一幅图像均可能是多余的。

低通滤波器对被处理对象“强加”某种固定的关系，这种关系发生于灰度等级分辨率增加和空间分辨率降低之间。然而，借助于改变灰度等级分辨率增加和空间分辨率降低间的权衡关系，却可以明显改善逆半色调处理的质量。在执行平滑处理的某些区域，将有更多的像素参与平均运算，因而增加了字长；而在边缘区域附近，参与平均运算的像素要少得多，从而能保留边缘特征。一次通过逆半色调法采用空间变化的线性滤波方法，不仅能获得许多灰度等级的平滑区域，且产生只有很少灰度等级组成的清晰边缘。滤波器针对每一个像素执行平滑处理，由根据图像渐变（梯度）计算得到的扩散系数控制。这种方法以各向异性扩散的形式实现，为稳定的多层次边缘检测而开发。

如同前面已经提到过的那样，一次通过逆半色调方法的基本思想建立在各自独立的线性滤波操作基础上，滤波处理遍及半色调图像的每一个像素。由 Kite 等人建议的方法特点归纳如下：首先，设计了高度自定义风格的平滑滤波器族，频率响应精细地调整到足以使误差扩散半色调图像产生平滑效果，滤波器族表示成参数形式，但只有一个参数，也称为控制函数，平滑滤波器系数根据控制函数直接计算；其次，梯度估计器（即滤波器）设计成固定的形式，考虑到了对于各种梯度方向的适用性，且滤波器与梯度估计方向的传输频带一致；第三，为了提高方向性梯度估计器对于噪声的稳定性，每一种梯度方向使用了两个传输频带滤波器，分别用于检测小尺寸和大尺寸边缘，因而梯度计算实际上是两种梯度估计滤波器的组合运算，可最大程度地“拒绝”噪声；第四，尽管使方向性多层次梯度估计滤波器输出与控制函数关联起来有不少方法，但一次通过逆半色调方法采用简单形式的仿射关系；最后，对被处理半色调图像的每一个像素应用各自独立的平滑滤波器，它们的构成取决于由梯度估计器输出计算而得的控制函数。

图 11－6 说明如何应用空间改变线性滤波器的步骤。其中，步骤 1 以两种滤波器尺寸沿垂直和水平方向计算梯度；步骤 2 使梯度估计相关，当两种滤波器尺寸下出现大的梯度时给出最大输出，例如清晰边缘，这里称相关估计为控制函数；步骤 3 按控制函数构造有限脉冲响应滤波器，每一个方向的平滑数量随图像梯度的降低而增加，平滑效果发生在平行于水平和垂直边缘的方向，但不会跨越边缘，因而能沿一个方向保留边缘细节，另一个方向则会提高灰度等级分辨率；步骤 4 在被处理对象上应用有限脉冲响应滤波器。

11.2.4 平滑滤波器设计

低通滤波确实是误差扩散半色调图像重构成连续调图像的重要手段，低通滤波本质属

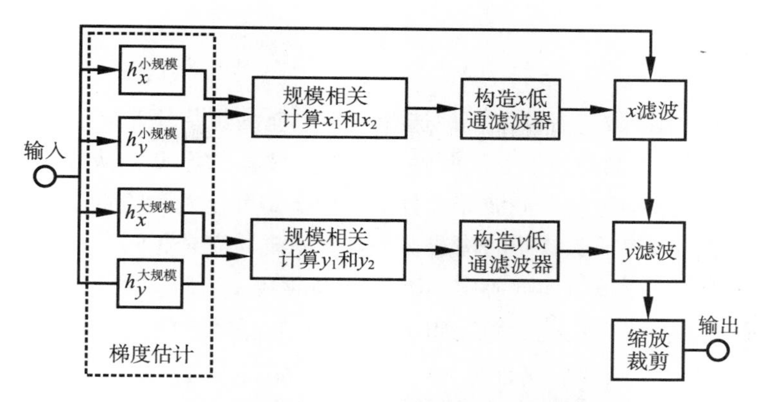

图 11－6 一次通过逆半色调处理的滤波过程

于平滑滤波，因而以低通滤波法重构连续调图像的关键在于平滑滤波器的设计。为了得到工作性能合理的平滑滤波器，可采用下述通用设计准则：小规模的固定尺寸有限脉冲响应滤波器，生成过程简单，滤波器相互独立，截止频率由单个参数决定，针对半色调图像精细调整频率响应。通过对 8 幅普通图像集合的试验研究发现，只需使用 7 ×7 规模的有限脉冲响应滤波器就能产生足够的平滑处理效果，结果令人满意。

半色调图像内往往存在以有限周期重复的结构性赝像，逆半色调处理应设法抑制这种有限周期，否则将导致非期望纹理的出现。按 Floyd-Steinberg 经典误差扩散方法产生半色调图像时特别容易在（f_N，f_N）和（f_N，0）位置出现赝像，并扩展到（0，f_N），这里以 f_N 代替（f_u，f_v），其中 f_u 和 f_v 分别标记水平和垂直空间频率。为了抑制误差扩散图像的结构性赝像，可采取在平滑滤波器中放置数字 0 的措施，且出现 0 数字的位置应该与产生赝像的频率对应起来。不同的误差过滤器可能在赝像方面表现出不同的特点，例如以 Jarvis 误差分配方案产生半色调图像时不容易包含 Floyd-Steinberg 误差扩散算法导致的赝像。由于平滑滤波器是相互独立或者说是可分离的，因而一维滤波器中的 0 变成二维复合滤波器的整行 0 数字。例如通过在 x 方向滤波器的 f_N 位置放置一个 0，则复合滤波器在（f_N，－）处产生一行 0 数字。

为了保留图像的平均亮度，滤波器增益的直流分量必须等于 1，从而在直流分量和 f_N 两方面限制滤波器。为此采用了限制最大传输带通波纹（Passband Ripple）的方法，以确保逆半色调方法尽可能忠实地恢复连续调图像。通常，峰值传输带宽过高的滤波器容易产生虚假清晰度增强的图像。研究结果表明，当波纹限制在 ±0.07（即 ±0.59 分贝）时能获得高质量的重构结果，不存在虚假清晰度增强效应。由于滤波器的最高抑制频带（Stopband，也称衰减带）增益规定为 0.05（该数字相当于 －26 分贝），因而滤波器输出的总体噪声功率随截止频率的减小而单调降低。如果对抑制频带增益不加规定，则可能导致设计出的 h_1 滤波器的截止频率低于 h_2 滤波器的截止频率，其结果必然是同样的输入图像在平滑处理输出时包含更高的噪声功率。因此，对于抑制频带增益的“放任自流”必然产生低品质的逆半色调操作结果，因为在此情况下量化噪声的降低不再与局部图像梯度成反比关系。考虑到一次通过逆半色调算法的平滑滤波器设计成可分离的形式和线性相位，因而每一维度（方向）上的系数具有［a，b，c，d，c，b，a］的形式。若强制约束直流分量和 f_N 并限制所要求的运算数量，则滤波器在每一维度（方向）上的响应为：

$$h(n)=\frac{1}{4(x_2+2)}[x_2-x_1+2,\ x_2,\ x_1,\ 4,\ x_1,\ x_2,\ x_2-x_1+2] \qquad (11-2)$$

式中的 x_1 和 x_2 是两个参数，必须审慎地选择，使之能满足传输带宽和抑制频带规定的要求。公式（11－2）所示的滤波器是实际使用一维滤波器的原型，从这种一维原型可针对输入图像的每一个像素构造两个滤波器，分别对应于 x 和 y 两种方向。在后面的分析中将仅仅讨论 x 滤波器，因为 y 滤波器的构造方法与 x 滤波器完全相同。

考虑到滤波器应该由单一参数确定，因而需要寻找 x_1 和 x_2 之间的函数关系。如果以多项式描述，则能够使 x_1 和 x_2 建立合理匹配关系的最低阶多项式如下所示：

$$x_2=0.4631x_1^3-2.426x_1^2+4.660x_1-3.612 \qquad (11-3)$$

利用公式（11－2）和（11－3）定义的连续滤波器集合的截止频率改变范围从 $0.066f_N$ 到 $0.502f_N$，直流增益等于1，到 f_N 时成为0；最高传输带宽波纹为 ±6.2%，相当于0.52分贝；最大抑制频带增益等于0.045，等价于27分贝。这样，整个平滑滤波器族的性能在原来规定的范围内，与近似表达式（11－3）的关系不大。

11.2.5 梯度估计

高斯滤波器是适合于连续信号梯度估计的最佳选择，这种平滑滤波器对给定的尺寸范围能产生最好的局部梯度。除空间域和频率域变量的组合最小化要求外，考虑到误差扩散算法输出的半色调图像包含高频量化噪声，有必要使用预平滑滤波器。为此，在设计平滑滤波器时应十分重视满足附加预平滑滤波要求的细节问题，注重滤波器的优化处理。通过试验发现，如果考虑到了附加要求，并执行了优化处理，则最终滤波器性能比相同尺寸的高斯滤波器更好，得到的梯度估计器与 Canny 建议的优化结果非常相似。

为了提高梯度估计对于半色调图像噪声的稳定性，有必要以两种滤波器尺寸（小尺寸和大尺寸）估计梯度，并使这两种滤波器尺寸获得的结果关联起来。研究结果表明，梯度估计滤波器横跨两种尺寸时出现很大的清晰边缘，但噪声却没有这种特性。对于8幅试验图像按两种滤波器尺寸估计梯度的处理性能都达到了最佳，但如果以更小的滤波器尺寸估计梯度，则逆半色调重构的结果图像噪声增加。梯度估计滤波器定义如下：在（－，0）、（f_N，－）和（－，f_N）位置出现0数字行，最高抑制频带增益等于0.03，峰值传输带宽增益为1，对于给定滤波器尺寸需保证可能的最窄传输带宽。

为了能明确地区分小尺寸和大尺寸滤波器梯度估计间的差异，滤波器的传输频带应尽可能窄，且滤波器应该是可分离的。需要估计梯度的方向，要求滤波器有带通特点；在垂直于梯度估计的方向，滤波器应该具有低通特征。

小尺寸梯度估计滤波器：尺寸5×5，调整系数1/1024，要求0数字列出现在中间，左右数据列数字的绝对值刚好相等：

$$h_x^{small}=\frac{1}{1024}\begin{bmatrix}-19 & -32 & 0 & 32 & 19\\ -55 & -92 & 0 & 92 & 55\\ -72 & -120 & 0 & 120 & 72\\ -55 & -92 & 0 & 92 & 55\\ -19 & -32 & 0 & 32 & 19\end{bmatrix}$$

大尺寸梯度估计滤波器：尺寸7×7，调整系数1/2048，数字0出现的规律和滤波器系数的分布特点同小尺寸梯度估计滤波器：

$$h_x^{large}=\frac{1}{2048}\begin{bmatrix} -12 & -27 & -25 & 0 & 25 & 27 & 12 \\ -30 & -68 & -64 & 0 & 64 & 68 & 30 \\ -45 & -103 & -96 & 0 & 96 & 103 & 45 \\ -54 & -124 & -114 & 0 & 114 & 124 & 54 \\ -45 & -103 & -96 & 0 & 96 & 103 & 45 \\ -30 & -68 & -64 & 0 & 64 & 68 & 30 \\ -12 & -27 & -25 & 0 & 25 & 27 & 12 \end{bmatrix}$$

11.3 神经网络逆半色调方法

由于逆半色调处理面对比半色调操作更困难的任务，再加上需求方面的原因，导致逆半色调方法的数量没有半色调方法那样丰富多彩。尽管如此，市场对于连续调图像重构的需求仍然存在，且对于连续调重构的准确度要求很高，因而出现了不少逆半色调方法，但如果加上高质量的限制条件，则数量就不会太多了。为了在高质量重构的限制条件下设计出有效的逆半色调方法，设计者们想出了各种不同的方法，比如神经网络方法。

11.3.1 神经元结构

人工神经网络模拟人的思维。从神经网络的结构特点和作用规律看，神经网络是非线性的动力学系统，其特色在于信息的分布式存储和并行协同处理。神经网络的人工构造建立在神经元（Neuron）的基础上，虽然单个神经元的结构极其简单，功能有限，但大量神经元构成的网络系统所能实现的行为却是极其丰富多彩的。

神经网络的研究内容相当广泛，反映多学科交叉技术领域的特点。目前，主要的研究工作集中在生物原型研究、建立理论模型、网络模型与算法研究和人工神经网络应用系统等方面。纵观当代新兴科学技术的发展历史，人类在征服宇宙空间、基本粒子和生命起源等科学技术领域的进程中历经了崎岖不平的道路，也体现在探索人脑功能和神经网络上。

人工神经元的研究起源于脑神经元学说。从 19 世纪末 Waldeger 等人创建神经元学说开始，人们在开展生物和生理学研究过程中发现，大脑复杂的神经系统由数目繁多的神经元组合而成。大脑皮层包括有 100 亿个以上的神经元，每立方毫米约有数万个，它们互相联结形成神经网络，通过感觉器官和神经接受来自身体内外的各种信息，传递到人的中枢神经系统，经过对接受信息的分析和综合，再通过运动神经发出控制信息，以此来实现机体与内外环境的联系，协调全身的各种机能活动。

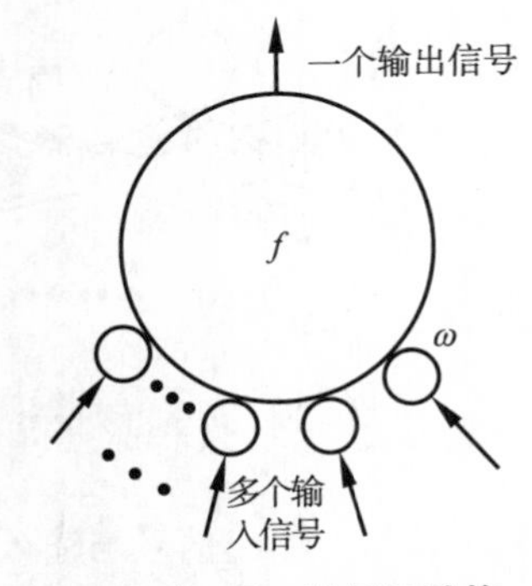

图 11－7　神经元结构

图 11－7 是神经元的结构示意图。从该图可以看到，每一个神经元能够从其他神经元接受不同类型的输入信号，传递到接受信号的神经元前各信号与组合加权系数相乘，图中以符号 w 标记组合加权系数，乘积之和再由函数 f 转换成输出信号。

如果以 $b(i,j)$ 和 $g(i,j)$ 分别表示输入信号（二值图像）和输出信号（连续调图像），则图 11－7 所示的信号处理系统通过下述公式计算连续调图像的灰度等级：

$$g(i,j)=f\sum_i\sum_j b(i,j)w(i,j) \tag{11-4}$$

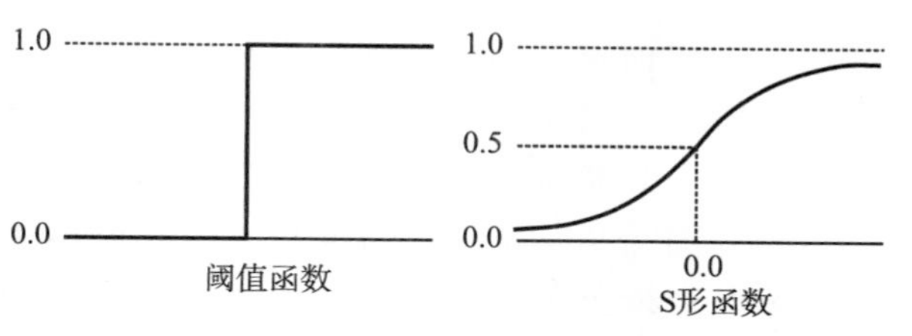

图 11-8　函数 f 的例子

式中的标记 f 称为学习函数，用于调整组合加权系数 w。函数 f 的例子有阈值函数或 S 形弯曲函数等，图 11-8 演示阈值函数和 S 形弯曲函数的含义，其中阈值函数与半色调方法常用的阈值比较没有区别，S 形函数的反弯点处于 0 和 1 的中间位置上。

神经网络方法大多表现为多层次结构。一般来说，层次结构越多，则神经网络方法的复杂程度也越高，因而根据实际需要选择合理的层次数量对最终结果很重要。本节介绍的神经网络方法采用三层结构，由输入层、隐藏层和输出层组成，输入层到输出层的神经元数量逐步减少。输入层的神经元数量与待处理图像的像素数量相同当然再好不过，但由此而导致的计算复杂程度的增加却显得毫无必要。因此，从实际角度出发，输入层的神经元数量选择得与数字滤波器包含的单元数量一致显得更合理。

11.3.2　神经网络的层次结构关系

神经网络是人工神经网络的简称，由大量简单基本元件（即神经元）相互连接而成的具有自适应能力的非线性动态系统。虽然每个神经元的结构十分简单，功能也极其有限，但大量神经元组合产生的系统行为却非常复杂，可以实现数量可观的功能。

人工神经网络可以反映人类大脑功能的若干基本特性，但并非对于实际生物系统的逼真描述，只是某种模仿、简化和抽象。与计算机相比，人工神经网络在构成原理和功能特点等方面更加接近于人脑，人工神经网络并非按给定的程序逐步执行运算，而是能够自身适应环境、总结规律、完成某种运算、识别或过程控制。

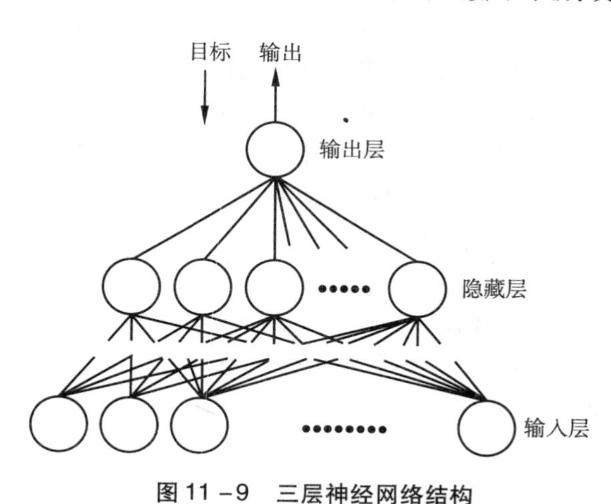

图 11-9　三层神经网络结构

如前所述，神经网络的层次结构越多，神经网络方法就越复杂，因而实际应用时往往采用较少的层次结构，例如图 11-9 所示的三层神经网络结构。由该图可以看到，从信号输入到输出成多对一的关系。设窗口包含 $n \times m$ 个像素，则输入层的神经元数量也是 $n \times m$ 个。输出层的神经元数量之所以取为 1，是因为对当前处理点来说只需要恢复成一个像素值。

神经网络方法有许多参数项目需要研究，但对于简易的逆半色调研究对象而言，例如按图 11-9 所示的简单三层结构重构连续调图像，重点在于输入层和隐藏层的神经元数量、输出信号与输入信号经由隐藏层作用后的关系以及神经网络系统的输出误差。若以 E 表示输出误差，则 E 定义为神经网络的输出值 y 与理想输出值 b 之间的差，由下述公式给定：

$$E = \frac{1}{2} \sum_{K} (b_K - y_K)^2 \tag{11-5}$$

神经网络方法经过训练后才能解决实际问题，而训练即为学习。向后传播是神经网络学习方法之一，其含义是通过修改加权系数的差值 Δw 调整组合加权系数 w，以降低误差 E。对 Δw 的修正量定义为：

$$\Delta w = -\eta \frac{\partial E}{\partial w} \tag{11-6}$$

令 w_{ks} 表示某一神经元 u_k 与其直接下方结构层神经元之间的组合加权系数，则组合加权系数修正量 $\Delta w_{ks}[n]$ 与上一次修正量 $\Delta w_{ks}[n-1]$ 的关系可描述如下：

$$\Delta w_{ks}[n] = -\beta \frac{\partial E}{\partial w_{ks}[n]} + \alpha \Delta w_{ks}[n-1] \tag{11-7}$$

通常认为，初始组合加权系数 $w_{ks}[0]$ 可以在 $-0.5 \sim 0.5$ 间选择。式（11-7）中的 α 称为动量因子或稳定性系数，通常取 $\alpha = 0.9$；另一参数 β 称为学习更新系数，可设置为 $\beta = 0.2$；通常认为以 S 形函数表示输入/输出关系合于连续调图像重构。

11.3.3 学习方法与连续调重构

作用发挥正常的神经网络方法应该与正确的学习方法配套，且学习方法应该有很强的针对性，与解决问题的思路与实现方法一致。为了从半色调图像重构连续调效果，基于人工神经网络的逆半色调方法必须确定合理而明确的学习对象。根据方法面临的任务，神经网络逆半色调方法的训练过程或学习方法归结为从半色调图像和连续调图像学习，被处理像素位置的选择取决于随机数的产生，图 11-10 给出了如何为重构连续调图像提供学习数据的示意图，半色调图像每一个待处理的像素对应一个神经元。

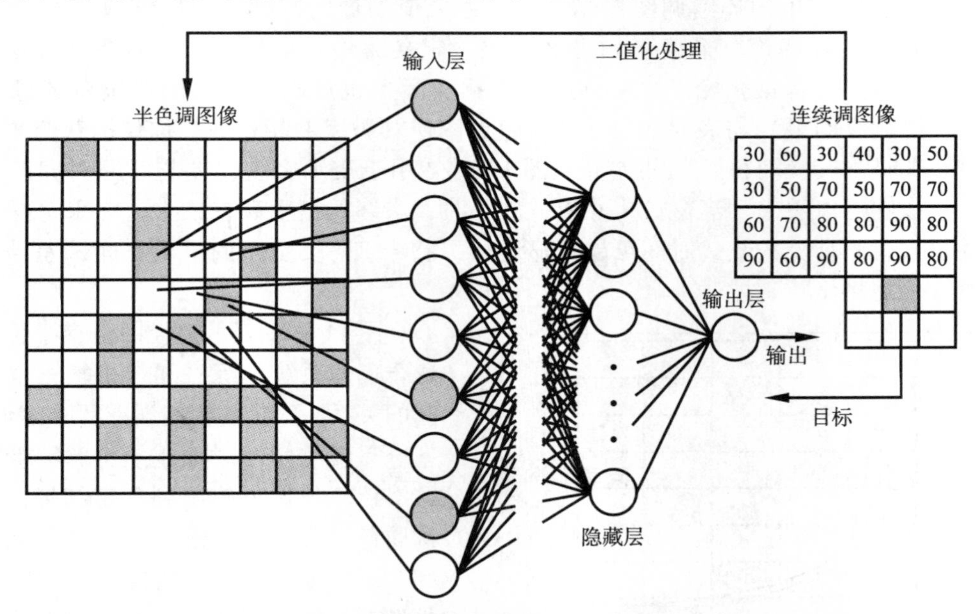

图 11-10 恢复连续调图像的学习数据

神经网络系统学习所用的对象通常来自二次原稿，即半色调图像经印刷系统作用后输出的印刷图像，并非真正意义上的二值图像，而是一定程度上的连续调图像，但包含二值图像的基本结构，例如网点结构。为了提供系统运用的条件，需要用数字照相机或扫描仪转换到数字图像，通常量化处理成 8 位图像数据。显然，图像捕获设备输出的数据不能满足神经网络学习方法的要求，需转换到二值图像才能够提供给学习方法使用，使学习方法有明确的目标。最容易学习的形式当然不是网点图像，应该是记录点分散的半色调图像，为此可将数字照相机或扫描仪捕获的 8 位图像通过误差扩散方法转换成半色调图像。以被处理点为中心，从半色调图像中取出像素邻域窗口，并传递给输入层；数字设备捕获的连续调图像数据给予输出层，作为输出层的理想数据使用，这种理想数据称为目标数据，是神经网络计算要追求的目标。注意，连续调图像数据不必按数字照相机或扫描仪捕获的形式传递给输出层，例如从原来的灰度等级范围 0 ~ 255 归一化处理成 0 ~ 1。

佳能公司的 Yoshinobu Mita 等根据三层结构组成的神经网络系统和二次原稿 8 位量化等因素，对输入层选择 3 ×3、5 ×5 和 7 ×7 三种窗口尺寸，并考虑了系统学习周期的数量、输出值波动、计算的收敛时间以及最终输出的密度误差等因素。对上述诸多因素考虑的结果是决定隐藏层包含多少个神经元的依据，不同的窗口尺寸应选择不同的神经元数量，最后确定 3 ×3、5 ×5 和 7 ×7 窗口隐藏层的神经元数量分别为 9、15 和 25。

11.3.4 重构效果评价

从连续调图像到半色调图像转换效果的评价有明确的依据，且评价起来也相当方便，原因在于被转换的对象和转换结果都以数字的形式描述，任何基于数值运算的方法均可为效果评价所使用，唯一要考虑的问题是选择的方法是否适用。

从半色调图像重构连续调图像就没有如此简单了，由于被转换的对象经过数字照相机或扫描仪的作用，捕获到的图像数据仅仅是半色调图像的近似表示。密度数据是评价图像复制效果的主要参数之一，可以为连续调图像重构效果评价所用。因此，通过神经网络算法产生的连续调图像能否保持原二值图像的密度特征应该成为衡量算法性能的指标，实际评价时采用平均密度误差，定义为输入半色调图像的像素密度与神经网络系统输出（像素）密度之差，这种数据实际上也反映了未知的连续调图像（神经网络算法输出结果）与表面上已知的半色调图像（数字照相机或扫描仪捕获的数字图像通过误差扩散转换而得）间的差异。图 11 – 11 用于演示密度误差与学习时间的关系曲线。从该图可以看出，当窗口尺寸取得较小时，最终的密度误差较大；如果选择的窗口尺寸较大，则计算的收敛时间可能明显增加，意味着需要更多的学习时间，差异甚至达到百万倍之多。

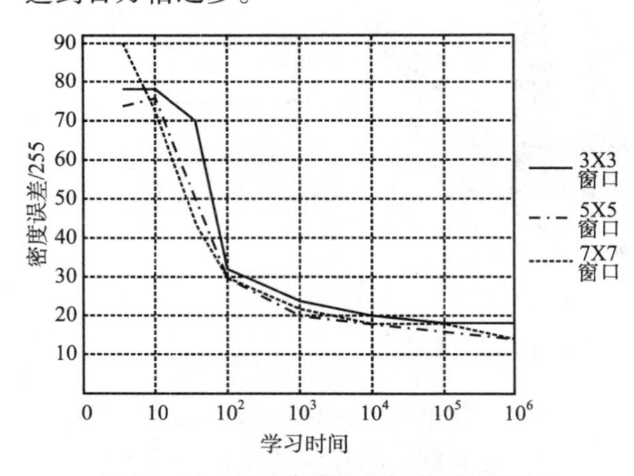

图 11 – 11 平均密度误差与学习时间关系

图 11 – 11 表示神经网络逆半色调方法合理的系统训练时间与平均密度误差间的关系，给定的密度误差要求越低时，系统需要的学习时间越短，意味着神经网络计算很快就收敛到预定结果，但重构质量不会太高；给定的密度误差降低到一定程度后，系统需要的学习时间不再像较高密度误差那样有明显改变，逐步趋向稳定。选择不同的窗口尺寸时，除 7 ×7 窗口尺寸在很高密度误差下学习时间改变十分明显外，其他条件下的学习时间改变基本相似，但 7 ×7 窗口从 10^5 ~ 10^6 秒下降得较快，说明密度误差改变效果较好。由于密度误差的大小以像素值除以 255 得到，因而相当于像素值的归一化处理，其本质是反映神经网络方法恢复连续调图像引起的像素误差。

11.4 基于小波变换的逆半色调技术

半色调图像的小波解码有利于一系列的空间和频率选择处理，以保留原图像的大多数内容，同时能去除半色调噪声，在此基础上还能有选择地应用非线性的滤波。小波解码也用作逆半色调操作的后处理步骤，建立符合美学要求的连续调图像。由于这种算法独立于参数估计，因而符合实践要求，适合于各种类型的半色调图像，包括印刷品扫描图像。

11.4.1 低通滤波法重构连续调效果的缺点

去网或逆半色调处理等价于从半色调图像获取连续调图像，这种操作不仅具有数字图像逆变换的理论意义，也有很重要的实际用途。对于半色调图像的处理通常是常规图像处理程序的反向问题，例如图像数据压缩、图像缩放和旋转、重新加网或阶调校正等。消除半色调图像的网点或记录点结构往往是半色调图像处理的第一步。

半色调噪声的频谱分布在很大程度上具有高通特点，可能因各种处理过程的不同而出现明显的差异。记录点集聚有序抖动方法输出的网点图像噪声能量集中在少数网线频率（加网线数）及其谐波的峰值位置上，其他半色调技术的噪声频谱通常是平滑和连续的，例如各种误差扩散和基于迭代处理的优化算法。半色调方法输出的二值图像和扫描图像的统计特征区别十分明显，前者指的是数字方式建立的半色调图像，以数字形式获得；后者则专指通过印刷系统的作用表现半色调，再利用扫描仪得到数字图像。半色调图像扫描阶段执行的去网处理对许多应用领域有特别重要的实践意义。作为原灰度图像的一阶近似，半色调图像的扫描结果可认为是原半色调图像的低通滤波版本。无论原半色调图像以何种方法产生，输入像素值为逆半色调处理提供了重要的线索，但这种结论对半色调图像的扫描结果并不成立，原因在于缺少记录点集聚有序抖动半色调图像那样的理想定位条件。

大量研究结果证实，半色调噪声能量主要集中在高频部分，因而理论上借助于低通滤波即能有效地去除半色调图像噪声。然而，正如前面指出的那样，低通滤波倾向于模糊对象边缘，可能破坏原图像的细节，可见纯粹的低通滤波处理并非理想选择。以低通滤波法恢复连续调图像的处理效果与逆半色调操作的对象有关，例如灰色渐变产生的半色调图像由于不存在明显的对象边缘特征，因而低通滤波效果相当好。图 11－12 是灰色渐变网点图像及其低通滤波版本，以 σ 滤波器去网，作用范围取 5 个像素，去网效果很好。

如果转换到半色调表示前的连续调图像有丰富的灰度等级变化和边缘细节，则低通滤波效果就不再像图 11－12 那样令人满意了，图 11－13 是低通滤波法作用于包含灰度等级不规则变化和边缘细节图像的例子，仍然采用 σ 滤波，作用范围取 2 个像素。之所以取较低的作用范围，是因为范围的扩大导致处理结果变得太模糊。

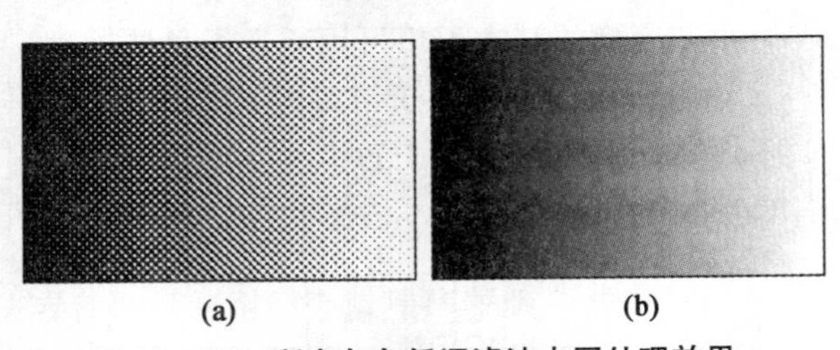

图 11－12 渐变灰色低通滤波去网处理效果

从图 11－13 给出的例子可以看到，低通滤波只能得到质量较差的连续调效果，帽子和人物轮廓的边缘变得很模糊，且低通滤波重构的连续调图像内包含较明显的颗粒噪声。尽管如此，从图 11－12 和图 11－13 确实也看到了希望，低通滤波法至少可以恢复出原图像的内容和画面概貌，视觉效果比起（a）的半色调图像总要好一些，问题在于设法改善低通滤波技术，比如约束优化和边缘保留滤波等方法。

大多数去网方法针对特定的半色调技术设计，其中的某些方法需根据特定的半色调参数集合调整和训练，当条件改变时，方法可能失效或性能很差。有时，这类方法往往会假定半色调参数的先验知识，例如加网线数、阈值矩阵和误差扩散加权系数等。然而，对大多数实际问题来说，原来采用的半色调方法和相关的参数通常是未知的，稳定而牢靠的估计常难以得到，更何况数字图像经常通过半色调处理结果（例如印刷品）的扫描获得。

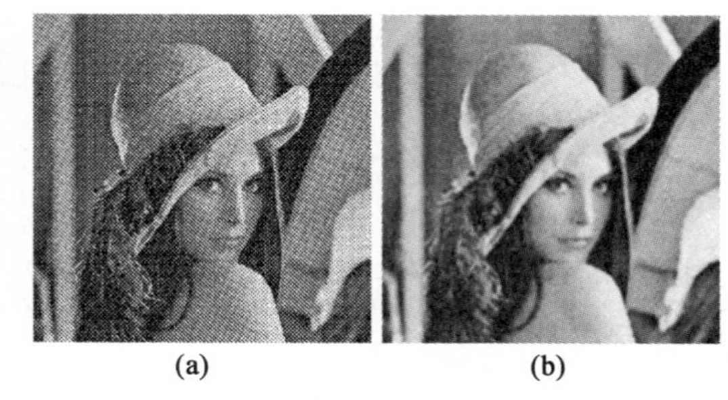

图 11－13　人物图像低通滤波去网处理效果

11.4.2　小波解码

函数的傅里叶展开是十分古老的命题，但作为强有力的数字信号分析工具使用却是 20 世纪 50 年代到 60 年代的事了，由于快速傅里叶方法的提出而使得这种变换成为信号分析的基石。傅里叶变换存在某些明显的缺点，变换结果反映函数或信号的整体特征，不能提供空间域的局部信息。为了通过傅里叶变换提供空域与频域局部信息对应问题，出现了加窗傅里叶变换技术，但由于窗口的大小和形状都是固定的，因而与了解局部信息的实际要求仍有距离。法国数学家 Morlet 针对加窗傅里叶变换的缺点引入小波（Wavelet）函数以及相应的小波变换方法，满足了频率域的局部信号分析要求，解决了窗口大小和形状均能改变的空间域窗口函数问题，成为数字信号分析的重要工具。

以小波变换重构连续调图像的主要优点体现在独立于半色调方法，因而有广泛范围的适用性，无需半色调方法的先验知识。小波变换是对于傅里叶变换的一种改进，离散形式的小波变换具有快速、线性、可逆和正交操作的特点。小波变换的基本思想是通过对信号做解码处理得到一套基本小波函数，在此基础上定义以时间尺度表示的信号，可获得输入信号的细节；小波集合从单个小波原型通过比例和平移变换获得，单个小波原型又称为母小波。离散形式小波变换的优点之一是适合于非静止信号分析，因为这种变换允许同时按时间和比例两种尺度做局部处理。离散小波变换对输入信号的多层次解码产生不同分辨率的高频和低频分量，变换需按照给定的等级数进行。

小波变换的基本思想可用于逆半色调处理，由子带分解、非边缘区域的噪声衰减、定向（导向）性滤波、逆子带重组和选择性的非线性边缘保留后滤波处理等步骤组成。半色调图像首先利用离散形式的小波变换分解成不同频率的子带，执行离散小波变换时要用到各自独立的滤波器库。小波解码的原理可以用图 11－14 说明。

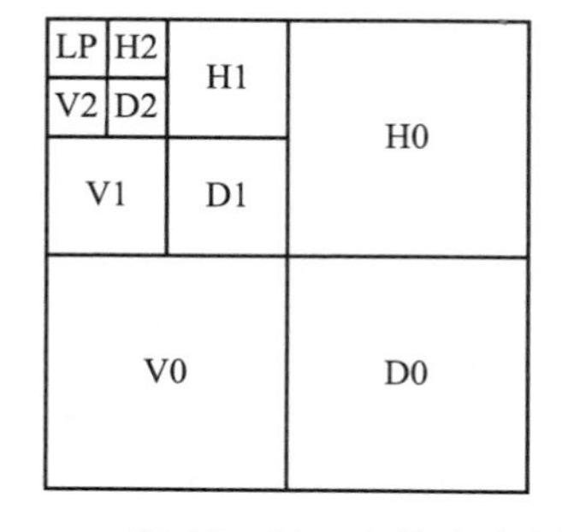

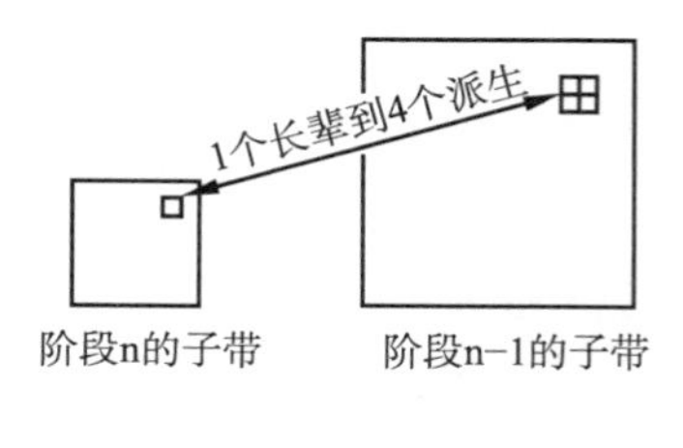

图 11－14　离散小波变换解码及其长辈派生关系

虽然半色调处理过程产生的能量主要“居留”在高频子带，但低频子带却包含了原连续调图像的大多数信号内容。连续调图像转换成二值图像后，高频子带的信号能量和半色调噪声能量强烈地混合在一起，其中包含对应于边缘信息和细节的信号能量，因而重要的问题在于从半色调噪声中分离出连续调图像的高频内容。面向频域的逆半色调处理（即低通滤波去网技术）之所以并不十分成功，是因为半色调噪声与高频图像内容（例如边缘和纹理）强烈地混合在一起。借助于截止频率较低的低通滤波技术确实能消除半色调噪声，但同时也不可避免地损失了高频图像内容，导致重构连续调图像的严重降低。

根据小波变换具有频率域局部信号分析能力的特点，输入图像信号可以分解成概貌和细节内容，分别对应于低频和高频分量。因此，小波解码有助于选择性地在频率域和空间域处理信号，其波形可根据对特定位置的信号分析要求变化。小波解码结束后，即得到空间和频率的联合表示，这种表示形式有几个重要的属性，它们对基于小波变换的逆半色调方法意义重大，是常规傅里叶变换无法做到的。首先，由于小波解码的结果是空间和频率的联合表示，因而每一种高频子带图像具有与众不同的方向，有利于恢复不同位置和不同方向的边缘细节；其次，每一种高频子带图像由不同的频率系数组成，而这些系数又对应于不同位置的类似频率分量，即使频率相同也照样能区别；第三，每一个高频子带系数是继承树的一部分，由对应于同一空间邻域的不同频率分量的系数构成继承树。

11.4.3 频率和空间相关问题

小波变换对信号频率的相关性问题利用噪声衰减技术解决。小波解码产生不同分辨率等级的子带样本，它们的幅值间存在继承关系。虽然子带样本的分辨率等级不同，但它们在同样的空间位置，因而可用不同的分辨率等级表示同一空间位置的图像内容，只是细节不同而已，这恰恰是强制半色调噪声衰减所需要的。根据小波解码特点，给定的长辈系数有4个子女系数，它们在同一方向的下一个更精细的分辨率等级下处于相同的空间位置，这种关系已经在图11－14中演示得很清楚。通常，后代子女系数的幅值不会相对于祖先而增加。换言之，大多数图像信号的功率谱随着频率的提高而衰减，这种假设与大量的实验观察结果相吻合，已经成功地应用于图像编码。信号功率谱与频率的关系可作为子女与长辈间的约束条件使用，据此分解半色调能量，提取出感兴趣的信息。根据这一特点，可以在高频子带内裁剪系数，使得它们（子女系数）的幅值不大于长辈幅值或长辈的加权幅值。上述处理方法称为系数裁剪，与低通滤波的区别在于裁剪是空间适应的。

以固定的关系裁剪子女系数无法满足和适应分离不同空间位置频率成分的要求，只能采用加权裁剪的方法。对于加权系数的裁剪与灰度等级有关，若考虑到连续调图像的灰度等级是位置的函数，则加权系数的裁剪过程具备良好的空间适应性和频率适应性。更准确地说，系数裁剪在边缘位置是保守的，这有利于保留连续调图像的边缘细节；系数裁剪在其他位置又是积极的，因而能有效地衰减掉半色调处理引入的噪声分量。

此外，加权系数不能任意决定，必须考虑到用于裁剪子女系数幅值的加权系数还负有使子带增益均衡的责任，否则有可能导致噪声不减反升。因此，每当对子带做进一步的解码处理时，如果使用了正交基或准正交基的解码方法，则为了确保能量守恒，应该将确定数值的增益系数应用到子带的动态范围。除执行简单的重新归一化处理任务外，加权系数可用于主动裁剪高频子带，对应于使用较小的加权系数，或者裁剪保守的低频子带，应采用较大的加权系数。如此处理的理由是对应于高频子带的原连续调图像能量小，其特征不易看清，取数值较小的加权系数有利于细节再现。另一方面，大多数半色调图像在低频子带的能量较低，这些低频能量往往与重要的图像特征混合在一起。可见，裁剪低频子带时采用保守做法应该是明智的选择，但加权系数的选择必须在广泛试验的基础上进行。

根据频率分析结果，同一空间位置不同频带的半色调图像不能很好地相关，但图像内有明显边缘特征的部位却并非如此，可能在相同方向和相同位置的所有子带呈现良好的相关性。因此，无论长辈系数是否存在活动性，处理时应该更保守，因而裁剪前需给予长辈系数幅值更大的加权系数。为了抑制平滑区域的半色调噪声，低活动性的长辈系数区域可能需要更主动的裁剪，意味着需采用较低的加权系数。由此可见，适应性裁剪可能呈现为加权系数分布空间变化的形式，目的在于改善甚至消除半色调噪声，但又要保留边缘特征。

带内滤波解决空间相关问题。为了进一步降低边缘位置附近的半色调噪声，首先应定位边缘。幸运的是，在小波解码的框架内，边缘内容已解码成良好分离的子带图像，其中包括频率、位置和方向。子带图像包含边缘分量，主要沿子带方向进行。借助于沿垂直方向做低通滤波并沿水平方向做高通滤波可获得水平子带，滤波配置相反时产生垂直子带，而对角线子带则是垂直和水平方向高通滤波的乘积。很明显，以上处理方法得到的结果必然是垂直子带包含水平边缘分量，水平子带包含垂直边缘分量，对角线子带包含剩余的沿对角线和脱离对角线方向的边缘分量。

根据上述滤波配置得到的直觉推论是，如果沿特定的方向对子带图像做低通滤波，则可以消除半色调噪声分量，且不会导致边缘清晰度的明显降低。特别是，一维的低通滤波器可以加到水平和垂直子带，即水平低通滤波器应用于垂直子带，垂直低通滤波器施加于水平子带，而X形状的低通滤波器则加到对角子带。

11.4.4 半色调分块小波变换去网

通过扫描仪从已有印刷文档转换到电子文档的需求与日俱增。页面是组成印刷文档的基本单位，而页面中又往往包含文本、图形和图像等基本的页面对象，因而高质量的扫描转换首先要求识别出页面中的半色调对象。这样，以小波解码技术分离和识别页面对象自然成为合理的选择。

只有组合文档的半色调区域能够与文本区域分开处理时，才有可能获得质量最佳的扫描文档。从页面中识别出半色调区域需要半色调分块方法，预先处理扫描文档，并在此基础上应用逆半色调方法，使探测出来的半色调区域转换成连续调表示。

由于实际应用的需要量，半色调分块技术受到不少研究人员的重视，划分为频域和空域两大类。记录点集聚有序抖动方法在半色调处理期间重复使用相同的阈值矩阵，因而半色调图像必然会继承这种重复特性，导致频率的重复。以基于纹理分析的半色调图像分块方法为例：首先识别环形区域内能量最大的点，再根据识别结果选择预先定义的Gabor滤波器；二次原稿（印刷文档）以所选择的Gabor滤波器处理，如果滤波图像某些区域的幅值超过预定义的阈值，则半色调区域就能识别出来。

分解是小波变换的“特长”，半色调分块应该充分利用小波解码。从图像的本质特征考虑，半色调图像的大多数能量集中在直流分量附近。例如，若采纳三个层次的小波变换，则节点（3，0）将包含能量的大多数，其结果是只要半色调图像“驻留”在印刷文档内，则包含重复能量的节点及其谐波将会在频率域内呈现强烈的尖峰。基于上述分析和实验观察结果，基于小波分析的半色调分块方法首先对图像执行三层次的小波变换，并将二维的快速傅里叶方法应用到所选择的节点上。如果出现强烈的尖峰，则根据对于半色调图像的频率测量和分析结果设计经过优化处理的带通滤波器。

无论以数字照相机或扫描仪捕获数字图像，印刷业往往按网点频率加倍原则确定数字图像的空间分辨率，例如图像以 150lpi 的网点频率印刷时，图像分辨率取网点频率的两倍而确定为 300dpi。可见，用于印刷的图像分辨率比屏幕显示高得多。以平板扫描仪获取数字图像时，很高的分辨率扫描还有其他目的，是为了避免扫描线与网点结构图像的交互作用而产生莫尔条纹。无论出于何种目的，印刷对于高分辨率的要求导致图像的数据量很大。如此看来，如果在数字图像捕获后需立即分析整幅图像，则计算工作量太大，以至于图像处理系统无法承受。问题还在于，捕获对应于二次原稿的数字图像时，半色调区域可能只占文档面积的小部分，频率峰值看起来很不明显，从而导致错误的分类。考虑到二次原稿数字捕获及其后续处理过程中的各种可能因素，设计下述处理方法：首先将图像划分成 512 × 512 的搭接块，各自独立地对每一个块应用半色调分块方法；若频率峰值存在，则处理后的频率峰值将变得更明显，因为这些峰值将处在特定区域的显著位置上。必须强调的问题是，分析时只能使用每一个块的中心区域，才能避免小波变换引入的边界效应。

对于记录点集聚有序抖动方法输出的半色调图像来说，成功的逆半色调处理依赖于设计功能良好的去网滤波器，为此需考虑下述因素：首先应该消除对应于输入半色调图像包含的由网点结构决定的周期性信号；其次是设法保留图像固有的边缘和细节信息，保留良好的视觉外观。显然，上面给出的前两个因素彼此冲突。

见诸于专业文献报道的逆半色调技术已经有不少，其中的某些方法集中于分析误差扩散半色调过程，但这类方法很难应用于去除记录点集聚有序抖动方法产生的网点。基于小波变换的逆半色调技术虽然并不限制于特定的半色调工艺，但这类方法涉及降低分辨率和提高分辨率采样操作，从而有可能出现莫尔条纹，导致重构图像质量的降低。

Kuo 等人提出的次优化线性有限脉冲响应滤波技术适用于半色调去网处理，或者说是为了去除由记录点集聚有序抖动方法产生的谐波分量。对此，如果添加其他约束条件，则只能增加滤波器的最小尺寸，导致更模糊的逆半色调处理效果。因此，在设计线性滤波器时应重点考虑半色调图像的频域峰值位置，限制网点去除滤波器在这些峰值位置只能有 0 频率响应，原点（直流分量）的频率响应必须等于 1。这样，以次优化线性有限脉冲响应滤波技术去除网点的求解归结为线性系统处理。

许多学者利用滤波器库分析纹理并对纹理分类，认为滤波器库的规模应该足够大，才能符合通用目标要求。当二值网点图像包含的重复图像处理为纹理时，则滤波器库纹理分析技术也可用于半色调分块。对于组合文档的半色调区域识别而言，处理目标限制在根据文档平面内是否存在半色调图像做出简单决定，因而决策所使用的特征空间的维度可明显减少，例如 Dunn 等人仅仅使用了一种特征就成功地探测出了半色调区域。

12 第十二章

莫尔条纹与玫瑰斑

以记录点集聚有序抖动方法从连续调图像转换到半色调图像时，阈值比较的结果形成有规则排列的网点图像，只要有两种或两种以上的网点图像以不同的角度交叉排列、网点图像的周期不同或相同的网点图像间存在相位差，则这些网点图像彼此叠印后产生莫尔条纹就难以避免。莫尔条纹并非想象的那样讨厌，许多领域正是利用了莫尔条纹的固有物理属性，比如通过莫尔条纹的级数测量物体的尺寸和形状等。然而，对彩色复制品来说莫尔条纹并不需要，因为它干扰了眼睛对印刷品的阅读，确实是印刷工艺的有害因素。

12.1　莫尔条纹

莫尔条纹有时也称为莫尔图案，因多色印刷工艺以不同角度排列网点并彼此叠印而导致的视觉副产品。由于油墨的透光作用，从不同的油墨层反射的光线彼此作用，以及网点排列的相位差引起的光线局部重叠，产生对视觉感受影响程度不同的莫尔条纹效应。

12.1.1　线条莫尔条纹

线条莫尔条纹（Line Moiré）是莫尔图案类型之一，两个由相关的不透明图案组成的透明层叠加时出现，例如刻有黑色不透明栅线的两片透明玻璃或两块透明薄膜，包括直线图案和曲线图案的叠加。移动两个透明层之一时，莫尔条纹将以更快的速度变换或运动，这种效应称为光学莫尔条纹加速。由于油墨层的透光作用，两组线条图案彼此相交或错开某种距离叠印时，也会出现莫尔条纹，例如图 12－1 中（a）所示的黑色线条图案叠印结果。

图 12－1（a）演示的莫尔条纹具有下述特点：单位距离内分布相同数量的黑线条，等宽度黑色线条留下的空白组成白色“线条”，间距与黑色线条相同；这两幅黑白间隔相等的线条图案交叉成较小的角度叠印，例如图 12－1 交叉成 8°。很容易想象，如果两组黑色宽度和白色间隔完全相同线条图案彼此成 90°角交叉放置并叠印，则莫尔条纹效应将达到最小化的程度，实际上近似莫尔条纹消失，如图 12－1（b）所示。

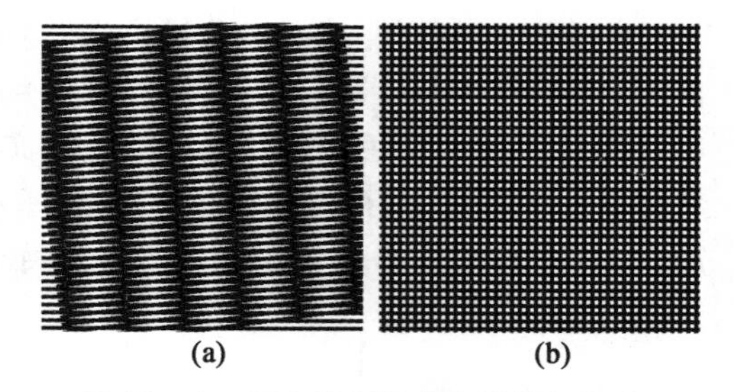

图 12－1　两组平行线产生的莫尔条纹

当线条变得更细时，即使交叉排列的角度很小也能产生更多的条纹。导致莫尔条纹的原因很简单，若两组黑白线条相互叠印，则由于白色的空白部分仍然得以保留，因而产生了白色的谱带，即亮带；两组线条彼此的相位不同时，留下的白色空间最小，从而形成深色谱带，亦称暗带；随着两组黑白线条交叉角度的增加，亮带和暗带都变得越来越窄；到两组黑白线条交叉成90°叠加时，莫尔条纹效应将达到最小，即近似消失。

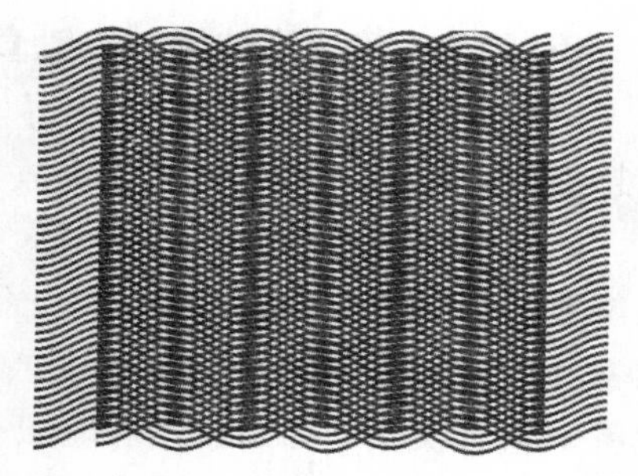
图12－2 波浪线图案叠加成的莫尔条纹

黑白距离相等的线条图重叠地放置，看到的结果如同没有叠加那样，但如果线条错开一段距离（例如错开线条宽度的1/2或1/3等）叠印，则同样会出现莫尔条纹，亮带和暗带将交替出现。线条图叠加引起的莫尔条纹还有更丰富的内容，与线条图案的形成规则、线条粗细和线条形状等诸多因素有关。以曲线图案叠加为例，如果两组规则分布的黑白波浪线错开一定的距离叠加，则形成的莫尔条纹比等距离黑白直线条图案叠加有趣得多，比如图12－2所示的两组波浪曲线叠加出漂亮的条纹。

12.1.2 网点图像叠印莫尔条纹

由于黑白网点形成的画面也是周期性图像，因而交叉叠印后同样会产生莫尔条纹，例如图12－3演示的例子。为了能清楚地演示莫尔条纹，图中的网点图像以30lpi通过记录点集聚有序抖动方法生成，并沿水平方向排列半色调圆形网点，两组网点图像分别交叉排列成6°和15°叠印，得到（a）和（b）所示的莫尔条纹。

网点图像叠印与线条图案叠印的区别是亮带和暗带彼此交叉成90°，因而网点图像叠印产生的莫尔条纹与黑白线条不同。可以观察到的与线条图案叠印相同的现象是，随着交叉角度的增加，条纹数量也随之增加，交叉成90°叠印与0°角叠印效果相同。

由于复制工艺使用网点形状的多样性，圆形网点图像交叉成一定角度的叠印结果尚不能说明半色调莫尔条纹的全部特征。为了验证其他网点形状构成的网点图像交叉叠印形成的莫尔条纹与圆形网点图像叠印是否存在区别，选择图像复制常用的椭圆形网点与圆形网点比较。半色调加网参数如下：输入信号是30%黑色的恒定灰度图像，通过记录点集聚有序抖动方法转换成两幅相同结构的半色调图像，以20lpi加网，选择椭圆形网点。

椭圆长轴与水平线夹角等于135°，由于长短轴相互垂直，因而短轴与垂直线夹角也等于135°。两幅椭圆网点半色调图像交叉排列成15°角叠印后形成的莫尔条纹与圆形网点图像叠印结果类似［图12－4（a）］，交叉成90°叠印［图12－4（b）］后得到的结果似乎有些“怪异”。从图12－4（b）可以看到，由于两幅椭圆形网点图像交叉成90°后椭圆的长轴也互成90°，观察到的画面与期望中的十字花形状不同，而是呈现过分夸张的外观。推而广之，十字交叉线网点图像交叉叠印的结果应大体与椭圆形网点相同，因而对某些形状的网点交叉成90°叠印时仍然有莫尔条纹效应，视觉效果不见得好。

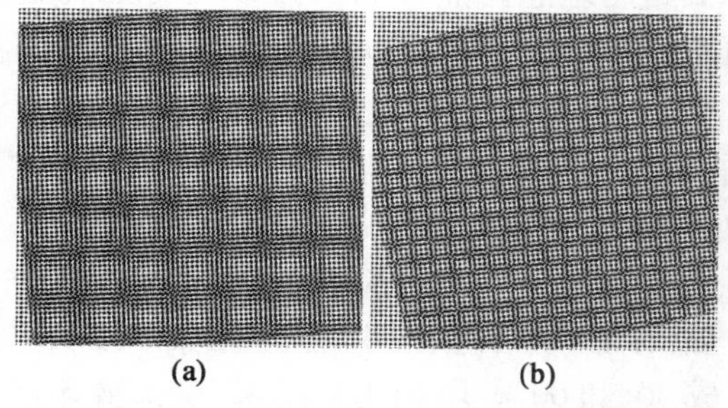
(a) (b)

图12－3 网点图像叠印导致的莫尔条纹

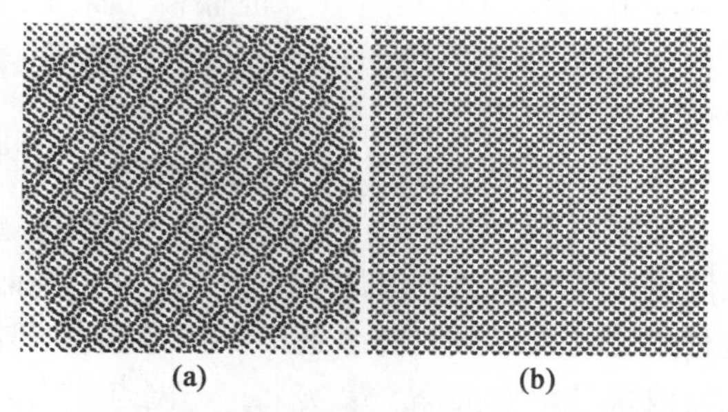
(a) (b)

图12－4 椭圆网点图像交叉叠印产生的莫尔条纹

12.1.3 超细胞结构与自动莫尔条纹

记录点集聚有序抖动为了获得与期望的周期性网点频率和角度接近的近似解，通常采用超细胞结构法，半色调网点可放置在超细胞“瓷砖”栅格有理正切角度斜率的交叉点上。超细胞“瓷砖”设计得可以周期性地应用，产生扩展网点图像。由于超细胞结构的网点位置没有必要对齐到像素栅格，因而这种方法产生的半色调网点彼此间往往互不相同。设备分辨率与网点频率相比显得更高时，超细胞结构法得到的结果相当好。然而，若设备分辨率相对较低，例如台式静电照相打印机等设备，则由于记录点对记录点的位置波动，很可能导致明显可察觉的赝像，从而限制了超细胞结构法的用途。

低分辨率硬拷贝输出设备由于记录点的位置波动引起的结构性赝像常称为自动莫尔条纹（Automoiré）或内部莫尔条纹（Internal Moiré），代表网屏与像素栅格的交互作用效应，也可以理解为理想连续空间内构造半色调图像采样引起的频率混叠。降低自动莫尔条纹的典型方法往往利用添加随机性打断规则图像，但通常产生颗粒感的图像，只能部分地减轻自动莫尔条纹效应。避免颗粒感的更好方法是 R. Levien 建议的所谓优秀质地加网（Well-Tempered Screening）技术，利用从前一灰度等级过滤所得像素图像的反馈信息修改设计时确定的阈值，原离散阈值数组内的频率混叠误差可视为沿阶调梯尺的扩散结果。由这种方法提供的许多信号处理框架将频率混叠现象的位置“通知”采样系统，成为智能处理的信息来源。然而，考虑到优秀质地加网技术提出时针对二值网点，对于连续调图像内的某些阶调等级将不可避免地产生明显的非谐波成分，半色调重构效果往往不能令人满意。

借助于抗频率混叠措施，半色调处理也可用于降低自动莫尔条纹。从高分辨率的半色调图像开始，对输入图像应用抗混叠滤波器，产生对于设备分辨率的子像素采样结果。传统的箱式滤波技术常常用于建立阈值数组，继而利用这种阈值数组实现抗混叠滤波。尽管如此，箱式滤波仍然会出现明显的频率混叠赝像，而质量更高的抗混叠滤波器很可能作用于原图像的动态范围之外。此外，半色调处理系统对连续调图像灰度等级的二值量化将构成进一步的限制条件，以至于无法达到期望的半色调质量。

为此，蒙纳成像公司的 Kenneth R. Crounse 提出了一种抑制自动莫尔条纹的优化方法，用于周期性网屏设计。对于给定的灰度等级，以理想连续空间的半色调图像出发求解约束条件下的半色调处理优化问题，即可获得按超细胞“瓷砖”像素为基础的最佳离散空间半色调图像。优化处理以最小平方空间频率加权差的最小化为目的，为此需要计算借助于印刷系统在连续空间内重构的初始半色调图像与理想半色调图像的空间频率差异。如此得到的半色调处理结果表明，半色调图像几乎不包含超过网屏基本频率和谐波频率的能量，但保留了原来打算得到的理想网点形状。按以上方法构造所得的一系列半色调图像可以转换到有序抖动阈值数组，只要在优化处理期间强制图像值量化就可以了。

12.1.4 视觉效应最小化的理想角度

根据图 12－4 演示的椭圆形网点图像叠印结果比较，人们有理由期望在0°和90°间存在使莫尔条纹视觉效应最小的角度，并由此而产生对于莫尔条纹最小化角度的猜想，认为这种角度的合理数值应该是0°～90°的中间值，这意味着交叉排列成45°叠印时莫尔条纹对视觉效果的影响最小。事实上，与网点图像交叉成30°和60°叠印相比，以45°交叉叠印产生的莫尔条纹形态确实要好一些，但差异不像期望的那样明显。

研究结果表明，两幅排列规则相同的半色调网点图像交叉叠印时，视觉影响最微弱的莫尔条纹并非如猜想的那样以45°角交叉叠印，而是出现在37°和53°位置，这两个数字分别接近于30°和60°角。由此可见，降低莫尔条纹效应的理想角度并非45°角，且30°和60°还不是关键性位置或临界位置；但如果有第三种颜色的半色调网点图像加到两色叠印组合画面上，则这两个角度就变成关键性位置，原因在于二阶莫尔条纹效应。

交叉成15°角叠印与交叉成30°或60°角叠印也很重要，因为四色印刷时青色与黄色网点图像的夹角等于15°。按Yule的观点，以15°角交叉叠印形成的莫尔条纹与交叉成60°叠印产生的莫尔条纹基本形态相同，区别仅在于条纹大小。从图12－3和12－4给出的例子都可以看到，如果两幅半色调网点图像分别对应于黑色和青色，则交叉成15°叠印产生的莫尔条纹太明显，原因在于两种强色有明显的重叠带和吸收带。可见，如果以15°角交叉叠印，则两幅半色调图像中必须有一幅是黄色，才能保证网点叠印产生的莫尔条纹不太明显，这成为四色套印工艺排列青色、黄色和品红色网点图像叠印的重要依据。

对借助于现代高速湿压湿印刷机的彩色图像复制而言，青色油墨通常以15°角与黄色油墨交叉叠印，当然也允许红油墨与黄色油墨交叉成15°角叠印，取决于被复制图像画面为冷色调还是暖色调。对于油墨颜色和网点排列角度组合的选择是图像复制技术必须面对的，可能发生各种与复制过程有关的问题，其中最主要的是第二色油墨的转移量不同于黄色油墨转移量，或第二色油墨叠印到黄色油墨时产生扩散现象。对此的最好补救措施是提高第二色叠印到黄色油墨的套印精度，并对黄色油墨使用更精细的加网线数，以降低莫尔条纹对最终印刷品视觉效果的影响。此外，黄色版采用不规则的网点形状（不规则颗粒网点）时也有助于降低网点叠印莫尔条纹效应，但精确地估计网点尺寸相当困难，从而也很难实现黄色油墨半色调画面的阶调与其他颜色阶调的匹配。

12.1.5 莫尔条纹周期

从理论角度分析莫尔条纹（尺寸）有助于更深入地了解这种物理现象，找出莫尔条纹的变化规律，并继而设法尽可能避免莫尔条纹或降低莫尔条纹的影响。出于简化分析的原因，下面以图12－5所示的几何结构为基础讨论如何确定莫尔条纹的尺寸，图中的两组平行线以角度α交叉叠加，将形成莫尔条纹，该图分别用白色和黑色垂直虚线标记莫尔条纹的亮带和暗带，设线条间距为d，称为线条（网点）出现的周期。线条图案交叉叠印后形成亮带是由于两组平行线同相的原因，而暗带的形成源于这些位置上两组平行线异相。在上述条件下，考虑到几何上的对称性，亮带和暗带以$\alpha/2$交替出现。

图12－5中（b）是（a）的局部放大，从每组平行线中各取出两根线条，交叉点O和Q分别代表两条亮带的中心，因而刚好是两组平行线的同相位置。

根据图中的几何关系不难看出，由两组平行线构成的半色调图像的网线周期d等于线段RQ的长度，由于RQ近似于QQ'，因此有$QQ'=d/\cos(\alpha/2)$。如果以k_m标记莫尔条纹周期（亮带或暗带的中心距），它等于OP的长度，而$OP=0.5QQ'\cot(\alpha/2)$，由此得：

$$k_m=\frac{d\cot(\alpha/2)}{2\cos(\alpha/2)}=\frac{d}{2\sin(\alpha/2)} \tag{12-1}$$

当$\alpha=0$时（即两组平行线构成的半色调图像彼此准确重合），根据式（12－1）容易知道莫尔条纹的周期k_m将趋向于无穷大，意味着莫尔条纹的重复周期是如此之大，以至于不能看见；随着两组平行线中的一组平行线转动，莫尔条纹的尺寸逐步减小，在它们交叉叠合成90°时达到最小值。根据公式（12－1）可推得，两组平行线交叉角度等于180°

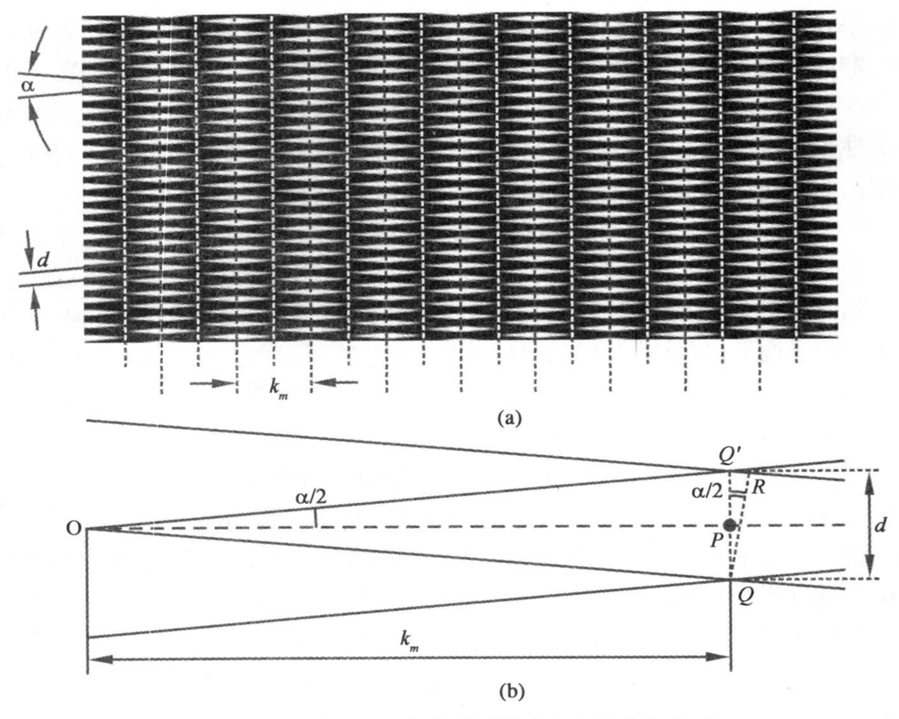

图 12－5　由两组平行线产生的莫尔条纹几何关系

时莫尔条纹将消失，但在角度接近 180°处会产生二阶莫尔条纹，由于两组平行线结构上的对称性，因而交叉成 180°等价于交叉成 0°。因此，二阶莫尔条纹的计算公式为：

$$k'_m = \frac{d}{2\sin\frac{180-\alpha}{2}} \tag{12-2}$$

由两组平行线组成的半色调图像在小角度叠加的情况下，二阶莫尔条纹尺寸在显微镜量纲的尺度范围内，从而不能识别为莫尔条纹。交叉角度超过 90°后，二阶莫尔条纹的尺寸也相应增大；随着角度逼近 180°，二阶莫尔条纹将变得很大。

公式（12－1）和（12－2）也适用于十字交叉和圆形网点等组成的半色调图像，由此形成的莫尔条纹呈正方形，类似于图 12－3 和 12－4 所示的莫尔条纹。然而，两组十字交叉线构成的半色调图像交叉叠印时若角度旋转到 90°，则得到与 0°角相同的结构。由此而得出的判断是，两组十字交叉线或圆形网点图像在大约 45°处产生尺寸最小的莫尔条纹，不再是两组平行线的 90°位置。由于上述原因，如果仍然以公式（12－1）计算十字交叉线或圆形网点等半色调图像在 90°临近范围内的莫尔条纹周期，则该公式中的角度 $\alpha/2$ 应该代之以角度 $90+(\alpha/2)$ 或 $90-(\alpha/2)$。

12.1.6　网点图像叠加的莫尔条纹计算

设有一组线距为 d_1 的平行线组 A_1 与线距为 d_2 的另一平行线组 A_2 以角度 α 叠合，它们的宽度相同而中心距不同，即 $d_1 \neq d_2$。虽然这两组平行线的中心距不同，但同样会产生以亮带和暗带为主要特征的莫尔条纹，即图 12－6 中标记为 C 的平行线组。

令第三组平行线 C 与水平线的夹角为 θ，则莫尔条纹的周期 d_m 以及平行线组 C 与第一组平行线 A_1 的夹角 θ 可通过下述公式计算：

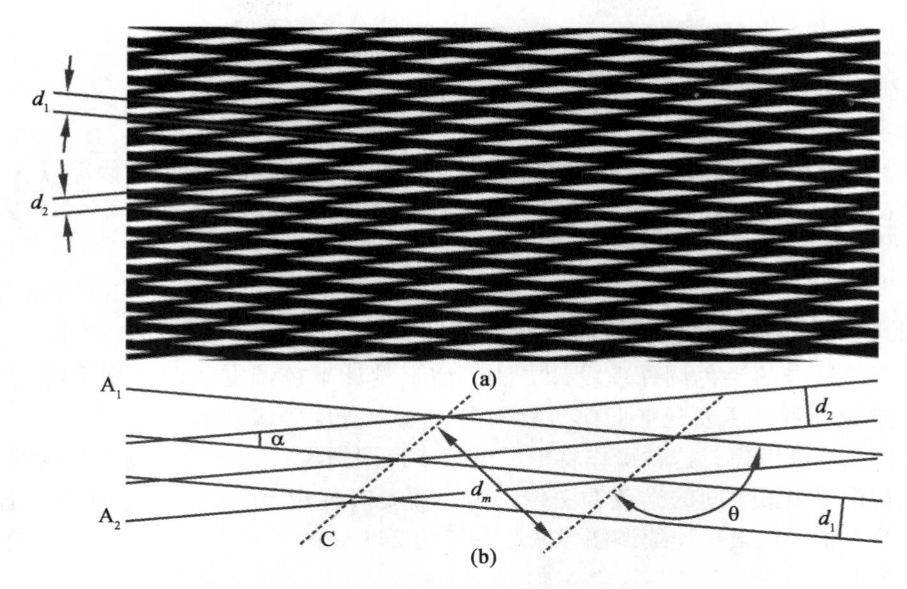

图 12－6 不同线距平行线莫尔条纹示意图

$$d_m = \frac{d_1 d_2}{\sqrt{d_1^2 + d_2^2 - 2d_1 d_2 \cos\alpha}} \tag{12-3}$$

$$\theta = 90° \pm \cos^{-1}\left(\frac{d_m \sin\alpha}{d_2}\right) \tag{12-4}$$

式（12－4）正、负号取用规则为 $d_1\cos\alpha < d_2$ 时取“＋”号，反之取“－”号。

两组正交线叠合成一定角度时也会因相互作用而产生另一组正交线，形成的图案即莫尔条纹。将式中的 d_m 改写为 k_m，且 d_1 和 d_2 改写成 k_1 和 k_2，它们分别表示两组不同方向线条间的最短距离，即相邻分色版在各自加网方向的网点周期，并以 α 表示两套叠印网点图像的角度差，则式（12－3）成为计算平行线叠印莫尔条纹周期的 Tollennar 公式：

$$k_m = \frac{k_1 k_2}{\sqrt{k_1^2 + k_2^2 - 2k_1 k_2 \cos\alpha}} \tag{12-5}$$

式（12－5）是两组周期分别为 k_1 和 k_2 的平行线以角度 α 交叉叠印产生的莫尔条纹周期。

上述对于两组不等间距平行线交叉叠印所导致的莫尔条纹分析方法和计算公式同样适用于有规则排列的网点图像。仍然以 k_m 表示莫尔条纹周期，两套交叉叠印半色调图像的网点周期分别标记为 k_1 和 k_2，并令 α_1 和 α_2 分别表示它们的加网角度，如果以 θ 标记莫尔条纹与水平线的夹角，则公式（12－3）和（12－4）应改写为：

$$k_m = \frac{k_1 k_2}{\sqrt{k_1^2 + k_2^2 - 2k_1 k_2 \cos(\alpha_2 - \alpha_1)}} \tag{12-6}$$

$$\theta = 90° \pm \cos^{-1}\left[\frac{k_m \sin(\alpha_2 - \alpha_1)}{k_2}\right] \tag{12-7}$$

印刷业更习惯于用每英寸多少线或每厘米多少线表示网目版的粗细程度，这就是连续调图像的加网线数。由于加网线数与网点距离互为倒数关系，因而如果用 lpi_1 和 lpi_2 分别表示两套半色调网点图像的加网线数，并以 lpi_m 标记半色调网点图像交叉叠印后导致的莫尔条纹周期，则公式（12－6）和（12－7）可进一步改写为：

$$lpi_m = \sqrt{lpi_1^2 + lpi_2^2 - 2lpi_1 lpi_2 \cos(\alpha_2 - \alpha_1)} \qquad (12-8)$$

$$\theta = 90° \pm \cos^{-1}\left[\frac{lpi_2 \sin(\alpha_2 - \alpha_1)}{lpi_m}\right] \qquad (12-9)$$

两套半色调网点图像采用相同的加网线数 lpi 时，有 $lpi_1 = lpi_2 = lpi$，假定以 α 表示角度差 $\alpha_2 - \alpha_1$，则公式（12－8）和（12－9）可简化为：

$$lpi_m = 2lpi \cdot \sin(\alpha/2) \qquad (12-10)$$

$$\theta = 90° \pm (\alpha/2) \qquad (12-11)$$

12.1.7　自动莫尔条纹的频率混叠问题

考虑下面这样的半色调处理设计方法。假定设计半色调方法前印刷系统的性能表现已知，则设计者的主要任务归结为针对各种输入灰度等级选择期望的网点形状；从连续空间的立场上考虑，这种操作将形成理想半色调图像；此后，连续空间内的理想半色调图像转换成离散空间的半色调图像，为此需要对理想半色调图像按像素位置采样。图 12－7 给出了 8 位量化连续调图像灰度等级为 243 时的理想半色调图像，网点中心不在像素位置上。

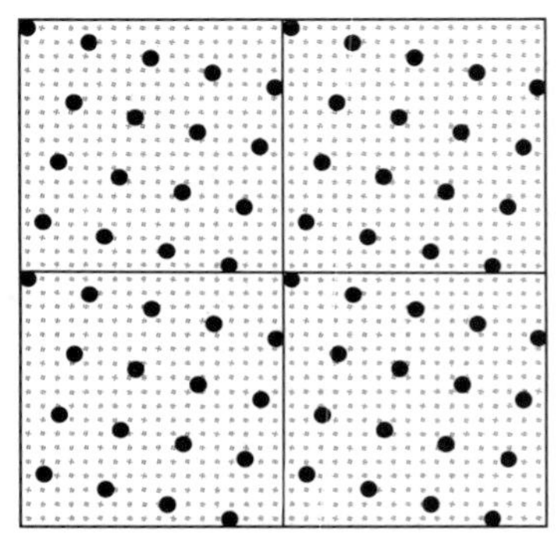

图 12－7　连续空间的超细胞结构理想半色调图像

显然，图 12－7 仅给出 4 块“瓷砖”拼贴的结果，图中的灰色小圆点标记 18×18 个设备像素组成的采样栅格位置，意味着该图所示的超细胞结构“瓷砖”由 18×18 个像素组成。从图 12－7 不难看出，理想半色调网点将不能以同样的相对位置采样。

如果超细胞结构内网点中心具有整数计量的像素位移，则每一个半色调单元将是完全相同的。然而，通常情况下超细胞结构平面上几乎不可能形成相同形状的半色调网点，甚至连网点面积率相同也无法保证。此外，网点形状和尺寸的变化将服从它们各自的规律，往往导致很容易察觉的低频结构，即低频赝像。由于不存在整数倍的形成记录点网点结构的基础条件，因而低频结构均为非谐波分量，但对“瓷砖”来说具有周期性。

从信号处理的角度看，上述现象可理解为频率混叠。超过 Nyquist 频率时，理想半色调网点具有典型而明显的谐波分量，这些谐波成分将折叠到基础频带内，最终表现为低频性质的非谐波成分。值得指出的有趣现象是，即使半色调单元按整数产生位移，频率混叠照样会在谐波分量的“顶部”发生，导致网点形状的畸变，但半色调图像保持基频周期性。

没有必要为避免非谐波成分而强制超细胞结构网点的整数位移。如果离散半色调图像内允许连续的数值，且如果半色调图像重新构造到连续空间时受基频限制，则可通过算法设计或完全抗混叠的方法建立离散半色调图像，这种重新构造的半色调图像将仅仅包含低于 Nyquist 频率的基础频率和谐波分量。在印刷实践中，由于半色调值来自量化处理，并在特定的约束条件下获得半色调图像的处理结果，因而彻底避免频率混叠并非易事，但非期望频率成分的能量将明显减少，可见即使麻烦一些也是值得的。

12.1.8　附加图像的莫尔条纹

既然莫尔条纹妨碍印刷品的正常阅读，而莫尔条纹产生的条件是两组相同结构的半色调网点图像交叉成一定角度的叠印，则避免莫尔条纹的最佳方法归结为设法使两组半色调网点图像以相同的角度加网再相互叠印，对四色印刷工艺来说就是在形成半色调图像时所有分色图像以相同的角度加网。这种想法固然不错，但实际效果未必令人满意，因为彩色复制效果不仅与网点图像是否重叠有关，也与网点图像能否错开一定的距离有关。当全部分色图像的网点图像彼此以准确重叠的方式印刷时，由于非印刷部分（白色纸张）的面积增大，导致印刷品的整体色调显得太亮。这样，即使套印准确度产生微小的变动，也会使印刷品色调出现较大的变化，这种对于套印精度的极端敏感性显然不应该发生。考虑到制版和印刷过程中印版的误差很难避免，例如四色印版的重复定位无法达到理想精度，印刷机的套印误差总会出现，可见同角度印刷必然受套印误差的制约而不能实现。

以两种油墨的组合叠印为例，如果上述现象从数学角度来描述，则不能采用同角度印刷的理由在于，两种油墨叠印组合的光线吸收数量无法与两色油墨分别印刷后吸收光线之和相等，往往小于两色油墨分别印刷的吸收光线之和，证明如下。

以两种油墨生产最终印刷品的中间产品时，设它们的反射系数分别为 R_1 和 R_2，并分别以 A_1 和 A_2 标记两色油墨各自印刷后的吸收系数；这两种油墨组合印刷成实地色块后的反射系数等于 R_1R_2，这里假定密度叠加规则成立，并忽略光线在纸张内部的散射效应。由反射系数和吸收系数的定义，如果纸张对光线的透射作用可忽略不计，则存在关系 $A_1 = 1 - R_1$ 和 $A_2 = 1 - R_2$。对于两幅叠印的半色调网点图像，假定它们表现相同的色调，则两者的网点面积率都等于 a；当两幅半色调图像以其中一个网点侧边对另一个网点侧边的形式叠印时，非实地网点图像叠印区域的反射系数将等于 $1 - a(A_1 + A_2)$，而两色油墨的实地叠印后的反射系数为 R_1R_2。因此，当两幅半色调图像以网点与网点准确重合的方式叠印时，油墨占据的面积就是网点面积率 a，画面的整体反射系数 R 由下式确定：

$$\begin{aligned} R &= 1 - a + aR_1R_2 \\ &= 1 - a[1 - (1 - A_1)(1 - A_2)] \\ &= 1 - a(A_1 + A_2 - A_1A_2) \end{aligned} \tag{12-12}$$

根据前面的叙述，两幅半色调图像之一的网点侧边与另一半色调图像网点侧边叠印时的反射系数本应等于 $1 - a(A_1 + A_2)$，而通过公式（12－12）算得的网点与网点准确叠印的反射系数为 $1 - a(A_1 + A_2) + aA_1A_2$，可见后者增加了数量为 aA_1A_2 的反射系数。如果吸收带存在任何的重叠现象，则反射系数总是大于网点与网点准确叠印的反射系数。

当网点取圆形或十字交叉线形状时，由于网点形状的对称性，在特定的交叉叠印角度下产生的莫尔条纹会变得不明显起来。例如若原来的两组半色调网点图像以 0°角和 90°角排列，则两组半色调图像因网点外形相同而看不出有什么区别，似乎这两组半色调图像以相同的角度排列并印刷，从而也不会产生莫尔条纹。然而，两组网点图像的相互作用却客观地存在着，事实上产生了附加的网点排列，似乎两组网点图像按其他角度交叉叠印，这种特点演示于图 12－8。比如图中沿 45°方向排列的 OB 和 OB′网点行（在图 12－8 中以虚线指示）可以看成两组网点图像的交叉叠印，但由于两组网点图像仍然表现出 0°和 90°的交叉排列特点，因而不会产生附加的莫尔条纹。

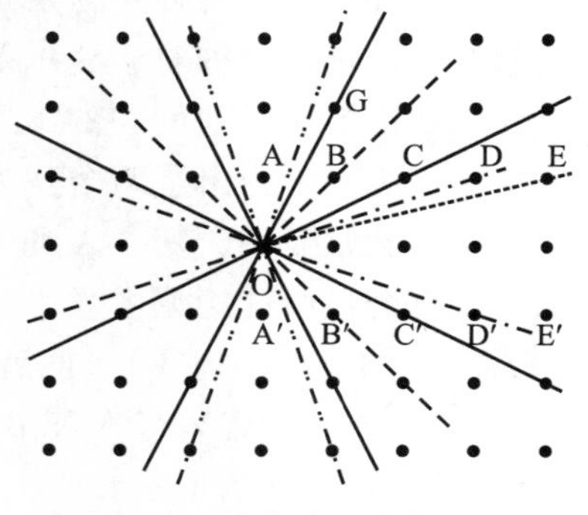

图 12－8　存在于半色调画面的附加网点结构

可以认为，这两行网点形成的叠加图案是主图案的一部分，与0°和90°排列的网点图案构成整体。图12－8中以实线指示的网点行OC和OG等似乎也叠印到下层网点图像上，将与下层的半色调画面的对应网点行相互作用，并形成莫尔条纹，大约发生在37°和53°两个角度。显然，37°和53°这两个角度彼此等价，是因为网点图像的四分之一对称性。不过，由附加网点行引起的莫尔条纹对彩色印刷来说不明显，因为从图12－8不难看出附加网点行OD、OC、OB和OG与水平线的夹角分别等于15°、30°、45°和60°，其中OD与水平线的夹角15°为近似值，实际角度等于19.47°，这些角度正是彩色印刷利用的角度。

上面提到的网点行OD等产生的莫尔条纹都不明显，至于网点行OE产生的莫尔条纹就更微弱了，图12－8之所以给出这一附加网点行是因为它对于由加网角度分别为0°、30°和60°的三组网点图像产生的莫尔条纹将产生重要贡献。

12.1.9 莫尔条纹的正交性

根据调幅网点图像的结构特点以及网点角度的定义，由每一种分色内容生成的半色调图像的网点排列方向是网点中心连线与水平线的夹角。尽管按我国习惯在第一象限定义加网角度，但与该角度垂直的方向也可以认为是加网角度（例如美国就按我国规则加90°定义加网角度），因为网点总是沿两个相互垂直的方向排列，这意味着任一分色版网点具有正交排列的两个方向。因此，在公式（12－7）和（12－9）决定的莫尔条纹方向的垂直位置上（即$\alpha/2$方向）存在着另一组形状和大小相同的莫尔条纹，这就是网点图像交叉叠印后莫尔条纹呈现为正方形的原因。莫尔条纹表现为正方形的综合形态以圆形网点图像交叉叠印最为典型，椭圆形网点交叉叠印后由于长轴和短轴的尺寸不同而可能干扰对于综合莫尔条纹的识别结果，但仔细辨认后不难看出仍然是正方形。

基于莫尔条纹的方向总是正交这种事实，可以认为最终显示的莫尔条纹是两种正交莫尔条纹的综合表现，从而有理由将莫尔条纹出现的角度重新定义为：

$$\theta=\alpha/2 \tag{12-13}$$

按该式定义莫尔条纹角度不仅符合两组正交莫尔条纹综合外观的实际情况，而且使问题的讨论得到简化。根据式（12－13）和前面给出的$\alpha=\alpha_2-\alpha_1$关系式，可以认为两幅网点图像叠加时莫尔条纹出现在两者夹角的角平分线上。

正因为网目版图像具有相互正交的两种网点排列方向，因此当两幅网目版图像以任何角度叠加时，总存在着沿两种互为余角的方向所产生莫尔条纹的可能，这种对于莫尔条纹结构特征的重新认识或许更能反映问题的本质。为了便于读者理解，图12－9给出了两个互为余角的莫尔条纹的几何参数示意图，其中A和B分别代表相同线数的两套分色版连续调图像半色调重构的网点排列方向（网点中心连线），两者形成的夹角为α；由于A′和B′分别代表与A和B正交的另一方向，因而A′和B′的夹角也是α。

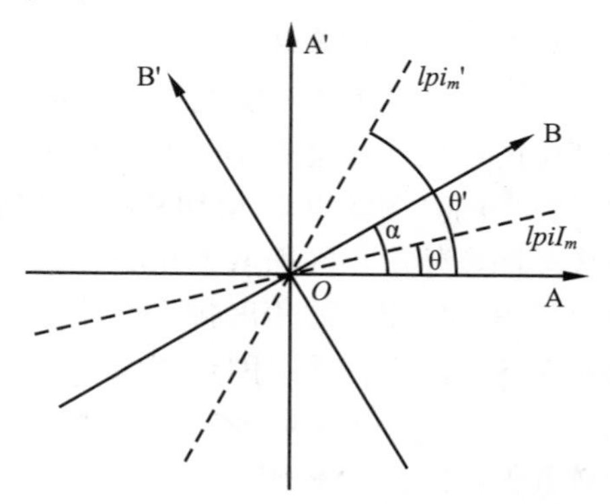

图12－9 互为余角莫尔条纹的几何参数

根据图12－9所示几何参数和前面的分析结果，由A和B两个方向上有规则排列的网点形成的莫尔条纹与A的夹角为θ，而由B和A′两个方向有规则排列网点形成的莫尔条纹与B的夹角为（90° - θ）/2。按公式（12 - 10）和（12 - 11）得：

$$lpi_m = 2lpi \cdot \sin\frac{\alpha}{2},\ lpi'_m = 2lpi \cdot \sin\frac{90^o - \alpha}{2} \quad (12-14)$$

$$\theta = \frac{\alpha}{2},\ \theta' = \alpha + \frac{90^o - \alpha}{2} = 45^o + \frac{\alpha}{2} \quad (12-15)$$

由于两个互成余角的莫尔条纹的共同作用，当两套分色版图像形成的网点图像互相交叠成15°、30°、45°、60°或75°印刷时，看到的将是相同的花纹。

12.1.10 加网线数与莫尔条纹线数比

加网线数与网点频率（或周期）是两个等价的概念，从而可以认为莫尔条纹周期或莫尔条纹频率相当于莫尔条纹线数。两幅分色版图像的加网线数相同并确定为 lpi 后，莫尔条纹线数 lpi_m 可表示为以 α 为自变量的函数。如果以 $S = lpi/lpi_m$ 标记加网线数与莫尔条纹线数之比，则 S 成为表示网线周期与莫尔条纹周期比的特征参数，且参数 S 也用于描述莫尔条纹周期的大小。以关系式 $S = lpi/lpi_m$ 代入式（12 - 10）得：

$$S = \frac{1}{2\sin(\alpha/2)},\ S' = \frac{1}{2\sin(45^o - \alpha/2)} \quad (12-16)$$

式中的 S' 表示与 S 正交方向（余角方向）的加网线数/莫尔条纹线数比。

由于式（12 - 10）中的 lpi 和 lpi_m 在公式（12 - 16）中不再出现，仅仅是加网角度差 α 的函数，再加上 S 是无量纲参数，因而式（12 - 16）更有普遍意义。

图 12 - 10 给出了无量纲特征参数 $S(\alpha)$ 和 $S'(\alpha)$ 在 0° ~ 90°范围内自变量与函数值间的关系。由该图可以看到，$S = 1/[2\sin(\alpha/2)]$ 在 0° ~ 90°间为减函数，即 S 的函数值随 α 角的增加而降低，在 0° ~ 15°范围内下降曲线很陡，但 α 超过 20°后趋向平缓；余角莫尔条纹变化曲线 $S' = 1/[2\sin(45 - \alpha/2)]$ 与 S 相反，它在 0° ~ 90°的范围内是增函数。

图 12 - 10 所示的两条曲线说明，当两种主色形成的半色调图像在 0° ~ 45°间叠加时，沿 α 角方向产生的莫尔条纹大于其余角方向产生的莫尔条纹，此时 α 角方向的莫尔条纹处于主导地位，沿 α 的余角方向产生的莫尔条纹因较小而不易看清；当两幅半色调图像的交叉叠印角度继续增加时，沿 α 角方向产生的莫尔条纹变得逐渐不明显，而余角莫尔条纹则逐步占据主导地位。此外，当 α = 0°时 $S = \infty$，而 α = 90°时 $S' = \infty$，意味着这两个特殊角度方向处于主导地位的莫尔条纹线数和线距分别为 0 和∞，说明此时莫尔条纹实际上不存在。

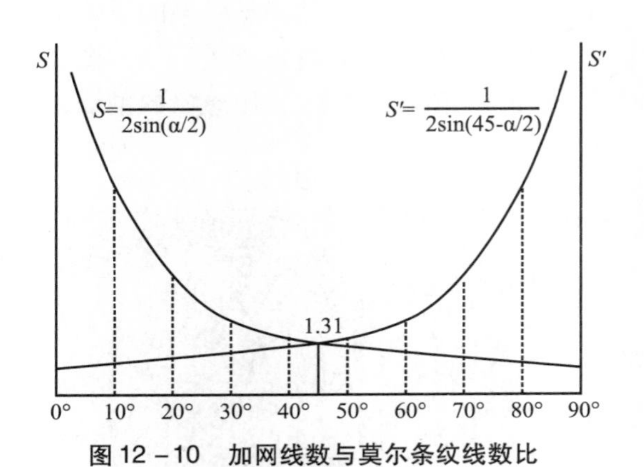

图 12 - 10 加网线数与莫尔条纹线数比

12.2 二阶莫尔条纹

如果两组形状相同，但以不同的网点排列角度形成的半色调网点图像相互叠印产生的莫尔条纹称为一阶莫尔条纹，则三组形状相同，但以不同网点排列角度形成的半色调图像相互叠印后产生的莫尔条纹就应该称为二阶莫尔条纹了。

12.2.1　两两相隔 15°叠印的二阶莫尔条纹

如果两组网点图像都沿 0°角方向（水平线方向）排列网点，即网点排列角度取 0°，且记录点集聚有序抖动方法输出圆形网点，网点出现频率等于 30lpi，则由于两组网点图像的规律性，转动其中之一必然产生莫尔条纹。根据图 12－3 和 12－4 演示的两幅网点图像叠印引起的莫尔条纹例子，当网点排列角度等于 15°时，莫尔条纹已变得很小，因而对视觉效果的影响不大。网点图像经过印刷系统的作用后形成固定不变的结果，网点排列角度在执行记录点集聚有序抖动方法时确定，两幅代表不同主色的分色版连续调图像形成不同的网点排列角度，无须转动网点图像的画面，即能得到转动两片玻璃或透明薄膜网点图像之一叠加产生的相同莫尔条纹。

假定黄色是参与叠印的两种油墨颜色之一，由于黄色很浅，因而有足够的理由认为此时产生的莫尔条纹比两种深色油墨叠印导致的莫尔条纹更不明显。如果在两色油墨叠印的基础上再增加第三组网点图像，且三色网点图像两两相隔成 15°角叠印，则得到前面所说的二阶莫尔条纹，其外观当然不同于两组半色调网点图像交叉叠印，图 12－11 给出了三组半色调网点图像两两相隔交叉成 15°角叠印后产生的莫尔条纹外观形态，也可以认为是 0°、15°和 30°加网半色调画面相互叠印的结果。之所以称三组网点图像形成的莫尔条纹为二阶莫尔条纹，是因为第三组网点图像叠印到前面两组网点图像上时，原来的两组交叉成 15°角的网点图像已经产生了莫尔条纹，因而最终的莫尔条纹是第三组网点图像产生的莫尔条纹与已有莫尔条纹叠加的结果。由于第三组半色调图像与前两组半色调图像之一也交叉成 15°，所以产生的莫尔条纹也是不明显的，且如果黄色夹在其他两色中间时表现得更不明显，例如黄色、青色和品红色分别以 0°、15°和 75°加网并叠印就属此情况。

三组半色调圆形网点图像两两相隔 15°叠印在四色套印工艺中得到普遍采用，且特别适合于弱色（黄色）和两个次强色（青色与品红色）的叠印，二阶莫尔条纹尺寸很小，因而对最终印刷品视觉效果的影响也很小。但是，对圆形网点得出的结论未必适合于其他网点形状，尤其是线条形网点图像，图 12－12 是三组平行线两两相隔成 15°角叠印导致的二阶莫尔条纹，比想象的糟糕，加网线数提高后有所好转，但不会有根本性的改变。

图 12－11　三组圆形网点图像两两相隔 15°叠印产生的莫尔条纹

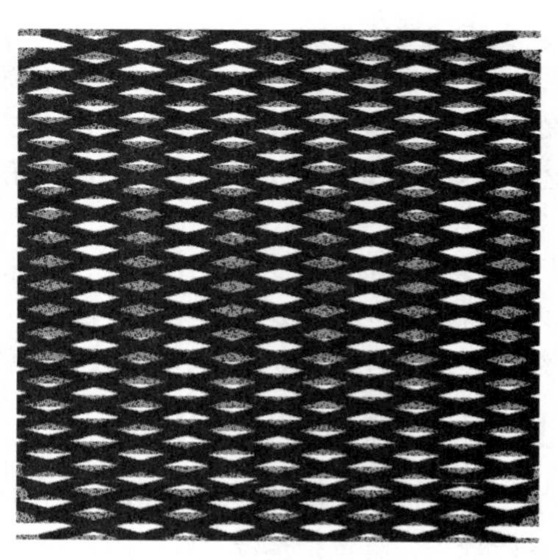

图 12－12　三组平行线图像两两相隔 15°产生的莫尔条纹

12.2.2 交叉 60°叠印二阶莫尔条纹

最麻烦的莫尔条纹是三组由平行线组成的半色调（线条网）图像两两相隔 60°叠印后产生的结果。根据前面给出的计算公式（12－1），两组由平行线组成的线条图像如果以 60°角交叉叠印，则产生的莫尔条纹周期为 $k_m = d/2\sin(\alpha/2) = d/2\sin(30°) = d$。很有趣，由于此时莫尔条纹的周期等于线条出现周期，因而莫尔条纹表现得并不明显。在两组平行线图像交叉成 60°角叠印的基础上，如果有第三组平行线图像参与叠印，与已有的两组平行线图像叠印结果叠加，则由于前两组平行线图像产生的莫尔条纹周期与平行线图像本身的线条出现周期相同，因而再一次的透光交互作用效应导致更明显而令人生厌的二阶莫尔条纹。

若套印稍有误差，或平行线周期出现微小的偏差，则形成的莫尔条纹对视觉效果的干扰作用将更大。很明显，当三组平行线组成的半色调图像的线条网排列角度相隔成 60°叠印时，将必然产生 120°这一角度的叠印；如果将网点排列角度 $\alpha = 120°$代入式（12－1），则可得 $k_m = d/2\sin(\alpha/2) = d/2\sin(120/2) = d/\sqrt{3}$。以上计算结果说明，平行线图像叠印引起的莫尔条纹周期小于平行线在半色调图像中出现的周期，对视觉效果的影响小于两组平行线交叉 60°叠印，表现为图 12－13 中的垂直条纹，但很不明显。

图 12－13 三组平行线两两相隔 60°产生的莫尔条纹

前面讨论的三组平行线网点图像两两相隔 60°叠印形成的莫尔条纹对应于四色套印工艺的青色、黑色和品红版半色调网点角度差的两倍，因为青色、黑色和品红色三色半色调图像的加网角度分别取 15°、45°和 75°。十字交叉线半色调图像网点角度取 30°等价于线形网点 60°的加网角度，是由于十字交叉线网点具有四分之一对称性的缘故；对圆形网点来说，上述结论同样成立，且圆形网点有更多的对称轴。以青色与黑色叠印而论，若仍然按平行线半色调图像的周期计算公式（12－1），则可得莫尔条纹周期 $k_m = d/2\sin(30°/2)$，由于 $\sin15° = \sin(45° - 30°) = \sin45°\cos30° - \cos45°\sin30° = \sqrt{2}(\sqrt{3} - 1)/4$，故 $k_m = \sqrt{2}d/(\sqrt{3} - 1)$，由此得到 $k_m = 1.92d$，这个数字的意义在于说明莫尔条纹的重复周期与网点在半色调画面中的重复周期不成整数比例关系，意味着莫尔条纹重复周期与网点出现周期明显不同，因而两组圆形网点半色调图像交叉成 30°角叠印时对视觉效果的影响不大。

如果在青色和黑色版叠印的基础上再附加第三色（例如品红），则由于已有两幅半色调图像叠印得到的一阶莫尔条纹周期不像两组平行线图像叠印那样刚好与原来的线条出现周期相等，因而二阶莫尔条纹对视觉的干扰很小，按式（12－2）计算二阶莫尔条纹周期有 $k'_m = d/2\sin(90° - \alpha/2)$，得 $k'_m = d/2\sin75° = \sqrt{2}d/(\sqrt{3} + 1)$，约等于 $0.52d$，该数字与一阶莫尔条纹有类似特点，与网点重复周期同样不成整数比例关系。可见，多色印刷工艺只要不采用平行线网点形状，则半色调网点图像两两交叉排列成 30°加网没有麻烦。

12.3 玫瑰斑及其结构特点

根据前面的讨论，彩色印刷莫尔条纹的产生源于青色、品红色和黑色网屏的相互作用以及黄色网屏与其他三色网屏组合图像的相互作用，其中以青色、品红色和黑色半色调网点图像的相互作用对莫尔条纹的影响最大。不同主色相互叠加产生的图像从微观上看是玫瑰斑结构周期性的偏移，并在宏观上显示为颜色的周期性波动。

12.3.1 玫瑰斑结构

以记录点集聚有序抖动方法模拟传统网点时，玫瑰斑（Rosette）结构的出现不仅无法避免，甚至是必要的。从几何角度分析，玫瑰斑是莫尔条纹在网点角度差等于30°时形成的特殊结构，在理想套印精度下有规律地重复，微观结构相当漂亮。玫瑰斑对彩色印刷质量的影响不能一概而论，与特定印刷工艺的诸多因素有关，其中以套印误差的影响最大。

按玫瑰斑的几何结构特点可划分成中心点玫瑰斑（Dot-centered Rosette）和空心玫瑰斑（Clear-centered Rosette）两大类。对彩色印刷来说，中心点玫瑰斑应该避免，而空心玫瑰斑则应加以利用，主要理由如下：①空心玫瑰斑能保留更多的暗调细节，使四色印刷图像在暗调部位的层次平缓过渡，相比之下中心点玫瑰斑导致图像暗调部分的层次过早地合并；②由空心玫瑰斑组成的图像看起来不明显，特别是肤色阶调和其他类似的中间范围阶调更不容易看清，因为这些对象很少甚至不包含黑色成分。

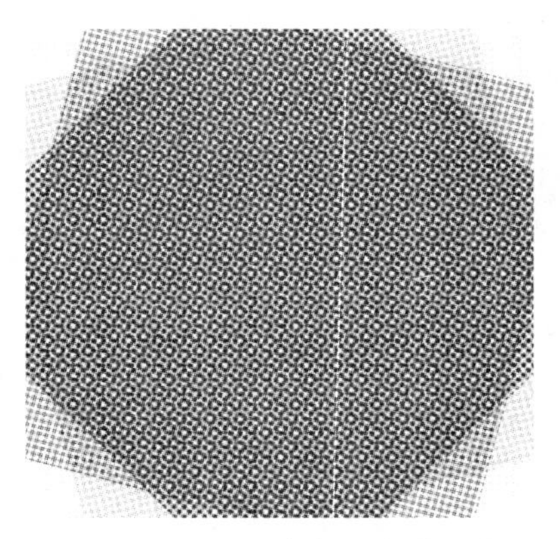

图12－14 四色加网角度组合产生的玫瑰斑图像

图12－14演示四色套印工艺产生的玫瑰斑结构，即黄、青、黑、品红四种主色的半色调图像分别以0°、15°、45°和75°加网并叠印，由于该图以Photoshop制作并叠加，因而对应于套印误差等于0的理想印刷条件。从图中可以看到，青、品红、黑三色半色调网点图像两两交叉成30°角叠印产生了形式特殊的结构，是多色套印工艺导致的视觉副产品。很明显，两种主色由记录点集聚有序抖动形成的半色调图像叠印不可能出现玫瑰斑，只有三种主色或三种主色以上的半色调网点图像叠印时才会出现。

12.3.2 结构分析

空心玫瑰斑的黑色网点不会出现在其他三色网点所围成局部区域的中心部位，黄色网点出现在中心部位时仍然认为是空心玫瑰斑。仔细查看网点图像四色套印所得玫瑰斑的组成特点后可以发现，在网点图像叠加的许多位置出现双环结构，即四色网点大体上排列成外环和内环两层结构，且外环除黑色网点外的其他网点叠印成开口形状。除单环和双环玫瑰斑的规则形状外，还包括一些不规则形状的玫瑰斑。

图12－15所示的网点排列是玫瑰斑结构的放大表示，由三种不同尺寸的半色调网点图像相隔30°叠印而成，其中左面的局部区域A表示三色网点准确叠印的中心点玫瑰斑，对应于图12－13所示莫尔条纹的暗带，中心的黑色圆表示三组平行线交于一点；底部的局部区域B表示标准形式的双环空心玫瑰斑结构，与内环相比，外环有明显开口，对应于平行线莫尔条纹的亮带；该图的C～F指示其他形式的中心点玫瑰斑。

当青、品红、黄、黑四种主色以不同的加网线数形成半色调图像并叠印时，由于各分色版的网点大小不同和网点位置差异，若仍然以传统网点角度组合叠印，则图 12－15 所示的关系也会遭到破坏。例如，图 12－16 给出了黄色版以 10lpi、青色和品红色版以 11lpi、黑色版以 12lpi 加网（加网角度按常规数据）并相互叠印得到的结果，即使不存在套印误差，玫瑰斑结构也无法在图像平面上重复，表现得毫无规律。

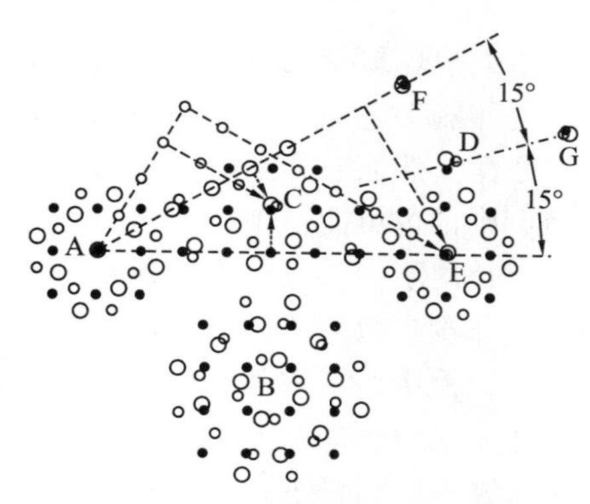

图 12－15　三色网点图像以 30°叠印产生的玫瑰斑结构放大图

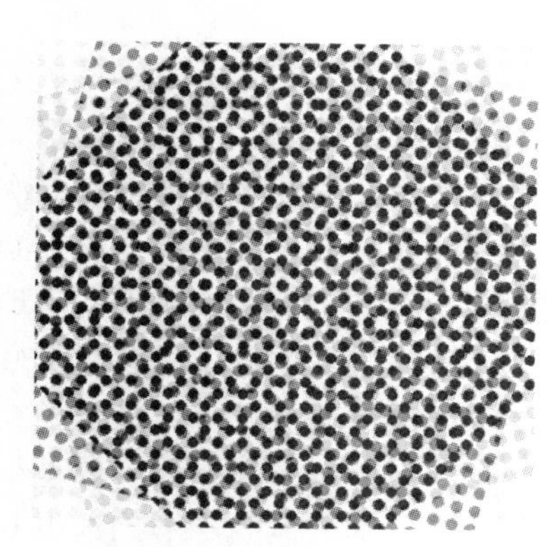

图 12－16　空心玫瑰斑结构遭到破坏的例子

图 12－16 所示的叠印结果没有明显的空心玫瑰斑出现，也没有双环结构的玫瑰斑，黑色网点甚至出现在玫瑰斑的中心部位，这类玫瑰斑就是前面提到的中心点玫瑰斑，对四色印刷品的阶调表现极其不利，因为黑色网点位于玫瑰斑中心时一旦有网点增大发生，则半色调画面阶调完全有可能产生突变，从而影响印刷品的视觉效果。

12.3.3　中心点玫瑰斑与空心玫瑰斑

很明显，空心玫瑰斑结构正是四色印刷工艺所需要的。空心玫瑰斑的结构优点在于黑色网点不出现在中心位置，即使黑色网点在印刷时因印版滚筒与压印滚筒的相互挤压而发生增大，也不会引起玫瑰斑结构空心部位被黑色油墨堵塞，从而也不可能导致印刷品阶调的突然变化。另一方面，由于黄色在四色套印油墨中的色强度最低，因而即使产生黄色网点增大也不会明显影响印刷品的视觉效果。

空心玫瑰斑又称为开放中心玫瑰斑，黑色网点不在玫瑰斑的中心位置。如果以中心点玫瑰斑作为普遍结构考虑，则由于这种玫瑰斑中心没有黑色网点而呈现开放式的结构，称其为开放中心玫瑰斑或许更能反映空心玫瑰斑的结构本质。

在绝大多数场合，只要工艺措施得当，套印误差数值合理，则玫瑰斑结构往往在莫尔条纹控制到最小的条件下形成，因而与空心玫瑰斑相当接近。这种特殊形式的“花纹”与莫尔条纹组合起来并作用于视觉系统时，两者相比，玫瑰斑对视觉效果的影响比莫尔条纹小得多，可见在大多数情况下玫瑰斑结构不会明显影响印刷品质量。

图 12－17 给出了两种玫瑰斑结构的放大图，空心玫瑰斑保留了更多的暗调细节，而中心点玫瑰斑中心的黑点在印刷时网点增大的倾向十分明显。

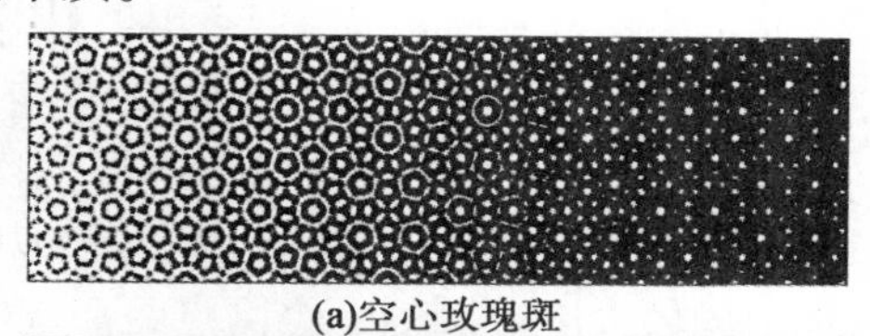

(a)空心玫瑰斑

(b)中心点玫瑰斑

图 12－17　中心点玫瑰斑和空心玫瑰斑

由于结构上的差异，两种玫瑰斑结构的视觉干扰效果是不同的。从图 12 – 17 所示的比较可以看到，空心玫瑰斑（a）在视觉上造成的印象要均匀一些，而中心点玫瑰斑（b）的颗粒感相当重，重复周期也大，再加上印刷过程中特有的网点传递特性（最典型的例子是半色调图像印刷时网点增大作用于中心点玫瑰斑的花芯部位），导致中心点玫瑰斑的视觉表现较差。

从实用的角度考虑，无论印刷时产生了何种类型的玫瑰斑结构，它们在同一张印刷品的每一幅图像中最好能够有一致的表现。这样，即使印刷工艺无法形成空心玫瑰斑，但上述要求至少可以保证图像平面色彩和层次变化的一致性。然而，如果特定的四色套印工艺导致玫瑰斑结构从空心玫瑰斑转变为中心点玫瑰斑，则偏色可能很难避免。

某些印刷工作者认为，之所以会出现莫尔条纹，是由于中心点玫瑰斑和空心玫瑰斑之间周期性的偏移。虽然这种说法有片面性，因为即使印刷参数控制到理想水平而不存在两种玫瑰斑结构间的周期性偏移，莫尔条纹同样会出现，但中心点玫瑰斑与空心玫瑰斑结构的周期性偏移导致莫尔条纹这种解释至少是对于莫尔条纹成因的补充。

如果三色半色调网点图像准确地以 60°角排列和叠印，则莫尔条纹将变得无穷大，网点排列在整个印张上相似，可能出现中心点玫瑰斑，也可能产生空心玫瑰斑，或产生不规则的中间图像。当套印误差达到网点周期一半时，玫瑰斑同时偏移，对空心玫瑰斑来说将不存在三种主色网点准确叠印的点，中心点玫瑰斑也不存在与开口对应的中心位置；由八种颜色面积元图像构成的相对面积因套印误差而发生变化，色彩表现也略微改变。套印误差导致的颜色变化（偏色）在四色印刷过程中很难避免，特别是中间调范围内有可能出现更多的黑色，但无法与色彩平衡失去控制导致的偏色相区分。此外，加网角度误差对莫尔条纹的影响很大，产生的莫尔条纹形态不同而又彼此接近。

12.3.4 玫瑰斑规律与特征

玫瑰斑周围的环形以及由不同颜色网点形成的玫瑰斑乍看起来令人疑惑，它们互不相等，不规则分布，也没有对称性。然而，仔细检查彩色复制品中包含完整中心点玫瑰斑的小区域后却可以发现，它们的空间分布具有图 12 – 15 上半部分所示的结构，玫瑰斑结构表现出一定的规律性，主体部分在图像平面上重复出现。

出于能方便地分析玫瑰斑结构的考虑，假定三组半色调图像中有一组网点沿 0°角方向排列，三组网点图像两两相隔成 30°角，因而几何关系类似于按 15°、45°和 75°加网的三色网点图像叠印，区别仅在于这些半色调图像的排列角度都减少了 15°而已。准确套印后导致的中心点玫瑰斑在图 12 – 15 中以 A 标记，下一个玫瑰斑 C 是套印精度偏差导致的网点排列结果，该玫瑰斑的中心点在 15°角上，由于网点的有规则排列，使得其中的两组网点互成 15°角，另一组半色调图像与玫瑰斑中心形成 45°夹角，图 12 – 15 中以指向 C 点的三个虚线箭头指示。玫瑰斑 C 的近似中心位置可通过移动标记为黑色圆的四个网点距离和标记为较大空心圆的一个网点距离确定，在图 12 – 8 中对应于 OE 线与水平线的关系。

根据图 12 – 15 中所示的几何关系，玫瑰斑 C 的中心点与水平线构成之夹角的正切值等于 1/4，据此不难算出对应的角度值为 14°12′；这样，玫瑰斑 A 和玫瑰斑 C 的中心距等于 $(\sqrt{4^2+1^2})d$，约等于 4.124d。从另一组网点（直径较大的空心圆）与 C 的位置关系也可推得此结论，且如果以这一组网点图像为基准，则由于网点间距相同，因而大空心圆所表示的第一个网点和第二个网点连线与水平线的夹角为 30° – 14°2′ = 15°58′。可见，两组半色调网点图像存在套印误差，因为产生了约等于 2°的角度差，理由如下：在 15°范围内产生的角度偏差为58′，则30°范围内导致的角度误差是58′的两倍，约等于2°。

设第三组网点图像（以较小空心圆表示）准确叠印，则网点中心连线与水平线夹角严格等于15°，且与AC线形成45°夹角，这一组网点间距d在AC线上的投影距离等于1.41d，则三个网点间距在AC线上的投影距离等于4.242d，比前面算出的玫瑰斑A与玫瑰斑C的中心距4.124d多出约0.1d。这样，在玫瑰斑C的中心就有了三个网点，它们接近于套印在一起，组成玫瑰斑C的中心，但不像第一个玫瑰斑A那样对称。因此，玫瑰斑C指向玫瑰斑A的特征由三个网点相对于A的比例描述，以符号（4，1；4，1；3，3）表示。由于三组半色调网点图像的对称特点，在第一个玫瑰斑A的周围应该排列着360/30=12个这样的玫瑰斑。

据此推断，在离开玫瑰斑A与C的两倍距离D大小的圆周上同样排列着类似的玫瑰斑，可以用符号（8，2；8，2；6，6）标记。然而，由于玫瑰斑中心的套印误差是第一圈的两倍，因而在类似D这样的位置上不太可能形成清晰的玫瑰斑。

在玫瑰斑C之后表现得更清楚的玫瑰斑是E，标记为（8，0；4，7；4，7）。事实上，玫瑰斑E的套印精度要优于玫瑰斑B，因为B和A连线与水平线夹角的正切等于4/7，由此算出的夹角为29.7°，该数值与30°的理想角度非常接近，且$\sqrt{4^2+7^2}$相当接近于$\sqrt{8^2+0^2}$。由于三组半色调图像的实际网点排列角度分别为15°、45°和75°，因而图12－15中的0°线在印刷品中应该为15°线，但玫瑰斑A、C和E按这两条线呈“之”字形排列。另一组类似于D的玫瑰斑中心在F点，且A、C和F也呈“之”字形排列。

若进一步跟踪再下面的玫瑰斑组，则可发现这种“之”字形排列消失，是由于套印误差累积的缘故。但套印控制能做到准确时，下一组玫瑰斑将出现在G这样的位置上，标记为（11，3；11，3；8，8）。可以这样说，几乎所有的初始定位玫瑰斑都出现在0°线或15°线位置上，因为15°夹角是两组半色调图像的网点角度差。当一组半色调图像的某一网点落在0°线或15°线上时，另一组半色调画面的网点也会落到相当接近的位置，这是对称性在起作用的缘故。由此可见，寻找玫瑰斑应该沿0°线或15°线进行，原因在于这两个方向即使套印发生误差，精度也比其他方向高。

从准确套印产生的中心点玫瑰斑出发，无论离开它距离多么远，理论上永远不存在另一个准确套印的中心点玫瑰斑，因为15°网点角度的正切值以及网点距离之比都是无理数。然而四色套印却确实存在这样的中心点玫瑰斑，是由于偶然套印不准导致的结果，即便套印误差不超过视觉检查能发现的范围，理论分析也证实有许多这样的玫瑰斑存在。

12.4　随机莫尔条纹

记录点集聚有序抖动方法输出的半色调图像叠印后产生的莫尔条纹呈现为低频纹理结构，由青色、品红色、黄色和黑色油墨产生的网点图像叠加后形成。人们历来认为，调频加网因记录点位置随机出现而不可能产生莫尔条纹，但这种结论仅仅局限于某种评价角度，或者说调频加网工艺不可能出现传统意义上的莫尔条纹现象。研究结果表明，频率调制半色调画面叠加后导致的低频颗粒度同样会产生类似于传统莫尔条纹的特殊结构，由于这类条纹的结构和外观形态不同于常规莫尔条纹，因而命名为随机莫尔条纹。随机莫尔条纹有一种特别有趣的属性，那就是当调频网点图像彼此不相关，且以相等的强度叠加时，条纹变得最容易看清。因此，若输出设备不能保证各分色版网屏严格对齐，则降低随机莫尔条纹可察觉程度的唯一途径就是引入两种强度相等的抖动图像后叠加，它们有不同的主频。

12.4.1 低分辨率设备的半色调复制特点

由于频率调制半色调画面的记录点不再像幅度调制技术那样集聚在一起，因而观察者很难看清半色调图像的记录点结构，硬拷贝输出画面的记录点结构更不容易看清。与记录点集聚有序抖动方法在规则分布的采样栅格上产生的记录点图像相比，视觉系统对于由频率调制半色调方法产生的随机记录点图像结构缺乏敏感性，因为记录点出现位置的随机性干扰了眼睛对于二值图像的辨认能力。由此可见，记录点分散抖动更合理地利用了视觉系统的“缺点”和低通滤波特点，比起仅仅靠调整网点排列角度干扰眼睛对于有规则分布记录点群的辨别能力来显得更有效，也是频率调制半色调技术受到普遍关注的主要原因。

频率调制半色调技术以明显高于幅度调制算法的空间分辨率建立连续调的假象，尽管硬拷贝输出设备的记录精度并未提高，但实际复制效果确实如此。视觉试验研究结果证实，由频率调制半色调方法输出的二值图像经印刷系统作用后的边缘细节比幅度调制网点图像转换得到的印刷品丰富。但必须引起注意的是，以记录点分散随机抖动等为典型的频率调制半色调方法产生的画面结构十分精细，有可能在通过低分辨率硬拷贝设备输出的结果图像中表现出程度更强烈的阶调畸变。原因在于记录点尺寸的波动，因为低分辨率硬拷贝输出设备无法保证所产生的记录点尺寸严格一致，因此在使用上受到一定程度的限制，比如只能应用于类似喷墨打印机那样记录点尺寸和形状较稳定的硬拷贝输出设备。

静电照相数字印刷机和打印机（例如激光打印机）等与其他基于纸张记录的硬拷贝输出设备类似，黑色（或彩色）记录点也因纸张白色而相互隔离开来，但显影阶段通过墨粉颗粒堆积而成的记录点尺寸和形状均匀性较差，仅当记录点集聚成网点后才能实现可靠的阶调和彩色复制。以发光二极管发出的光束对光导体曝光并不改变静电照相系统需通过墨粉堆积形成记录点的本质，所有基于静电照相原理的硬拷贝输出设备都通过墨粉颗粒堆积成记录点。因此，静电照相数字印刷机、打印机和数字多功能一体机等硬拷贝输出设备通常被限制于利用记录点集聚有序抖动技术生成半色调图像，以弥补墨粉颗粒尺寸和形状的非均匀性对记录点尺寸和形状非均匀性的影响。然而，为着充分地利用视觉系统对于记录点位置随机出现的半色调图像缺乏敏感性的特点，人们开始关注幅度调制与频率调制相结合的复合加网技术，产生了新的半色调方法，例如柯达基于沃罗诺伊多边形分解的特殊超细胞结构建立的 Staccato DX 网点。复合半色调方法通过位置分布随机和形状随机的设备像素的组合形成记录点集聚图像，产生阶调和颜色渐变的假象。

12.4.2 频率调制与幅度调制半色调图像叠加的频域比较

第九章曾经演示过记录点随机分布（频率调制半色调）和记录点规则分布（幅度调制半色调）二值图像叠加的区别，两种半色调图像的叠加结果如图 12－18 所示。从该图左右两边的叠加图像不难发现明显的差异，记录点集聚有序抖动方法输出的两幅网点排列角度不同的半色调图像叠加后，出现明显的莫尔条纹，源于网点的规则分布；记录点分散随机抖动方法输出的半色调图像叠加没有这种现象，与记录点随机分布有关。

图 12－18 从空间角度比较频率调制与幅度调制半色调图像叠加的区别。为了更深入地理解两种半色调图像叠加结果的差异，从不同的角度认识频率调制与幅度调制半色调技术，有必要检查两种半色调图像叠加前后的频域表现。图 12－18 用于说明两种半色调图像叠加前后的傅里叶分析结果，顶部和底部分别代表幅度调制和频率调制半色调图像叠加。

两种类型相同结构空间叠加的结果可直接以灰度等级一类的空间量表示，例如图12－18通过像素值（灰度等级）的差异表现叠加的结果，具有直观和便于理解的优点。半色调图像或其他数字图像通过傅里叶变换产生对应的频率分布，由此得到半色调图像或其他数字图像的另一种表示形式，虽然没有通过像素值等空间量表示那样直观，但从另一种角度揭示对象的本质。傅里叶变换的结果通常以频率与幅值的关系表示，不过也可以转换成像素值或灰度等级的表示方式，由于傅里叶变换结果已经失去了灰度等级那样的空间量，仅仅为便于理解而将频率与幅值的关系转换成图像的形式描述，因而称为伪灰度等级图像。

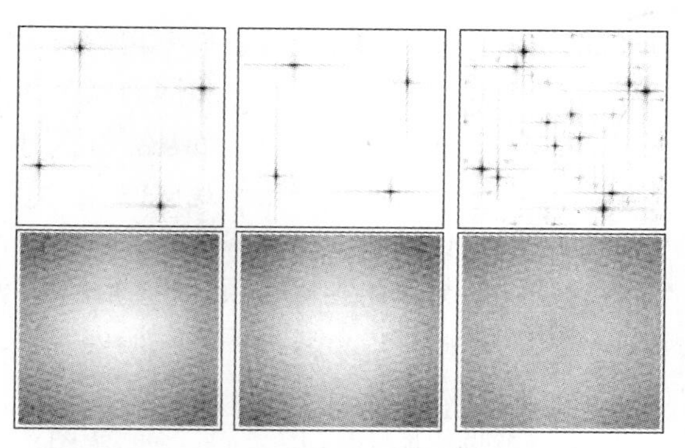

图12－18 两种结构及其叠加的傅里叶谱

同类型的两幅半色调图像（例如网点角度不同的半色调图像）各自的傅里叶变换产生不同的傅里叶谱或频谱，比如图12－18顶部和底部的左侧和中间分别是幅度调制半色调图像1和2以及频率调制半色调图像1和2的傅里叶谱。半色调图像在空间域中的叠加类似于相乘运算，叠加结果是两者的乘积。与半色调图像的空间叠加不同，两幅半色调图像傅里叶变换结果的叠加适合于采用卷积运算，因而图12－18顶部和底部分别表示幅度调制和频率调制半色调图像傅里叶谱的叠加结果，从卷积运算而得。即使没有傅里叶变换和卷积运算的知识，也可以从图12－18所示的画面看出幅度调制和频率调制半色调图像叠加的差异，频率调制半色调图像傅里叶谱的卷积结果十分平坦，因而没有莫尔条纹。

12.4.3 记录点分散抖动与随机莫尔条纹

由于喷墨印刷设备输出的记录点尺寸和形状均匀性良好，适合于使用记录点分散抖动半色调方法，尤其是记录点分散随机抖动，建立记录点空间分布随机的半色调图像。记录点分散随机抖动方法输出的半色调图像的记录点分布形式与记录点集聚有序抖动方法产生的半色调图像的网点的有规则分布存在本质差异，人们普遍认为记录点随机分布的半色调图像叠加不会产生莫尔条纹。然而，由Lau等人执行的研究结果表明，记录点位置随机分布的半色调图像会产生具有低频特征的颗粒感，由两幅频率调制半色调图像叠加时纹理的波动产生，这类纹理波动被Lau等人命名为随机莫尔条纹（Stochastic Moiré）。为了演示随机莫尔条纹现象，图12－19给出了两种主色（青色和品红色）频率调制方法输出的半色调图像叠加而导致的随机莫尔条纹的例子，外观形态显然不同于网点图像叠加结果。

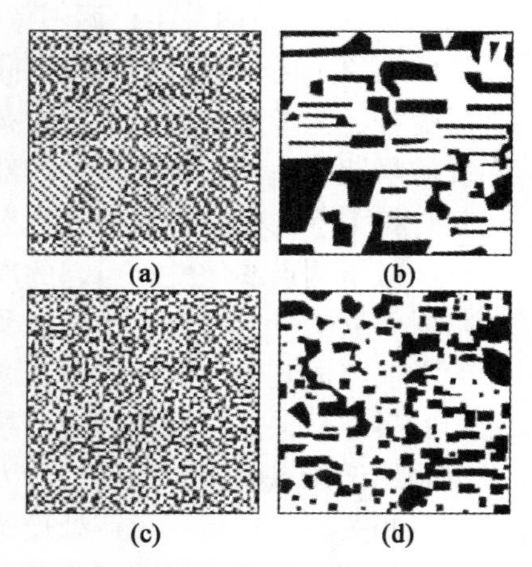

图12－19 两色频率调制半色调图像引起的随机莫尔条纹例子

在图12－19（a），频率调制半色调方法建立尺寸较大的亮色调纹理块，青色和品红色分色版图像的半色调处理产生类似的结果，两者叠加后青色记录点与品红色记录点相互覆盖的概率很高；而对于尺寸较大的暗色调纹理块局部区域，两幅频率调制半色调图像青色记录点与品红色记录点叠加的概率却很低。正因为青色和品红色两种主色亮色调和暗色调纹理块的覆盖概率相差很大，就产生了图 12 - 19 (a) 所示的随机莫尔条纹，实际上是尺寸和形状互不相同的黑色和白色斑块。

图 12 - 19 (c) 所示二值图像使用不同的半色调方法产生，半色调图像由小得多的白色和黑色纹理构成。只需稍作观察便可发现，该半色调图像单位长度内从白色到黑色纹理的波动发展得比图 12 - 19 (a) 所示的半色调图像快得多，原因在于底部左图的半色调图像包含的空间频率内容比起顶部中左图半色调图像的频率分量高得多。另一方面，考虑到视觉系统对于频率成分较高的半色调内容缺乏敏感性，因而眼睛对于图 12 - 19 (c) 图像内发生的纹理波动不容易辨别，但该图 (a) 给出的半色调图像对视觉系统的作用效果恰好相反。可见，图 12 - 19 (a) 半色调图像叠加后产生的随机莫尔条纹比 (c) 半色调图像叠加引起的随机莫尔条纹更容易察觉。

12.4.4 随机莫尔条纹的基本特征

根据 Lau 等人的研究成果以及对于频率调制半色调图像多色印刷的观察结果，若频率调制半色调方法产生两种互不相关的二值图像，且以叠印方式组合在一起，则叠加后得到的组合图像将产生具有低频特征颗粒的视觉感受，如同图 12 - 20 所示那样。

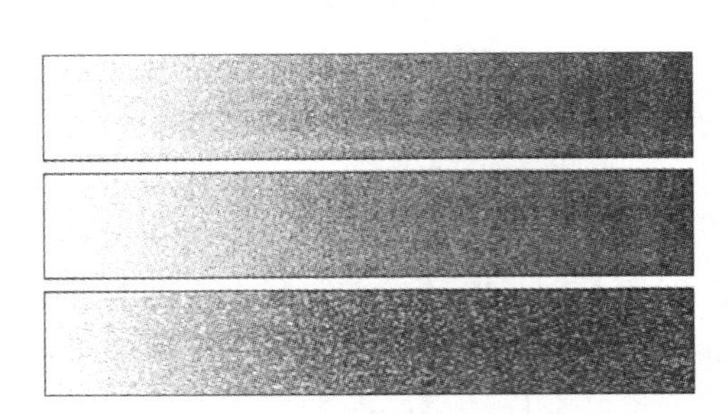

图 12 - 20 不相关调频记录点图像叠加产生的低频颗粒演示

低频颗粒会形成特定的纹理结构，干扰眼睛对于印刷品的正常阅读，类似于沿不同角度排列网点的半色调图像叠印后引起的莫尔条纹效应，因出现在记录点随机分布半色调画面中而命名为随机莫尔条纹，不相关频率调制抖动图像是随机莫尔条纹的例子。

Glass 分别于 1969 年和 1973 年时在《自然》杂志上发表过学术论文，题目分别是“源于随机记录点的莫尔效应” 和 “随机记录点干扰图像的感觉特征”。他完成的主要研究内容如下：先发生记录点随机分布的半色调图像，再产生该半色调图像的几何畸变“版本”，然后将上述两种半色调图像叠加，得到有序的综合性视觉感受。现在，人们通常将这类两幅源于同一半色调图像不同版本的干涉图像称为 Glass 图像。从有序排列图像的视觉感受特征上考虑，当二值图像叠加到其自身的旋转版本上时，根据 Glass 的推测，视觉系统的早期处理步骤可能包含局部自相关计算过程，此时眼睛的行探测器受到激励并执行局部自相关平均计算，这种计算以收集列方向的视觉刺激为前提。

类似于网点图像叠加引起的周期性莫尔条纹，随机莫尔条纹也不能彻底消除，只能设法降低条纹的可察觉程度。随机莫尔条纹的最小化目标可借助于使主色通道半色调图像相关的方法组成互锁的网屏实现，两种半色调图像间的印刷像素叠印后即达到随机莫尔条纹效应的最小化，这种操作称为记录点与记录点分离印刷。此外，随机莫尔条纹的最小化也可以采用记录点与记录点叠加的方式实现。

以相关方式执行半色调处理的例子是结合使用蓝噪声蒙版。由于主色通道抖动图像相关性半色调方法具有影响半色调图像对齐的潜在缺点，降低随机莫尔条纹最合适的方法归结为主色通道互不相关地执行半色调操作，尽可能改变半色调图像叠加的统计特征。实现主色通道不相关半色调操作的方法是误差扩散处理，例如两种主色分别应用 Floyd-Steinberg 和 Stucki 误差过滤器；或者对两种主色分别使用不同的扫描轨迹。

12.4.5 降低绿噪声半色调随机莫尔条纹的措施

当连续调图像转换到二值图像的操作以绿噪声方法实现时，半色调处理结果的叠加同样会产生随机莫尔条纹，主要取决于绿噪声半色调图像中频率分量较低的内容，与这些频率成分对应的图像内容引起随机莫尔条纹组织结构内的低频波动。由于视觉系统对低频结构反应更敏感，导致绿噪声半色调操作产生的随机莫尔条纹更容易引起观察者注意，从而对绿噪声半色调印刷品产生更大的视觉影响。

与误差扩散方法等半色调处理类似，通过改变相互叠印的半色调图像的统计特征，绿噪声方法产生的随机莫尔条纹是可以降低的。与频率调制半色调处理不同的是，绿噪声半色调图像的统计本质允许通过改变叠加画面的粗糙度取得合理的结果，因而在不修改绿噪声半色调图像信号强度的前提下就能改变记录点群的平均尺寸和相关间隔，半色调图像的统计特征也因此而改变。由此可见，如果改变将要叠印的绿噪声半色调图像的粗糙度，则随机莫尔条纹的可察觉程度就能实现最小化。

然而，以增加半色调图像粗糙度的方法降低随机莫尔条纹效应是有缺点的。以适合于通过记录点分散抖动方法实现图像复制的喷墨印刷为例，若经过喷墨系统作用的半色调印刷图像由单一颜色的记录点组成，则半色调区域的粗糙度将会增加，由此换得其他区域的随机莫尔条纹效应降低。但是，这种处理方式却带来不希望出现的负面影响，有可能导致视觉上明显可见的纹理结构，是由于墨滴喷射到纸张后转换所得记录点的可察觉程度增加的缘故，往往发生在记录点的集聚部分。由于这一原因，为了使绿噪声半色调图像的随机莫尔条纹最小化，应该在引入粗糙半色调图像时取得与低频颗粒间的平衡，或者说粗糙半色调图像的使用以产生低频颗粒为代价，为此制造商应该在生产喷墨印刷设备时选择优化的粗糙度与颗粒度比例，其他硬拷贝输出设备类似。更有效的措施是根据连续调图像每一像素的色彩构成制定合理的半色调处理规程，以自适应粗糙度修改方法最为典型。学者们在展开随机莫尔条纹最小化研究时就体现了这种基本思想，例如 Levien 误差扩散方案对两种主色的半色调处理输出相关反馈信号，粗糙度按每一像素的阶调差异决定，其结果是阶调差异最小，而粗糙度差异增大。

12.4.6 随机莫尔条纹分析

图 12-21 所示的随机莫尔条纹的傅里叶表示由 Amidror 提出，两幅像素值都等于 1/3 的灰度图像由频率调制方法处理，产生对应的半色调图像，叠加画面在图 12-21 中（a）；若它们各自的傅里叶变换的卷积运算结果以伪灰度等级图像表示，则得该图中（b）所示结果，可看到傅里叶功率谱的直流分量区域原点与叠加画面（图像画面）的中心点重合。

从图 12-21 中（b）给出的频率分布表示几乎看不到任何与随机莫尔条纹可察觉程度有关的信息，因而需要推导某种类型的空间分析方法。下面讨论基于相位信息的半色调图像像素叠加类型：考虑有两幅频率调制方法产生的半色调图像，其中一幅频率调制图像的有限数量像素将要直接叠加到另一幅频率调制半色调图像的有限数量像素上，这种处理方法称为相位内叠加；如果一幅频率

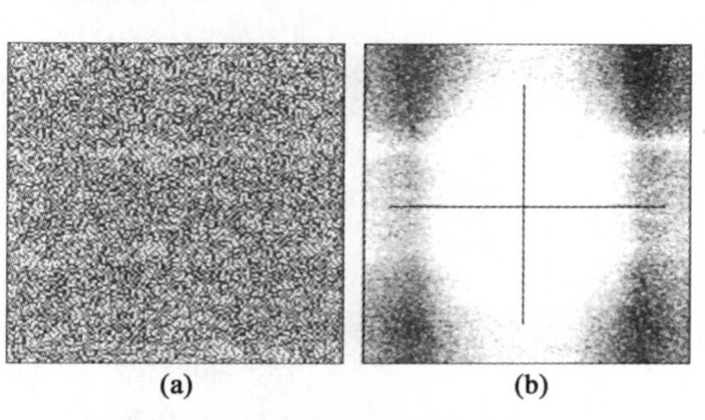

图 12-21 两种频率调制半色调图像的叠加结果与频率分布

调制图像的有限数量像素将直接落到另一幅频率调制图像的有限数量像素之间，则称为完全相位外叠加；与上述两种极端例子不同的是，若频率调制半色调图像的有限数量像素在彼此叠加时既不直接落在像素位置上，也不落到像素位置之间，则可以用相位作为正比于欧几里德的距离度量，定义为从一幅频率调制图像的有限数量像素到另一幅频率调制半色调图像有限数量像素的最近距离。

在上面提到的三种频率调制半色调图像相位关系处理原则中，对于随机莫尔条纹的特征化处理归结为寻求相位改变特征，即有限数量像素在两幅频率调制图像间移动的距离。

在正常情况下，两幅内容不同的频率调制图像可以在离散空间中定义成某种函数，它们代表半色调处理前的连续空间信号；一旦频率调制图像确定下来，则认为这两幅图像成为随机莫尔条纹表面的恰当表示，而半色调图像的生成过程则是离散空间定义的函数通过随机采样栅格在随机莫尔条纹表面上采集样本。例如，当半色调操作的采样栅格具有 Poisson 分布特征时，如同带有主波长的蓝噪声半色调图像那样，就可以通过理想低通滤波器以主波长倒数之半的截止频率和主波长平方的幅值从离散空间函数重构原连续空间信号。

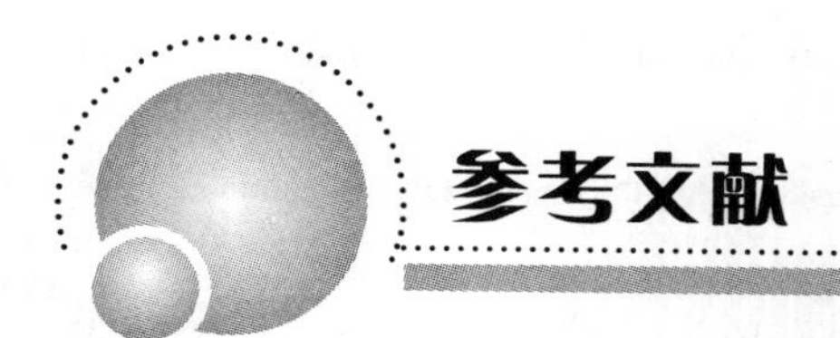

参考文献

[1] R. A. Ulichney, Digital Halftoning, The MIT Press, 1987.

[2] Noboru Ohta and Mitchell Rosen, Color Desktop Printer Technology, Tylor & Francis Group, 2006.

[3] John A. C. Yule, Principles of Color Reproduction, GATF Press, 2000.

[4] J. S. Arney, P. Mehta and P. G. Anderson, A Continuous Tone Model of Halftones, Journal of Imaging Science And Technology, Volume 48, Number 1, January/February 2004.

[5] P. W. Wong and N. D. Memon, Image Processing for Halftones, IEEE Signal Processing Magazine, 1053 – 5888/03 2003IEEE.

[6] Robert Ulichney, A Review of Halftoning Techniques, Color Imaging: Device-Independent Color, Color Hardcopy, and Graphic Arts V , Proc. , SPIE 3963, 2000.

[7] J. C. Stoffel, And J. F. Moreland, A Survey of Electronic Techniques for Pictorial Image Reproduction, IEEE Transactions on Communications, Vol. Com – 29, No. 12, December 1981.

[8] Per-Erik Axelson, Quality Measures of Halftoned Images, Linköping University, Sweden, 2003.

[9] Thrasyvoulos N. Pappas and David L. Neuhoff, Model-Based Haiftoning, SPIE Vol. 1453 Human Vision, Visual Processing. and Digital Display II, 1991.

[10] Henry R. Kang, Dispersed Micro-Cluster Halftoning, Recent Progress in Digital Halftoning II, 1999.

[11] Stefaan Lippens, Dirk Broddin and.Wilfried Philips, A Voronoi Based Framework for Multilevel AM Screen Design, NIP24 and Digital Fabrication 2008, Final Program and Proceedings.

[12] A. N. Netravali, F. W. Mounts, and J. -D. Beyer, Techniques for Coding Dithered Two-Level Pictures, The Bell System Technical Journal, Vol. 56, No. 5, May-June 1977.

[13] Robert Ulichney, The Void-and-cluster Method for Dither Array Generation, SPIE: Human Vision, Visual Processing, and Digital Display IV, volume 1913, 1993.

[14] Jeng-nan Shiau and Zhigang Fan, A set of Easily Implementable Coefficients in Error Diffusion with Reduced Worm Artifacts, 222/SPIE Vol. 2658.

[15] Keith T. Knox, Evolution of Error Diffusion, Part of the IS&T/SPIE Conference on Color Imagine: Device-Independent Color. Color Hardcopy, and Graphic Arts IV. , SPIE Vol. 3648, 1999.

[16] Panagiotis Takis Metaxas, Parallel Digital Halftoning by Error-Diffusion, ACM Proceedings of the Paris C. Kanellakis memorial workshop on Principles of Computing & Knowledge, June 2003.

[17] Dimitris Anastassiou, Error Diffusion Coding for A/D Conversion, IEEE Transactions on Circuit and System, Vol. 36, No. 9, September 1989.

[18] Marius Pedersen, Fritz Albregtsen and Jon Yngve Hardeberg, Detection of Worms in Error Diffusion Halftoning, Proceedings of Conference on Electronic Imkaging, 2009.

[19] Vishal Monga, Niranjan Damera-Venkata and Brian L. Evans, Image Halftoning by Error Diffusion: A Survey of Methods for Artifact Reduction, www. ece. utexas. edu.

[20] Keith T. Knox, Error Image in Error Diffusion, 268 / SPIE Vol. 1657 Image Processing Algorithms and Techniques III, 1992.

[21] Eugnne R. Cochran, Blue Noise Mask, www. rctech. com. , 2006.

[22] Theophano Mitsa and Kevin J. Parker, Digital halftoning technique using a blue-noise mask, Journal of the Optical Society of America A Vol. 9, No. 11, November 1992.

[23] Meng Yao and Kevin J. Parker, Modified approach to the construction of a blue noise mask, Journal of Electronic Imaging Vol. 3 (1), January 1994.

[24] Bruno J. Schrappe, Hybrid Screening Algorithms, Proceedings of TAGA (Technical Association of the Graphic Arts), 1998.

[25] Victor Ostromoukhov, Pseudo-random Halftone Screening for Color and Black&White Printing, Proceeedings of the 9th International Congress in Non-Impact Printing Technologies, 1993.

[26] Sasan Gooran and Björn Kruse, Hybrid Halftoning, Two Novel Hybrid Halftoning Techniques, Department of Science and Technology, Linköping University, Sweden, http: //webstaff. itn. liu. se.

[27] Daniel L. Lau, Gonzalor. Arce, and Neal C. Gallagher, Green-Noise Digital Halftoning, Proceedings of the IEEE, Vol. 86, No. 12, December 1998.

[28] D. L. Lau, G. R. Arce and N. C. Gallagher, Digital Color Halftoning with Generalized Error diffusion and Multichannel Green-Noise Masks, IEEE Transactions on Image Pprocessing, Vol. 9, No. 5, May 2000.

[29] Mostafa Analoui and Jan P. Allebach, Model Based Halftoning Using Direct Binary Search, 96 / SPIE Vol. 1666 Human Vision, Visual Processing, and Digital Display III. 1992.

[30] Qian Lin and Jan Allebach, Color FM Screen Design Using DBS Algorithm, SPIE Vol. 3300.

[31] Luiz Velho and Jonas Gomes, Color Halftoning with Stochastic Dithering and Adaptive Clustering, First European Conference on Color in Graphics, Image and Vision (CGIV), 2002.

[32] Hideo Saito and Naolti Kobayashi, Evolutionary Computation Approaches to Halftoning Algorithm, Evolutionary Computation, 1994. IEEE World Congress on Computational Intelligence., Proceedings of the First IEEE Conference, June 1994.

[33] Thrasyvoul o N. Pappas and David L. Neuhoff, Least-Squares Model-Based Halftoning, SPIE Vol. 1666 Human Vision, Visual Processing, and Digital Display III. 1992.

[34] Chih-Ching Lai and Din-Chang Tseng, Printer Model and Least-Squares Halftoning Using Genetic Algorithms, Journal of Imaging Science And Technology, Volume 42, Number 3, May/June 1998.

[35] Avideh Zakhor, Steve Lin and Farokh Eskafi, A New Class of B/W Halftoning Algorithms, IEEE Trans. on Image Process. Vol. 2, No. 4, October 1993.

[36] J. Sullivan, L. Ray and R. Miller, Design of Minimum Visual Modulation Halftone Pattern, IEEE Trans. on Systems, Man and Cybernetics, Vol. 21, No. 1, January/Fabruary 1991.

[37] Thrasyvoulos N. Pappas and David L. Neuhoff, Printer Models and Error Diffusion, IEEE Transactions on Image Processing, Vol 4, No. 1, January 1995.

[38] Farhan A. Baqai and Jan P. Allebach, Printer Models and the Direct Binary Search Algorithm, IEEE International Conf. Acoustics, Speech, Signal Processing, IEEE Press, 1998.

[39] J. S. Arney, P. G. AndersonA and Sunadl Gunawan, A Model of Electrophotographic Laser Printing that is Independent of Halftone Algorithm, Journal of Imaging Science And Technology, Volume 47, Number 5, September/October 2003.

[40] J. S. Arney, Ken Stephens, P. G. Anderson and Jackie Santay, A Printer Model that is Independent of Halftone Algorithm (11): Modeling Noise Characteristics, Journal of Imaging Science And Technology, Volume 48, Number 5, September/October 2004.

[41] Je-Ho Lee and Jan P. Allebach, Inkjet Printer Model-Based Halftoning, IEEE Transactions on Image Processing, Vol. 14, No. 5, May 2005.

[42] Garth R. Oliver and Jerry J. Waite, Demystifying the Halftoning Pricess: Conventional, Stochastic, and Hybrid Halftone Dot Structures, The Technology Teacher, 2006.

[43] Yun-Tae Kim, Yang-Ho Cho and Yeong-Ho Ha, Halftoning Method Using Dispersed CMY Dithering and

Blue Noise Mask, Journal of Imaging Science And Technology, Volume 48, Number 1, January/February 2004.

[44] Sasan Gooran, Dependent Color Halftoing: Better Quality with Less Ink, Journal of Imaging Science And Technology, Volume 48, Number 4, July/August 2004.

[45] Qing Yu and Kevin J. Parker, Adaptive Color Halftoning for Minimum Perceived Error Using the Blue Noise Mask, Proc. SPIE 3018, 1997.

[46] Jill R. Goldschneider and Eve A. Riskin, Embedded Color Error Diffusion, IEEE 1996, 0 - 7803 - 3258 - X/96.

[47] Dennis F. Dunn and Niloufer E. Mathew, Extracting Color Halftones from Printed Documents Using Texture Analysis, Pattern Recognition Volume 33, Issue 3, March 2000.

[48] Luiz Velho, Digital Halftoning with Space Filling Curves, Computer Graphics, Volume 25, Number 4, July 1991.

[49] Luiz Velho and Jonas Gomes, Color Halftoning with Stochastic Dithering and Adaptive Clustering, First European Conference on Color in Graphics, Image and Vision (CGIV), 2002.

[50] Tetsuo Asano, Digital Halftoning Algorithm Based on Random Space-Filling Curve, IEICE Trans. Fundamentals, Vol. E82 - A, No. 3 March 1999.

[51] Stephen Herron, Threshold Modulation Dither Using Space-Curve Point Movement, Electronic Imaging 2000 Conference, 2000.

[52] Yee S. Ng, Hwai T. Tai, Chung-hui Kuo, and Dmitri A. Gusev, Advances in Technology of Kodak NexPress Digital Production Color Presses, NIP23 and Digital Fabrication 2007 Final Program and Proceedings, 2007.

[53] Jan P. Allebach, Digital Printing-An Image Processor's Perspective, Journal of Imaging Science & Technology, Vol. 19, No. 1, 2004.

[54] K. Daels and P. Delabastita, Screening for Digital Printing: A Multi-parameter Task, Recent Progress in Digital Halftoning II, 1999.

[55] Kenneth R. Crounse, Suppression of Automoiré in Multi-Level Supercell Halftone Screen Designs, NIP23 and Digital Fabrication 2007, Final Program and Proceedings, 2007.

[56] Sasan Gooran, Context Dependent Colour Halftoning in Digital Printing, IS&T's PICS Conference, 2000.

[57] M. G. J. Tenthof, Modified Error Diffusion in Colour Copying and Printing, Report of graduation work, Eindhoven University, 1996.

[58] Zhigang Fall, Gaurav Sharma, and Shen-ge Waug, Error-Diffusion Robust to Mis-Registration in Multi-Pass Printing, IS&T's 2003 PICS Conference, 2003.

[59] Gaurav Shnrma, Zhigang Fan and Shen-ge Wang, Stochastic Screens Robust to MisRegistration in Multi-Pass Printing, Proc. SPIE: Color Imaging: Processing, Hard Copy, and Applications IX, vol. 5293, 2004.

[60] Chae-Soo Lee, Cheol-Hee Lee, Yang-Woo Park and Yeong-Ho Ha, Expanded Nonlinear Order Dithering and Modified Error Diffusion for an Ink-jet Color Printer, Part of the IS&T/SPIE Conference on Color Imaging : Device-Independent Color Color Hardcopy and Graphic Arts IV, San Jose, California, 1999.

[61] Alejo Hausner, Pointillist Halftoning, Proceedings of the International Conference on Computer Graphics and Imaging, 2005.

[62] J. F. Jarvis and C. S. Roberts, A New Technique for Displaying Continuous Tone Images on a Bilevel Display, IEEE Transactions on Communications, August 1976.

[63] Y. S. Ng, H. T. Tai, C. H. Kuo, and D. A. Gusev, Advances in Technology of Kodak NexPress Digital Production Color Presses, NIP23 and Digital Fabrication 2007 Final Program and Proceedings, 2007.

[64] Chai Wah Wu, Charles P. Tresser, Gerhard R. Thompson and Mikel J. Stanich, Supercell Dither Masks with Constrained Blue Noise Interpolation, NIP17: International Conference on Digital Printing Technologies, 2001.

[65] Douglas N. Curry, Irrational Halftoning for Electronic Registration, NIP17: International Conference on Digital Printing Technologies, 2001.

[66] Kazuhisa Yanaka, Hideo Kasuga and Yasushi Hoshino, Digital Halftoning Based on a Repulsive Potential Model, NIP17: International Conference on Digital Printing Technologies, 2001.

[67] Aklhlko Hayakawa, Shlgeo Ohno and Kozo Oka, Xerographic Development Simulation on Digital Halftone Images, Industry Applications Society Annual Meeting, 1989.

[68] Ming Jiang, Edward K. Wong, Nasir Memon and Xiaolin Wu, Steganalysis of Halftone Images, IEEE, ICASSP 2005, 0-7803-8874-7/05, II 793-796, 2005.

[69] Mostafa Analoui and Jan Allebach, New Results on Reconstruction of Continuoustone from Halftone, 0-7803-0532-9/92 1992 IEEE, 1992.

[70] Yoshinobu Mita, Susumu Sugiura and Yukari Shimomura, High Quality Multi-Level Image Restoration from Bilevel Image, IS&T's 6 the International Conference on Advances in Non-Impact Printing Technologies, 1986.

[71] Zhigang Fan, Unscreening Using A Hybrid Filtering Approach, IEEE 1996, 0-7803-3258-X/96, 1996.

[72] Jiebo Luo, Ricardo de Queiroz and Zhigang Fan, A Robust Technique for Image Descreening Based on the Wavelet Transform, IEEE Transactions on Signal Processing, Vol. 46, No. 4, April 1998.

[73] Zhigang Fan, Retrieval of Gray Images from Digital Halftones, IEEE 1992.

[74] Thomas D. Kite, Niranjan Damera-Venkata, Brian L. Evans, and Alan C. Bovik, A Fast, High-Quality Inverse Halftoning Algorithm for Error Diffused Halftones, IEEE 2000, 1057-7149, 2000.

[75] Howard Mizes, Graininess of Color Halftones, IS&Ts NIP16: 2000 International Conference on Digital Printing Technologies, 2000.

[76] Xiangdong Liu and Roger Ehrich, Analysis of Moire Patterns in Non-Uniformly Sampled Halftones, 0-8186-7620-5/96 1996 IEEE, 1996.

[77] Daniel L. Lau, Minimizing Stochastic Moir (Using Green-Noise Halftoning, Journal of Imaging Science And Technology, Volume 47, Number 4, July/August 2003.

[78] Daniel L Lau, Stochastic Moire, IS&T's 2002 PICS Conference, 2002.

[79] 姚海根. 数字加网技术. 北京: 印刷工业出版社, 2001.

[80] 姚海根. 印刷图像处理. 上海: 上海科学技术出版社, 2005.

[81] 姚海根. 数字印刷. 北京: 轻工业出版社, 2009.